U0262718

# 礁滩相碳酸盐岩气藏
# 精细描述与开发技术

龙胜祥　　石志良　游瑜春　刘国萍　刘　华　葛　祥　　著
　　　　　贾　英　李宏涛　刘建党　缪祥禧　顾少华

科学出版社

北　京

# 内 容 简 介

本书集成了作者 10 余年礁滩相碳酸盐岩气藏精细刻画评价与高效开发技术攻关成果,主要包括礁滩相碳酸盐岩层序划分对比方法和沉积微相识别划分方法、礁滩相碳酸盐岩有利储层发育模式、深层超深层小型分散状礁滩相碳酸盐岩储层测井-地震精细刻画及含气性预测系列技术、礁滩相碳酸盐岩高含硫气藏渗流特征及硫沉积对气井产能的影响、礁滩相碳酸盐岩高含硫气藏试井分析技术和产能评价技术、礁滩相碳酸盐岩高含硫气藏开发技术政策论证思路和方法系列、礁滩相碳酸盐岩高含硫含水气藏稳气控水对策等,以及在普光、元坝、河坝等气田应用的成果与经验。

本书可供广大从事油气藏勘探开发的科研工作者、大专院校相关专业的师生参考。

**图书在版编目(CIP)数据**

礁滩相碳酸盐岩气藏精细描述与开发技术 / 龙胜祥等著. —北京:科学出版社,2021.12

ISBN 978-7-03-067461-6

Ⅰ. ①礁… Ⅱ. ①龙… Ⅲ. ①碳酸盐岩油气藏-油田开发 Ⅳ. ①TE344

中国版本图书馆 CIP 数据核字(2020)第 257006 号

责任编辑:万群霞 / 责任校对:何艳萍
责任印制:师艳茹 / 封面设计:图阅盛世

科 学 出 版 社 出版

北京东黄城根北街 16 号
邮政编码:100717
http://www.sciencep.com

北京九天鸿程印刷有限责任公司 印刷
科学出版社发行 各地新华书店经销

\*

2021 年 12 月第 一 版 开本:787×1092 1/16
2021 年 12 月第一次印刷 印张:22 3/4
字数:539 000

定价:328.00 元
(如有印装质量问题,我社负责调换)

# 前　言

礁滩相碳酸盐岩油气藏是全球重要油气藏类型之一，在北美、中东、中亚、东南亚等地区均有发现和开发。自1975年渡1井在四川盆地东北部三叠系飞仙关组鲕粒滩储层中试获 $44.14 \times 10^4 m^3$ 的高产工业气流以来，我国相继在该地区发现了渡口河、铁山坡、罗家寨、普光(包括毛坝、大湾)、河坝、龙岗、元坝等大中型气田，累计探明储量约 $10000 \times 10^8 m^3$。

在这些气田的相继发现和逐步探明之际，正值我国国民经济高速发展、环境保护需求日益增加、人民生活水平不断提高而能源特别是清洁能源供不应求之时。安全、绿色、持续、高效开发这些气田，是21世纪石油人的一大使命。然而，这些气田的地质特殊性导致开发技术难度高，经济效益挑战大。主要表现如下特点。

(1)气田主要开发层系是二叠系长兴组—三叠系飞仙关组、嘉陵江组，沉积环境为碳酸盐岩台地边缘，储层为礁滩相碳酸盐岩。储层发育的总体特征是礁滩体多，但大部分个体小，分散展布；礁滩体内部储层物性总体较差且非均质性强，有利储层薄，相互连通性差；气水关系复杂，不具有统一气水界面，属一礁或一滩一气藏。这些特点导致相对优质储层预测、储量评价、目标优选、井位及井轨迹设计等方面的技术难度极高。

(2)大部分气田开发层系埋藏深。普光、河坝、龙岗等的二叠系长兴组—三叠系飞仙关组、嘉陵江组基本属深层，而元坝二叠系长兴组属超深层，同时这些气田基本处于丘陵-山地甚至高山区，峰高沟深。这样的地表、地下特点导致两大难题：一是地震采集和处理技术难度大，成像质量受到一定影响，而且深层地震主频低，给小型礁滩相储层预测与精细刻画造成极大挑战；二是开发井深度大，特征是大斜度井、水平井轨迹控制难度大，钻井和酸化压裂的投资高。

(3)这些气田的硫化氢与二氧化碳含量高，要开发就必须建设大型净化厂，对天然气进行深度净化；井筒-井口-集输管网必须具有高抗硫腐蚀性能；整个产能建设和生产过程必须对整个场地及周边地区采取严密的防硫化氢和二氧化碳措施。

综上所述，川东北礁滩相碳酸盐岩高含硫气藏规模、安全、绿色、高效开发面临着技术难度极高、工程复杂且投资巨大、安全-环保-健康生产保障措施严密等严峻挑战。因此，国内外专家普遍认为这属世界级难题。

为保障国家能源安全，满足快速发展国民经济、保护生态环境和提高人民生活质量，中国石油化工集团有限公司(简称中国石化)和中国石油天然气集团有限公司(简称中国石油)积极投资，持续开展了川东北多个礁滩相碳酸盐岩高含硫气藏产能建设和高效开发，累计建成混合气产能超过 $200 \times 10^8 m^3/a$。笔者团队有幸先后承担了普光气田、河坝气田、元坝气田礁滩相碳酸盐岩气藏精细描述和高效开发理论与技术攻关，主持了川气东送工程(包括普光气田开发)、元坝气田开发等项目可行性研究，开展了元坝等气田生产动态分析。历时十余载的持续研究取得了一系列成果：建立了礁滩相层序划分对比方法和点、线、面相结合的沉积微相识别划分方法，并总结不同地区礁滩相微相及其演化规律、礁滩相碳酸盐岩发育特征与模式；明确了礁滩相碳酸盐岩成岩作用类型、序列及其优质储层控制因素，建立了礁滩相有利储层发育模式及一套综合评价方法；建立了一套深层超深层小型分散状礁滩相碳酸盐岩储层测井-地震三维空间分布预测、内部结构精细刻画及含气性预测系列技术，较准确地预测、刻画、评价了不同规模的礁滩相碳酸盐岩及其储量分布；通过气水相对渗透率测定、敏感性实验、硫沉积实验等，总结了礁滩相碳酸盐岩高含硫气藏渗流特征及硫沉积对气井产能的影响，形成了礁滩相碳酸盐岩高含硫气藏试井分析技术和产能评价技术；建立了礁滩相碳酸盐岩高含硫气藏开发技术政策的论证思路和方法系列，形成了一套礁滩相碳酸盐岩高含硫含水气藏稳气控水对策。这些理论认识和技术已系统应用于川东北礁滩相碳酸盐岩气藏评价、开发方案编制及生产跟踪研究中，推动了元坝长兴组气藏等高产稳产，取得巨大经济、社会效益。本书较详细地描述了上述成果，同时适当结合前人的研究成果，以形成完整的理论体系，供广大油气藏开发工作者参考。

全书共分为十章。前言由龙胜祥撰写，第一章由龙胜祥、游瑜春撰写，李国蓉等参加了研究；第二章由游瑜春、李宏涛撰写，龙胜祥等参加研究；第三章由葛祥、缪祥禧撰写，冯琼等参加了研究；第四章由刘国萍撰写，魏水建、游瑜春等参加了研究；第五章由龙胜祥、刘建党撰写，刘国萍、游瑜春等参加了研究；第六章由顾少华、刘华撰写，石志良等参加了研究；第七章由贾英撰写，岑芳等参加了研究；第八章由刘华撰写，石志良等参加了研究；第九章由石志良撰写，龙胜祥、王秀芝、刘华、穆林等参加了研究；第十章由石志良撰写，岑芳、张俊法等参加了研究。全书由龙胜祥策划、组织、修改和定稿。

本书应用了中国石化西南油气分公司、中国石化中原油田分公司和中国石化勘探分公司的大量资料和成果，引用了一些专家学者的专著和论文，在此对上述单位和个人一并致谢！本书撰写过程中得到武恒志等专家的亲自指导和大力支持，杨建超副编审参与了编辑工作，刘雨林、李倩文等参与图件修改工作，在此表示感谢！

由于能力有限，本书难免有不足之处，恳请读者提出宝贵意见，我们将在未来工作中继续研究，不断修改完善，为推动我国礁滩相碳酸盐岩气藏开发产业迅速发展而竭尽全力！

作　者

2021 年 3 月

# 目　　录

前言
第一章　礁滩相碳酸盐岩发育环境 ·································································1
　　第一节　四川盆地二叠纪—三叠纪礁滩体发育区域地质背景 ····················1
　　　　一、礁滩体发育的构造——古地理环境 ·······································1
　　　　二、不同台缘环境礁滩体发育特征 ·············································2
　　　　三、长兴期后区域地质演化特征 ·················································4
　　第二节　现代生物礁形成环境与发育特征 ············································4
　　　　一、生物礁一般形成环境 ··························································4
　　　　二、大堡礁现代地理组合模式及沉积特征 ···································6
　　第三节　礁滩相地层划分方法 ···························································11
　　　　一、识别、划分标志 ·······························································12
　　　　二、地层细分及地层组合、分布特征 ·········································15
　　第四节　四川盆地主要礁滩发育期沉积微相 ········································20
　　　　一、典型井单井相及沉积类型 ···················································20
　　　　二、各期沉积微相 ···································································28
　　　　三、沉积环境演化模式 ····························································40
第二章　礁滩相碳酸盐岩储层地质特征 ·················································44
　　第一节　不同类型礁滩相碳酸盐岩储层岩性特征 ·································44
　　　　一、元坝长兴组礁滩相碳酸盐岩储层岩性 ··································44
　　　　二、普光地区礁滩相碳酸盐岩储层岩性 ······································46
　　　　三、河坝地区滩相碳酸盐岩储层岩性 ·········································49
　　第二节　礁滩相碳酸盐岩成岩作用及其对储层特征的控制 ···················50
　　　　一、台缘礁滩相碳酸盐岩成岩作用及其对储层的控制 ·················51
　　　　二、台内鲕粒滩碳酸盐岩成岩作用及其对储层的控制 ·················56
　　第三节　礁滩相储层孔隙结构特征 ····················································61
　　　　一、储集空间类型及识别 ··························································61
　　　　二、孔隙结构参数特征 ····························································68
　　第四节　礁滩相碳酸盐岩储层类型及有利储层发育特征 ······················75
　　　　一、不同岩石类型储层物性特征 ···············································75
　　　　二、储层分类评价 ···································································78
　　　　三、有利储层发育特征 ····························································81
第三章　礁滩相储层测井评价 ····························································85
　　第一节　测井资料质量检查与标准化 ·················································85
　　　　一、测井资料项目要求 ····························································85
　　　　二、资料质量检查 ···································································85
　　　　三、环境校正与标准化 ····························································87

第二节 典型储层四性关系研究·······90
一、长兴组储层"四性"特征·······90
二、长兴组储层四性关系·······94
第三节 储层识别与有效性评价·······95
一、岩性识别·······95
二、储层识别·······97
三、储层有效性评价·······100
第四节 测井解释模型研究·······104
一、泥质含量计算·······104
二、矿物含量及孔隙度计算模型·······105
三、渗透率计算模型·······107
四、饱和度计算模型·······107
第五节 储层流体性质判别·······109
一、孔隙度重叠法·······109
二、电阻率绝对值与侵入特征判别法·······110
三、$P^{1/2}$法·······110
四、孔隙度-含水饱和度交会法·······111
五、电阻率与孔隙度交会判别法·······112
六、纵横波速度比-纵波时差交会法·······113
七、泊松比与体积压缩系数重叠法·······114
八、核磁共振测井判别法·······114
第六节 储层综合解释与评价·······117
一、建立储层评价标准·······117
二、快速产能预测·······118
三、礁滩相储层测井评价案例·······118

第四章 礁滩相碳酸盐岩储层精细刻画与含气性预测·······120
第一节 礁体和滩体地震识别·······120
一、礁滩相碳酸盐岩储层井震响应特征分析·······120
二、礁体和滩体地震识别模式研究·······122
第二节 礁滩相碳酸盐岩储层地震预测·······125
一、敏感地震属性研究·······125
二、礁滩相碳酸盐岩储层常规地震属性分析·······128
三、礁滩相储层厚度定量预测·······136
四、基于神经网络的孔隙度反演·······144
五、储层裂缝预测·······149
第三节 礁滩相储层精细刻画·······154
一、生物礁相储层精细刻画·······156
二、滩相储层精细描述·······166
第四节 储层含气性地震预测·······172
一、频率依赖叠后地震属性流体识别技术·······172
二、叠前弹性波阻抗反演技术·······180
三、多属性信息融合气富集区分析·······188

**第五章　礁滩相碳酸盐岩气藏特征与有利目标** ·················191
　　第一节　气水分布特征 ·················191
　　　　一、普光气田长兴组-飞仙关组气藏气水关系 ·················191
　　　　二、元坝长兴组气藏气水纵横向分布特点 ·················193
　　第二节　气藏地质建模 ·················197
　　　　一、建模思路与方法 ·················197
　　　　二、长兴组气藏地质模型建立与检验 ·················198
　　第三节　气藏特征 ·················206
　　　　一、流体性质 ·················206
　　　　二、气藏地层压力与温度 ·················208
　　　　三、气藏类型 ·················210
　　第四节　有利开发目标区及其储量评价 ·················210
　　　　一、储层综合评价 ·················210
　　　　二、储量评价 ·················212

**第六章　礁滩相碳酸盐岩高含硫气藏渗流特征** ·················213
　　第一节　气水相对渗透率测定实验 ·················213
　　　　一、实验方法 ·················213
　　　　二、实验结果 ·················216
　　第二节　礁滩相碳酸盐岩气藏敏感性实验分析 ·················219
　　　　一、应力敏感性实验 ·················219
　　　　二、礁相、滩相岩心气相速敏性分析 ·················222
　　　　三、礁相、滩相岩心酸敏性分析 ·················224
　　第三节　硫沉积及其对气井产能的影响 ·················226
　　　　一、高含硫气藏开发中发生硫沉积 ·················226
　　　　二、高含硫气藏硫析出特征 ·················227
　　　　三、高含硫气藏渗流特征研究 ·················234
　　　　四、考虑液态硫析出的高含硫气藏数值模拟技术 ·················237

**第七章　礁滩相碳酸盐岩高含硫气藏试井分析** ·················245
　　第一节　礁滩相碳酸盐岩高含硫气井试井理论模型及解释方法 ·················245
　　　　一、礁滩相碳酸盐岩高含硫气藏试井分析难点 ·················245
　　　　二、礁滩相碳酸盐岩高含硫气井试井理论模型及解释方法 ·················245
　　第二节　元坝礁滩相气井试井解释 ·················259
　　　　一、不稳定试井分析 ·················259
　　　　二、典型井不稳定试井分析 ·················261
　　　　三、元坝礁滩相储层初步认识 ·················266

**第八章　碳酸盐岩高含硫气藏产能评价技术** ·················273
　　第一节　气井产能评价方法优选 ·················273
　　　　一、产能测试现状 ·················273
　　　　二、产能评价方法优选 ·················274
　　　　三、测试时间对产能评价的影响及校正 ·················279
　　　　四、试井设计分析产能影响因素 ·················282

第二节 元坝长兴组气藏气井测试层段产能评价 ·················· 285
一、礁相储层单井分析与评价 ························· 285
二、滩相储层单井分析与评价 ························· 296
第三节 元坝长兴组碳酸盐岩高含硫气藏气井产能初步认识 ·········· 297

第九章 碳酸盐岩高含硫气藏开发技术政策研究 ··················· 301
第一节 碳酸盐岩高含硫气藏技术经济界限研究 ·············· 301
一、技术经济界限计算方法 ························· 301
二、典型区块单井经济界限测算 ····················· 303
第二节 碳酸盐岩高含硫气藏井网设计 ··················· 304
一、井网设计 ······························· 305
二、井型优选技术 ···························· 305
三、井距优化方法 ···························· 313
四、布井方式研究 ···························· 317
第三节 碳酸盐岩高含硫气藏合理产量确定 ················· 318
一、合理产量确定原则及单井初期界限产量研究 ············· 319
二、综合多种方法进行初步配产 ····················· 319
三、数值模拟方法确定全气藏气井合理产量 ··············· 324
四、生产动态跟踪优化配产 ························ 324
第四节 碳酸盐岩高含硫气藏采气速度确定 ················· 325
一、国内外类似气藏实例 ························· 325
二、典型区块合理采气速度研究 ····················· 326
第五节 碳酸盐岩高含硫气藏废弃地层压力与采收率确定 ·········· 328
一、废弃地层压力的确定 ························· 328
二、采收率的确定 ···························· 330

第十章 碳酸盐岩高含硫气藏稳气控水对策 ··················· 332
第一节 气藏数值模型建立 ······················· 332
一、静态模型建立 ···························· 332
二、模型的初始化 ···························· 333
三、生产历史拟合 ···························· 333
第二节 礁滩相碳酸盐岩含水气藏控水对策 ················· 335
一、多方法综合确定气藏水侵模式 ···················· 335
二、水侵识别图版研制 ·························· 337
三、气藏控水对策 ···························· 340
第三节 高含硫气藏液硫析出后控硫对策 ·················· 342
一、大型礁滩相碳酸盐岩高含硫气藏考虑液硫析出模拟方法 ········ 342
二、液硫析出控硫措施效果预测 ····················· 342
第四节 礁滩相碳酸盐岩气藏井网加密对策 ················· 345
一、储量动用状况分析 ·························· 345
二、加密井目标区潜力评价 ························ 347
三、加密井方案论证 ··························· 348

参考文献 ································· 351

# 第一章　礁滩相碳酸盐岩发育环境

礁滩相碳酸盐岩发育环境具有特殊性。由于生物礁和生屑滩属生物成因，鲕粒滩、粒屑滩等对物源、水动力条件要求较苛刻，其空间分布分散和地质特征变化很快，故地层划分对比、沉积相的识别与微相细分、岩石及其组合特征分析既重要又十分困难。本章在四川盆地二叠纪—三叠纪礁滩体发育区域地质背景研究基础上，以现代生物礁形成环境与发育特征分析成果为指导，建立了礁滩相层序划分对比方法和点、线、面相结合的沉积微相识别划分方法，从典型井单井相分析入手，充分利用岩心、分析化验、测录井、三维地震等资料，开展几个地区礁滩相微相及演化、碳酸盐岩发育特征研究。

## 第一节　四川盆地二叠纪—三叠纪礁滩体发育区域地质背景

### 一、礁滩体发育的构造——古地理环境

四川盆地具有明显的多旋回特点，经历了前震旦纪(AnZ)基底形成阶段、$Z_1$—$T_2$克拉通盆地阶段、$T_3x$前陆盆地阶段、侏罗纪—中新世拗陷盆地阶段的构造演化(李启桂等，2010)。

晚二叠世晚期(即长兴期)，四川盆地基本属克拉通台盆性质。在巴中-安康-黄石以北为被动陆缘，向南地势较平坦，并且在伸展构造环境下，总体为西高东低的台地及其中一些北西向展布的深拗。在长兴期经历一次从早期到晚期的海水进退旋回，在现今四川盆地东北部地区整体呈现台-盆(海槽)相间的古地理格局，分别在蓬溪-武胜、开江-梁平、城口-鄂西形成深水环境(图 1-1)。其中前者较浅，整体为台洼；中者较深，马永生等(2006)称之为陆棚，但王兴志等(2002)和王一刚等(2006)认为是海槽；后者最深，为海槽。在开江-梁平陆棚两侧发育了开阔台地、台内浅滩、台缘礁滩、台缘斜坡等沉积微相组合带，其中普光气田的礁滩是其东缘礁滩组合带的典型代表，而元坝气田、龙岗气田的礁滩则为西缘典型代表；城口-鄂西台间海槽的台地边缘礁、滩相也十分发育，沿台间海槽伸展方向呈线状或点状展布，其北部的鸡唱、盘龙洞、河口、渡口和满月等地均发育有生物礁、滩。

生物礁：按照通常定义是指具有一定数量的原地造礁生物格架，能够抗击较强的风浪，地形上常凸起的、独立的碳酸盐沉积体。由于造礁生物生长快，以其为格架形成的礁体(即碳酸盐沉积体)远比其周边同期沉积物厚。

生物礁的造礁生物可以是珊瑚虫，也可以是藻类、苔藓虫、钙质海绵、层孔虫及古杯类动物等多种生物。生物礁的内部都含有丰富的造礁生物的化石。不同地史时期造礁生物不同，而且不同造礁生物的造礁作用与能力不同。

虽然生物礁可发育在碳酸盐岩台地内部(如点礁和岸礁等)、碳酸盐岩台地边缘(一般叫边缘礁)、盆地内部(常为塔礁和马蹄形礁)，但在四川盆地，现今发现最重要的是边缘礁，即沿深水陆棚或海槽两侧的台缘发育的生物礁。

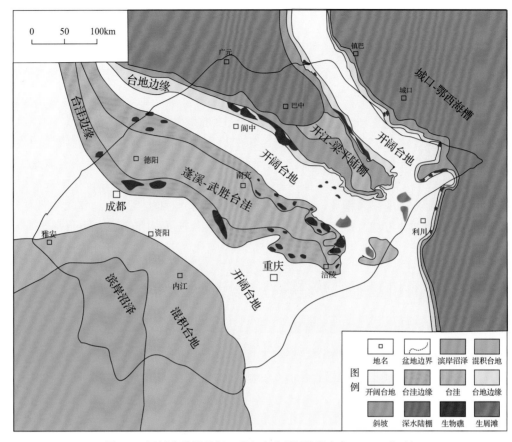

图 1-1  四川盆地长兴组二段沉积相图(据段金宝,2016 修改)

由于台缘附近生物发育,同时水动力强度较高,故在台缘生物礁之间及向台地内部的地带同期形成各种滩,如生屑滩(主要是粒级较粗的生物碎屑灰岩、生物灰岩)、鲕粒滩(灰岩)等。这些滩体相对颗粒粗、物性好,也是重要的油气储层。

在一些地区岸边还发育一定高度的风成沙丘,向外则是一个相对有一定坡度的开阔台地,沉积物主要是泥晶灰岩和泥质灰岩,颗粒由岸至海逐渐变细,直到台地边缘出现更大坡度的斜坡。

**二、不同台缘环境礁滩体发育特征**

同样位于开江-梁平陆棚的侧翼台地边缘,礁滩体发育特征有较大差异。

元坝地区长兴组生物礁、生屑滩数量多(三维地震区内能识别出的礁滩体多达几十个),但单个生物礁、生屑滩规模小(面积小于 $5km^2$ 的礁滩体占绝大多数);平面上生物礁分散,呈 4 个带展布,而生屑滩则散布在生物礁之后较大的范围内;纵向上多个礁滩体复杂叠置。普光地区则不同,长兴组—飞仙关组生物礁个数少(在三维地震区里仅 5 个),粒屑滩也仅 1 个,但规模大,特别是厚度远比元坝礁滩大,形成下礁上滩简单叠置关系。

造成发育特征变化的原因是沉积背景不同,经过仔细对比分析,发现开江-梁平陆棚是非对称发育的(图 1-2、图 1-3)。其东翼较陡,形成陡坡,在海水进退大旋回中的多次

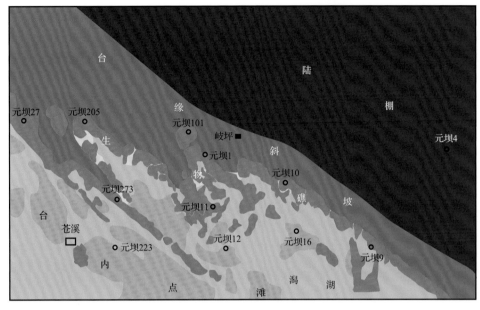

图 1-2 元坝长兴组上段沉积相图

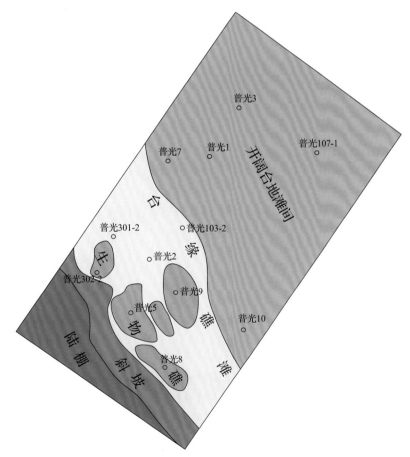

图 1-3 普光长兴组沉积相图

海平面升降引起的环境变化主要是一个狭窄地区(其中一段即为普光地区)海水整体深浅变化,而非横向上迁移变化,故造礁生物基本固定在这狭窄地区生长或死亡,持续叠加即形成较大规模(特别是巨厚)的礁滩体。其西翼较缓,形成一个面积较大的缓坡,特别是元坝一带坡度很小,在海平面多次升降时,适合造礁生物生长的环境(如水深、透光性等)在横向迁移,从而造礁生物在多个地带生长但每个带生长时间短,因此形成多个平行的礁带。每个礁带由多个礁连接而成,同时在礁带之后的较宽区域内形成大量生屑滩,这些礁体和滩体面积小、厚度小,相互之间有叠加、并置,但彼此连通性差。

**三、长兴期后区域地质演化特征**

长兴组沉积之后,在早、中三叠世,四川盆地区域构造基本延续了二叠纪晚期的格局、整体呈现为西高东低,原有台洼、陆棚及海槽在该时期逐渐变浅,形成一套广泛分布,厚度大(约1000余米)、岩性比较稳定的台地相碳酸盐岩沉积,其间发育一些粒屑滩(如鲕粒滩、砂屑滩)和生屑滩。中三叠世末发生印支运动,挤压作用使四川盆地形成,在盆地内部发生了隆升和剥蚀,形成泸州-开江古隆起,在北缘米仓山-汉南隆升造山。

自晚三叠世始,四川盆地进入陆相盆地演化阶段,在四周挤压造山同时,盆地内部逐步从残留海沉积发展为陆相湖盆沉积,发育了巨厚的上三叠统须家河组、侏罗系和下白垩统地层。特别是在川西、川东北等地区形成典型的前陆盆地,累计陆相地层厚达5000m以上。到晚白垩世—新生代,四川盆地表现为快速隆升,整体遭受长期剥蚀,剥蚀厚度一般均在1000m以上。

在这一大降大升的过程中,长兴组礁滩相储层受到早期快速压实、中期高温高压作用和酸性流体作用、晚期泄压降温的影响,成岩作用十分复杂,形成有效储层与非储层混杂、储层物性总体较差且非均质性强、储集体间连通性差、气水关系复杂的特征。

# 第二节 现代生物礁形成环境与发育特征

为了深入分析川东北二叠系生物礁发育特征,笔者团队采取将今论古的思路,实地考察了澳大利亚大堡礁,并聘请了澳大利亚昆士兰大学Jell教授(2011a,2011b)做系统讲解,同时阅读了大量期刊文献和网络信息,开展了现代生物礁形成环境与发育特征研究。

**一、生物礁一般形成环境**

**(一)造礁生物及其生长环境**

在某一环境中,能否发育生物礁,主要取决于该环境中造礁生物是否发育。现代生物礁一般称为珊瑚礁,是指珊瑚群体死后其遗骸构成的岩体,即珊瑚是其造礁生物。珊瑚是海洋中的一种腔肠动物,在生长过程中能吸收海水中的钙离子和二氧化碳,然后分泌出石灰石,变为自己生存的外壳。每一个单体的珊瑚只有米粒那样大小,它们一群一群地聚居在一起,一代一代地新陈代谢,生长繁衍,同时不断分泌出石灰石,并黏合在一起，再经过压实、石化，形成珊瑚礁。

虫黄藻与珊瑚共生，它吸收珊瑚排出的 $CO_2$，为珊瑚提供钙质，形成骨骼中甲壳质(几丁质)的有机成分，它们构成一个相互依存的生态系统。红藻中的珊瑚藻是完全钙化藻，可形成层状骨架，参与造礁。藻屑是珊瑚礁中常见的组分，一般占 20%～50%。藻类还可黏结礁骨架和生物屑，并有富镁作用，形成高镁方解石。

珊瑚生长的水深范围是 0～50m，最佳水深为 20m 以浅；水温为 20～30℃，最佳水温为 23～27℃；海水盐度为 27‰～40‰，最佳盐度范围是 34‰～36‰；一般还需要较清澈的海水，较强的光照(平均光照率在 50% 及以上)，适度的风浪，溶解有充足的 $O_2$、$CO_2$ 等气体和 N、P 等物质。另外，不能有大型河流注入，因为大量河水注入将导致海水盐度降低，海水透明度低，会使珊瑚窒息而死。因此，生物礁(即珊瑚礁)主要发育在热带海区，我国南海和澳大利亚东北海域即处于珊瑚礁发育最佳地区。

(二)生物礁发育特征

珊瑚礁的发育步骤：原生骨架的建造、骨架被破坏形成碎屑、碎屑的搬运、碎屑的沉积——沉积/障积/捕获、骨架和碎屑沉积物的均一化——黏结、包壳、胶结。这一过程基本是珊瑚生长过程及其死亡后成岩过程。

一般而言，珊瑚礁总是生长于海底的正地形上，如大洋中的平顶海山、海底火山、大陆架的边缘堤及构造隆起上。往往在海平面上升时，使原来陆地边缘起伏不平的地形，如低丘地带，整体淹没在海洋中，仍然未被淹没的高地称之为陆岛，而在海平面之下的高部位(即正地形)则形成岸礁、点礁、带状礁和群礁(图1-4)。

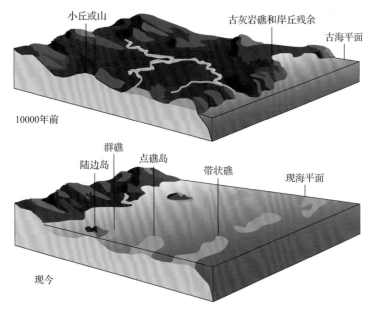

图 1-4　生物礁形成环境变化模式(据 Jell，2011b)

在不同的海底地形上水动力作用不尽一致，因此地形特征有时对礁体发育有很大影响。如极浅的平缓海底往往形成离岸礁；而岸坡较陡，则礁体紧贴岸线发育。珊瑚在海底固着生活，在坚硬的岩石基底上发育较好，部分属种也可在水下砂坎上发育，说明对底质有一定的选择。

一般迎风浪一侧礁发育较好。新月形和马蹄形礁体的凸面是迎风迎浪的。如果风浪有季节性变化，礁的形状会出现双马蹄形。所以根据古代礁的形态可判断古风向。过强的风浪使珊瑚虫难以在基底上固着，不发育礁。

当海平面稳定时，珊瑚礁平铺发展，但厚度不大；当海平面上升时，礁体快速增长，可发育成塔形、柱形，礁层厚度较大，但若海平面上升过快，有的礁体可能深溺于海面以下成为溺礁；当海平面下降时，礁体生长受阻，甚至高出水面而死亡，礁层厚度不大。

正常情况下，珊瑚礁形成于低潮线以下 50m 浅的海域，高出海面者是地壳上升或海平面下降的反映；反之，则标志该处地壳下沉。

## 二、大堡礁现代地理组合模式及沉积特征

### (一)基本情况

大堡礁是目前海洋中最大的生物礁系统，位于澳大利亚东北沿海地带，是太平洋西缘滨浅海区。大堡礁北至 Papua 湾(纬度 9°15′S)的 Bramble 和 Anchor 礁岛，南到 Lady Elliot 岛和 Breaksea Spit(纬度 24°10′S)之间的海峡；西至 Torres Strait 礁群(经度 145°55′E)和昆士兰海岸，东至大陆架边缘，最东边位于 Swains complex(经度 152°50′E)。整个大堡礁南北长度 2300km，东西宽度 30～300km，面积 265000km²，其间礁体约 3500 个，合计礁体面积超过 25000km²，不到该带总面积的 10%。澳大利亚原本是古地盾，大地构造非常稳定，但在白垩纪开始拉张。古近纪又开始拉张，在澳大利亚昆士兰以东形成由多条地堑组成的深水盆地，其两侧为大陆架，水体较浅，特别是其西侧基本处于 200m 以浅的较平缓的环境。另外，澳大利亚板块一直在北移，在约 20Ma 前该带北边即达到南纬 20°，形成较好的生物礁发育环境，因此生物礁年龄最老可有 20Ma；现今整个带处于南纬 10°～23°，热带气候和暖洋流利于珊瑚等造礁生物生长，从而形成全球著名的大堡礁，其中南端生物礁年龄<2Ma。

目前关于大堡礁的内部地层、岩性等的信息较少，只有 16 口钻井资料和有限的地震资料。钻井资料(图 1-5)显示，不同地区礁体发育情况及内部岩性组合不同。礁体岩石主要包括礁灰岩、泥质珊瑚灰岩、红藻灰岩，其下的非礁体岩石包括灰岩、钙质砂岩、石英质砂岩等。似乎有距离陆地边缘越近礁体岩石越薄之趋势。北部是礁灰岩、泥质珊瑚灰岩、红藻灰岩组合，而南部则为较单一的礁灰岩。

### (二)典型生物礁特征——苍鹭岛

#### 1. 苍鹭岛基本情况

苍鹭岛(Heron Island)是大堡礁中一个典型的生物礁，位于大堡礁的南部，规模中等(9.5km×4.5km)。苍鹭岛珊瑚礁是世界上研究最为深入的生物礁之一。按照对台地礁发展阶段的划分，苍鹭岛生物礁处于生物礁发育的成熟期，属于壮年礁。从该岛钻井岩心分析看(图 1-6)，苍鹭岛在晚更新世至全新世生物礁十分发育，累计地层厚

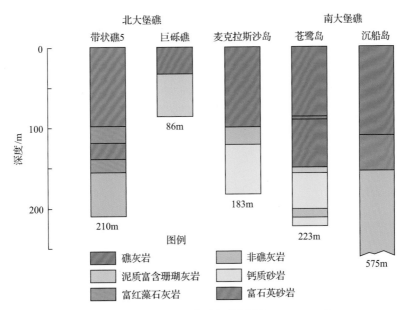

图 1-5　不同地区钻井简略柱状图（据 Jell，2011a）

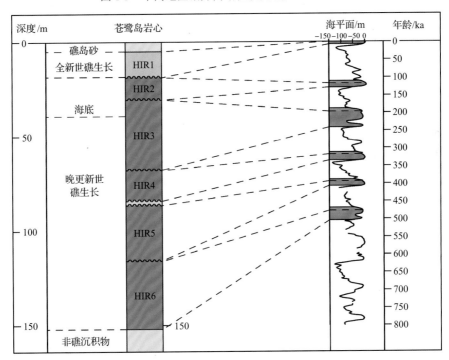

图 1-6　苍鹭岛生物礁地层柱状图（据 Jell，2011a）

HIR1～HIR6 表示生物礁生长期次代码

度 156m，在大堡礁中生物礁最厚。根据岩性变化和不整合面，可将地层从上到下分成六期生物礁，每期生物礁生长均对应一次海平面上升，而在海平面下降期生物礁停止生长，并可能露出水面遭受剥蚀，形成不整合面，仅在 HIR5 发育期后沉积一层很薄的风成石英砂，未胶结，松散。每期生物礁均不厚，最厚仅 30m 左右，推测是较缓平海底之上，海平面频繁升降所致。事实上,整个大堡礁地区主体是平缓海底地形,其间生物礁约 3500 个,但大部分生物礁规模不大,平均面积约 7.5km²,如苍鹭岛附近即有多个生物礁,规模均不大(图 1-7)。

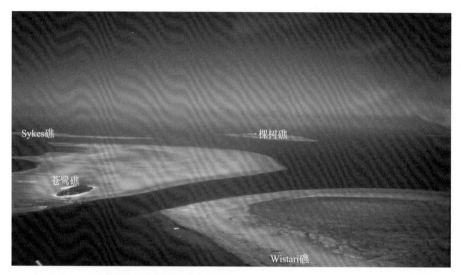

图 1-7    苍鹭礁及周边礁发育情况(据 Jell,2011a)

从现今平面看(图 1-8),苍鹭岛像一条鱼,周缘为礁缘,是礁生长最快也是礁破坏最厉害的条形地带。在其西端,相当于鱼眼位置存在一个东西向条状小型低平的礁岛,长满树木和花草;在东部中间区域,相当于鱼肚内部,存在一潟湖,其间发育一些极小型点礁;其余地域均为礁坪,广泛生长珊瑚及其伴生生物。岛外则为礁前斜坡,深度急剧加大,珊瑚生长量也快速降低。

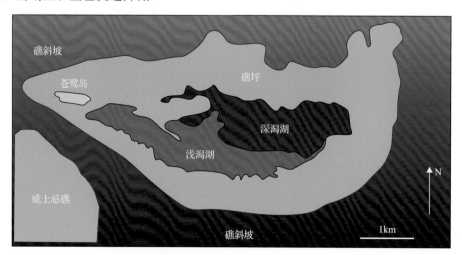

图 1-8    苍鹭岛内部沉积微相分布图(据 Jell,2011a)

**2. 沉积相划分及生物礁发育特征**

通过大量观察,Jell 和 Flood(1978)对苍鹭岛生物礁沉积相带进行了详细研究,总结形成了苍鹭岛沉积模式图(图 1-9)。其沉积相细分为礁顶、礁前斜坡和礁间滩,其中礁顶为一礁缘围限的略有起伏的平台,可进一步分为礁缘、礁坪、潟湖。

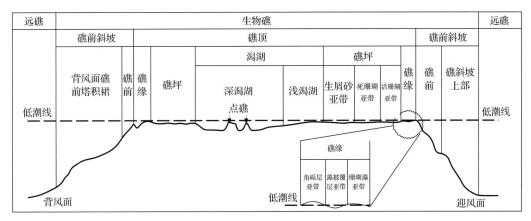

图 1-9　苍鹭岛内部沉积模式图(据 Jell,2011a)

1)礁缘

礁缘是礁顶潮间带最高的部位,比礁坪上珊瑚生长部位高差不多于 10cm,而比礁边缘上的最低高潮面高 60cm。礁缘沿着礁坪的边缘发育,除了在西部尖端和东北部有几个缺口,它基本是连续分布的,类似古城的城墙。在一些地方,特别是迎风面和背风面边缘,可能发育双礁缘。礁缘低潮时部分露出水面而另一部分仅淹没在海平面之下,高潮时全部淹于水下,总体因为水体浅,生长大量珊瑚和藻类。礁缘由里向外还可细分为珊瑚藻亚带、藻披覆层亚带、角砾层亚带(图 1-10)。

图 1-10　礁缘上的沟槽(据 Jell,2011a)

(1)外部的珊瑚藻亚带是一个由大量珊瑚藻包壳的低幅度珊瑚群组成的平滑-低弯曲阶状砾石滩。砾石滩被一些狭窄的泄水潮道分割,并由边缘生长了大量珊瑚的砂质底水坑所破坏。

(2)中部的藻披覆层亚带位于砾石滩略微偏低的区域,该亚带由呈席状展布的珊瑚披覆包壳，略深水区还有一些穹状珊瑚群生长。它被归为外部洼地。

(3)内部的角砾层亚带是最高的亚带，宽度变化很大，从几米到几十米，高度从10cm或略大于10cm厚的薄砾石层到发育很好的1.5m厚的砾石滩。舌状的粗砾滩在东部和东南部边缘带很普遍，与礁边缘垂直。其他的滩位于港口入口的西边，正好在远离岛东北末端的Blue Pools的西部。砾石小的有鹿角珊瑚粗砾(5cm×1cm×1cm)，大的有珊瑚板(20cm×10cm×2cm)，更大的有直径超过2m的礁块。这个亚带的外边界平行于礁的边界，表现为最大块砾石在内部的搬运；而内边界一般为舌状或指状，与细粒物质向该带后的较深水区搬运有关。在舌状部位的大部分砾石被珊瑚藻类包壳，珊瑚仅生长在砾石滩的小水坑里。

礁缘是一个非常重要的隔离带，它在每次低潮的几小时内将礁顶区域的水与开阔海的水分隔开，高度比外面的水域高50cm，造成在礁缘有缺口的部位有强烈的回流，影响沉积模式。这种礁缘上存在的缺口，称为海槽，见有角砾，可能是海蚀的结果(图1-10)。

2)礁坪

礁坪是礁顶中最重要的一部分，围限在礁缘之内，一般仅稍比礁缘低，为一个总体平坦的大平台，低潮时在礁缘内部暴露出水面，珊瑚生长高度与礁坪壅水高度一致，通常被珊瑚藻大量覆盖。礁坪一般分为4个亚带。

(1)外部的活珊瑚亚带，以活珊瑚多于死珊瑚，且珊瑚量＞50%为特征。呈放射状，与礁边界垂直。生长到水面的珊瑚被大量珊瑚藻类覆盖，形成了坚固的表面。它的外部边界常常存在争议，因为很难区分礁基上珊瑚生长区与砾石滩亚带延伸过来的舌状部砾石上珊瑚和珊瑚藻类生长区。这个亚带珊瑚生长最密，种类最多。

(2)死珊瑚亚带，有类似的珊瑚覆盖率，但以死珊瑚为主，且肉质藻类比珊瑚藻类多。这个亚带水体变浅，且珊瑚种类大量减少。

(3)生屑砂亚带，珊瑚覆盖率＜50%，微环礁和生物扰动较为广泛。

(4)有些地方存在边缘与潟湖相连的内珊瑚亚带，如距礁岛东北部有一段距离的区域。它以水体略深、珊瑚覆盖率约50%、珊瑚上普遍覆盖着仙掌藻类和肉质藻类为特征。

礁坪中有时局部区域明显高出高潮线以上，形成砂礁岛，并长满树木与花草，但在其裸露部位长期遭受剥蚀而形成珊瑚等生物的碎屑并运移至礁坪沉积。苍鹭岛的砂礁岛发育在南部海滩上，高度4.5m，向北部海滩缓慢倾斜。海滩宽10～25m，边界围绕着一圈宽9～20m的滩岩，从港口的东面到岛的最东端。它的走向平行于海滩，向海倾斜，倾角为2°～12°，向海方向倾角减小。滩岩与深50cm的浅洼地相接。这个洼地代表了破浪主体的碎波线，是由波浪的冲刷造成的。强烈的潮流沿着港口边的洼地来回冲刷形成了潮道，洼地内动物较少，除了一些软体动物和一些珊瑚包括滨珊瑚类沿着洼地扰动。

3)潟湖

在礁缘围限的大面积平台上，局部下凹，水体加深，但与大洋联通受阻，即形成潟湖。苍鹭岛中心的潟湖带是有着不同水深和点礁的一个复合系统，一般分为两个亚带。

(1)深潟湖区，水深在3～3.5m，发育有大量的点礁，直径6～25m，主要发育在深潟湖的北部和东部，占总面积的一半。点礁主要是礁灰岩，多被珊瑚藻类所覆盖，还有一些零星的珊瑚、仙掌藻和肉质藻类。在20世纪60年代后期飓风前，点礁上生长有更多的珊瑚。潟湖的东北角被延伸到东部礁坪的东西向的脊所切断，它被认为是一个残余的珊瑚藻脊，但最近在这两个区域的研究认为这是一个细长的砾屑条带。深潟湖区的西北末端被浅潟湖的分支所分隔。潟湖的细粒沉积物包含丰富的底栖动物和强烈的生物扰动。

(2)浅潟湖区，水深一般为 1m，与深潟湖区以水体的突然加深区分。可进一步细分为零星珊瑚生长区和无珊瑚区，前者可能在最近刚埋葬的点礁上生长有零星珊瑚。在平静的天气下，沉积物表面通常覆盖有黄褐色的蓝藻席。

4)礁前斜坡

在生物礁礁缘之外的四周一般均存在较陡的斜坡，称礁前斜坡。又进一步划分为如下两种。

(1)迎风面礁前斜坡。迎风面礁前斜坡较陡，倾角为 10°~40°，加之风大、水动力强而破坏作用大，故礁体不发育，珊瑚生长带窄。该斜坡有两个明显的阶地，分别位于-6~-4m、-16~-15m。上斜坡或者礁前亚带覆盖大量的鹿角珊瑚，在上部阶地和斜坡顶部生长有大量的穹状珊瑚。局部锯齿状构造发育良好，锯齿的上部表面在低高潮时暴露出水面，是大量小鹿角珊瑚和块状珊瑚生长的有利区域，不断生长的边缘和阶地为礁的分叉和平状生长提供了基础。大型的穹状珊瑚生长在锯齿构造的前部外边缘和开放槽沟的阶地上。而槽沟的砂砾质底部是不生长珊瑚礁的。在水深 10m 以下珊瑚明显减少。下部礁斜坡亚带为珊瑚镶边胶结的灰岩体，形成了珊瑚碎屑扇，平缓地倾斜至大陆架底。在东部边缘带，礁斜坡在水深 15m 逐渐变平形成苍鹭岛生物礁和 Sykes 生物礁间的浅水台地。

(2)背风面生物礁斜坡。除了在生物礁末端周围有强烈的洋流冲洗带处，其他地方坡度相对迎风面的一般较平缓(10°~20°)，加之风小浪缓，故礁体相对较发育。垂直于生物礁边缘的地震剖面显示斜坡为礁碎屑的加积楔形成，与礁相连形成礁裙亚带。礁前从礁缘带延伸，形成舌状，上覆礁边界冲刷下来的沉积物，在一些地方有锯齿状构造。块状珊瑚(滨珊瑚直径几米)和其他点状珊瑚通常生长在水深 10m 处。礁裙可从礁边缘延伸0.5km。

5)礁间滩

苍鹭岛生物礁和 Sykes 生物礁之间有一浅水台地，水深 10~14m 左右，该处不适宜生物礁生长，主要发育一些生屑滩。台地表面起伏不平，常见一些生屑砂丘的迁移。沿此浅水台地的边缘发育一些由鹿角珊瑚和其他珊瑚形成的小点礁(Jell and Flood，1978)。

# 第三节　礁滩相地层划分方法

礁、滩相地层具有多期次发育、纵/侧向叠加的特征，地层厚度变化大、纵向上岩性差异小、地层标志层不清、常规测井曲线特征不甚明显，地层划分难度大。

基于测录井、地震、岩心和分析化验等多项资料，以等时性为原则，利用标志层法结合地震反射特征和测井-岩心沉积旋回的层序划分技术较好地解决了细分层问题，且比常规分层更具有等时意义，能够更好地刻画不同期次礁、滩体的展布特征。

## 一、识别、划分标志

### (一) 标志层特征

所谓标志层是指一层或一组具有化石和岩性特征明显、层位稳定、分布范围广、易于鉴别的岩层。川东北地区礁滩相碳酸盐岩地层及其上下地层有如下几个典型的标志层。

#### 1. 吴家坪组顶部碳质泥岩标志层

从已钻穿元坝长兴组各井来看,吴家坪组顶部均发育一套厚 5m 左右的碳质泥岩层,是海平面下降过程中泥沼相沉积的产物,在电测曲线上表现为高自然伽马(GR)、高声波时差(AC),低电阻率(RT)的特征(图 1-11),与其上长兴组底部的灰岩、生屑灰岩特征明显不同。

#### 2. 飞仙关组一段(简称飞一段)底(含)泥灰岩/微晶灰岩标志层

长兴组顶部与飞仙关组在盆地、陆棚内为整合接触,在普光气田所处的台地边缘为假整合接触,其界限划分有一定困难,但是长兴组晚期曾经历了一段时期的暴露,而飞仙关早期有一次快速海侵,因此在岩性上会表现出一定的差异,主要表现为飞仙关组底部有一厚度不大的泥灰岩、微晶灰岩段,长兴组的顶部则因所处相带的不同而有所不同,在台缘带长兴组顶部发育白云岩或云质灰岩,在斜坡带和台地内部长兴顶部发育微晶灰岩或含泥灰岩。总体来看,长兴组与飞仙关组之间均反映从海平面下降(局部暴露)到海侵的突变关系;相应地在测井曲线上也会表现出一定的变化特征:GR 增大,RT 减小,密度(DEN)曲线由锯齿状变为光滑,如图 1-11 所示。

#### 3. 飞仙关组四段(简称飞四段)石膏岩标志层

飞仙关组三段(简称飞三段)地层虽然也有一定的旋回性,但特征不是十分突出,没有达到可以作为对比标志层的要求,因此在地层对比时以飞仙关组四段的石膏层作为对比标志层,来控制飞仙关组三段地层的划分(图 1-12)。

### (二) 地震反射结构特征

不同的沉积特征在地震反射结构上特征也不同。通过对地震及测井特征分析认为,元坝长兴组底界在地震剖面上划在一对中—强的波峰—波谷间的零相位处,表现相对清晰,可以进行全区追踪。长兴组顶界在地震剖面上对应为一个振幅相对变化的波谷反射,该界面在台地边缘区为强波谷反射,同相轴连续性好;在台地内部区,为中—弱波谷反射,同相轴连续性好—差。图 1-13 为 L2236 测线,可见在长兴组顶部界面之上被飞仙关组上超,根据上超点可确定斜坡—陆棚—盆地区长兴组顶界的位置。

### (三) 主要层序界面特征

层序界面的识别依赖于各种标志,由于碳酸盐岩主要由不稳定矿物组成,易溶、易转换,使层序界面在形成过程中存在许多成岩标志,造成层序界面在沉积、地球物理、地球化学上都有明显标志。

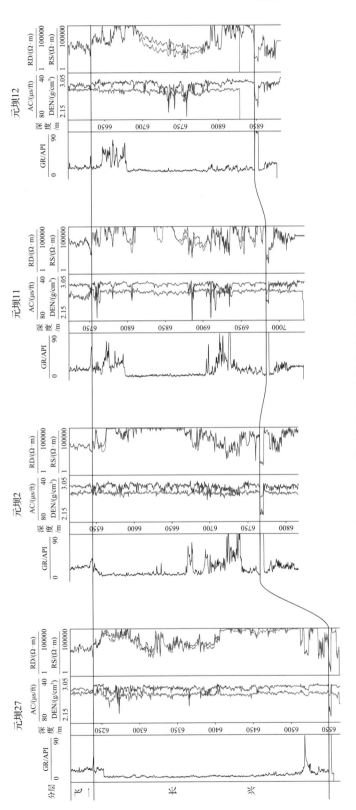

图1-11 元坝地区长兴顶、底标志层电性特征

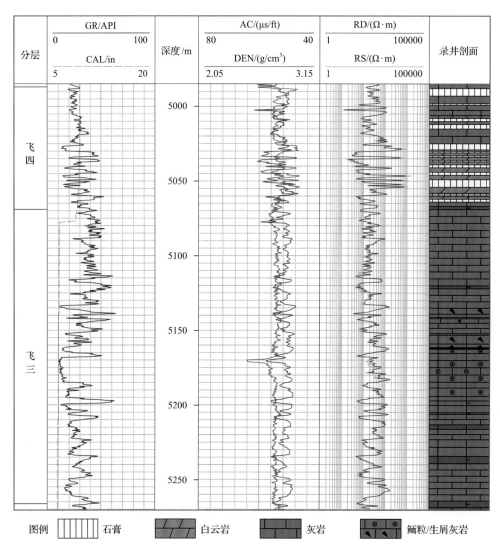

图例 ▯▯▯ 石膏    ▱▱▱ 白云岩    ▭▭▭ 灰岩    ⊙⊙⊙ 鲕粒/生屑灰岩

图 1-12　河坝地区飞仙关组四段膏岩标志层特征

1in=2.54cm

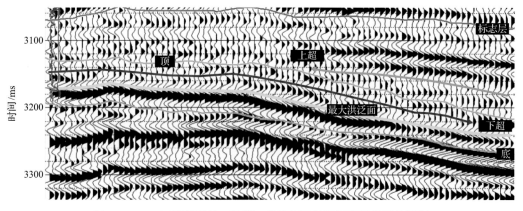

图 1-13　L2236 测线斜坡—陆棚—盆地相区长兴组顶部界面的识别

元坝长兴组礁滩相碳酸盐岩地层可划分为两个三级层序 SQ1 和 SQ2,分别以 SB0、SB1 和 SB2 作为这两个三级层序划分的层序界面。其中 SB0 界面即长兴组的底界面;SB2 界面即长兴组的顶界面。

岩性剖面上 SB1 界面之下一般表现为海退期间局部发育的同生期白云石化,并由于暴露溶蚀作用而孔、洞较发育;也可以仅表现为向上变浅但孔隙并不太发育的碳酸盐岩岩性结构旋回。台地区在 SB1 界面之上为 SQ2 海侵期沉积,岩性相对较纯。单纯的自然伽马测井曲线有时很难区分这种旋回,但自然伽马能谱测井可以弥补其不足。原理上,自然伽马测井只反映地层中天然放射性强度,而地层产生放射性的原因很多,包括泥质细粒、有机质等对地层中放射性元素的吸附,地层孔洞对含放射性物质的富集等。故单纯用自然伽马测井来反映地层中泥质含量的高低可能会出现偏差。自然伽马能谱测井,是将地层中主要放射性较强的铀、钍、钾分别显示出来,其中铀可能反映了地层中有机质或孔洞储层对放射性元素铀的富集作用,而钍和钾的放射性强度可以反映出地层中泥质含量的高低,进一步可以指示岩性剖面的沉积旋回。另外可以结合密度、声波、电阻率曲线来进行分析:在 SB1 界面之下由于水体动荡,频繁暴露,在密度和声波曲线上表现为齿状,且其中孔隙发育层具有低密度、高声波的特征;其界面之上由于是海侵期沉积,水体较深,孔隙不发育,密度和声波曲线为平直状,具有高密度、低声波的特征;界面上、下电阻率曲线表现为由低到高的特征(图 1-14)。

## 二、地层细分及地层组合、分布特征

根据前述的标志层及主要层序界面特征,以等时性为原则,利用钻井的岩性和电性特征(自然伽马、电阻率、三孔隙度相结合),对礁滩相碳酸盐岩地层进行了细分。

### (一)元坝地区长兴组

#### 1. 长兴组层序划分方案

结合区域沉积演化,根据层序地层学理论,利用钻井的岩性和电性特征(自然伽马、电阻率、三孔隙度相结合),将长兴组划为 2 个三级层序、6 个四级层序(图 1-14),并依此将长兴组细分为上、下两段。整体来看,长兴组地层具有明显的旋回性,反映了不同时期海平面的升降变化对沉积作用的控制。

长兴组下段沉积早期以深灰色和灰色微晶灰岩、生屑灰岩、含生屑灰岩为主,晚期主要为灰色含云生屑灰岩、云质生屑灰岩、白云岩等,反映海平面下降;长兴组上段底部岩性主要为灰岩、生屑灰岩,反映了长兴组上段沉积早期又一次的海侵,顶部则以灰色溶孔白云岩、白云质灰岩、含白云质灰岩为主,反映晚期的海退和暴露。

#### 2. 长兴组层序地层对比

(1)建立层序地层格架。

在确定层序地层划分方案的基础上,对区内完钻井进行单井层序地层划分,进而通过关键界面的控制及层序界面追踪模式在地震上进行三级层序及体系域划分,建立区内三级层序地层格架,如图 1-15 和图 1-16 所示。

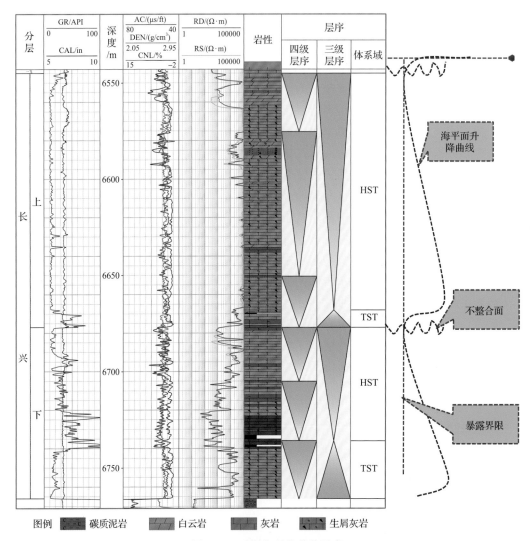

图例 碳质泥岩　白云岩　灰岩　生屑灰岩

图 1-14　元坝典型井单井层序

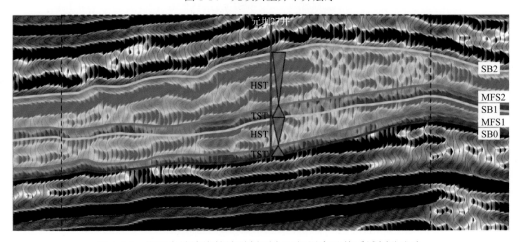

图 1-15　位于台地边缘的地震剖面上三级层序及体系域划分方案

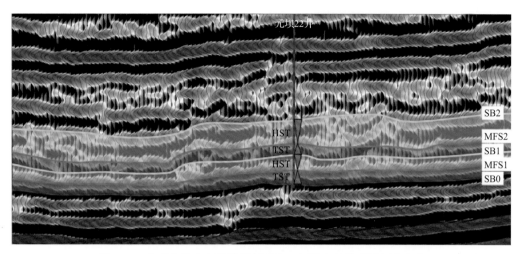

图1-16　位于台地内部的地震剖面上三级层序及体系域划分方案

(2)层序地层对比结果。

在单井四级层序划分基础上，在三级层序地层格架中进行四级层序追踪对比。利用标志层控制，结合单井层序划分，对元坝地区台缘相带各井进行了小层划分对比。并将对比结果在地震上进行了标定，与地震比较吻合(图1-17)。从近南北向和北西西-南东东向地层对比图(图1-18、图1-19)可以看出，元坝地区台缘相带长兴组上、下段地层累加厚度展布不稳定，一般为200～300m，局部可达350m，其中北部生物礁发育区东西向厚度较稳定；南部礁、滩发育区则为西薄东略厚的特征。地层厚度的变化受沉积相带控制明显，生物礁发育区厚度明显增大。

(二)普光地区飞仙关组

1. 三级层序划分

飞仙关组沉积于印度阶，延续时间为距今248.2～244.8Ma，约3.4Ma。根据前述方法将普光地区飞仙关组划分为飞仙关组一、二段和飞仙关组三、四段两个三级层序，这样单个三级层序延续时限约1.7Ma，与国外大多学者认为的1～10Ma是相近的。

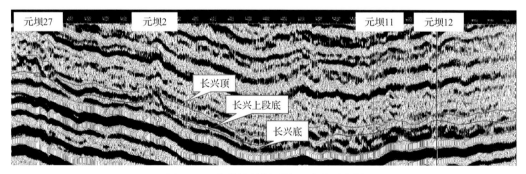

图1-17　连井地震剖面地层追踪对比图

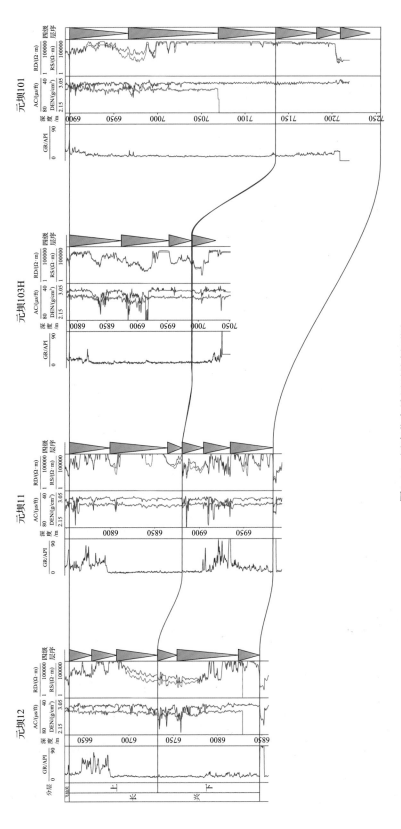

图1-18 近南北向地层对比剖面图

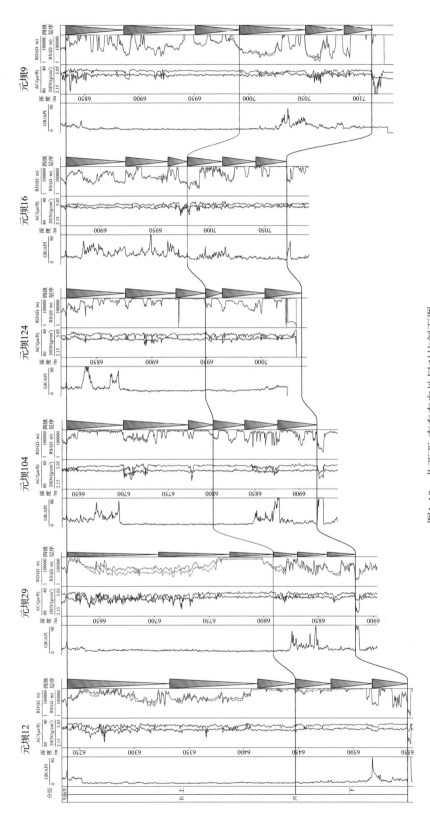

图1-19 北西西-南东东向地层对比剖面图

从纵向上岩性变化及对应的测井曲线变化特征也可推断,飞仙关组表现出两个由退积向进积转变的旋回。如普光 3 井,下部 5610~5384m 井段为泥灰岩→灰岩→鲕粒灰岩和鲕粒白云岩夹灰岩和白云岩→粉-微晶云岩序列,上部 5384~5145m 为灰岩夹泥灰岩→泥灰岩→紫红色泥白云岩夹石膏→膏质灰岩序列,形成两个退积→进积的叠置结构类型(图 1-20)。鲕粒白云岩之上灰岩的出现反映海侵的开始,并且在灰岩与白云岩的互层中灰岩向上增厚,反映海侵的继续,之后白云岩开始占较大比例则反映进积的开始。

2. 飞仙关组层序地层对比

在沉积格局分析基础上,通过单井层序划分并标定到地震剖面上,井、震结合进行层序对比(图 1-21、图 1-22),以达到全区闭合对比。最终将飞仙关组一、二段划分为 4 个四级层序(小层),其中下部第一个四级层序为水进体系域,厚度较小,主要是一套泥灰岩,储层不发育;上部 3 个四级层序为高位体系域,为台地边缘暴露浅滩——鲕粒滩沉积,厚度较大,储层发育;飞仙关组三、四段沉积时水体升降频繁,将其细分为 7 个四级层序。地震剖面标定结果说明,四级层序界面在地震同相轴上可以追踪,划分结果符合等时原则。

## 第四节　四川盆地主要礁滩发育期沉积微相

### 一、典型井单井相及沉积类型

利用岩心、录井、测井、薄片分析等资料,结合区域沉积背景,对典型井进行单井相划分。

(一)元坝长兴组

1. 元坝 29 井

元坝 29 井位于长兴期碳酸盐台地及台地边缘,长兴组划为开阔台地、台地边缘、局限台地 3 种亚相(图 1-23)。

开阔台地亚相:位于长兴组下部,发育滩间和台内滩微相。

滩间微相:岩性主要为灰色和深灰色微晶灰岩、含泥灰岩、泥质灰岩。在常规测井曲线上表现为高伽马、中高电阻的特征。

台内滩微相:按照所处水体能量的高低划为高能台内滩和低能台内滩 2 种。高能台内滩岩性为灰色生屑含白云质灰岩,在测井曲线上表现为低伽马、中低电阻特征;低能台内滩岩性为灰色生屑灰岩,在测井曲线上表现为低伽马、中高电阻特征。

台地边缘亚相:位于长兴组中上部,发育台缘生物礁、高能台缘滩微相。

高能台缘滩微相:位于长兴组下段的顶部,岩性主要为生屑灰质白云岩、含灰白云岩,在测井曲线上表现为低伽马、低电阻特征。

台缘生物礁微相:位于长兴组上段,岩性为灰色生物礁灰岩、灰色生屑灰岩、浅灰色溶孔生屑白云岩、灰色—灰黑色中—细晶白云岩等,灰黑色主要是溶孔多被沥青充填造成。造礁生物主要为海绵、珊瑚,附礁生物主要为藻、海百合、有孔虫、蜓类、腕足

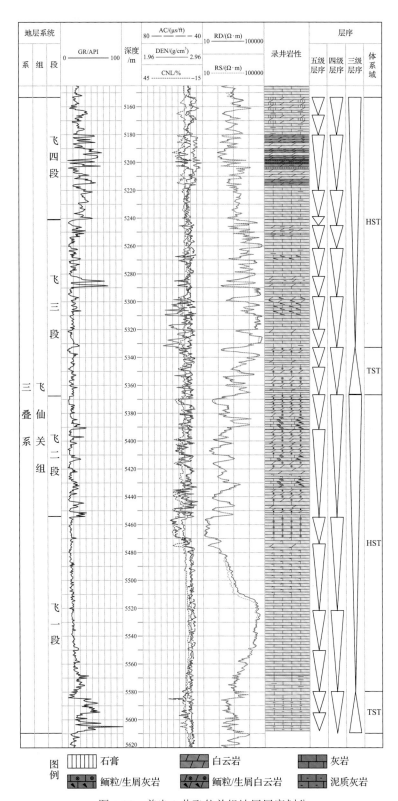

图 1-20 普光 3 井飞仙关组地层层序划分

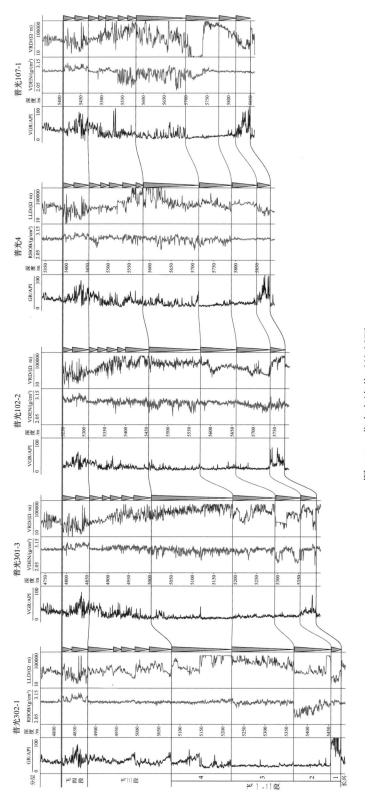

图1-21　北东向连井对比剖面

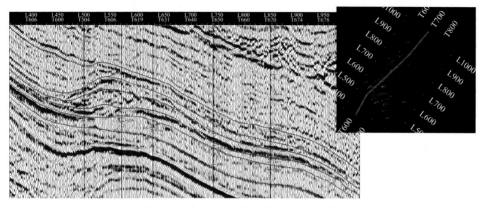

图 1-22　北东向地震剖面地层追踪对比图

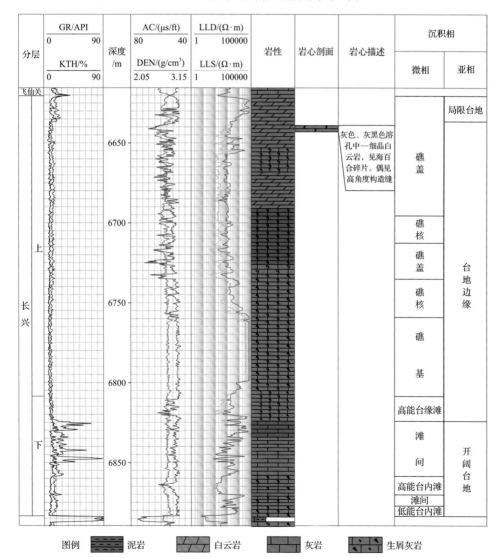

图例 ▨ 泥岩　▨ 白云岩　▨ 灰岩　▨ 生屑灰岩

图 1-23　元坝 29 井长兴组沉积相综合柱状图

类等，生物碎屑个体大小不均。生物礁进一步细分为礁基、礁核、礁盖等 3 个单元：礁盖在测井曲线上表现为低伽马、低电阻特征，以及早期频繁暴露导致的声波和密度曲线锯齿状，在成像测井上表现为褐色块状，溶孔发育；礁基、礁核在测井曲线上表现为低伽马、极高电阻特征，声波和密度曲线较平直，在成像测井上表现为亮色块状特征。

局限台地相：本井长兴组顶部，主要发育潮坪微相，岩性主要为灰色白云岩。

2. 元坝 12 井

元坝 12 井长兴组可划为开阔台地、台地边缘、局限台地 3 种亚相(图 1-24)。

开阔台地亚相：位于长兴组下部，包括滩间和台内滩微相。滩间微相的岩性主要为灰色、深灰色微晶灰岩，在测井曲线上表现为略高伽马、高电阻的特征。台内滩微相以低能台内滩为主，也有少数高能台内滩。高能台内滩以砂屑含白云质灰岩、砂屑灰岩为主，在测井曲线上为略低伽马、低电阻特征；低能台内滩以砂屑灰岩为主，在测井曲线上为略低伽马、高电阻的特征。

台地边缘亚相：位于长兴组中上部，主要为高能台缘滩微相，岩性为灰色生屑砂屑灰岩、砾屑灰岩、含云生屑灰岩、浅灰色溶孔白云岩等，电测曲线上表现为低伽马、相对低电阻率、声波和密度锯齿状。

局限台地相：该井长兴组顶部发育潟湖微相，岩性主要为灰色、深灰色含生屑灰岩、微晶灰岩。电测曲线上表现为高自然伽马、低无铀伽马、中高电阻的特征。

(二)普光飞仙关组一、二段

以普光 2 井为典型代表。其飞仙关组一、二段(简称飞一、二段)划为缓坡、台地边缘 2 种亚相(图 1-25)。

缓坡亚相：发育于飞仙关组一、二段下部，主要发育中缓坡微相。岩性主要为灰色泥灰岩、含泥灰岩，测井上主要表现为高伽马的特征。

台地边缘亚相：位于飞仙关一、二段中上部，主要为鲕粒滩和滩间微相。

鲕粒滩微相：岩性为浅灰色厚块状亮晶鲕粒白云岩、亮晶含砾鲕粒白云岩、亮晶含豆粒鲕粒白云岩、亮晶生屑白云岩及亮晶砂屑白云岩。岩石组成以颗粒为主，质量分数为 65%～85%。颗粒以鲕粒为主，砂屑、砾屑次之。鲕粒有高能鲕、薄皮鲕及复鲕，形态为圆形或椭圆形，直径 1mm 居多，部分鲕粒被溶蚀形成鲕模孔或粒内溶孔。砾屑成分为泥晶白云岩、鲕粒白云岩，形态不规则，次圆状，直径 4～5mm，少数 1cm 以上。粒间为颗粒支撑，亮晶胶结，胶结物质量分数为 15%～35%。发育平行层理、交错层理等沉积构造。具向上变厚沉积序列，序列下部为微粉晶白云岩，上部为鲕粒白云岩，鲕粒向上增多。

滩间微相：为鲕粒滩之间的较深水沉积区，能量相对较低。沉积物较细，后期白云石化作用，主要形成微晶白云岩。在测井上表现为较高伽马、较高电阻特征。

(三)河坝飞仙关组三段

以河坝 2 井为例。飞仙关组三段早期为开阔台地沉积，晚期为局限台地沉积，其中台内滩为有利储集相带(图 1-26)。

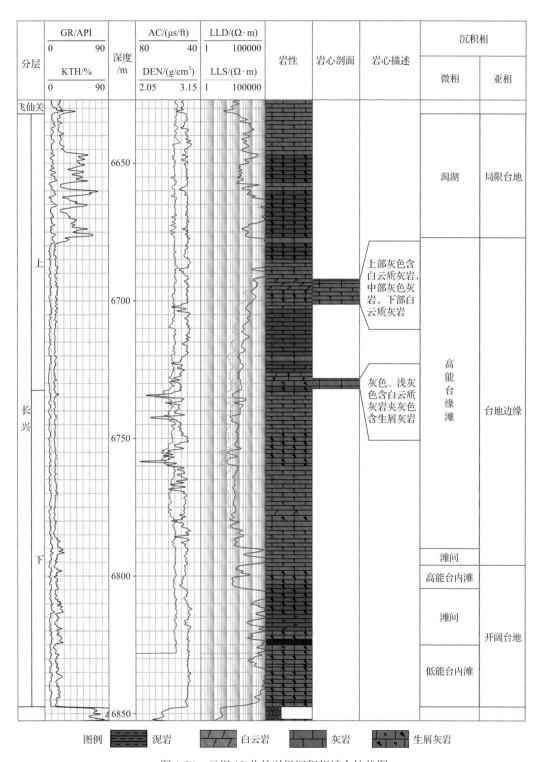

图 1-24 元坝 12 井长兴组沉积相综合柱状图

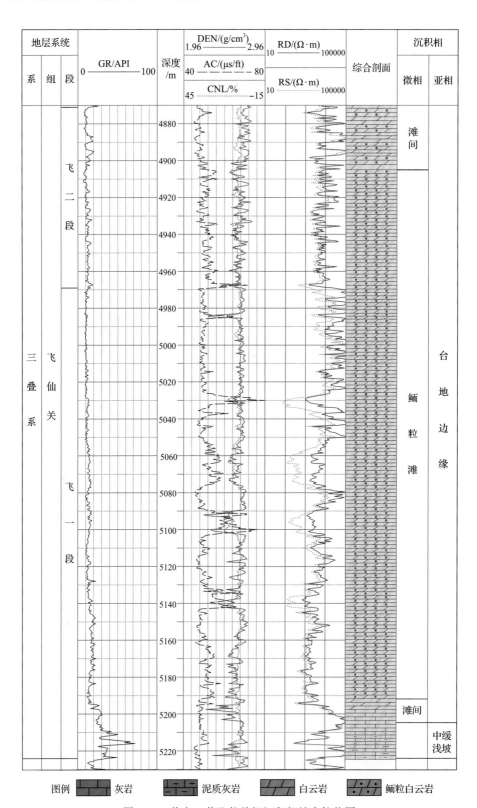

图 1-25　普光 2 井飞仙关组沉积相综合柱状图

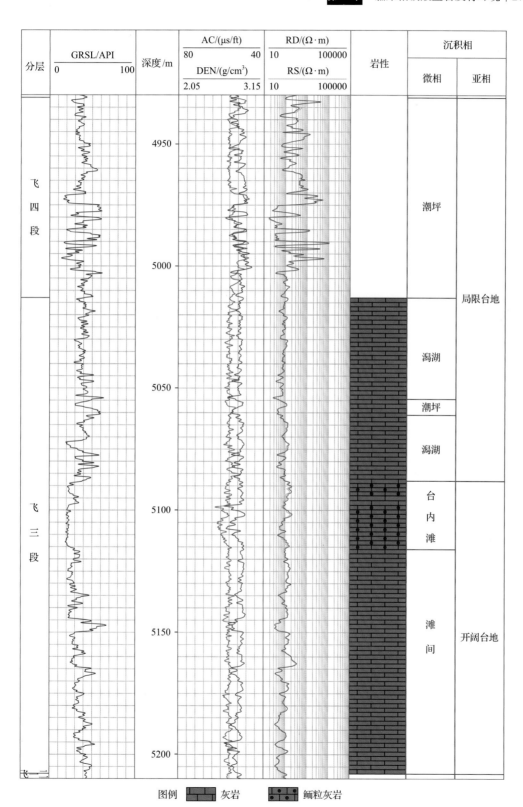

图 1-26　河坝 2 井飞仙关组三、四段沉积相综合柱状图

（1）开阔台地亚相。

主要位于飞仙关组三段下部，可细分为台内滩及滩间微相。

台内滩：为开阔台地环境中的浅水高能相带，主要沉积亮晶砂屑灰岩和亮晶鲕粒灰岩（图1-27），颗粒间亮晶胶结。按沉积物类型，可分为砂屑滩及鲕粒滩等。

滩间：为浅滩间的深水沉积区，能量低，沉积颗粒细，以微晶灰岩为主夹少量砂屑灰岩（图1-28）。沉积构造少，发育少量水平层理、生物钻孔等。

图1-27　浅灰色鲕粒灰岩　　　　　图1-28　深灰色纹层状泥灰岩夹颗粒灰岩条带

纵向上，台内滩沉积与滩间沉积多为韵律互层，下部为滩间，上部为台内滩，构成向上变浅沉积序列。

（2）局限台地相。

河坝2井飞仙关组三段上亚段发育了局限台地潟湖微相，岩性以浅绿灰色微晶灰岩及泥灰岩为主，夹少量正粒序粒屑（生物）灰岩。浅绿灰色微晶灰岩及泥灰岩反映静水沉积环境，而正粒序粒屑（生物）灰岩则为潟湖中常见的风暴沉积，具有一定的指相意义。

（四）河坝嘉陵江组二段

以河坝2井为例。嘉陵江组二段（简称嘉二段）为局限台地，发育台内滩、潮坪、潟湖等微相，见图1-29。潮坪：位于潮间-潮上地带，岩性以白云岩、膏质云岩、石膏岩、灰质白云岩为主，少量白云质灰岩。潟湖：是局限台地中潮下沉积部分，岩性以石膏岩、含膏灰岩、微晶灰岩及泥灰岩为主，后二岩石亦常见石膏斑点。台内滩：零星分布于潟湖之中，浅水环境，能量较高，岩性主要为砂屑白云岩、鲕粒白云岩。

**二、各期沉积微相**

采用点、线、面的方法，在单井相分析基础上，充分利用三维地震资料，优选地震属性进行沉积微相平面展布研究。

（一）元坝长兴组

采用岩心标定测井、测井标定地震，建立了元坝长兴组主要微相类型的识别模式（图1-30）。

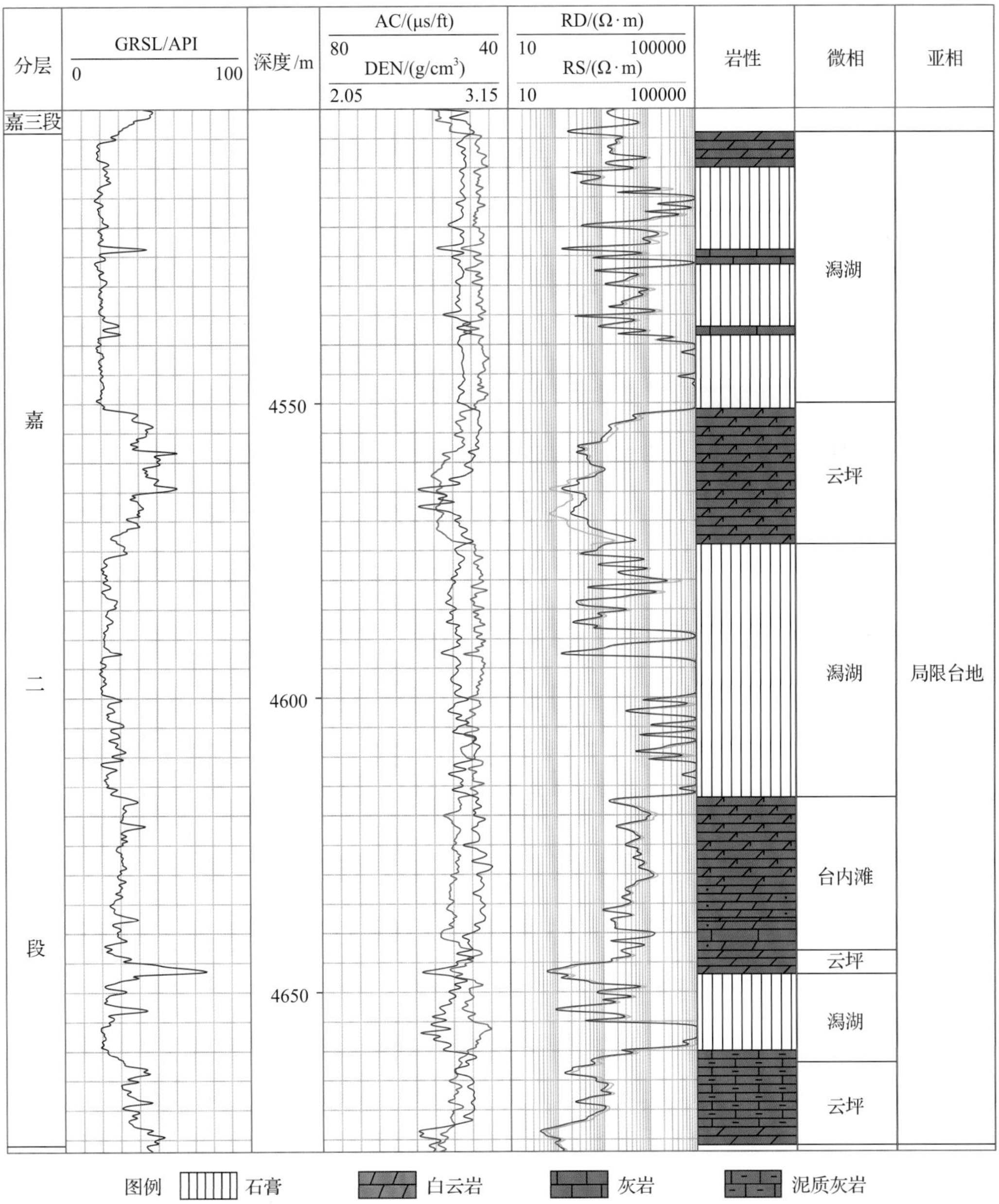

图 1-29　河坝 2 井嘉陵江组二段沉积相综合柱状图

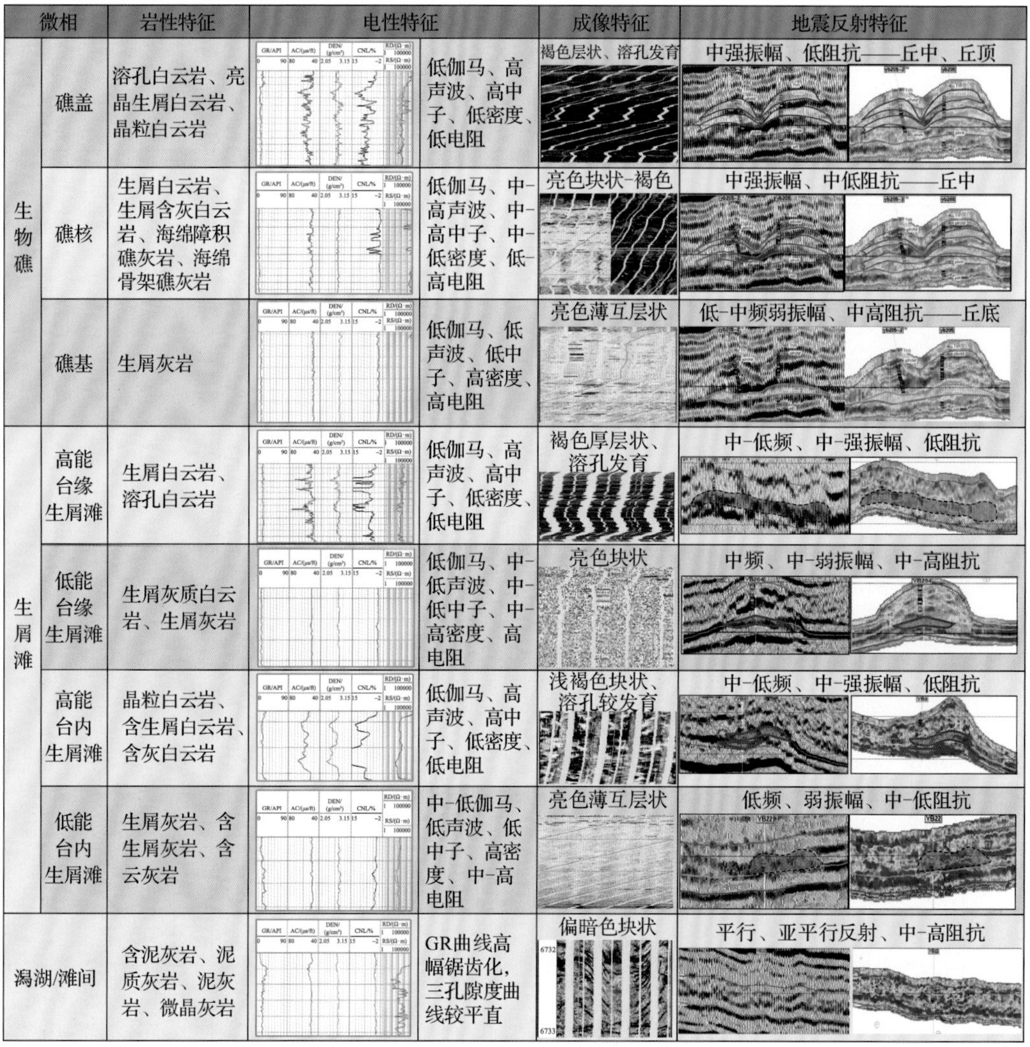

| 微相 | | 岩性特征 | 电性特征 | 成像特征 | 地震反射特征 | |
|---|---|---|---|---|---|---|
| 生物礁 | 礁盖 | 溶孔白云岩、亮晶生屑白云岩、晶粒白云岩 | 低伽马、高声波、高中子、低密度、低电阻 | 褐色层状、溶孔发育 | 中强振幅、低阻抗——丘中、丘顶 | |
| | 礁核 | 生屑白云岩、生屑含灰白云岩、海绵障积礁灰岩、海绵骨架礁灰岩 | 低伽马、中-高声波、中-高中子、中-低密度、低-高电阻 | 亮色块状-褐色 | 中强振幅、中低阻抗——丘中 | |
| | 礁基 | 生屑灰岩 | 低伽马、低声波、低中子、高密度、高电阻 | 亮色薄互层状 | 低-中频弱振幅、中高阻抗——丘底 | |
| 生屑滩 | 高能台缘生屑滩 | 生屑白云岩、溶孔白云岩 | 低伽马、高声波、高中子、低密度、低电阻 | 褐色厚层状、溶孔发育 | 中-低频、中-强振幅、低阻抗 | |
| | 低能台缘生屑滩 | 生屑灰质白云岩、生屑灰岩 | 低伽马、中-低声波、中-低中子、中-高密度、高电阻 | 亮色块状 | 中频、中-弱振幅、中-高阻抗 | |
| | 高能台内生屑滩 | 晶粒白云岩、含生屑白云岩、含灰白云岩 | 低伽马、高声波、高中子、低密度、低电阻 | 浅褐色块状、溶孔较发育 | 中-低频、中-强振幅、低阻抗 | |
| | 低能台内生屑滩 | 生屑灰岩、含生屑灰岩、含云灰岩 | 中-低伽马、低声波、低中子、高密度、中-高电阻 | 亮色薄互层状 | 低频、弱振幅、中-低阻抗 | |
| 潟湖/滩间 | | 含泥灰岩、泥质灰岩、泥灰岩、微晶灰岩 | GR曲线高幅锯齿化，三孔隙度曲线较平直 | 偏暗色块状 | 平行、亚平行反射、中-高阻抗 | |

图 1-30 元坝长兴组主要微相类型识别模式

1. 地震相及古地貌分析

地震相是沉积相在地震资料上的影射，指在一定分布范围内的三维地震反射单元，其反射结构、几何外形、振幅、频率、连续性等地震参数皆与相邻相单元不同。它代表产生其反射的沉积物的一定岩性组合、层理和沉积特征。利用三维地震资料平面分辨率高的优势，可以较为精细地刻画元坝地区地震相及古地貌在平面上的分布。

大量资料表明礁、滩体的沉积具有典型的古地貌特征。元坝地区上二叠统沉积时没有大的构造运动，处于稳定的台地沉积环境，地层保存完整，因此可以通过恢复古地貌特征，为全面认识该区礁、滩沉积体系的发育特征和分布范围提供依据。

图 1-31 和图 1-32 分别为长兴组沉积早期地震相及古地貌图，从地震相图可以看出蓝色带对应的是古地貌高带，结合单井相分析结果，确定此带即为早期高能生屑滩发育带。

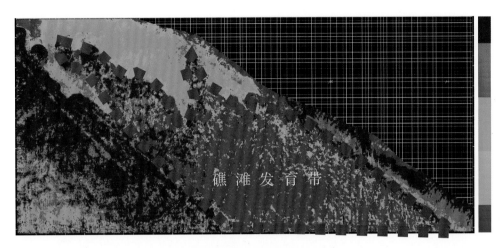

图 1-31  长兴组沉积早期地震相图

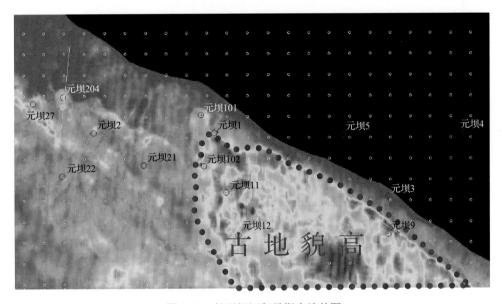

图 1-32  长兴组沉积早期古地貌图

图 1-33 和图 1-34 为长兴组沉积晚期地震相及古地貌图，结合单井相分析及古地貌图可知，地震相图外缘杂色带为生物礁发育区，浅紫色区为礁后浅滩发育带。从古地貌图可知，各礁带上的生物礁可能并不都相连。

2. 沉积微相展布特征

通过单井相分析、连井剖面相分析、地震相及古地貌分析，结合前人研究，认识到元坝地区长兴组为典型的礁、滩沉积，自东北向西南依次为陆棚相、斜坡相、台地边缘礁滩相、开阔台地相。

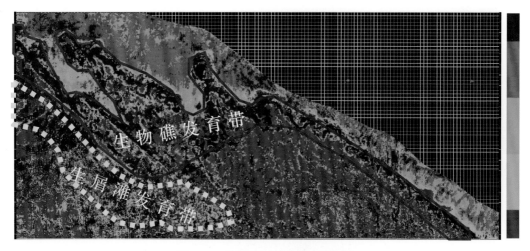

图 1-33　长兴组沉积晚期地震相图

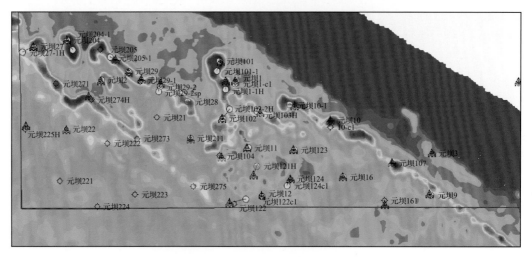

图 1-34　长兴组沉积晚期古地貌图

　　长兴组沉积早期整体沉积地形比较平缓，西南部为开阔台地沉积，东北部（元坝 1 井以东及北）为斜坡和陆棚沉积。开阔台地内部发育薄层低能生屑滩、砂屑滩，但整体水体较深，储层不甚发育；仅在局部地形稍高、能量较高的地方发育一些高能生屑滩储层。此期滩体分布局限、零散，仅在元坝 9 等井区发育此期滩体。

　　长兴组沉积中期，随着沉积地形分异加剧，西南部逐渐演化成台地边缘，在元坝 101-元坝 11-元坝 12 井一带形成高能生屑滩沉积，此期滩体厚度大，分布范围也较大。长兴组沉积早期和中期沉积微相分布特征见图 1-35、图 1-36。

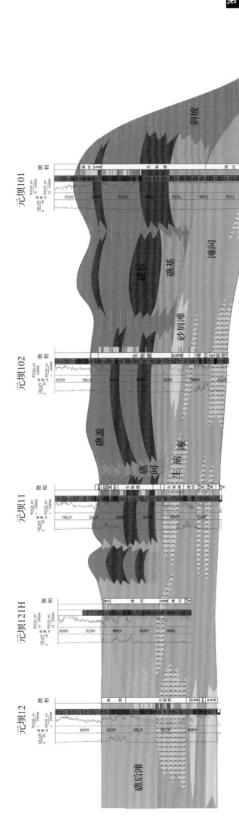

图1-35 过元坝12-元坝11-元坝101井连井沉积微相剖面图

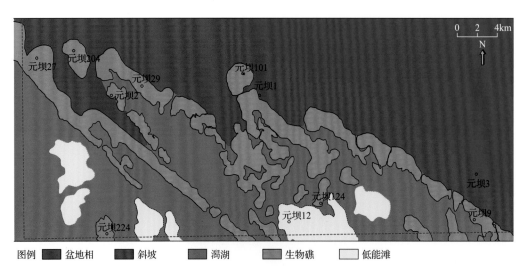

图 1-36　元坝长兴组沉积早中期沉积微相平面展布图

长兴组沉积晚期地形分异进一步加剧，沿着台地边缘带开始形成生物礁，数量多，但个体小，分散，呈条带状分布，各个礁带之间并不完全相连(图 1-35～图 1-38)。

同时，随着生屑加积及礁屑不断向礁后充填，在生物礁后发育礁后滩。生物礁、礁后滩微相是长兴组上段较有利于储层发育的微相。

(二)普光飞仙关组一、二段

1. 沉积微相特征

普光地区飞仙关组一、二段沉积期主要划分为 3 种亚相。

(1)局限台地亚相。

飞仙关组一、二段局限台地分布较小，由台内滩、潟湖等微相组成。台内滩为局限台地中的浅水地带，能量较高，主要沉积亮晶生屑灰岩、亮晶砂屑灰岩和亮晶鲕粒灰岩，颗粒间亮晶胶结；潟湖是局限台地中潮下沉积部分，沉积物粒度细，以泥晶灰岩及泥灰岩为主，少量白云质灰岩。

(2)台地边缘亚相。

台地边缘亚相又可进一步分为内碎屑滩、鲕粒滩、生屑滩、滩间等微相。在前面 3 种滩相中，主要沉积浅灰色厚块状亮晶鲕粒白云岩、亮晶含砾鲕粒白云岩、亮晶含豆粒鲕粒白云岩、亮晶生屑白云岩及亮晶砂屑白云岩。岩石组成以颗粒为主，质量分数为 65%～85%。颗粒以鲕粒为主，砂屑、砾屑次之。粒间为颗粒支撑，亮晶胶结，胶结物质量分数为 15%～35%。滩相发育有平行层理、交错层理等沉积构造。

(3)斜坡亚相。

发育于长兴组及飞仙关组一、二段。平面上分布于普光 302-1 井以西。地震剖面上，斜坡位于具透镜状的台地边缘礁滩相与具高频-平行的陆棚相带之间，具前积特征。

2. 地震相分析

通过对普光地区飞仙关组地层地震反射影像研究，结合单井相分析，飞仙关组中识别出陆棚相、斜坡相、局限台地相、台地边缘浅滩亚相等多种沉积相的地震标志(图 1-39)。

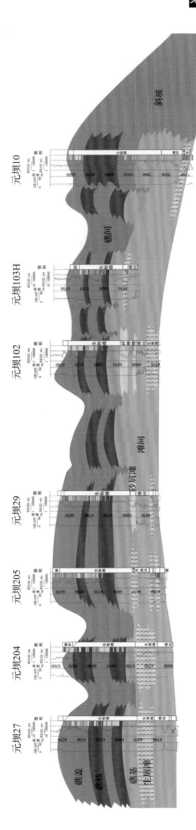

图1-37 连井沉积微相剖面图

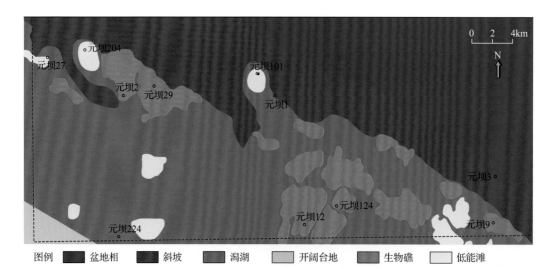

图例 ■ 盆地相 ■ 斜坡 ■ 潟湖 ■ 开阔台地 ■ 生物礁 □ 低能滩

图 1-38 元坝长兴组沉积晚期沉积微相平面展布图

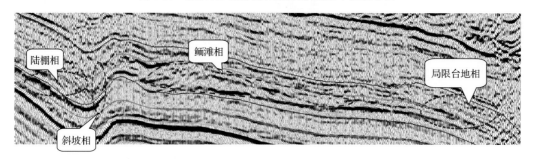

图 1-39 长兴组-飞仙关组地震反射影像特征

(1)陆棚相。

陆棚相分布于普光主体西南部地区。地震剖面上,陆棚相具有弱振幅、连续、高频及平行影像特征,代表一种安静、低能的沉积环境。

(2)斜坡相。

斜坡相位于台地相与陆棚相之间的过渡地带。地震剖面上,斜坡相具有杂乱及前积影像特征,介于弱振幅、连续、高频及平行的陆棚相与丘状杂乱反射的台地边缘礁滩相带之间。

(3)局限台地相。

钻井揭示,普光地区东部飞仙关组一、二段、普光全区飞仙关组三段上部以局限台地相为主,水体能量低,沉积了白云岩、灰质白云岩、白云质灰岩、微晶灰岩,夹鲕粒灰岩。地震剖面上,局限台地相为中弱振幅、连续、中低频及亚平行结构。

(4)台地边缘浅滩亚相。

钻井揭示,普光地区飞仙关组一、二段发育台地边缘浅滩亚相,沉积的岩石以亮晶鲕粒白云岩、亮晶含砂砾屑鲕粒白云岩为主,亦见有一些亮晶砂屑白云岩。地震剖面上,台地边缘浅滩亚相具有非常特殊的影像特征(图 1-40):强振幅及中低频为总体特征;少数为连续,多数为不连续;频率较低,以中低频为主;亚平行结构。浅滩亚相位于弱振幅、连续、中低频及亚平行的局限台地与具前积结构的斜坡相之间。

图 1-40　过普光 2 井地震剖面

3. 沉积微相平面展布

飞仙关组一、二段相带呈北西-南东向展布，西部为陆棚，东部为碳酸盐岩台地。飞仙关组一段沉积早期的海侵使普光地区沉积了一套薄层的微晶灰岩、泥灰岩，其后沉积基底的差异升降及沉积作用使普光地区演变为镶嵌台地模式，在台地边缘发育了一套以鲕粒云岩为主、少量砂屑砾屑云岩的暴露浅滩相沉积，浅滩相位于普光 6 井—普光 5 井区及以东的较大范围（图 1-41），为气田最有利的储集相带。此后直到晚期，滩体范围逐渐由西南向北东扩大（图 1-42），而且本区的滩体并不是一个，而是由多个叠加而成；

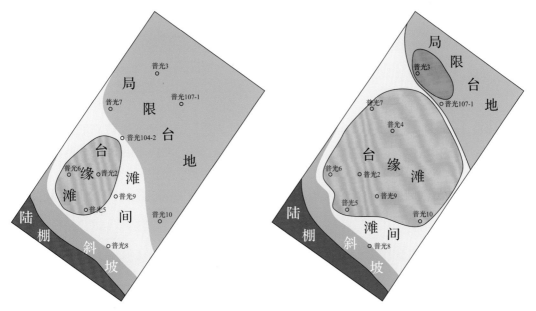

图 1-41　普光飞仙关组一、二段下部沉积相图　　　图 1-42　普光飞仙关组一、二段上部沉积相图

滩核的位置随时间不同也有所改变，从早先的中部向北部和东部扩展，总体呈北西-南东向。从地震波形分类图上(图 1-43)看，可以分出 3 个区(Ⅰ、Ⅱ 和Ⅲ)，其中最大的滩核位于台缘水道一带的普光 301-4—普光 301-3—普光 2 一线，它也是滩体最先发育的部位。

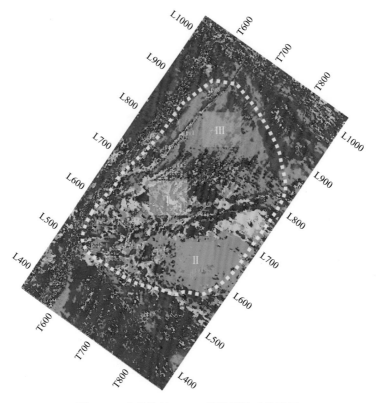

图 1-43 飞仙关组一、二段地震波形分类图

### (三)飞仙关组三段和嘉陵江组二段

**1. 飞仙关组三段**

河坝地区飞仙关组三段早期为开阔台地，台地平缓，但古地貌略有高低起伏，在相对高处由于水体浅，波浪作用强，发育鲕粒滩(图 1-44、图 1-45)。鲕粒滩又分两期发育，早期鲕粒滩分布在河坝 107 等多个井区；晚期鲕粒滩主要分布在河坝 1、2 井区，但厚度大。而低洼地带则因周边地势的阻塞，波浪作用弱，发育滩间沉积。到飞仙关组三段晚期，由于海平面下降，水体逐渐局限，河坝地区演变为局限台地沉积，主要发育潮坪、潟湖等微相。

**2. 嘉陵江组二段**

河坝地区嘉陵江组二段早期为局限台地沉积，发育台内滩、潮坪、潟湖等微相，岩性以砂屑白云岩、鲕粒白云岩、粉晶白云岩、微晶灰岩与硬石膏不等厚互层为主。台内

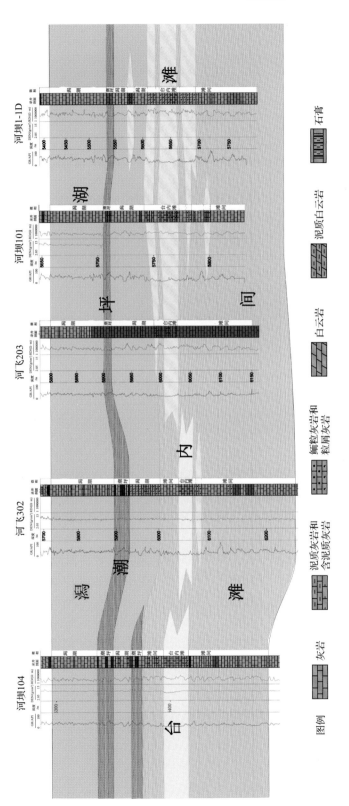

图1-44 飞仙关组三段连井剖面相图

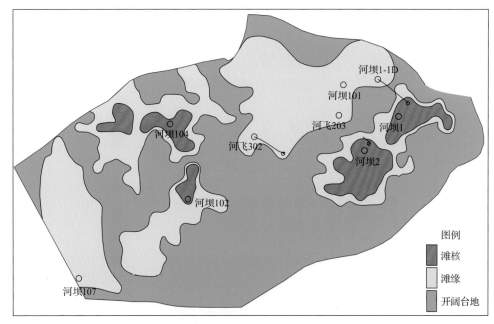

图 1-45　河坝地区飞仙关组三段沉积相展布图

滩相主要位于嘉陵江组二段下部(图 1-46)，是该段的主要储层段。平面上滩体主要位于河坝区块的中部，分布范围较大(图 1-47)。晚期为蒸发台地沉积，发育潮坪、潟湖微相。

## 三、沉积环境演化模式

### (一)元坝

根据元坝长兴组沉积特征分析，在单井相、地震相、古地貌、分段沉积相研究的基础上，总结了元坝长兴组的沉积演化模式(图 1-48)。长兴组沉积早期为开阔台地沉积环境，地形总体比较平缓，仅在局部地形稍高、水体能量较大的地方发育一些厚度不大、分布有限的高能生屑滩，形成了第一套滩相储层；随着断裂作用的影响及沉积作用的进行，元坝地区差异升降加剧，西南部下沉幅度小，为碳酸盐岩台地边缘环境，发育一些厚度较大的高能生屑滩，滩体分布范围较第一期大，具有从西向东、从南向北前积的特征，成片性稍好，为长兴组第二套滩相储层；长兴组沉积晚期沉积地形分异进一步加剧，元坝地区沿着台地边缘外侧开始发育台缘生物礁沉积，呈条带状分布，同时随着生屑加积及礁屑不断向礁后充填，在生物礁后发育礁后浅滩沉积；长兴组沉积末期由于水体变得局限，主要发育潮坪及潟湖相沉积。

### (二)普光

通过对普光地区生物礁特征的观察分析，结合宣汉盘龙洞、羊鼓洞、开县红花等露头区生物礁对比，建立了普光地区长兴组生物礁模式(图 1-49)。认为普光地区属于碳酸盐岩台地边缘礁。长兴期，普光地区处于碳酸盐岩台地边缘，沿台地边缘有一个生物礁

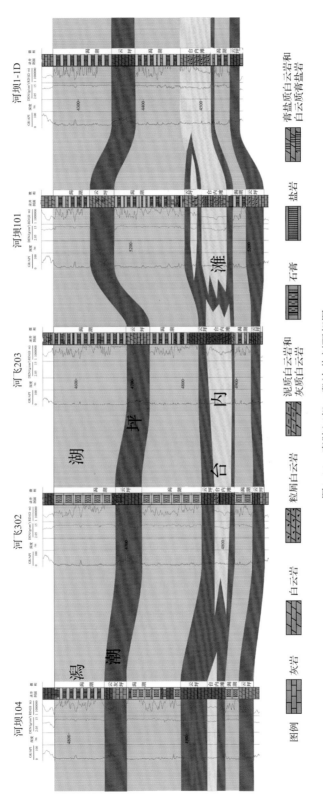

图1-46　嘉陵江组二段连井剖面相图

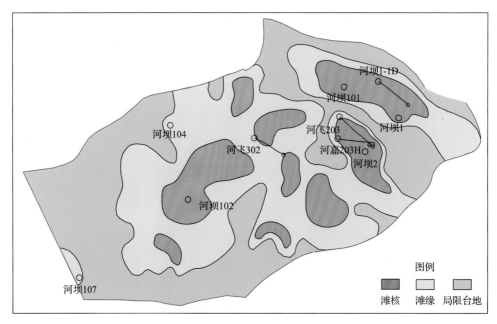

图 1-47　河坝地区嘉陵江组二段沉积相展布图

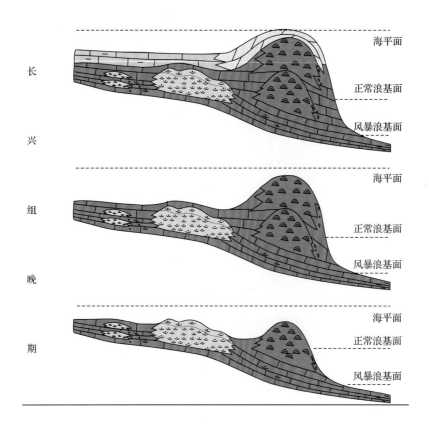

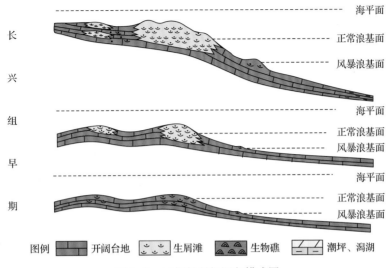

图 1-48 元坝长兴组沉积模式图

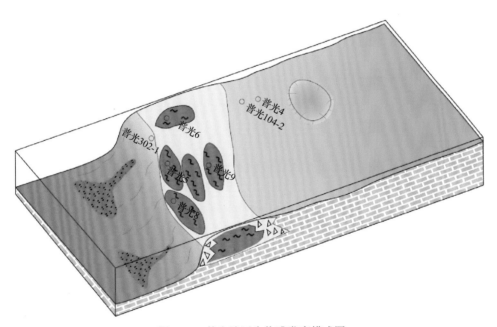

图 1-49 普光地区生物礁发育模式图

生长带,一系列丘状或点状礁呈串珠状分布,各个礁体周围被生屑滩所环绕,生物礁规模虽小,但与其伴生的浅滩规模可能很大,两者结合就构成了规模巨大的台地边缘礁滩组合相带,为储层形成提供了有利的沉积相带。

# 第二章　礁滩相碳酸盐岩储层地质特征

　　储层地质特征研究是油气藏描述的核心内容之一。本章研究了储层岩性特征及有利储层展布规律,以及礁滩相碳酸盐岩成岩作用类型、序列及其对储层发育的影响,在礁滩相碳酸盐岩储层孔隙结构分析及物性参数统计基础上,明确了优质储层控制因素,建立了一套综合评价方法,对四川盆地几个地区礁滩相碳酸盐岩储层进行了综合评价,明确了有利储层目标。

## 第一节　不同类型礁滩相碳酸盐岩储层岩性特征

### 一、元坝长兴组礁滩相碳酸盐岩储层岩性

　　通过钻井岩心观察、岩屑录井及薄片鉴定,发现长兴组储层岩石类型多,其中溶孔白云岩、生屑(含生屑)粉细晶白云岩、残余生屑(粒屑)白云岩、生物礁白云岩是几种重要的储层岩石类型(郭彤楼,2011a;马永生等,2014)。这些储层分别发育于生物礁相和生屑滩相。

#### (一)生屑滩相储层岩性特征

　　生屑滩相储层主要发育于长兴组下段,其岩性包括灰色溶孔中-粉晶白云岩、灰色生屑(含生屑)粉细晶白云岩、灰色灰质白云岩、残余生屑白云质灰岩、灰色生屑(砂砾屑)灰岩等,前二者物性最好,是重要的两种储层。

　　灰色溶孔中-粉晶白云岩:白云石晶粒大小不均,一般为 0.05~0.25mm,以粉-细晶为主(占 75%),中晶占 25%。白云石以半自形晶为主,部分晶形较好,大部分晶间镶嵌致密。重结晶作用强,原生结构无法辨认,岩石显残余结构。孔隙类型以溶孔为主[图 2-1(a)],孔径一般为 0.2~1.5mm,溶孔中见自生石英,呈中-细晶,少量晶形好。晶间孔次之,孔径一般为 0.05~0.15mm。

　　灰色生屑(含生屑)粉细晶白云岩:白云化作用强,白云石晶粒结构清楚,溶孔发育。生屑主要为海百合,亦有少量有孔虫、双壳、腕足、海绵生屑[图 2-1(b)]。

(a) 元坝9井7 18/27, 溶孔白云岩　　　　　　(b) 元坝123井24 23/42, 生屑粉细晶白云岩

图 2-1　长兴组下段主要储层岩石类型

（二）生物礁相储层岩性特征

生物礁相储层主要发育于长兴组上段，岩性变化多种，其中残余生屑（粒屑）溶孔白云岩、中粗晶（溶孔）白云岩、含生屑溶孔白云岩、灰色藻黏结（溶孔）微粉晶白云岩、生物礁白云岩等物性最好，是重要的几种储层。

残余生屑（粒屑）溶孔粉细晶白云岩：以生屑或砂屑颗粒支撑为主，粒间云泥或亮晶胶结。白云石晶粒从泥粉晶到中细晶均有，部分岩石残余生屑或砂屑结构已不明显，常为中细晶或粉细晶白云石组成［图 2-2(a)］，可能是不均匀白云石化或后期重结晶强度差异造成的，这类岩石孔隙发育，为该区主要储集岩之一。

中粗晶（溶孔）白云岩：白云石晶粒大小均匀，以中、粗晶为主；白云石自形-半自形，常具雾心亮边结构；晶间孔、晶间溶孔发育［图 2-2(b)］，为该区主要储集岩之一。

灰色藻黏结（溶孔）微粉晶白云岩：岩石结构以微、粉晶白云岩为主，部分呈藻黏结结构，也有部分呈均质结构，另外有一部分呈含生屑微晶结构，结构特征明显；孔隙较发育［图 2-2(c)］，为该区主要储集岩之一。

生物礁白云岩：生物礁骨架结构清楚，造礁生物主要为海绵、板状珊瑚，附礁生物主要为腕足类、棘皮类、有孔虫类等，礁骨架间常为微晶填积。岩石白云化作用强烈，白云石晶体主要为粉细晶类，溶蚀孔洞发育，主要为生物铸模孔［图 2-2(d)］，为该区主要储集岩之一。

(a) 元坝2井，6557.5m，细晶白云岩，见沥青

(b) 元坝11井，中晶白云岩，铸体薄片(-)

(c) 元坝2井7-33，泥粉晶藻屑灰质白云岩，染色(-)

(d) 元坝104井5 34/36，生物礁白云岩，铸模孔发育

图 2-2 长兴组上段主要储层岩石类型

## 二、普光地区礁滩相碳酸盐岩储层岩性

### (一)长兴组

普光长兴组主要为一套礁滩相白云岩组合，包括含灰或灰质白云岩、生屑(含残余生屑)白云岩、砂屑(含残余砂屑)白云岩、砾屑(含残余砾屑)白云岩、结晶白云岩、海绵礁白云岩、海绵礁灰岩和微粉晶灰岩等多种岩石类型，其中结晶白云岩、砂屑白云岩和海绵礁白云岩为重要的储层(表 2-1)(陈雪等，2013)。

**表 2-1　普光气田典型井长兴组岩石组分统计表**

| 岩石类型 | 矿物成分 | | 结构成分 | | | | 结晶程度 |
|---|---|---|---|---|---|---|---|
| | 方解石/% | 白云石/% | 颗粒 | | 胶结物 | | |
| | | | 成分 | 质量分数/% | 成分 | 质量分数/% | |
| 结晶白云岩 | 9 | 91 | 生屑 | 9 | 泥晶 | 91 | 粉-中晶 |
| 砂屑白云岩 | 3 | 97 | 砂屑 | 45 | 亮晶 | 55 | 细-粉晶 |
| 生屑白云岩 | 4 | 96 | 生屑 | 64 | 亮晶 | 36 | 微-细晶 |
| 砾屑白云岩 | 5 | 95 | 砾屑 | 40 | 杂基 | 60 | 粉-细晶 |
| 海绵礁白云岩 | 5.2 | 94.8 | 生物礁 | 33.9 | 泥晶 | 66.1 | 细晶 |
| 海绵礁灰岩 | 54 | 46 | 生物礁 | 38 | 泥晶 | 62 | 细-粉晶 |

结晶白云岩：白云石质量分数约 91%，新生变形作用强烈，以粉-中晶为主。局部多见残余砂屑和残余生屑砾屑[图 2-3(a)]。溶孔丰富，面孔率多在 10%~15%，大部分孔壁上有沥青残余，储集性较好。

砂屑白云岩：白云石质量分数约 97%。新生变形作用也很强烈，以细-粉晶为主。砂屑含量 45%，砂屑颗粒很模糊，偶见残余结构[图 2-3(b)]。溶孔较丰富，面孔率为 7%~8%。溶孔孔壁上多见沥青残余，储集能力较好。

生屑白云岩：白云石质量分数约 96%，含极少量泥质。新生变形作用不均匀，晶形大小不等。生物颗粒质量分数较高，约 64%，多为亮晶胶结[图 2-3(c)]。部分含有大量藻屑颗粒。后期破坏严重者多是生物屑残余，生物内部结构不清，胶结物世代也较模糊。清楚者可见螆、苔藓虫、球瓣虫，小海绵、有孔虫类化石。溶孔较发育，有生物体腔内溶孔、晶间溶孔等。面孔率为 4%~9%，平均约 6%，储集性较好。

砾屑白云岩：白云石质量分数平均 95%。砾屑含量约为 40%。砾屑成分复杂，以残余鲕粒粉细晶白云岩、粉细晶白云岩及残余生屑白云岩为主[图 2-3(d)]。溶孔较发育，面孔率为 6%~8%，多数孔壁上有沥青残余，储集性较好。

海绵礁白云岩(包括残余海绵礁白云岩)：白云石质量分数平均 94.8%左右。整体上新生变形作用较弱，多为细晶结构。造礁生物质量分数平均约 33.9%，主要造礁生物有海绵[图 2-3(e)]、苔藓虫，还有少量的珊瑚。附礁生物为藻纹层、腕足、瓣鳃及有孔虫类。海绵有一定的生长方向，被藻纹层包卷，黏结，多形成障积结构和少量骨架结构(造礁生物可达 55%)。填隙物多为微粉晶的白云石、生物碎屑、礁角砾(生物礁内部见有礁未完

全固结时坍塌下来的角砾)等。孔隙类型多见生物格架孔、溶孔等。生物礁内原生的生物格架孔在成岩过程中几乎完全被叶片状的白云石晶体和联晶的巨晶方解石胶结充填。溶孔以生物体腔溶孔和粒间溶孔为主,有少量的晶间溶孔。溶孔孔壁多见沥青残余物质,面孔率较高,一般为5%~10%,储集性好。

海绵礁灰岩:白云石质量分数约38%。造礁生物质量分数平均约55%,主要造礁生物有海绵、苔藓虫。附礁生物为藻纹层、腕足、瓣鳃及有孔虫类[图2-3(f)]。海绵有一定的生长方向,被藻纹层包卷,黏结,多形成骨架结构和障积结构。溶孔不很发育,平均面孔率较低,为2%~3%,储集性较差。

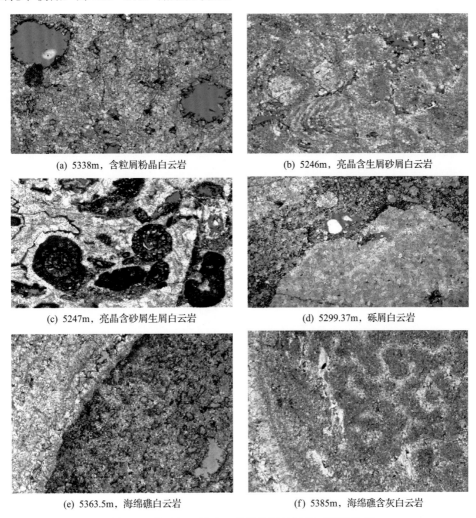

(a) 5338m,含粒屑粉晶白云岩

(b) 5246m,亮晶含生屑砂屑白云岩

(c) 5247m,亮晶含砂屑生屑白云岩

(d) 5299.37m,砾屑白云岩

(e) 5363.5m,海绵礁白云岩

(f) 5385m,海绵礁含灰白云岩

图2-3 普光气田普光6井长兴组储层岩石类型特征

(二)飞仙关组一、二段

普光飞仙关组一、二段鲕粒滩相储层主要有鲕粒白云岩、残余鲕粒白云岩、糖粒状残余鲕粒白云岩、含砾屑鲕粒白云岩、含砂屑微晶白云岩和结晶白云岩(寇雪玲,2011;

姜楠等,2013),其中鲕粒白云岩和残余鲕粒白云岩物性最好,是重要的 2 种储层(表 2-2)。

表 2-2    普光气田飞仙关组岩石组分统计表(以普光 2 井为例)

| 层位 | 岩石类型 | 矿物成分 | | 结构成分 | | | | 结晶程度 |
| --- | --- | --- | --- | --- | --- | --- | --- | --- |
| | | | | 颗粒 | | 胶结物 | | |
| | | 方解石/% | 白云石/% | 成分 | 含量/% | 成分 | 含量/% | |
| 飞仙关组 | 鲕粒白云岩 | 5 | 95 | 鲕粒 | 66 | 亮晶 | 34 | 中-细晶 |
| | 残余鲕粒白云岩 | 4 | 96 | 残鲕 | 65 | 亮晶 | 35 | 中-细晶 |
| | 糖粒状残鲕云岩 | 5 | 95 | 残鲕 | 少量 | 亮晶 | 少量 | 粗晶 |
| | 含砾屑鲕粒白云岩 | 8 | 92 | 残鲕、砾屑 | 62、14 | 亮晶 | 24 | 细-粉晶 |
| | 含砂屑微晶白云岩 | 7 | 93 | 砂屑 | 15 | 微晶 | 85 | 粉-细晶 |
| | 结晶白云岩 | 4 | 96 | 砂屑 | 9 | 微晶 | 91 | 粉-中晶 |

鲕粒白云岩:白云石质量分数约 95%,以中细晶至粗晶为主,部分为细泥晶。鲕粒质量分数多少不等,最高可达 80%,分选好,多呈圆形,以层圈少的低能鲕为主,部分为多层圈的高能鲕[图 2-4(a)]。部分鲕粒由晶粒白云岩和微泥晶白云石组成,部分重结晶,晶粒由细变粗。由于强烈溶蚀作用和重结晶,多数填隙物世代关系不明显,部分可见 2～3 个世代,垂直粒边生长的纤状,马牙状白云石—整细粒状白云石—整粗粒状白云岩。鲕粒白云岩的最大特点是选择性溶蚀形成大量粒内溶孔及部分鲕模孔,有的粒内溶孔具明显的示底构造。

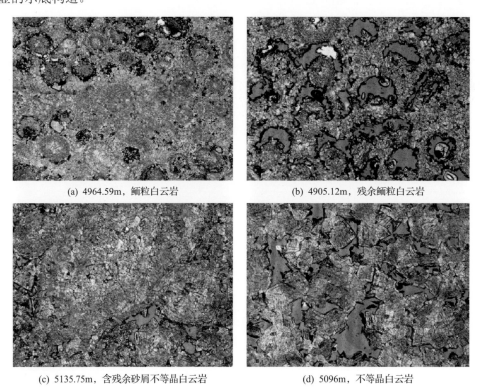

(a) 4964.59m,鲕粒白云岩          (b) 4905.12m,残余鲕粒白云岩

(c) 5135.75m,含残余砂屑不等晶白云岩          (d) 5096m,不等晶白云岩

图 2-4    普光 2 井飞仙关组储层主要岩石类型特征

残余鲕粒白云岩：白云石质量分数约 96%，以中细晶为主，由于构造和溶蚀作用，鲕粒白云岩破碎溶蚀，鲕粒已(基本)重结晶，但仍见鲕粒轮廓或层圈阴影[图 2-4(b)]，形成残余鲕粒结构。有的白云石部分或全部重结晶，形成残余鲕粒中粗白云岩。由于白云石普遍重结晶，形成大量晶间孔。

糖粒状残余鲕粒中粗晶白云岩：以中粗晶为主，少量中细晶，似"糖粒状"。鲕粒质量分数较高，为 60%~80%，由于重结晶影响，原始结构基本破坏，仅见残余结构。岩石中孔隙极发育，以晶间孔和晶间溶蚀扩大孔占绝对优势，局部呈"筛状结构"。

含砾屑鲕粒白云岩：白云石含量约 92%，以细-粗晶为主，颗粒成分主要为鲕粒，质量分数 62%，砾屑次之，质量分数为 14%。砾屑呈次圆状，粒径 3~4cm，颗粒边缘多具泥晶环边，粒间为颗粒支撑，亮晶胶结。主要发育鲕模孔与粒内溶孔，储集性较好。

含砂屑泥晶白云岩：白云石质量分数为 93%，主要为泥晶白云石，次为 15%左右的砂屑[图 2-4(c)]，含少量砾屑和生物碎屑；砂屑成分以内碎屑为主，因重结晶作用形成了较为均一的细晶结构。岩石中溶孔较发育，但大部分被方解石充填，致使储集性较差。

结晶白云岩：白云石质量分数为 96%。泥晶占 91%，砂屑占 9%[图 2-4(d)]。主要分布于飞仙关组一、二段下部，与重结晶较强的残余鲕粒白云岩、糖粒状残余鲕粒白云岩不易区分。

### 三、河坝地区滩相碳酸盐岩储层岩性

#### (一)飞仙关组三段

河坝飞仙关组三段储层的岩性有灰色、灰白色鲕粒或砂屑灰岩，以鲕粒灰岩为主[图 2-5(a)]。鲕粒灰岩粒间，常被连晶方解石胶结。孔隙发育的层段，粒内溶孔中鞍状白云石充填，也可见波状消光白云石或菱锶矿胶结，胶结物中见有溶蚀的微孔隙[图 2-5(b)]。具体岩石类型及岩性特征如下。

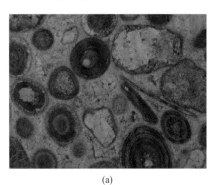 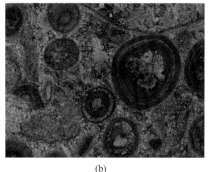

(a)                (b)

图 2-5 飞仙关组三段岩心薄片

灰色—浅灰色亮晶鲕粒灰岩：是飞仙关组三段储层中最主要的储集岩。矿物成分以方解石为主，质量分数达 80%~98%，含少量白云石、泥质、硅质和铁质矿物。岩石具颗粒结构，主要为鲕粒，占 40%~70%，其次为砂屑、砾屑、豆粒等(20%~40%)。胶结物为 15%~30%，主要为亮晶方解石，连晶状、粒状、环边马牙状，具世代特征，同时

含有少量菱锶矿或白云石胶结物；基质含量较少。鲕粒大部分为正常鲕和薄皮鲕，少量为复鲕和变形鲕。鲕粒大小介于 0.3～1.5mm，分选磨圆中等-好。部分鲕粒被大气淡水选择性溶解，又被后期方解石充填形成单晶鲕或多晶鲕；部分形成较丰富的粒内溶孔、铸模孔等，其储集性能较好；裂缝(包括构造缝、溶解缝、缝合线)较发育，多数被方解石、有机质和泥质充填，少部分未充填。

亮晶砂屑灰岩：在区内较常见，是盆地内早期固结或半固结沉积物(沉积岩)经波浪和潮汐作用破碎的产物。矿物成分以方解石为主，含少量白云石及其他矿物。岩石具粒屑结构，粒屑主要为砂屑，质量分数为 35%～70%，形状不规则，粒径为 0.3～1mm 不等，分选差，颗粒边缘不清晰，紧密堆积；其次为鲕粒和少量砾屑，质量分数为 10%～25%。胶结物为 20%～40%，主要为亮晶方解石。局部发生溶解，形成一定数量的粒间溶孔和粒内溶孔，但总体上储集性能较鲕粒灰岩差。

### (二)嘉陵江组二段

嘉陵江组二段的储集岩石类型主要为(藻)砂屑白云岩、细粉晶白云岩(图 2-6)。

(藻)砂屑白云岩：部分藻屑之间具有明显的粘连结构，受重结晶作用影响，部分粒屑及胶结物显示不同程度残余结构。砂屑一般为 0.1～0.3mm，形状不规则。孔隙较发育，以粒间溶孔、晶间溶孔为主，孔径为 0.02～0.20mm 不等。局部方解石含量较高。

细粉晶白云岩：白云石晶粒一般为 0.03～0.10mm，以粉晶为主(占 85%)，其余细晶；晶形以半自形-它形晶为主，少数自形晶。局部见方解石充填物。晶间孔可见丰富有机质，可能为油气充注的结果。孔隙较发育，以晶间孔或晶间溶孔为主，孔径一般为 0.02～0.10mm，分布不均匀。数条构造微裂缝宽 0.1～0.2mm，无充填或方解石充填。

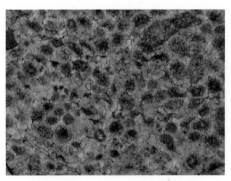

(a) 河坝2井, 4634.19m, (藻)砂屑白云岩　　　(b) 河坝102井, 4687.25m, 细粉晶白云岩

图 2-6　嘉陵江组二段储集岩岩性特征

## 第二节　礁滩相碳酸盐岩成岩作用及其对储层特征的控制

碳酸盐岩储层极易受多类型、多期次成岩作用的改造和叠加，因而，强烈成岩作用改造的古老碳酸盐岩中的原始孔隙可能不再是流体的主要储集空间和运移通道(王英华，1992)。四川盆地东北地区礁滩相碳酸盐岩埋藏深度大(通常大于 5000m)(Long et al,

2011)，强烈的成岩作用使储层改造更具复杂性。本节研究礁滩相碳酸盐岩成岩作用及其控制下的次生孔隙形成演化、有利储层展布。

## 一、台缘礁滩相碳酸盐岩成岩作用及其对储层的控制

### (一)成岩作用类型

关于川东北元坝等地区长兴组气藏储层特征及形成机制，学者分别提出了白云石化模式、溶蚀作用模式，并对白云石化及溶蚀的期次提出了不同看法(郑荣才等，2008；郭彤楼，2011a，2011b；孟万斌等，2014；李国蓉等，2014；李宏涛等，2016)。本书通过大量薄片岩石学观察，辅以地球化学分析，认为元坝长兴组礁滩相碳酸盐岩储层成岩作用主要包括如下几种。

### 1. 白云石化

统计结果显示，本区长兴组白云岩段自上而下发育(藻黏结)泥微晶白云岩、生屑微晶白云岩、(残余生屑)粉-细晶白云岩、细-中晶白云岩。薄片详细观察显示，部分生屑白云岩的生屑结构保存完好，呈泥微晶原始结构，常位于生屑滩顶部地层中，反映蒸发泵或回流渗透白云石化作用的结果[图 2-7(a)、(b)]；潮坪相(藻黏结)泥微晶白云岩，原

(a) 残余生屑结构溶孔白云岩，元坝2井，
6594.85m，蓝色铸体，单偏光

(b) 残余生屑结构溶孔白云岩，溶蚀孔隙边缘及微裂缝
沥青薄膜覆盖，元坝2井，6584.4m，蓝色铸体，单偏光

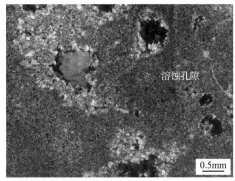

(c) 微、粉晶白云岩，溶蚀孔隙，元坝101井，
6903.22m，普通薄片，正交偏光

(d) 细-中晶白云岩，晶间(溶)孔，元坝27井，
6302.55m，普通薄片，单偏光

图 2-7　元坝长兴组储集岩白云石化及储集空间类型特征

始结构保存完好，可见窗格构造，藻粘连清楚[图 2-7(c)]，基本反映了蒸发成岩环境；粉晶、细晶白云岩多呈半自形-它形白云石残余结构生屑，反映了快速白云石化导致的晶形较差，应主要形成于准同生期的回流渗透白云石化；部分以半自形-自形细晶白云石形式存在[图 2-7(d)]，主要形成于浅埋成岩环境中较缓慢结晶生长环境，或者在埋藏成岩环境中，高温高压促使部分早期的粉晶白云岩强烈重结晶而形成自形细晶结构。地层中局部发育少量粗晶白云岩，略具波状消光，应主要形成于深埋藏成岩时期，但这部分白云岩含量相对较少(Moore，2001；Scholle and Ulmer-Scholle，2003)。总体而言，自下而上反映了深埋白云石化—浅埋白云石化—回流渗透白云石化—蒸发泵白云石化的演化过程，与向上沉积环境逐渐变浅的高频层序旋回具有较好一致性。显然，在生物礁后更容易形成潟湖环境，更易发生早期蒸发泵、回流渗透白云石化，导致礁后储层物性好于礁前。在地球化学上，白云岩与周围灰岩碳氧同位素分布相似，显示白云石化环境与沉积环境具有一定继承性；不同类型白云岩的形成盐度和温度均较为接近，也显示白云石化时间相对较早，受沉积控制。

2. 胶结作用

生屑灰岩胶结作用一般有三期，早期为等厚环边纤维状胶结[图 2-8(b)]，已低镁方解石化，应为准同生期海底成岩环境的产物；第二期为粒状方解石或粒状白云石胶结，看见明显的半自形-自形晶粒[图 2-8(b)]，胶结物部分边缘可见沥青覆盖[图 2-8(d)]而部分白云石略具波状消光，应是油气充注之前浅埋藏条件下形成的；晚期胶结通常为亮晶方解石胶结，主要呈连晶状[图 2-8(b)、(c)]，在白云石和连晶方解石胶结物之间可见沥青[图 2-8(d)]，应为油气充注之后中深埋藏成岩环境的产物。然而，在白云岩中难见这种世代结构，仅保存晚期连晶方解石胶结[图 2-8(c)]，可能是生屑灰岩及其早期胶结物经历了完全白云石化及重结晶作用之故。对不同类型岩石的溶孔、洞中方解石胶结物进行碳氧同位素分析，也证明上述三期胶结的存在。

3. 化学压实作用

化学压实作用主要表现在缝合线上。缝合线的发育可能有两期，第一期缝合线通常在生屑内部发育，而在颗粒间胶结物中痕迹不明显，被第二期晶粒胶结物所切割，应该形成于浅埋藏成岩时期；第二期缝合线则切割了颗粒及方解石、白云石的胶结物[图 2-8(a)]，但很少有切割第三期方解石连晶胶结物，应为埋藏成岩环境的标志。

4. 溶蚀作用

本区主要有三期溶蚀作用。早期进一步分为 2 种，一种具有选择性溶蚀的特征，另一种与之相反，但切割颗(晶)粒特征不明显，孔洞边缘往往发现一些较完整的碳酸盐岩胶结物(如白云石)及沥青膜覆盖[图 2-8(d)]，也可见早期溶蚀的示顶底构造[图 2-8(b)]，这两种均为同生-准同生期大气水溶蚀作用的结果。古地貌高地大气水溶蚀严重，此乃礁顶储层物性好于礁前、礁后储层的重要原因。中晚期溶蚀作用形成的粒间溶孔、白云石晶间溶孔、溶蚀沟等具有明显切割晶粒或颗粒的特征[图 2-8(e)、(f)]，或是早期溶蚀孔隙

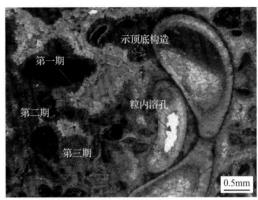

(a) 溶孔白云岩，缝合线中沥青分布，元坝102井，6724.7m，普通薄片，单偏光

(b) 多期胶结、白云岩化及早期溶蚀，见少量生屑内部溶孔，元坝2井，6582.2m，染色普通薄片，单偏光

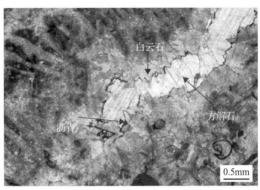

(c) 中细晶溶孔白云岩，晚期连晶方解石、萤石胶结，元坝102井，6773.14m，染色普通薄片，单偏光

(d) 白云岩化生物灰岩，溶孔中白云石、方解石胶结，白云石边缘见沥青，元坝2井，6587.16m，普通薄片，单偏光

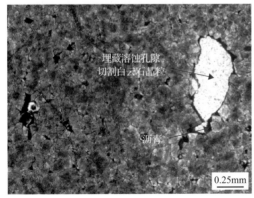

(e) 残余结构粉细晶白云岩，晚期非选择溶孔及边缘沥青，元坝2井，6590.5m，染色普通薄片，单偏光

(f) 残余生屑溶孔白云岩，大的晚期溶孔，孔隙边缘洁净，元坝102井，6725m，普通薄片，单偏光

图2-8　元坝地区长兴组二段储集岩成岩作用类型及特征

的进一步溶蚀扩大，且根据溶蚀孔隙中有无沥青，推测边缘含有沥青的溶蚀孔洞可能形成于油气充注之前的浅—中埋藏环境[图 2-8(e)]，而不含有沥青的孔隙则是在烃类充注之后[图 2-8(f)]，经过热化学硫酸盐还原作用(TSR)及其他埋藏溶蚀作用所形成的非选

择性溶蚀孔隙［图 2-8（c）］（Heydari，1997；李宏涛等，2016）。上述胶结充填物的碳氧同位素特征显示，埋藏期溶蚀造成的 $\delta^{13}C$、$\delta^{18}O$ 值明显降低，反映了埋藏溶蚀过程中烃类等有机质的参与，和埋藏成岩环境温度逐渐升高的特征。

5. 破裂作用

本区破裂作用主要形成三期构造裂缝。第一期构造裂缝往往以高角度斜交层面，雁列式排列展布，方解石完全充填，可被缝合线切割改造。第二期构造裂缝以高角度斜交层面或不规则展布，裂缝面较平直、延伸较远，可为方解石等（部分）充填，裂缝明显切割第一期裂缝、改造有机质侵染斑块，应形成于压溶缝合线及液态烃类进入之后。第三期构造裂缝以高角度斜交或垂直层面，裂缝平行排列展布，延伸远，未充填，切割改造第二期构造裂缝。

(二)成岩序列

综合以上各自成岩作用类型期次先后顺序，不同成岩作用类型矿物间的相互切割关系，结合物性分析结果、孔隙类型识别及变化特征，总结了元坝长兴组生物礁滩相碳酸盐岩储层的成岩序列及孔隙的演化规律(图 2-9)，显然，多期增加与减小孔隙度成岩作用的改造是导致本区储层孔隙类型多样、物性多变的重要因素。根据成岩演化序列与孔隙演化的关系，多期溶蚀作用和白云岩化作用是成岩时期储层发育关键，尤其早期的大气水溶蚀和白云石化作用产生并保留的孔隙空间，为本区储层的发育基础和后期的流体运移提供重要通道。

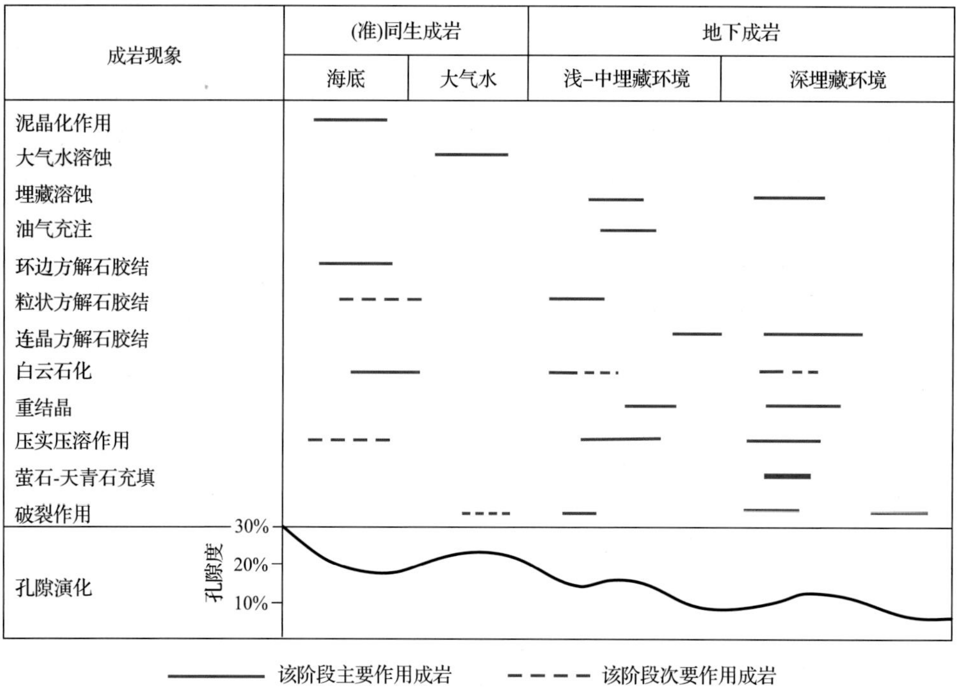

图 2-9　元坝地区长兴组二段成岩序列与孔隙演化

(三)成岩作用对礁滩相碳酸盐岩储层的改造

分析表明,溶蚀(大气水、埋藏溶蚀作用)、白云石化、液态烃充注和破裂作用对台地边缘生物礁滩相碳酸盐岩储层发育具有重要建设性作用。早期白云石化作用及(准)同生期大气水溶蚀形成的孔隙为中晚期溶蚀作用和白云石化(及重结晶)提供物质交换的重要空间。液态烃充注一方面可以减少早期孔隙被盆地卤水胶结或充填,另一方面也为 TSR 提供了重要硫来源,使早期孔隙进一步溶蚀扩大或改造。裂缝也是储层重要的储集空间类型之一,并沟通形成统一的孔、洞、缝系统,使其渗透性得到明显改善,特别对于Ⅲ类低孔低渗储层,具有更重要意义。

综合以上分析,重点根据生物礁储层发育结构、储层沉积与成岩演化,并结合前人研究成果,总结了元坝生物礁碳酸盐岩储层的 3 个发育阶段。

1. 早期形成阶段

在元坝长兴组沉积期,生屑灰岩、晶粒白云岩、生屑白云岩和藻黏结泥微晶白云岩等储集岩主要发育于生物礁的顶部和后部、生屑滩顶部,而在生物礁前部和礁滩间不发育,反映了沉积微相对储层的控制作用[图 2-10(a)]。同生期,礁盖及生屑滩顶部暴露于海平面之上,遭受大气降水的淋滤和溶蚀而形成鸟眼孔、生屑粒内溶孔、铸模孔等,随后准同生期暴露使岩溶强度的增大,部分形成小型溶蚀孔洞。同时,生物礁礁盖和生屑滩顶部在蒸发泵白云石化作用下形成(藻粘结)微晶白云岩和生屑白云岩,基本上保留了原始灰岩的微晶结构。而位于生屑滩中下部岩石,部分在回流渗透白云石化,白云石晶型通常为粉-细半自形-它形。

2. 早—中期改造阶段

在早—中期浅埋成岩阶段,封存于地层中的高浓度海水,对部分生屑灰岩进行缓慢的白云石化,部分灰岩的原始结构在白云石化作用下有些模糊,但整体仍可以辨认,呈粉细晶半自形-自形,发育晶间孔。随着下伏吴家坪组(或龙潭组)地层烃源岩在早中侏罗世进入生排烃高峰期,有机酸等酸性流体通过断层、裂缝等疏导通道进入储层,对早期形成、保存的孔隙溶蚀,形成非选择溶蚀孔隙,随着液态烃逐渐进入储集空间,成岩作用逐渐受到抑制[图 2-10(b)]。

3. 晚期改造、保存阶段

到成岩晚期,储层深埋,温度上升,地层水中 $SO_4^{2-}$ 与液态烃发生 TSR 作用,生成 $H_2S$、$CO_2$ 气体等酸性流体,连同其他热液等流体,对储层的孔隙进一步溶蚀改造,或形成新的溶蚀孔隙。部分早期形成的白云岩,在重结晶作用下晶粒相应变大,形成晶间(溶)孔。破裂作用继续对早期裂缝进行切割、改造。随着储层中液态烃进一步热裂解,全部转化为气态烃,气体占据孔隙空间的大部分区域,地层水主要以束缚水的状态存在,成岩作用进一步减弱,气藏得到了良好保存[图 2-10(c)]。

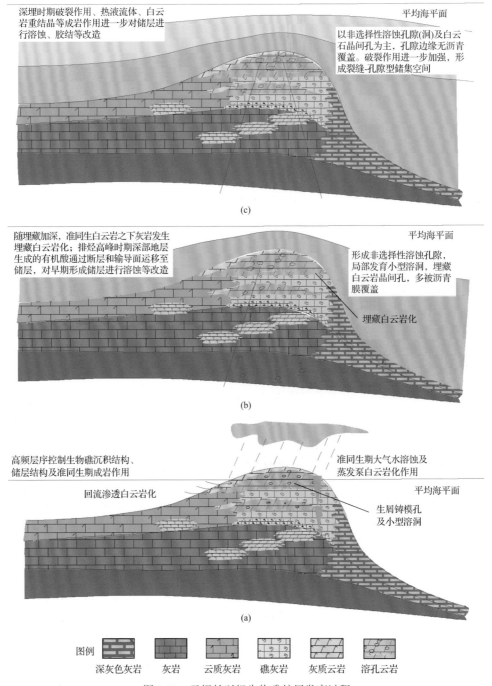

图 2-10　元坝长兴组生物礁储层发育过程

## 二、台内鲕粒滩碳酸盐岩成岩作用及其对储层的控制

### (一)成岩作用类型分析

河坝地区飞仙关组三段台内鲕粒滩碳酸盐岩储层段的主要成岩作用包括泥晶化作用、

溶蚀作用、胶结与充填作用、白云石化作用、压实压溶作用、破裂作用等。

1. 泥晶化作用

显微镜下观察显示，部分鲕粒、砂屑白云岩的颗粒边缘，具有泥晶套[图 2-11(a)]，但并不特别普遍，表明海底成岩作用较弱，微生物等附着时间较短。

2. 溶蚀作用

该套碳酸盐岩储层以溶蚀孔隙为主，显示了溶蚀作用的重大影响。根据溶蚀流体性质及溶蚀孔隙的特征，本区的溶蚀作用主要有两期[图 2-11(a)]：准同生期大气水溶蚀作用，主要形成鲕粒、砂屑颗粒粒内溶孔、铸模溶孔；埋藏溶蚀作用，主要表现在一些晚期粒状方解石胶结物被溶蚀成港湾状或不规则状，也可进一步溶蚀扩大早期溶孔。

3. 胶结-充填作用

胶结、充填作用是全区普遍发育的一种成岩作用，特别是方解石胶结作用占绝对优势。根据胶结物的结晶方式、矿物成分，本区的胶结、充填作用可以分为以下几种。

方解石胶结作用：主要以成岩早-中期马牙状环边、粒状嵌晶胶结和成岩晚期连晶胶结为主[图 2-11(a)]。在连晶方解石胶结物中可见有气液两相流体包裹体及气体包裹体，阴极发光下昏暗发光，表明应是成岩晚期形成的。

菱锶矿胶结作用：是本区较为特殊的一种胶结作用，形成于早期环边马牙状方解石胶结作用之后，胶结物内部常见微孔[图 2-11(b)]，可能因晶体不规则生长而形成。在电子探针及扫描电镜背散射镜下，由于 Sr 具有比 Ca、Mg 大得多的相对原子质量，导致矿物在镜下的发光明亮程度明显不同，且得到了能谱分析的证实[图 2-11(c)]。通常认为，中-晚成岩阶段，埋藏成因热水与岩石中封存水混合形成富 Sr 热卤水，再与方解石胶结物发生交代形成菱锶矿；或者该溶液中的 $Sr^{2+}$、$CO_3^{2-}$ 浓度达到菱锶矿析出的饱和度，就会在溶蚀孔、洞、缝中结晶而成。菱锶矿多出现在溶蚀孔隙发育的岩石中，表明孔隙的发育与该区的低温热液作用具有某种成因联系(李宏涛，2013)。

白云石充填作用：在砂屑、鲕粒灰岩铸模孔或粒内溶孔中[图 2-11(d)]，常出现晶形完好的白云石，中粗晶，菱形晶体长轴可达 0.25mm 以上，晶面弯曲，具有明显的波状消光，应为典型的热液作用形成的鞍状白云石。由于其常形成于深埋成岩环境下，因此在鞍状白云石中含有 Ca、Mg 及一定数量的 Fe，导致在阴极发光常不发光[图 2-11(e)]。鞍状白云石的存在，也显示了低温热液流体对储层具有一定的改造作用。

黏土矿物充填：在粒内溶孔中较发育，主要表现在鲕粒或砂屑的粒内溶蚀孔隙的边缘，局部可以见到自生黏土矿物充填，应该是溶蚀作用的残余物[图 2-11(f)]。

4. 白云石化作用

本区飞仙关组三段储层白云石化作用较弱，但对孔隙的发育可能具有重要的意义。岩石学观察本区白云石特征主要有以下几种。

粉、细晶白云石：主要分布在一些压实变形鲕粒或砂屑的粒内及粒内溶孔中，或沿有机质富集的压溶缝合线分布，呈半自形-自形，应为埋藏成岩时期产物[图 2-11(g)]。

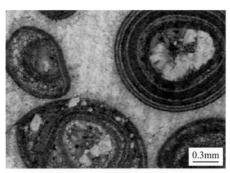

(a) 溶孔亮晶鲕粒灰岩，粒内溶孔发育，可见部分方解石胶结物圆弧、港湾状，河坝2井，5107.44m，红色铸体

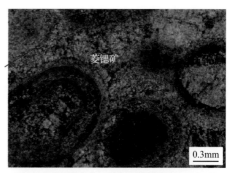

(b) 溶孔亮晶鲕粒灰岩，菱锶矿粒间胶结，河坝2井，5104.61m，染色薄片

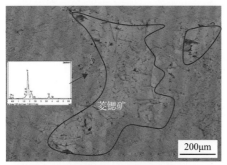

(c) 溶孔亮晶鲕粒灰岩，粒间菱锶矿胶结，河坝102井，5178.93m

(d) 溶孔亮晶鲕粒灰岩，粒内溶孔中鞍状白云石充填，河坝1井，4960m，染色薄片

(e) 溶孔亮晶鲕粒灰岩，鞍状白云石分布于粒内溶孔，河坝2井，5105.66m，阴极发光

(f) 溶孔鲕粒灰岩，黏土矿物分布于方解石晶体表面，河坝1井，4960.85m，扫描电镜

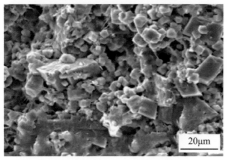

(g) 亮晶砂屑鲕粒灰岩，晶粒白云石在粒内溶孔中发育，河坝102井，5178.93m，扫描电镜

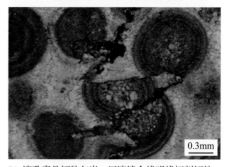

(h) 溶孔亮晶鲕粒灰岩，压溶缝合线明线切割鲕粒，河坝2井，5105.24m，红色铸体

图 2-11　河坝地区飞仙关组三段储集岩成岩作用类型及特征

半自形-自形中粗晶白云石：即充填于鲕粒砂屑粒内溶孔中的鞍状白云石[图 2-11(d)、(e)]，可能指示了热液流体的存在，是一种具有特殊指示意义的标型矿物。

本区白云石化主要发生于沉积物新生变形、重结晶或压溶等浅埋藏—埋藏成岩时期。与普光不同，河坝飞仙关组三段早期暴露蒸发作用不强，未能提供大量镁离子来源，故早期白云石化较弱；仅在浅埋藏—埋藏成岩时期，获得较多 $Mg^{2+}$ 来源才发生部分白云石化。

5. 压实压溶作用

压实压溶作用是本区砂屑、鲕粒灰岩中的常见成岩作用，主要表现在颗粒压实变形，以及颗粒间呈线接触或凹凸接触。而压溶作用也很普遍，主要表现在缝合线构造发育，切割鲕粒、砂屑及方解石胶结物[图 2-11(h)]，压溶作用产生的流体，也可能为埋藏胶结作用提供物质来源。

6. 破裂作用

本区的破裂作用较发育，部分岩心被发现呈破碎状，显微镜下也可见有未被方解石充填的微裂缝，形状不规则，具有一定程度的溶蚀，对储层物性有明显改善作用。

(二)主要成岩先后次序及成岩序列

在成岩现象观察、成岩作用类型总结的基础上，对成岩先后顺序进行判别。胶结作用主要分两期：早期为环边柱状、马牙状胶结；晚期为连晶方解石胶结；局部可能发育粒状方解石胶结，应形成于早、晚两期之间。电子探针镜下，电子探针分析显示，早期环边和粒状方解石胶结物的 Sr 平均质量分数分别为 0.19%、0.29%，明显高于晚期连晶方解石胶结物的 Sr 质量分数(平均 0.07%)；早期环边、粒状方解石 Fe 质量分数分别为 0.08%、0.11%，又明显低于晚期连晶 Fe 质量分数(0.31%)[表 2-3，图 2-12(a)]。阴极发光下早期马牙状、环边胶结物不发光，而晚期连晶方解石则呈昏暗的阴极发光[图 2-12(b)]。电子探针分析显示，早期环边和粒状方解石胶结物的 Sr 平均质量分数分别为 0.19%、0.29%，明显高于晚期方解石胶结物的 Sr 质量分数平均 0.07%(表 2-3)。而菱锶矿($SrCO_3$)的形成[图 2-12(b)、(c)]可能导致地层水中的 Sr 质量分数降低，使晚期方解石胶结物 Sr 质量分数显著低于围岩。因此，菱锶矿形成应是同时或略早于晚期方解石的形成，可能为自生成因或交代成因。

表 2-3 不同类型白云石和方解石胶结物的电子探针元素含量统计 (单位：%，质量分数)

| | 环边方解石 | 粒状方解石 | 连晶方解石 | 环边白云石 | 粒内白云石 | 鞍状白云石 |
|---|---|---|---|---|---|---|
| CaO | 54.83 | 55.45 | 54.34 | 30.57 | 32.20 | 32.27 |
| FeO | 0.08 | 0.11 | 0.31 | 1.40 | 3.51 | 4.09 |
| MgO | 0.45 | 0.42 | 0.60 | 20.80 | 21.04 | 20.92 |
| MnO | 0.03 | 0.04 | 0.04 | 0.05 | 0.03 | 0.03 |
| SrO | 0.19 | 0.29 | 0.07 | 0.04 | 0.08 | 0.04 |

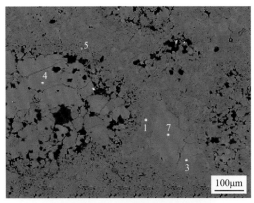
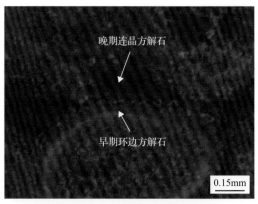

(a) 亮晶鲕粒灰岩，背散射图片及打点位置，
河坝102，5180.8m,电子探针

(b) 亮晶鲕粒灰岩，晚期方解石胶结物阴暗发光，
河坝102，5180.8m，阴极发光

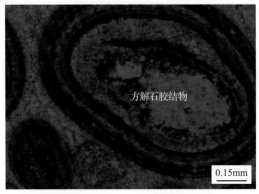
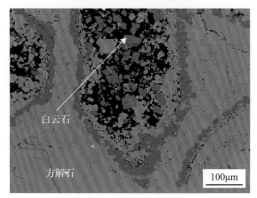

(c) 溶孔亮晶鲕粒灰岩，粒内晚期方解石胶结物
被溶蚀成锯齿状，河坝2，5104.9m，红色铸体

(d) 溶孔鲕粒灰岩，晶粒白云石分布特征，
河坝1，4961.8m，电子探针背散射

图 2-12　飞仙关组三段鲕粒灰岩胶结、溶蚀与白云石化作用特征

溶蚀作用有两期，早期为准同生期大气水溶蚀作用，形成粒内溶孔和铸模孔[图2-12(a)]，晚期溶蚀则溶蚀了晶粒方解石或部分连晶方解石[图2-12(c)]，表明溶蚀作用较晚，而自生黏土矿物可能为两期溶蚀作用的产物。

从形态、分布特征及 Fe 质量分数来看，白云石应形成于三期，且均形成于埋藏成岩时期。早期为环边白云石，中期为分布于鲕粒中心的晶粒白云石[图2-12(d)]，晚期为鞍状白云石[图2-12(e)]。环边白云石形成于早期方解石胶结以后的浅埋成岩环境，铁质量分数相对较低(1.4%)，而晶粒白云石和鞍状白云石具有较高的铁质量分数(分别为3.51%和4.09%)(表2-3)，应形成于中、深埋藏成岩环境。晶粒白云石交代粒状方解石，表明其形成于粒状方解石形成之后，而鞍状白云石可能要早于连晶方解石形成。

根据以上成岩现象的先后次序，以及自生矿物间的切割、交代关系，总结了飞仙关组三段储集岩成岩演化序列和孔隙大致的演化规律(图2-13)。可以看出，主要的孔隙形成时期是在大气水成岩阶段和中深埋藏成岩阶段，而且台内滩沉积因短期暴露所导致的准同生期大气水溶蚀是鲕粒灰岩粒内溶孔或铸模孔孔隙形成的基础，晚期埋藏溶蚀对早期形成的孔隙具有明显的改造。因此，储层的发育可能主要受微古地貌高地的大气水溶蚀及埋藏溶蚀作用控制。

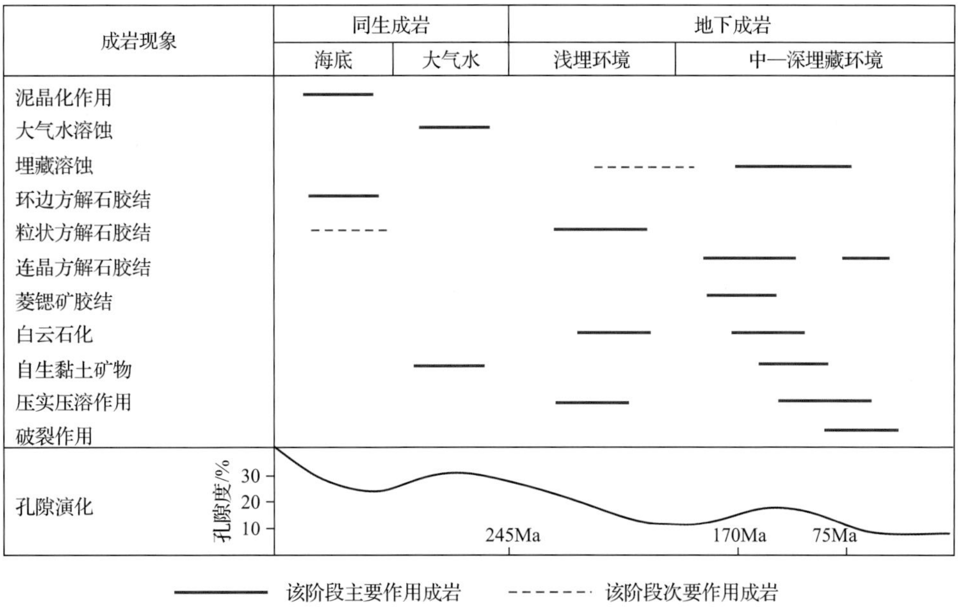

| 成岩现象 | 同生成岩 | | 地下成岩 | |
|---|---|---|---|---|
| | 海底 | 大气水 | 浅埋环境 | 中—深埋藏环境 |
| 泥晶化作用 | — | | | |
| 大气水溶蚀 | | — | | |
| 埋藏溶蚀 | | | - - - - - | — |
| 环边方解石胶结 | — | | | |
| 粒状方解石胶结 | - - - - - | | — | |
| 连晶方解石胶结 | | | | — — |
| 菱锶矿胶结 | | | | — |
| 白云石化 | | — | | |
| 自生黏土矿物 | | — | | |
| 压实压溶作用 | | | — | — |
| 破裂作用 | | | | — |
| 孔隙演化 | | | 245Ma 170Ma 75Ma | |

——— 该阶段主要作用成岩　　- - - - - - 该阶段次要作用成岩

图 2-13　飞仙关组三段成岩序列与孔隙演化

# 第三节　礁滩相储层孔隙结构特征

## 一、储集空间类型及识别

### (一)元坝长兴组礁滩相储层

元坝长兴组储层储集空间类型主要有粒间(包括附礁生物和障积颗粒间、藻屑藻尘间、砂屑鲕粒间)溶孔、粒内(砂屑内、生屑内、海绵体内)溶孔、铸模孔、晶间孔、晶间溶孔、膏模孔及溶洞(岩心柱面所见),还有少量微裂缝(郭彤楼,2011a,2011b;陈雪等,2013;马永生等,2014)。

1. 生屑或砂屑粒内溶孔

生屑或砂屑粒内溶孔是本区主要孔隙类型之一,在生屑白云岩中比较发育,出现于生屑内部或砂屑内部,孔隙直径变化范围较大(0.01~2mm)[图 2-7(a)],部分粒内溶孔可能遭受后期流体的溶蚀和改造。

2. 粒间溶孔

粒间溶孔常分布于颗粒间[图 2-7(b)],孔隙半径明显要比粒内溶孔大,具有选择性溶蚀的特征。

3. 白云石晶间(溶)孔

白云石晶间孔或晶间溶孔是本区重要的孔隙类型之一,常在中细晶白云岩中发育,晶间孔大小较均匀，部分晶间孔经后期溶蚀扩大，形成大小不等的晶间溶孔(图 2-14)，孔隙度较高。

(a) 中细晶白云岩晶间孔，
元坝27井，6301.85m，(−)

(b) 中晶白云岩溶孔，元坝102井，
6724.57m，(+)石膏试板

图 2-14　元坝长兴组溶蚀孔特征

4. 超大溶孔

超大溶孔孔径大于岩石支撑颗粒直径，常由粒间溶孔、晶间溶孔和铸模孔溶蚀扩大形成非组构性溶孔，分布不均匀，多呈补丁状，大小差异大，但孔径均小于 2mm。该类孔隙连通性好，分布最为广泛，主要发育在残余颗粒白云岩、晶粒白云岩、海绵礁白云岩、生屑白云岩中，是本地区重要的储集空间[图 2-7(c)、图 2-14(b)]。

5. 溶洞

孔径大于 2mm 的溶孔称为溶洞，在本区较为发育，但一般都是直径<8mm 的小洞。主要形成于埋藏期，各类白云岩和含云(云质)生屑灰岩中均有，但多数分布于晶粒白云岩、残余颗粒白云岩。大部分溶洞未被充填，仅少量被有机质、沥青质及方解石晶体(见自形晶)不完全充填。溶洞通过裂缝或后期溶蚀扩大而相互连通，部分具有顺层分布特征[图 2-15(a)]。

(a) 浅灰色溶孔白云岩，元坝2井，6580.65m

(b) 垂直缝发育，元坝102-8-25井

图 2-15　元坝长兴组储集岩溶洞和裂缝特征

### 6. 裂缝

裂缝及微裂缝也是本区的储集空间类型之一[图 2-15(b)]，尽管对孔隙度的增加不显著，但明显提高了渗透率，且有利于晚期成岩流体的流动，导致进一步的溶蚀。

#### (二)普光台缘生物礁滩、台缘鲕粒滩相储层

通过铸体薄片观察统计，长兴组储层孔隙主要包括溶孔(洞)、溶缝、晶间孔等，以溶蚀孔(洞)占绝对优势，晶间孔次之；飞仙关组储层有极少量的原生粒间孔，溶蚀孔(洞)体积分数占 80%以上，晶间孔体积分数仅为 10%～15%，溶孔中又以晶间溶孔和晶间溶蚀扩大孔为主，占总溶孔的 75%左右，次为 20%的鲕模孔、粒内溶孔。

#### 1. 溶蚀孔隙

长兴组-飞仙关组储层溶蚀孔隙类型多种多样，但两者溶蚀孔隙类型略有差别。

(1)长兴组溶蚀孔隙。

以晶间溶孔、溶洞、粒间溶孔等为主。

晶间溶孔：是晶间孔溶蚀扩大而形成，发育于各种结晶白云岩中[图 2-16(a)]。

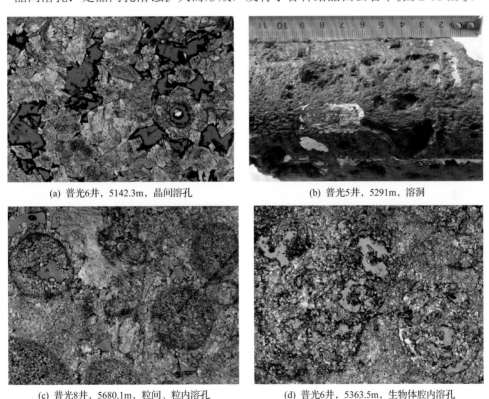

(a) 普光6井，5142.3m，晶间溶孔　　　　　(b) 普光5井，5291m，溶洞

(c) 普光8井，5680.1m，粒间、粒内溶孔　　　(d) 普光6井，5363.5m，生物体腔内溶孔

图 2-16　长兴组主要孔隙类型

溶洞：长兴组溶蚀作用非常强烈，形成了丰富的溶洞，遍布于白云岩中，是最主要的储集空间之一。溶洞形态不规则，大小以 3～4cm 为主，大者 10cm，洞壁除有少量白云石、方解石及石英生长外，大部未被充填，洞壁因沥青污染而为黑色[图 2-16(b)]。

粒间溶孔：由颗粒间胶结物或部分颗粒溶蚀扩大形成。这种孔隙比较常见，主要发育于生屑白云岩、鲕粒白云岩、砂屑白云岩及生物礁白云岩中[图 2-16(c)]。

粒内溶孔：是各种颗粒内部因溶蚀形成的孔隙，孔隙直径小于颗粒直径。比较少见，主要发育于生屑白云岩、鲕粒白云岩及砂屑白云岩中，如生物体腔内溶孔[图 2-16(d)]、鲕粒内溶孔及砾屑内溶孔等。

晶内溶孔是在早期形成的晶体内部因溶蚀作用形成的孔隙，铸模孔隙是由颗粒全部溶蚀形成，二者在长兴组储层中均比较少见。

(2)飞仙关组溶蚀孔隙。

飞仙关组溶蚀孔隙类型多，以粒内溶孔、鲕模孔、粒间溶孔及粒间溶蚀扩大孔、晶间溶孔和晶间溶蚀扩大孔较为发育。

粒内溶孔、铸模孔[图 2-17(a)、(b)]：是飞仙关组最常见的孔隙类型，鲕粒部分或全部被溶蚀形成，当鲕粒全部被溶蚀时则为鲕模孔；主要为鲕粒内溶孔，少量砾屑内溶孔；常发育在鲕粒白云岩、含砾屑鲕粒白云岩中，次为残余鲕粒白云岩。

粒间溶孔及粒间溶蚀扩大孔[图 2-17(c)]：由粒间填隙物或部分颗粒溶蚀扩大形成，常发育在鲕粒白云岩、含砂屑白云岩、残余鲕粒白云岩中。

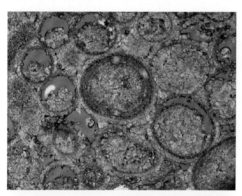

(a) 普光2井，5185.9m，粒内溶孔，少量粒间溶孔

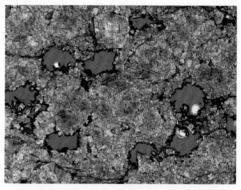

(b) 普光2井、5104.65m。铸模孔，局部有溶蚀扩大

(c) 普光9井，5960.5m，粒间粒内溶孔

(d) 普光9井，5954m，晶间溶孔，局部溶蚀扩大

图 2-17　飞仙关组粒孔隙类型

晶间溶孔和晶间溶蚀扩大孔[图 2-17(d)]：较为普遍，各种岩石类型均有发育，以糖

粒状残余鲕粒白云岩、鲕粒白云岩、结晶白云岩、含生屑白云岩为主。

2. 晶间孔

由于长兴组、飞仙关组储层重结晶作用普遍，白云石形成大小不同的晶粒，如粉晶、细晶、中晶及粗晶等，因而形成了丰富的晶间孔，但一般晶间孔都有溶蚀现象，所以不太好与晶间溶孔区分。晶间孔广泛发育在各种岩石类型中。

3. 粒间孔

由于成岩过程中的胶结作用和充填作用，除了个别原生孔隙幸存下来外，其余大部分几乎被充填，很少能成为有效的储集空间。

4. 裂缝

据岩心描述及成像测井分析，长兴组、飞仙关组储层裂缝有差别，长兴组主要有压溶缝合线和构造裂缝2种类型(图2-18)，飞仙关组储层均以构造裂缝为主。

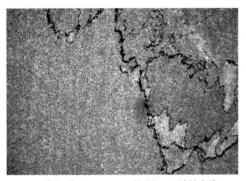 

(a) 普光6井，5280.75m，长兴组，压溶缝合线　　(b) 普光8井，5280.75m，长兴组，构造裂缝

图 2-18　长兴组裂缝特征

(三) 河坝台内滩相储层

1. 飞仙关组三段

飞仙关组三段储集空间类型以粒内溶孔、铸模孔为主，也存在一定数量晶间溶孔、粒间溶孔、裂缝。

粒内溶孔和铸模孔：粒内溶孔是主要孔隙类型[图 2-19(a)]，通常为同生期-准同生期大气水选择性溶蚀作用的结果，部分粒内溶孔被后期粗晶方解石、白云石全充填-半充填；铸模孔是粒内溶孔进一步溶蚀形成的，仅保留颗粒的外部形态。

晶间溶孔：可能是埋藏成岩期溶蚀作用的结果，可见有方解石、白云石晶粒呈不规则状或呈港湾状[图 2-19(b)]。孔隙形态不规则，多呈蜂窝状，孔径为 0.02～0.05mm。这种孔隙类型在河坝地区也比较常见，是重要的孔隙类型之一。

粒间溶孔：显微镜下观察显示，本区飞仙关组三段粒间溶孔较少，占总孔隙空间5%以下，仅在少数样品中的鲕粒、砂屑粒间的菱锶矿、方解石胶结物中发现少量的溶蚀微孔隙[图 2-19(c)]，孔径通常为 0.02～0.05mm。

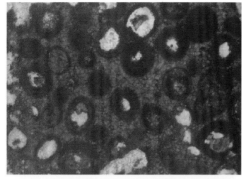

(a) 溶孔鲕粒灰岩，河坝101井，染色，2.5×(-)

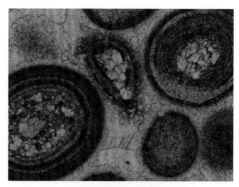

(b) 晶间溶孔，河坝2井

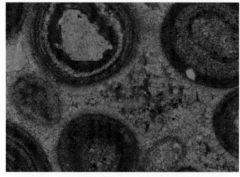

(c) 粒间溶孔，河坝2井

(d) 高角度缝，垂直缝发育，河坝104井

图 2-19　飞仙关组三段孔隙类型特征

裂缝：本区飞仙关组三段裂缝较发育，至少包括两期。早期构造裂缝多被方解石充填或半充填，有效性较差。晚期裂缝常导致岩心普遍破碎，以高角度裂缝或垂直裂缝为主，次为低角度裂缝，少量水平缝，为强烈的构造运动产生的构造裂缝。如河坝 102 井飞仙关组三段储层见几乎垂直于层面的高角度裂缝[图 2-19(d)]，未被充填，裂缝断面处局部见黄铁矿，裂缝间距 0.5～5cm，集中分布于 3～4cm，裂缝密度为 25～30 条/m。这些裂缝具有良好的沟通能力和一定的储集能力，为有效缝。

2. 嘉陵江组二段

岩心观察显示，储层以针孔状孔隙为主，局部发育少量溶洞，但多被方解石充填或半充填，亦可见到半充填构造裂缝、水平缝等。镜下观察到嘉陵江组二段孔隙类型以晶间(溶)孔、粒内溶孔为主，见有少量粒间溶孔(李旻南和傅恒，2013；李宏涛等，2014)。

晶间孔：指白云石晶体生长形成的晶体之间的孔隙，孔径一般小于 50μm，孔内充填物很少，见少量黏土矿物[图 2-20(a)]，偶见次生石英晶体。此类型孔隙在岩性相对较疏松的粉-细晶白云岩中较为发育。晶间孔常被溶蚀作用改造成为其他孔隙。

晶间溶孔：是本区嘉陵江组二段主要的孔隙类型，主要分布在细-粉晶白云岩中，由晶间孔溶蚀扩大形成，与晶间孔密切共生，白云石边缘可见溶蚀[图 2-20(b)]。铸体薄片也显示，白云石晶间溶孔发育，白云石晶体构成了岩石骨架，半自形-它形，可能为后期溶蚀所致。孔径一般大于晶间孔，介于 20～60μm。

(a) 细粉晶砂屑白云岩，白云石晶间孔，
扫描电镜，河坝2井

(b) 细粉晶砂屑白云岩，白云石晶间溶孔，3.41%，
河坝2-1-8/86，4633.03 m，扫描电镜

(c) 残余砂屑结构细粉晶白云岩，发育粒内溶孔，
河坝102-1-12井，普片，2.5×(−)

(d) 细粉晶砂屑白云岩，白云石晶间孔，
扫描电镜，河坝2井

(e) 残余砂屑结构细粉晶白云岩，
发育粒间溶孔，河坝102井

(f) 水平缝、垂直缝，垂直缝将岩心切割，
河坝104井

图 2-20 嘉陵江组二段储集空间类型特征

　　粒内溶孔或铸模孔：是本区最重要的孔隙类型之一，占总孔隙空间的 20%（体积分数）以上。显微镜下，可见残余砂屑粒内有溶蚀孔隙，孔隙边缘可见明显砂屑泥晶套的残余结构 [图 2-20(c)]，此种孔隙孔径较大，在 50～200μm，可能为颗粒择性溶蚀的结果。扫描电镜下，可见部分粒内溶孔边缘发育有晶形完好的粉晶白云石 [图 2-20(d)]，应为粒内溶孔形成后，白云石的生长空间较大，自形结晶生成的。

　　粒间溶孔：也为本区嘉陵江组二段一种重要的孔隙类型，占孔隙空间的 10% 以上，这种溶蚀孔隙多出现在第一期砂屑粒间环边白云石胶结作用以后，晚期晶粒白云石胶结物可见有溶蚀而成圆状[图 2-20(e)]，应为晚期溶蚀作用的重要特征。

溶洞：岩心观察显示，局部发育溶蚀孔洞。溶洞直径一般为 2～5cm，为方解石半充填-全充填，入水见气泡。

裂缝：河坝 1 井岩心见三期裂缝。一期为水平缝，岩心呈"酥饼"状[图 2-20(f)]，主要发育在灰岩与白云岩薄互层段，一般为有效缝，少见充填物。第二期高角度缝，一般宽为 1～2mm，被方解石全充填，有效性差；第三期高角度缝切割第二期缝，规模也一般比第二期缝大，为石膏充填，充填物自形程度差，局部地方呈"菊花"状。

## 二、孔隙结构参数特征

### （一）元坝长兴组礁滩相储层

利用元坝 2 等井压汞曲线获得了反映储层孔隙结构特征(反映孔喉大小、分选、连通性及运动特征)的 11 项参数(表 2-4)。

表 2-4　元坝长兴组样品压汞参数分布特征

| 选值 | 孔隙度/% | 渗透率/10⁻³μm² | 门槛压力/MPa | 中值压力/MPa | 最大孔喉半径/μm | 中值半径/μm | 最大进汞饱和度/% | 未进汞饱和度/% | 残余汞饱和度/% | 退出效率/% | 分选系数 | 均值系数 | 歪度系数 | 变异系数 |
|---|---|---|---|---|---|---|---|---|---|---|---|---|---|---|
| 最大 | 9.82 | 1720.7 | 78.38 | 157.78 | 33.91 | 3.02 | 98.24 | 55.46 | 78.04 | 41.65 | 21.22 | 49.40 | 0.77 | 0.39 |
| 最小 | 0.39 | 0.00 | 0.02 | 0.25 | 0.01 | 0.00 | 44.54 | 1.76 | 55.27 | 10.24 | 9.52 | 0.43 | -3.45 | 0.02 |
| 平均 | 3.18 | 45.44 | 7.38 | 36.95 | 2.37 | 0.15 | 79.66 | 20.69 | 68.57 | 21.17 | 15.04 | 3.25 | -0.69 | 0.16 |

1. 孔隙结构参数

(1)储层具有中排驱压力和中孔喉的特征。

总体上，不同样品排驱压力（$P_{c10}$）、最大喉道半径（$R_{c10}$）、中值压力（$P_{c50}$）、中值喉道半径（$R_{c50}$）变化较大。排驱压力为 0.022～78.38MPa，平均为 7.38MPa，61.1%的样品排驱压力＞1.0MPa；中值压力为 0.248～157.78MPa，平均为 36.948MPa，81.1%的样品中值压力大于10MPa；最大喉道半径为 0.0096～33.91μm，平均为 2.37μm；中值喉道半径为 0.0048～3.02μm，平均 0.153μm，92.4%的样品＜0.2μm；变异系数为 0.0152～0.386，平均为 0.164；退出率为 10.24%～41.65%，平均为 21.17%，退汞效率较低(图 2-21；表 2-4)。

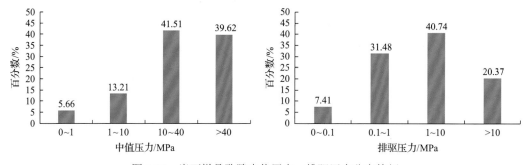

图 2-21　岩石样品孔隙中值压力、排驱压力分布特征

本区储层可按排驱压力、中值压力小、最大喉道半径、中值喉道半径、束缚水饱和度等参数进一步分为 3 类(表 2-5)。

Ⅰ类储层：排驱压力和中值压力小，最大喉道半径和中值喉道半径大，束缚水饱和度小。从 12 个Ⅰ类储层样品分析统计，排驱压力介于 0.022～0.606MPa，平均为 0.171MPa；中值压力为 0.248～45.51MPa，平均为 17.73MPa；最大喉道半径为 1.238～33.91μm，平均为 8.95μm；中值喉道半径为 0.0165～3.02μm，平均为 0.552μm；未进汞饱和度为 1.76%～16.46%，平均 11%。

Ⅱ、Ⅲ类储层排驱压力和中值压力逐渐变大，最大喉道半径和中值喉道半径变小，束缚水饱和度变大。其中 19 个Ⅱ类储层样品显示，排驱压力为 0.272～6.569MPa，平均为 2.354MPa；中值压力为 4.258～59.99MPa，平均为 20.84MPa；最大喉道半径为 0.114～2.759μm，平均为 0.762μm；中值喉道半径为 0.0125～0.176μm，平均为 0.0598μm；未进汞饱和度为 2.15%～28.31%，平均为 15.88%。23 个Ⅲ类储层样品显示，排驱压力 0.478～78.38MPa，平均 15.298MPa；中值压力 13.568～157.78MPa，平均为 61.34MPa；最大喉道半径为 0.0096～1.569μm，平均为 0.274μm；中值喉道半径为 0.0048～0.0553μm，平均为 0.0156μm；未进汞饱和度为 15.84%～55.46%，平均为 29.29%。

**表 2-5　元坝长兴组孔隙结构参数统计表**

| | 孔隙度为 5%～10%样品(Ⅰ) | | | 孔隙度为 2%～5%样品(Ⅱ) | | | 孔隙度<2%样品(Ⅲ) | | |
|---|---|---|---|---|---|---|---|---|---|
| | 最小值 | 最大值 | 平均值 | 最小值 | 最大值 | 平均值 | 最小值 | 最大值 | 平均值 |
| $P_d$/MPa | 0.022 | 0.606 | 0.171 | 0.272 | 6.594 | 2.354 | 0.478 | 78.38 | 15.298 |
| $R_d$/μm | 1.238 | 33.91 | 8.95 | 0.114 | 2.759 | 0.762 | 0.0096 | 1.569 | 0.274 |
| $P_{c50}$/MPa | 0.248 | 45.51 | 17.73 | 4.258 | 59.99 | 20.84 | 13.568 | 157.78 | 61.34 |
| $R_{c50}$/μm | 0.0165 | 3.02 | 0.552 | 0.0125 | 0.176 | 0.0598 | 0.0048 | 0.0553 | 0.0156 |
| $R_c$>0.075μm/% | 25 | 100 | 62.5 | 0 | 31.58 | 15.79 | 0 | 13 | 6.5 |
| $S_{min}$/% | 1.76 | 16.46 | 11 | 2.15 | 28.31 | 15.88 | 15.84 | 55.46 | 29.29 |
| 样品数 | 12 | | | 19 | | | 23 | | |

(2)储层结构参数与孔渗的对应关系较好。

定量分析表明：排驱压力、中值压力增加，孔隙度、渗透率降低；最大连通孔喉半径和中值半径增加，孔隙度、渗透率增大。

排驱压力与孔隙度呈幂函数递减关系，当孔隙度<2%时，孔隙度增加，排驱压力迅速下降；孔隙度接近 2%时出现拐点，其后下降趋势明显变缓[图 2-22(a)]，直至孔隙度大于 5%后，排驱压力趋于稳定。排驱压力与渗透率的相关关系也类似[图 2-22(b)]，但相关较差，说明渗透率变化更加复杂。

中值半径与孔隙度呈指数关系(图 2-23)，中值半径越大，孔隙度越大。但中值半径与渗透率相关性差，主要反映受到裂缝的影响，关系复杂化。

**2. 孔喉级别划分**

按碳酸盐岩储层孔隙、喉道分级标准(表 2-6)，结合其他参数，对长兴组储层孔、喉大小进行划分。

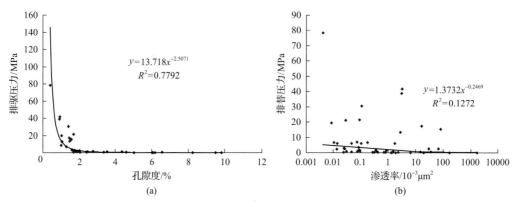

图 2-22　排驱压力与孔隙度、渗透率相关关系

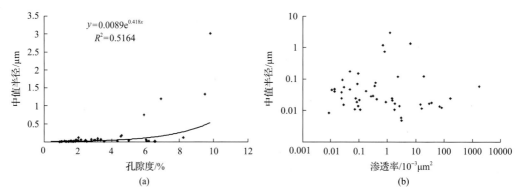

图 2-23　中值半径与孔隙度、渗透率相关关系

表 2-6　四川盆地碳酸盐岩储层孔隙与喉道分级标准(据钱峥和黄先雄，2000)

| 孔隙分级 | 类平均孔径*/% | 喉道分级 | $R_{c50}$/μm |
|---|---|---|---|
| 大孔隙 | >60 | 粗喉道 | >1.0 |
| 中孔隙 | 30～60 | 中喉道 | 1～0.2 |
| 小孔隙 | 10～30 | 细喉道 | 0.2～0.024 |
| 微孔隙 | <10 | 微喉道 | <0.024 |

*指压汞分析中喉道半径大于 0.075μm 的孔隙所占有的百分数。

(1)孔、喉类型。

长兴组以中孔隙占 37.04%，小孔隙占 29.63%，微孔隙占 20.37%，大孔隙仅占 12.96% (图 2-24)。其中，中孔隙主要分布于元坝 2、元坝 102 井，小孔隙主要分布于元坝 12、元坝 102 井，元坝 2 井中大孔隙所占比例较低，仅为 8.11%。

长兴组储层以细喉、微喉为上，分别占 39.62% 和 52.83%，另粗喉占 5.66%，中喉占 1.89%(图 2-25)，说明整体上连通性差。细喉主要分布于元坝 12 井，微喉主要出现在元坝 2、元坝 102 井，中、粗喉也出现于这两口井，但均低于样品数的 10%。

(2)孔喉组合特征。

统计表明，长兴组储层孔喉组合总体上偏细，以中孔细喉和小、微孔微喉型组合为主，分别占总样品数的 28.30%、22.64%、20.75%(图 2-26)。由于岩石重结晶作用较强，

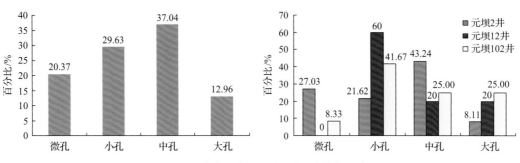

图 2-24 元坝长兴组不同级别孔隙所占百分比

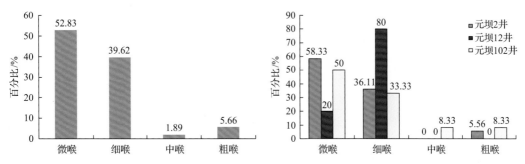

图 2-25 元坝长兴组不同级别喉道所占百分比

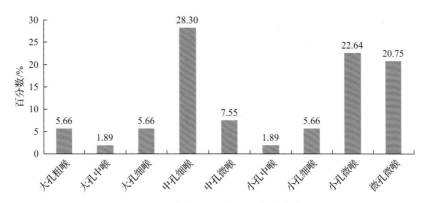

图 2-26 元坝长兴组孔喉组合分布特征

白云岩发育了丰富的晶间孔、晶间溶孔及溶孔溶洞，连通性较好，出现了大孔粗喉-大孔细喉等组合，占总样品的 14% 左右，显示孔隙结构中等至差。其中，中孔细喉主要分布于上部白云岩中；而微孔微喉则主要分布于下部灰岩中。

（二）普光台缘生物礁滩、台缘鲕粒滩相储层

普光地区压汞分析结果表明，储层孔喉分布较宽，飞仙关组以粗孔喉分布为主，长兴组以中孔细喉为主。总体来看，飞仙关组一、二段台缘滩储层孔隙结构好，长兴组礁相储层次之（表 2-7）。利用压汞分析中大于 $0.075\mu m$ 的孔隙半径百分数（又称为类平均孔径）与饱和度中值喉道半径（$R_{c50}$），按储层孔隙、喉道分级标准，结合其他参数，对孔隙和喉道级别进行划分。

表 2-7    普光气田长兴组和飞仙关组一、二段孔隙结构特征对比表

| 层位 | 中值半径/μm | 中值压力/MPa | 孔隙度/% |
|---|---|---|---|
| 飞仙关组一、二段 | 0.025～16.19<br>2.487 | 0.045～29.2<br>1.459 | 2.84～28.84<br>10.34 |
| 长兴组 | 0.006～4.6<br>0.54 | 0.163～132.1<br>14.443 | 2.03～16.67<br>6.68 |

注：表中数值为 $\frac{最小值～最大值}{平均值}$。

1. 孔、喉类型

普光飞仙关组一、二段和长兴组孔隙分级类型以大孔隙占绝对优势，其次是中孔隙。飞仙关组一、二段大孔隙占 89.5%，中孔隙占 21.5%；长兴组大孔隙占 48%，中孔隙占 39%。飞仙关组一、二段以粗喉道、中喉道为主，如普光 302-1 井和普光 2 井粗-中喉道分别占 92.55%、74.3%，细喉道分别占 6.15%、21.5%，微喉道类型仅占 1.3%、4.3%[图 2-27(a)]，说明连通性较好；长兴组以中喉道、细喉道为主，普光 6 井细喉道占 40.0%，粗、中、微喉道占的比例相当，在 18%～22%[图 2-27(b)]，反映长兴组的渗透性比飞仙关组差。

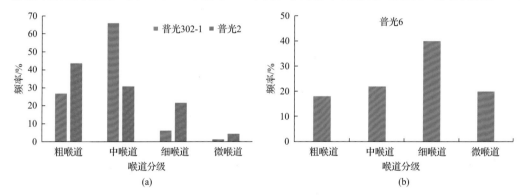

图 2-27    普光飞仙关组一、二段(a)和长兴组(b)储层喉道类型分布图

2. 孔喉组合类型

统计表明，储层发育大孔粗喉型、大孔中喉型、小孔微喉型和微孔微喉型等 8 种类型(图 2-28)。其中飞仙关组一、二段储层以大孔粗喉、大孔中喉型为主，如普光 302-1 井、普光 2 井大孔粗喉型分别占 26.75%、43.6%，大孔中喉型分别占 65.35%、26.4%，其他孔喉类型占的比例小，说明储层结构好，利于开发；长兴组储层以中孔细喉型为主，如普光 6 井中孔细喉型占 30.0%，大孔粗喉、大孔中喉和大孔细喉型分别占 18%、20%、10%，同时还存在大孔细喉、中孔微喉型、微孔微喉型等，显示储集空间类型多样性。

(三)河坝台内滩相储层

1. 飞仙关组三段

压汞分析结果统计看，门槛压力介于 0.6064～49.7293MPa，平均为 8.0158MPa；中值压力为 2.3333～155.5370MPa，平均为 26.8477MPa；中值喉道半径为 0.0048～0.3214μm，平均为 0.0857μm(表 2-8)。

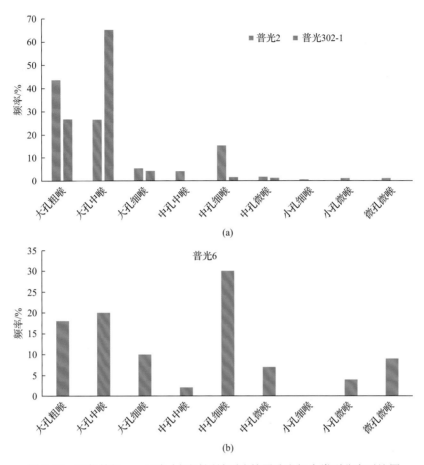

图 2-28 飞仙关组一、二段(a)和长兴组(b)储层孔喉组合类型分布对比图

表 2-8 河坝区块飞仙关组三段储层孔隙结构参数统计表

| 参数 | 门槛压力/MPa | 中值压力/MPa | 中值喉道半径/μm |
|---|---|---|---|
| 最大值 | 49.7293 | 155.5370 | 0.3214 |
| 最小值 | 0.6064 | 2.3333 | 0.0048 |
| 平均值 | 8.0159 | 26.8477 | 0.0857 |
| 样品点 | 48 | 48 | 48 |

孔隙以大、中孔隙为主，分别占总样品数 43.75%、22.92%，而微孔隙占 22.92%，小孔隙占 10.42%；喉道以微、细喉道为主，分别占 25%、72.92%，中喉道占 2.08%(图 2-29)。

孔喉组合类型：统计表明，储层以大孔细喉、中孔细喉、微孔微喉为主，分别占样品数的 43.75%、22.92%、22.92%，次为小孔细喉、小孔微喉，分别占 8.33%、2.08%(图 2-30)。

2. 嘉陵江组二段

压汞分析结果统计看，门槛压力介于 0.3742～87.0163MPa，平均 13.75MPa；中值压力 0.7432～180.6133MPa，平均 41.06MPa；中值喉道半径 0.0041～1.0092μm，平均 0.0912μm(表 2-9)。

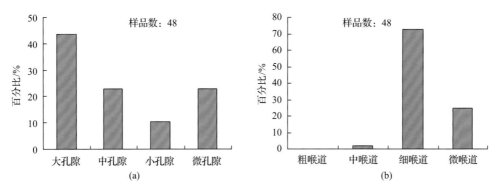

图 2-29　河坝区块飞仙关组三段储层孔隙(a)、喉道(b)分级类型分布直方图

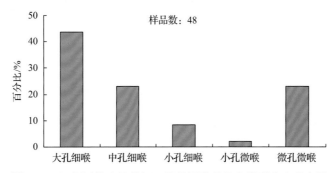

图 2-30　河坝区块飞仙关组三段储层孔喉组合类型分布直方图

表 2-9　河坝区块嘉陵江组二段储层孔隙结构参数统计表

| 参数 | 门槛压力/MPa | 中值压力/MPa | 中值喉道半径/μm |
|---|---|---|---|
| 最大值 | 87.0163 | 180.6133 | 1.0092 |
| 最小值 | 0.3742 | 0.7432 | 0.0041 |
| 平均值 | 13.75 | 41.06 | 0.0912 |
| 样品点 | 29 个 | 25 个 | 25 个 |

孔隙以微孔隙为主，占有效样品总数 48.26%，其次为大、中孔隙（占 20.69%），小孔隙占 10.34%；喉道以微、细喉道为主，分别占 38.3%、51.4%，而中喉道和粗喉道较少，仅分别占 6.89%、3.4%（图 2-31）。

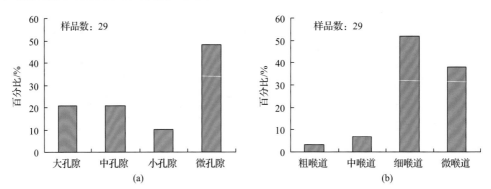

图 2-31　河坝区块嘉陵江组二段储层孔隙(a)、喉道(b)分级类型分布直方图

孔喉组合类型：统计表明，储层以微孔微喉为主，占样品数的 37.93%，次为中孔细喉，占样品数的 20.69%，大孔细喉、小孔细喉、微孔细喉都为 10.34%，大孔粗喉和大孔中喉分别占 3.45%，6.89%（图 2-32）。

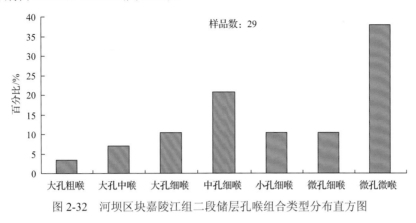

图 2-32 河坝区块嘉陵江组二段储层孔喉组合类型分布直方图

# 第四节 礁滩相碳酸盐岩储层类型及有利储层发育特征

## 一、不同岩石类型储层物性特征

### (一)元坝长兴组台缘生物礁滩相碳酸盐岩储层

长兴组储层岩石类型主要有白云岩类和灰岩类，储层岩石类型和物性之间是有密切联系的。

#### 1. 白云岩类

白云岩类包括溶孔白云岩、灰质白云岩、颗粒(生屑、藻屑、砂屑)白云岩及晶粒白云岩。据分析资料统计，白云岩类孔隙度(样品数 $N$=203)介于 0.82%～24.65%，平均为 6.38%；渗透率(样品数 $N$=180)在 0.0045×10$^{-3}$～1720.7187×10$^{-3}$μm$^2$，渗透率级差大。其中溶孔白云岩平均孔隙度为 8.31%，灰质白云岩平均孔隙度为 3.23%，颗粒白云岩平均孔隙度为 4.73%，晶粒白云岩平均孔隙度为 2.42%(表 2-10)。

表 2-10 长兴组白云岩类与储层物性关系统计表

| 岩石类型 | 孔隙度分布/% | 平均孔隙度/% | 渗透率分布/10$^{-3}$μm$^2$ | 平均基质渗透率/10$^{-3}$μm$^2$ |
|---|---|---|---|---|
| 溶孔白云岩 | 2.08～24.65 | 8.31 | 0.0098～259.392 | 16.9321 |
| 颗粒白云岩 | 2.21～9.62 | 4.73 | 0.0053～1720.7187 | 160.7102 |
| 晶粒白云岩 | 1.22～5.73 | 2.42 | 0.0106～16.0645 | 1.7494 |
| 灰质白云岩 | 0.82～7.33 | 3.23 | 0.0045～29.3551 | 2.3753 |

从白云岩类储层孔-渗关系(图 2-33)看，渗透率基本随孔隙度增加而增大，相关性较好。溶孔白云岩孔隙度一般>5%、大部分样品渗透率>0.1×10$^{-3}$μm$^2$；灰质白云岩孔隙度大部分<5%，但大部分样品渗透率>0.1×10$^{-3}$μm$^2$；晶粒白云岩属于低孔、中渗，孔

隙度＜3%。

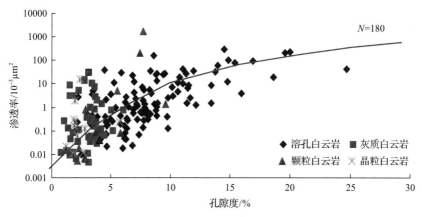

图 2-33 长兴组白云岩类及孔-渗关系图

## 2. 灰岩类

灰岩类包括白云质灰岩、微晶灰岩、颗粒(生屑、藻屑、砂屑)灰岩及礁灰岩，孔隙度(样品数 $N=436$)介于 0.23%～8.44%，平均为 2.8%；渗透率(样品数 $N=354$)在 $0.0034 \times 10^{-3} \sim 1069.1996 \times 10^{-3} \mu m^2$，渗透率级差大。其中白云质灰岩平均孔隙度为 3.42%，晶粒灰岩平均孔隙度为 2.05%，颗粒灰岩平均孔隙度为 2.15%，礁灰岩平均孔隙度为 3.7%(表 2-11)。灰岩类储层孔隙度与渗透率相关性差(图 2-34)，低孔、高渗样品占据绝大部分，主要为颗粒灰岩和白云质灰岩。

表 2-11 长兴组灰岩类与储层物性关系统计表

| 岩石类型 | 孔隙度分布区间/% | 平均孔隙度/% | 渗透率分布区间/$10^{-3}\mu m^2$ | 平均基质渗透率/$10^{-3}\mu m^2$ |
|---|---|---|---|---|
| 礁灰岩 | 2.13～7.51 | 3.7 | 0.0248～46.4952 | 5.7237 |
| 白云质灰岩 | 0.53～8.44 | 3.42 | 0.0049～919.7307 | 14.4425 |
| 颗粒灰岩 | 0.23～4.69 | 2.15 | 0.0034～527.5364 | 19.0361 |
| 晶粒灰岩 | 0.62～4.19 | 2.05 | 0.0041～1069.1996 | 114.379 |

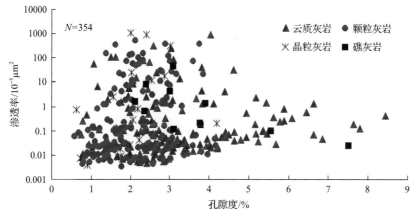

图 2-34 长兴组灰岩类及孔-渗关系图

(二)普光台缘生物礁滩、台缘鲕粒滩相碳酸盐岩储层

1. 长兴组生物礁滩相储层

岩心物性资料显示，结晶白云岩、砾屑白云岩和海绵礁白云岩物性最好。

结晶白云岩：中孔高渗储层为主，孔隙度为 2.77%～12.78%，主要分布于 5%～10%，平均值为 7.94%；渗透率变化较大，介于 $0.0467\times10^{-3}$～$5418.85\times10^{-3}\mu m^2$，大多数大于 $1.0\times10^{-3}\mu m^2$，平均值为 $259.15\times10^{-3}\mu m^2$，储集性较好。

砂屑白云岩：以中低孔、中高渗为主，孔隙度介于 1.91%～23.08%，主要分布于 5%～10%，平均值 6.62%，其中大于 2%储层孔隙度平均为 6.87%；渗透率介于 $0.03\times10^{-3}$～$471.95\times10^{-3}\mu m^2$，主要大于 $1.0\times10^{-3}\mu m^2$，$0.002\times10^{-3}$～$1.0\times10^{-3}\mu m^2$ 也占有较大的比例，平均值 $27.30\times10^{-3}\mu m^2$，与孔隙度大于 2%相对应的渗透率平均值为 $28.9442\times10^{-3}\mu m^2$，储集性中等至较好。

生屑白云岩：以中低孔、中高渗为主，孔隙度为 1.11%～14.03%，以 5%～10%为主，平均值 6.51%，其中大于 2%的平均值 6.63%；渗透率变化较大，介于 $0.04\times10^{-3}$～$5874.56\times10^{-3}\mu m^2$，分布不均一，大部分样品大于 $1.0\times10^{-3}\mu m^2$，平均值 $415.24\times10^{-3}\mu m^2$，与孔隙度大于 2%相对应的渗透率平均值为 $428.53\times10^{-3}\mu m^2$，储集性较好。

砾屑白云岩：以中高孔高渗为主，孔隙度为 3.12%～23.05%，以 5%～10%为主，平均值可达到 8.34%；而渗透率较高，介于 $0.06\times10^{-3}$～$9664.89\times10^{-3}\mu m^2$，平均值为 $303.11\times10^{-3}\mu m^2$，绝大部分样品大于 $1.0\times10^{-3}\mu m^2$，其次为 $0.002\times10^{-3}$～$0.25\times10^{-3}\mu m^2$，储集性好。

海绵礁白云岩(包括残余海绵礁白云岩)：以中高孔、高渗为主，孔隙度为 1.37%～14.51%，以 5%～10%为主，平均值为 8.73%，其中孔隙度大于 2%的有效层平均值为 8.97%；渗透率介于 $0.0402\times10^{-3}$～$223.2907\times10^{-3}\mu m^2$，绝大部分大于 $1.0\times10^{-3}\mu m^2$，平均值为 $12.29\times10^{-3}\mu m^2$，与孔隙度大于 2%相对应的渗透率平均值为 $12.50\times10^{-3}\mu m^2$，储集性较好。

海绵礁灰岩：以低孔、低渗为主，孔隙度为 1.12%～5.93%，大部分小于 2%，其中孔隙度大于 2%的有效储层平均 3.15%；渗透率较低，介于 $0.0183\times10^{-3}$～$8.5750\times10^{-3}\mu m^2$，平均值为 $0.2697\times10^{-3}\mu m^2$，与孔隙度大于 2%相对应的渗透率平均值为 $0.8027\times10^{-3}\mu m^2$，表明储集性较差。

2. 飞仙关组一、二段鲕粒滩相储层

岩心物性资料显示，鲕粒和残余鲕粒白云岩物性最好。

鲕粒白云岩：孔隙度介于 2.36%～21.14%，平均值为 9.73%；渗透率变化较大，介于 $0.01\times10^{-3}$～$2823.01\times10^{-3}\mu m^2$，平均值为 $31.08\times10^{-3}\mu m^2$。

残余鲕粒白云岩：孔隙度介于 1.95%～25.67%，平均值为 8.74%；渗透率变化较大，介于 $0.01\times10^{-3}$～$1816.07\times10^{-3}\mu m^2$，平均值为 $2.31\times10^{-3}\mu m^2$。主要分布于 $>1.0\times10^{-3}\mu m^2$，含量 49%，次为 $0.02\times10^{-3}$～$0.25\times10^{-3}\mu m^2$，占 36%。

糖粒状残余鲕粒中粗晶白云岩：物性较好，孔隙度介于 3.17%～28.86%，平均值为 12.71%；渗透率变化较大，介于 $0.12\times10^{-3}$～$3354.7\times10^{-3}\mu m^2$，平均值为 $55.038\times10^{-3}\mu m^2$；以大于 $100\times10^{-3}\mu m^2$ 为主，储集性极好。

含砾屑鲕粒白云岩：孔隙度较高，介于 0.94%～18.86%，平均值为 9.89%；而渗透率较低，介于 $0.03 \times 10^{-3} \sim 551.94 \times 10^{-3} \mu m^2$，平均 $0.38 \times 10^{-3} \mu m^2$，绝大部分大于 $1.0 \times 10^{-3} \mu m^2$。

含砂屑泥晶白云岩：孔隙度介于 1.02%～17.24%，平均为 3.10%；渗透率介于 $0.01 \times 10^{-3} \sim 240.61 \times 10^{-3} \mu m^2$，平均为 $0.084 \times 10^{-3} \mu m^2$，以 $< 0.25 \times 10^{-3} \mu m^2$ 为主。

结晶白云岩：孔隙度变化较大，介于 1.02%～17.56%，平均为 3.97%；渗透率介于 $0.0123 \times 10^{-3} \sim 954.86 \times 10^{-3} \mu m^2$，平均为 $0.218 \times 10^{-3} \mu m^2$。

## 二、储层分类评价

### (一)元坝礁滩相储层

本次储层分类评价主要根据川东北地区碳酸盐岩礁滩相储层分类评价标准(表 2-12)进行。

表 2-12　元坝地区碳酸盐岩礁滩相储层分类评价标准

| 储层类型 | 孔隙度/% | 渗透率/$10^{-3} \mu m^2$ | 中值喉道宽度/μm | 孔隙结构类型 | 储层评价 |
|---|---|---|---|---|---|
| I | >10 | >1.0 | >1 | 大孔粗中喉 | 好至极好 |
| II | 10～5 | 1～0.25 | 1～0.2 | 大孔中粗喉、中孔中粗喉 | 中等至较好 |
| III | 5～2 | 0.25～0.002 | 0.2～0.024 | 中孔细喉、小孔细喉 | 较差 |
| IV | <2 | <0.002 | <0.024 | 微孔微喉 | 差 |

### 1. 礁相储层分类评价

通过 12 口井 414 个岩心分析资料统计，长兴组礁相储层孔隙度介于 0.53%～23.59%，平均 4.65%，其中孔隙度>2%的平均值为 5.56%，孔隙度 2%～5%的样品约占 49%，孔隙度<2%约占 22%[图 2-35(a)]；渗透率介于 $0.0028 \times 10^{-3} \sim 1720.7187 \times 10^{-3} \mu m^2$，主峰值在 $0.01 \times 10^{-3} \sim 0.1 \times 10^{-3} \mu m^2$，渗透率 $< 0.1 \times 10^{-3} \mu m^2$ 的样品占 36%，渗透率 $0.1 \times 10^{-3} \sim 10 \times 10^{-3} \mu m^2$ 的样品占 43%[图 2-35(b)]。

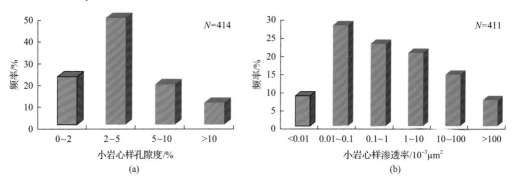

图 2-35　元坝气田长兴组生物礁储层物性分布直方图

从生物礁储层岩心样品孔-渗关系图(图 2-36)看，大部分样品呈散乱状分布，部分样品具有一定的规律性，中孔、中高渗样品占大部分，低孔、高渗样品占有一定比例，整体属孔隙型、裂缝-孔隙型储层。评价认为，生物礁储层以 II、III 类储层为主，少量 I 类储层。

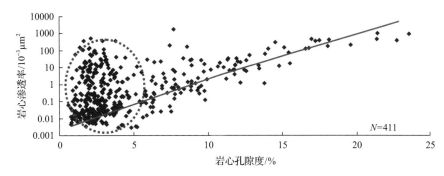

图 2-36 元坝气田长兴组礁相储层孔隙度分布及孔-渗关系图

### 2. 滩相储层物性特征

通过 7 口井 537 个岩心分析资料统计,长兴组滩相储层孔隙度介于 0.59%～24.65%,平均为 4.35%,其中孔隙度>2%的平均值为 5.24%。主要分布在 2%～5%,约占 53%,孔隙度<2%次之,占 23%[图 2-37(a)];渗透率介于 $0.0027 \times 10^{-3}～2385.4826 \times 10^{-3} \mu m^2$,主峰值主要分布在 $0.01 \times 10^{-3}～0.1 \times 10^{-3} \mu m^2$,约占 39%,渗透率<$0.1 \times 10^{-3} \mu m^2$ 的样品占 48%,渗透率在 $0.1 \times 10^{-3}～10 \times 10^{-3} \mu m^2$ 的样品占 36%[图 2-37(b)]。

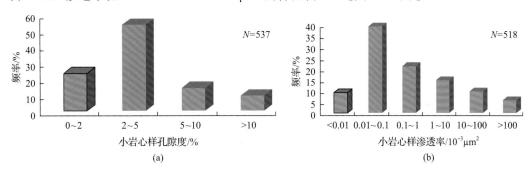

图 2-37 元坝气田长兴组滩相储层物性分布直方图

从滩相储层孔-渗关系图(图 2-38)看,孔隙度与渗透率具有较好的分布规律,仅有少部分样品表现为低孔、高渗特征。整体上属孔隙型、裂缝-孔隙型储层。评价结果:以Ⅲ类储层为主,Ⅰ、Ⅱ类储层次之。

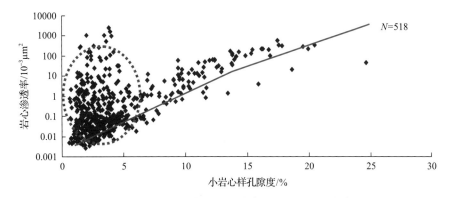

图 2-38 长兴组滩相储层孔隙度分布及孔-渗关系图

### (二)河坝台内滩相储层孔隙度、渗透率分布特征

#### 1. 飞仙关组三段

河坝 3 口井 155 个岩心物性资料统计(图 2-39),孔隙度介于 0.24%~13.06%,平均为 3.88%,孔隙度为 2%~5%的样品数约占 38.71%,5%~10%的样品约占 27.1%,而大于 10%的样品仅 5 个;渗透率介于 $0.001 \times 10^{-3} \sim 249.81 \times 10^{-3} \mu m^2$,主峰在 $0.002 \times 10^{-3} \sim 0.25 \times 10^{-3} \mu m^2$,渗透率大于 $0.25 \times 10^{-3} \mu m^2$ 的样品约占 21%。总体为低孔、低渗。

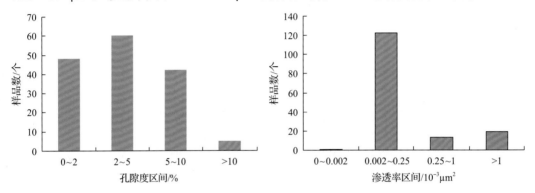

图 2-39　河坝区块飞仙关组三段储层样品孔隙度(a)、渗透率(b)分布直方图

从飞三段储层孔隙度-渗透率关系图上看,孔隙度与渗透率具有一定的相关性(图 2-40),但总体上相关性较差,表明本区的储层中裂缝相对发育。总的来看,飞仙关组三段储层主要为裂缝-孔隙型,属Ⅱ、Ⅲ类储层。

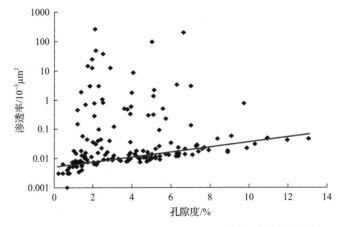

图 2-40　河坝区块飞仙关组三段储层孔隙度-渗透率关系图

#### 2. 嘉陵江组二段

通过 119 个岩心物性分析资料统计,孔隙度在 0.1%~16.15%,平均为 3.23%,孔隙度为 2%~5%的样品占 43.7%;5%~10%的样品占 13.45%,大于 10%的样品占 3.36% [图 2-41(a)]。105 个样品的渗透率值变化较大,分布于 $0.0008 \times 10^{-3} \sim 551 \times 10^{-3} \mu m^2$,多

数样品渗透率 $0.002 \times 10^{-3} \sim 0.25 \times 10^{-3} \mu m^2$；渗透率介于 $0.25 \times 10^{-3} \sim 1 \times 10^{-3} \mu m^2$ 的样品有 5 个，仅占样品数的 4.76%[图 2-41(b)]。总体显示低孔、低渗的特征。但有裂缝时，渗透率可提高 $1 \sim 2$ 个数量级。

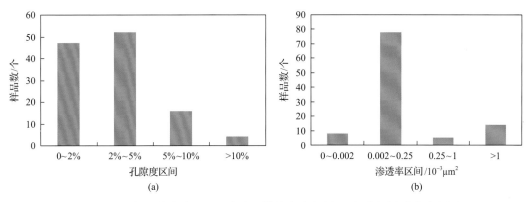

图 2-41　河坝区块嘉陵江组二段储层样品孔隙度(a)、渗透率(b)分布直方图

从嘉陵江组二段孔隙度-渗透率相关图(图 2-42)可看出，孔隙度、渗透率具有较好的相关性，大部分样品渗透率随孔隙度增大而上升，仅有小部分样品表现为低孔、高渗特征。总体上与飞仙关组三段储层略有不同，嘉陵江组二段储层属孔隙型、裂缝-孔隙型，以Ⅲ类储层为主，局部发育少量Ⅰ、Ⅱ类储层。

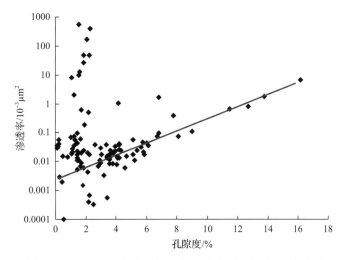

图 2-42　河坝区块嘉陵江组二段孔隙度-渗透率相关关系图

## 三、有利储层发育特征

### (一)元坝长兴组礁滩相有利储层发育模式

#### 1. 生物礁相有利储层发育模式

通过研究认为元坝长兴组生物礁地层纵向上可分为礁基-礁核-礁盖、礁核-礁盖两个

成礁旋回(图2-43)。从沉积微相与岩石物性的关系来看,纵向上优质储层主要发育于礁盖,储层39.9m,平均孔隙度为5.2%,其中Ⅰ+Ⅱ类储层20.7m;其次发育于礁核,储层平均孔隙度为3.2%,基本为Ⅲ类储层,Ⅱ类储层仅2.0m;礁基则基本不发育有效储层,平均孔隙度仅为0.5%(表2-13)。平面上优质储层主要分布于礁顶,其次是礁后,礁前则相对最不发育优质储层。礁前:钻遇储层平均厚度为33.3m,Ⅰ+Ⅱ类储层为11.3m。礁顶:钻遇储层平均厚度为87.4m,Ⅰ+Ⅱ类储层为44.9m。礁后:钻遇储层平均厚度为47.4m,Ⅰ+Ⅱ类储层为16.1m。

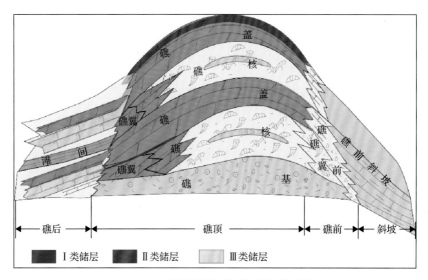

图2-43 长兴组生物礁储层结构模式图

表2-13 生物礁不同位置钻遇储层参数统计表

| 礁体位置 | 储层厚度/m | Ⅰ类厚度/m | Ⅱ类厚度/m | Ⅲ类厚度/m | 平均孔隙度/% |
|---|---|---|---|---|---|
| 礁盖 | 39.9 | 2.5 | 18.2 | 19.3 | 5.2 |
| 礁核 | 14.8 | 0 | 2 | 13 | 3.2 |
| 礁基 | 0.6 | 0 | 0.1 | 0.5 | 0.5 |

2. 生屑滩相有利储层发育模式

沉积时滩体所处的沉积微相位置(台地边缘滩、开阔台地台内滩、局限台地台内滩)和滩体的不同部位(滩核、滩缘)控制了滩相储层初始的储层质量。位于能量较高部位的台地边缘滩储层品质好,开阔台地和局限台地台内滩储层品质次之。

对于独立的滩体来说,纵向上有利储层主要发育于滩体的上部,平面上滩核部位储层厚度大于滩缘,且储层品质优于滩缘部位(图2-44)。

(二)河坝飞仙关组三段、嘉陵江组二段台内滩相有利储层展布

研究表明,河坝区块飞仙关组三段及嘉陵江组二段滩相储层主要受微古地貌、有

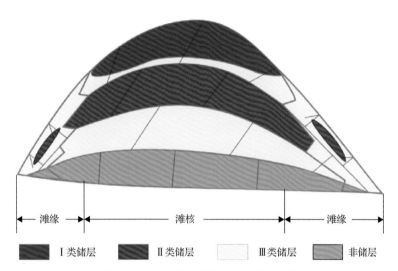

图 2-44 长兴组生屑滩储层结构模式图

利沉积相带、成岩作用及构造等多种因素控制，根据测井解释成果、储层及含气性预测成果研究表明：河坝区块飞仙关组三段滩相储层主要分布在河坝 1 井、河坝 2 井、河坝 102 井、河坝 104 井及河坝 1-1D 井区，储层厚度一般大于 15m（图 2-45）。嘉陵江组二段东部砂屑滩储层主要分布在河坝 1、河坝 1-1D 井及河坝 101 井区，储层厚度在 10～20m；西部砂屑滩储层主要分布在河坝 102 井—河坝 2 井区，储层厚度为 12m 左右（图 2-46）。

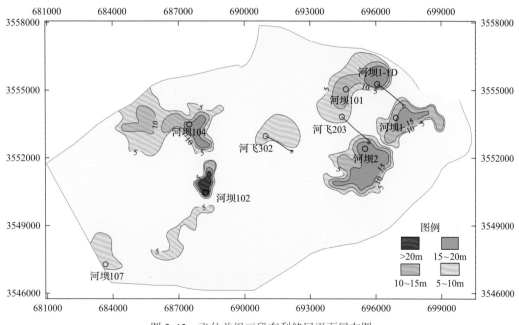

图 2-45 飞仙关组三段有利储层平面展布图

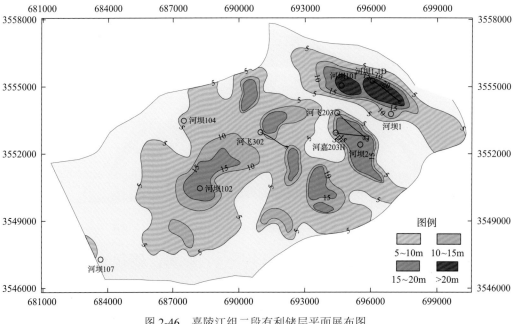

图 2-46  嘉陵江组二段有利储层平面展布图

# 第三章 礁滩相储层测井评价

测井精细解释是气藏精细描述与评价的基础与关键。礁滩相碳酸盐岩储层岩性组合复杂，造成测井岩性识别及储层划分困难；由于礁滩微相变化、储层岩性及孔隙结构复杂、气水关系复杂多变等原因，测井流体识别难度大(司马立强，2002；司马立强和疏壮志，2009)。针对这些问题，本章在典型储层四性关系分析的基础上，开展有效储层识别、测井解释建模、流体判别方法等研究(雍世和等，2002)，形成了礁滩相碳酸盐岩储层及其含气性测井解释技术系列。

## 第一节 测井资料质量检查与标准化

### 一、测井资料项目要求

在礁滩相碳酸盐岩气藏精细描述中，要求测井资料必须能够满足礁滩相地层中岩性识别、有利储层预测与评价、流体性质判别及其他地质工程参数分析的需要(贾孟强，2008)。元坝气田长兴组气藏，所有完钻的直井均取全取准了常规综合、自然伽马能谱、地层倾角、偶极声波、电成像测井等资料，部分井还有核磁共振测井资料，基本满足上述需求。

### 二、资料质量检查

测井资料的测点均匀密集，沿井筒周围一定范围内的地质特征信息丰富，故测井解释是气藏精细描述的主要内容和约束地震解释的基本手段，因此测井资料的质量和可靠性直接影响气藏精细描述的质量。实际上，由于不同井所处地质环境差异，加上井筒复杂性和各仪器性能差异、人为因素影响，往往导致测井资料质量不高，甚至出现一些错误信息。在开展测井解释前，必须对测井资料进行质量检查，本书所用检查方法如下。

#### (一)重复曲线对比法

重复测井曲线是检查测井仪器稳定性的重要方法之一。重复性的优劣直接反映了测井曲线的质量，重复测量应在主测井前进行，重复测量的井段一般是整个测量井段的上部、或者曲线幅度变化明显的井段。利用重复测井曲线相对误差公式计算出各条测井曲线的重复误差，并以此对整个测井曲线质量进行检查和控制。图 3-1 为元坝一口典型井常规测井资料主测井曲线与重复曲线对比图。可见其测井深度误差及曲线数值误差的检查均符合标准要求，均在误差允许范围内。

#### (二)直方图法

直方图法是对测量井段的孔隙度测井曲线及自然伽马测井曲线作直方图分析，单一

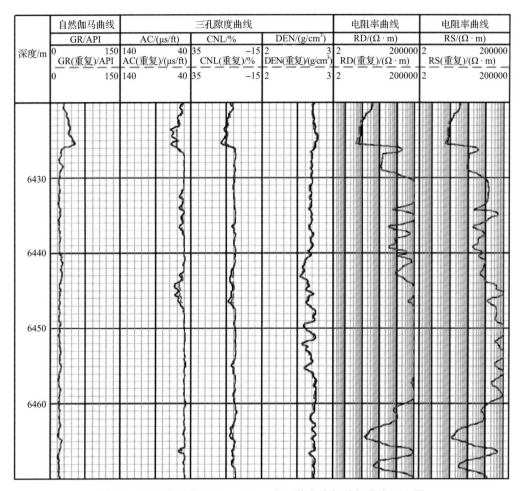

图 3-1　元坝典型井 6420～6470m 主测井曲线与重复曲线对比图

岩性直方图数值无双峰或多峰现象，说明曲线质量可靠。图 3-2 为元坝 123 井长兴组地层段的自然伽马、补偿声波、补偿中子、补偿密度曲线的统计直方图。可以看出，曲线值主峰明显，基本符合正态分布特征，表明测井曲线质量可靠。

(三) 交会图法

交会图法主要是应用于检查孔隙度测井曲线的质量，即在井眼条件好的井段上选择有一定厚度 (一般大于 2m)、已知岩性、不含或含少量泥质的地层，绘制一系列能够检验孔隙度测井曲线质量的频率交会图 (CNL-DEN、CNL-AC)，分析频率交会图上数据点的分布情况，由此检查测井数据的质量。当频率交会图上的绝大多数资料点集中，多分布于解释图版的已知岩性线或其附近，认为参加交会的测井曲线质量是可靠的。如果交会数据点偏离已知岩性线，应进行适当的校正，与岩性背景和电性特征匹配。图 3-3 为元坝 205 井致密灰岩段 (6620～6630m) CNL-DEN 与 AC-CNL 交会图，交会数据点较为集中，与实际地层岩性一致，说明本段测井曲线能真实有效地反映地层信息，测井曲线质量可靠。

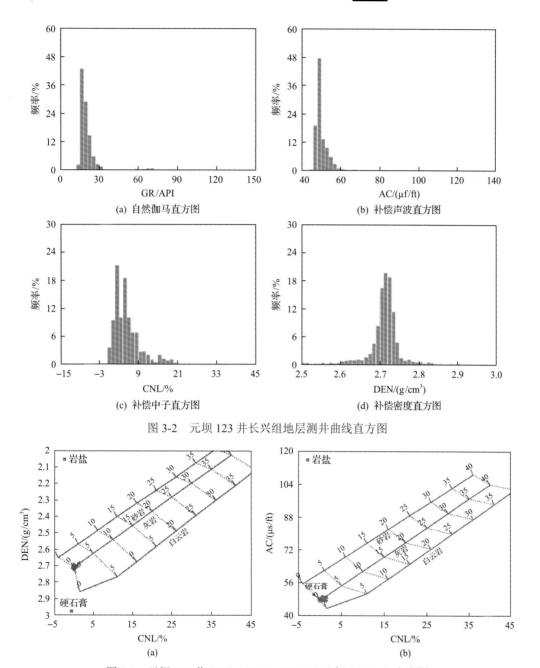

图 3-2 元坝 123 井长兴组地层测井曲线直方图

图 3-3 元坝 205 井 6620～6630m CNL-DEN 与 AC-CNL 交会图

## 三、环境校正与标准化

### (一)环境校正

测井环境,如井径、泥浆密度与矿化度、泥饼、井壁粗糙度、泥浆侵入带、地层温度与压力,围岩及仪器外径、间隙等非地层因素,不可避免地对测井曲线产生严重歪曲,使测井数据处理与解释效果较差。

本书采用解释图版法对测井曲线进行环境校正。解释图版法是依据理论计算或者实验结果做出的各种仪器的影响因素的校正图版，对测井曲线进行各种环境校正，求出尽可能准确的测井值，再进行测井处理与解释。图 3-4～图 3-7 分别为补偿中子的岩性、井径、泥浆密度和泥浆矿化度校正图版(图版源于《测井数据处理与综合解释》)，其中 $\phi_a$ 为视中子孔隙度、$\phi_c$ 为校正后中子孔隙度(下同)。

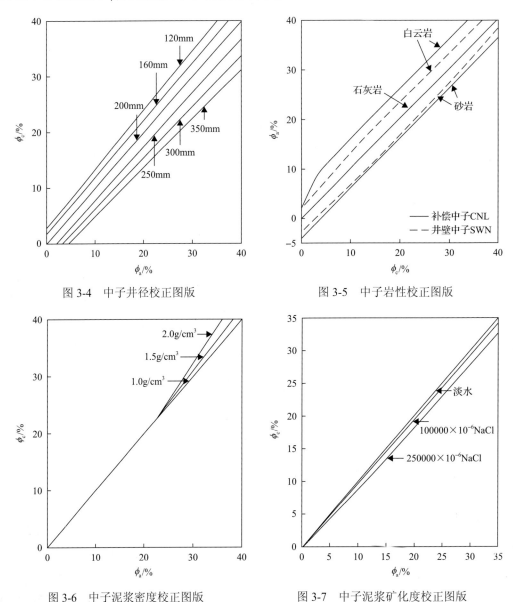

图 3-4　中子井径校正图版　　　　图 3-5　中子岩性校正图版

图 3-6　中子泥浆密度校正图版　　图 3-7　中子泥浆矿化度校正图版

中子仪器刻度的温度为 24℃，随温度增加，热中子运动速度增大，泥浆对热中子的俘获截面减小，热中子密度随源距增加而减小的速度下降，致使长、短源距探测器的热中子计数率比值增大，因而测出的补偿中子视孔隙度偏低。由于元坝气田长兴组礁滩相碳酸盐岩储层埋深 7000m 左右，井底温度大于 150℃，温度对储层参数的影响较大，必须进行温度影响校正，图 3-8 为补偿中子的温度校正图版。

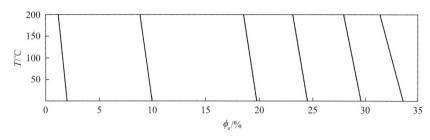

图 3-8　补偿中子温度校正图版

(二)标准化

就一个区块同一层系而言，相同的岩性一般都具有相同的沉积环境和近似的参数分布特性，决定了测井数据具有相似分布规律。测井资料标准化就是利用这一特性，建立研究区块各类测井数据的标准分布模式，然后运用相关分析技术，对同一区块内各井的测井数据进行整体的综合分析，校正刻度的不精确性，达到全区范围内的测井数据标准化。

标准化的关键是选择好标准层。一般选择在区域上分布广泛、物性相近或有规律地变化、有一定厚度且测井易于识别的岩层作为标准层。对于元坝长兴组气藏，下部致密的礁基灰岩地层稳定，将其选为标准层[图 3-9(b)]，参考致密灰岩骨架参数对长兴组测井曲线进行标准化。统计发现，一般自然伽马值较稳定，校正量较小，而孔隙度测井曲线受到的影响较多，需要进行大量标准化。

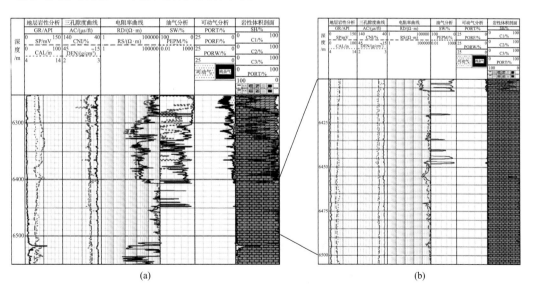

图 3-9　元坝 27 井长兴组测井曲线图[(b)为标准层放大图]

图 3-10、图 3-11 为钻遇储层的 5 口井 AC 和 CNL 标准化前后的分布直方图，对比发现，标准化前部分井数据分布有差异，标准化后，数值被刻度到了相同的值域区间。

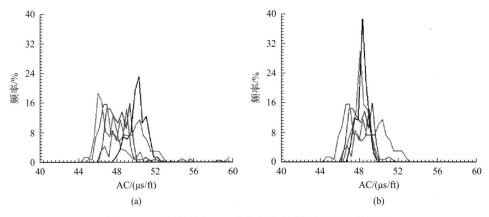

图 3-10　元坝长兴组 AC 曲线标准化前(a)后(b)对比图

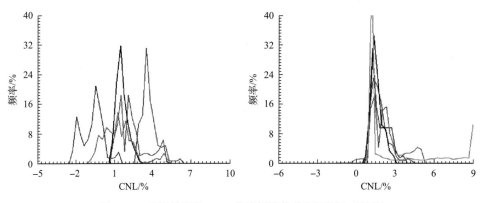

图 3-11　元坝长兴组 CNL 曲线标准化前(a)后(b)对比图

元坝长兴组致密灰岩段曲线标准化前后中子-密度交会图变化很小，图 3-3 显示交会图数据点几乎都落在致密灰岩线上，较好地反映了地层岩性特征。

# 第二节　典型储层四性关系研究

为了利用测井资料准确计算储层参数，客观地划分与评价储层，保证测井解释结果符合实际地质情况，需要选择关键典型井，利用测井、地质、录井、取心、试气资料，采用岩心刻度测井技术对关键井的典型储层进行四性关系研究(李淑荣，2008)。

## 一、长兴组储层"四性"特征

### (一)岩性特征

元坝长兴组储层岩性复杂，具体见第二章。

(二) 物性特征

长兴组碳酸盐岩储层总体属于中低孔、中低渗、裂缝-孔隙型储层。从取心分析看，基质孔隙度最小值为0.9%，最大值为16.2%，主要分布范围为3%~6%，平均为4.4%(图3-12)；基质渗透率最小值为$0.0051\times10^{-3}\mu m^2$，最大值为$310\times10^{-3}\mu m^2$，主要分布范围为$0.01\times10^{-3}\sim1\times10^{-3}\mu m^2$，部分岩心渗透率较大系裂缝或/和溶蚀孔洞发育之故。礁相储层物性整体优于滩相储层：礁相储层平均孔隙度为4.74%、渗透率为$8.48\times10^{-3}\mu m^2$，滩相储层平均孔隙度为4.10%、渗透率为$3.08\times10^{-3}\mu m^2$。

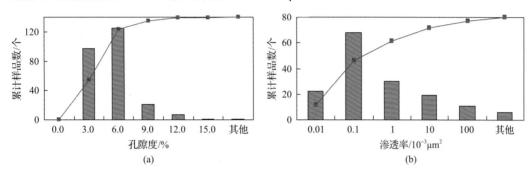

图3-12 元坝长兴组岩心孔隙度(a)、渗透率(b)分布直方图

元坝长兴组碳酸盐岩储层孔隙发育程度与白云石化程度呈正相关关系。通过储层岩性-物性关系分析(图3-13)，溶孔白云岩和溶孔生屑白云岩孔隙度最好，粒晶灰岩和生屑灰岩最差；而渗透率与白云化程度相关性较弱，在裂缝相对发育的生屑灰岩和生屑白云岩最好，在溶孔白云岩和溶孔生屑白云岩次之，在礁灰岩最差(廖元垲和何传亮，2015)。

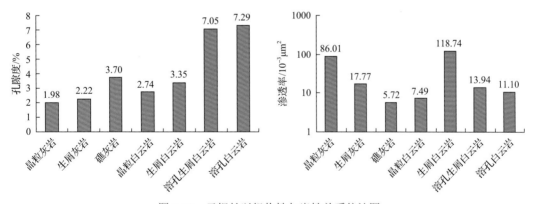

图3-13 元坝长兴组物性与岩性关系统计图

(三) 储层电性特征

礁相储层厚度相对较大、物性较好、含气性好(李昌，2010)。礁相含气储层测井响应特征为"三高二低"，即高电阻率、高中子、高声波，低自然伽马、低密度，气层电阻率一般为数百至数千欧·米。部分礁带上还发育高阻生物礁储层，电阻率接近$10\times10^4\Omega\cdot m$。如图3-14所示，元坝27井6252~6260m生物礁白云岩储层物性较好，声波值为50~

56μs/ft，中子值为 0～8%，密度值为 2.56～2.68g/cm³，深浅侧向正差异，深侧向电阻率值最低为 400Ω·m 左右，最高接近 $10\times10^4\Omega\cdot m$。分析认为，特高阻特征一方面显示生物礁储层溶蚀孔洞相对孤立[图 3-14(b)]，连通性不好，裂缝不发育，另一方面指示含气丰度高。电成像图像反映 6260m 以上溶蚀孔洞非均质性强，发育孤立孔洞，裂缝不发育；6260m 以下溶蚀孔洞非均质性相对较弱，裂缝较发育，孔洞连通性较好。该储层段测井解释孔隙度接近 10%，完井测试产量 $120\times10^4m^3/d$，证实为优质生物礁气层。

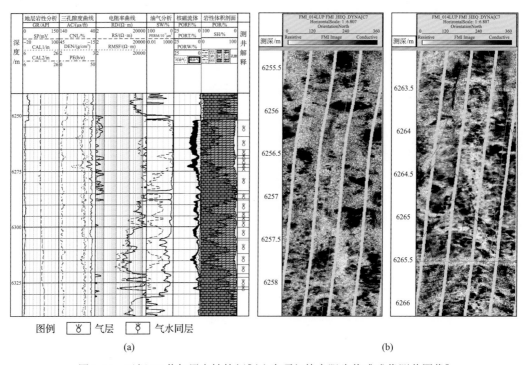

图例 ⚒ 气层    ⚒ 气水同层

(a)                                    (b)

图 3-14    元坝 27 井气层电性特征[(b)为顶部特高阻生物礁成像测井图像]

当礁相储层含水时，测井响应特征为"三低二高"，即低自然伽马、低密度、低电阻率、高中子、高声波(廖元垲，2016)。如图 3-15，元坝 9 井 6992～7024m、7053～7064m 声波增大，密度减小，与气层特征相似，但中子急剧增大到 24%，电阻率值急剧下降到 10Ω·m 左右，且部分井段具有增阻侵入特征，储层含水特征明显。该井 7000～7020m 测井解释含气水层段测试产水 30.9m³/d。

滩相储层含气时电性也为"三高两低"，但非均质性较强，Ⅰ、Ⅱ、Ⅲ类储层都可能发育，深浅侧向电阻率值在高阻背景下降低，呈减阻侵入特征(董平川，2009)，电阻率值一般为数百至数千欧·米。滩相储层平面非均质性强，储层厚度差异较大，成像测井显示裂缝、溶蚀孔洞发育。如图 3-16 所示，元坝 12 井滩相储层较厚(6690～6790m)，岩性有云岩、灰岩、灰质云岩和云质灰岩，其 6692～6780m 井段伽马值低，声波、中子高值，密度值相对较低，双侧向在高阻背景下降低呈较大幅度正差异，测试产量为 $53\times10^4m^3/d$。有的滩相区钻井，即使仅发育 20 余米的云质灰岩，测试也获得高产，其电性特征也与元坝 12 井相同。

（四）含气性特征

由于长兴组气藏天然气组分中硫化氢含量高，为了钻井安全均采用了高密度钻井液，故钻井气显示一般不太强烈，还可能较弱。但是多口井测试产能在 $100 \times 10^4 \mathrm{m}^3/\mathrm{d}$ 以上。元坝 103H 井测试产能 $93.9 \times 10^4 \mathrm{m}^3/\mathrm{d}$，无阻流量高达 $620 \times 10^4 \mathrm{m}^3/\mathrm{d}$；元坝 27 井气层段电阻率值高达上万欧·米，计算含气饱和度在 95%以上，测试也获得百万立方米产能。从测试情况分析，礁相储层产能普遍较滩相储层高。

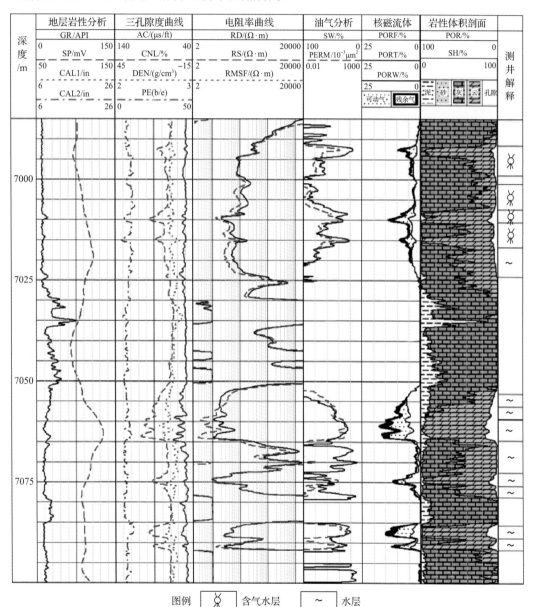

图例 含气水层 ～ 水层

图 3-15 元坝 9 井水层电性特征

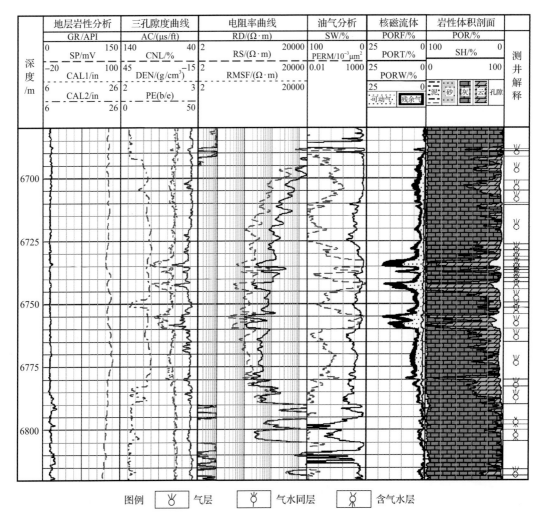

图 3-16 元坝 12 井气层电性特征

## 二、长兴组储层四性关系

礁滩储层的微相位置决定了储层的白云石化程度，白云石化程度基本决定了溶蚀孔洞发育程度，白云石化程度、孔洞发育程度和裂缝发育程度决定了礁滩储层的储渗性能（郭正吾和邓康龄，1996；俞益新，2006）。

白云岩含量和孔洞缝发育程度决定了储层的主要测井响应特征。礁滩储层均具有低伽马、低密度、高声波时差、高中子的共性特征，且相对于致密灰岩的高阻背景均具有电阻率降低的特征，但是降低的程度受控于储层发育情况和含流体性质。一般含气储层表现为相对中高阻正差异，含水储层表现为低阻负差异。总体来说，含气储层具有"三高两低"特征，含水储层具有"三低两高"特征。

图 3-17 为滩相区一口典型井的四性关系图。该井长兴组中部 6904～6964m 井段发育礁后滩复合储层，岩性为含生屑灰质白云岩、含云生屑灰岩和白云质灰岩，储层发育与白云化程度密切相关；长兴组下部 6971～7008m 井段发育滩相储层，岩性为浅灰色白云

岩。由于构造位置较低，该井储层总体含水，储层电阻率具有上高下低的特征。根据测井响应确定气水界面为6918m，该深度以上为气层特征，6918～6930m井段具有过渡带特征，6918m以下电阻率显著下降，并出现增阻侵入特征，密闭取心含水饱和度也从上部的20%左右增大到20%～35%，6930m以下电阻率明显随物性变化，密闭取心含水饱和度也进一步增大到60%左右，总体为低阻含水特征；下部滩相储层总体为高孔低阻水层特征，完井测试结果证实了以上分析。

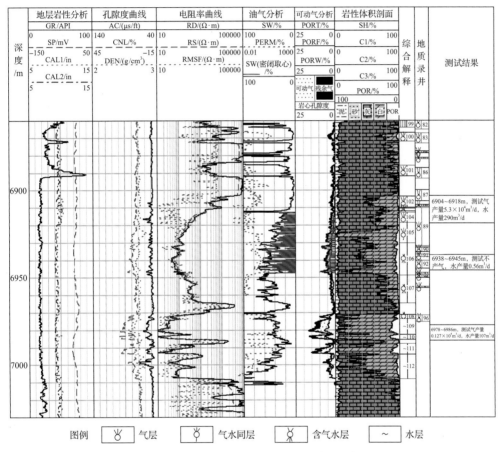

图3-17 滩区典型井长兴组储层四性关系图

# 第三节 储层识别与有效性评价

## 一、岩性识别

### (一)利用常规测井响应特征识别岩性

元坝长兴组典型灰岩、白云岩的岩石骨架测井响应值见表3-1，二者岩石骨架的自然伽马和电阻率近似，主要根据孔隙度测井响应的差异定性区别灰岩和白云岩。

灰岩的电性特征(图3-18)：自然伽马值较低，一般在10API左右；声波时差一般在

48～50μs/ft；补偿中子值一般在 0～2%；密度测井值在井径规则井段一般在 2.68～2.71g/cm³；电阻率值比较高，致密层段都在数万欧·米以上，甚至超过仪器测量记录范围，出现 $10×10^4\Omega\cdot m$ 平头现象。

表 3-1　灰岩和白云岩岩石骨架测井参数

| 岩性 | 自然伽马/API | 纵波时差/(μs/ft) | 补偿中子/% | 体积密度/(g/cm³) | 电阻率/(Ω·m) |
|---|---|---|---|---|---|
| 灰岩 | ±10 | 47.5 | 0 | 2.71 | $10×10^4$ |
| 白云岩 | ±15 | 42 | 1.8 | 2.87 | |

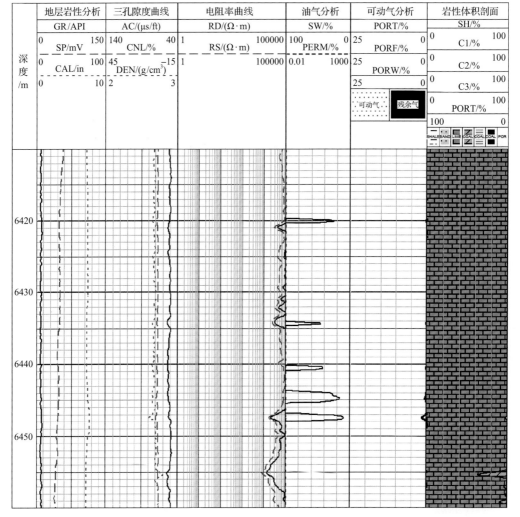

图 3-18　长兴组灰岩测井响应特征

相对于灰岩，白云岩具有低时差、高中子、高密度的特征。其典型特征如图 3-19 所示：自然伽马值较低，一般在 15API 左右；声波时差一般低于灰岩，43～50μs/ft，随着物性变好而相应增加；补偿中子值一般大于3%，且随着物性变好而相应增加；补偿密度值主要取决于物性条件，致密层一般大于 2.8g/cm³，储层一般为 2.7～2.8g/cm³，其中一类储层密度值可低于 2.7g/cm³，与致密灰岩混淆，需要参考中子测井值与致密灰岩(中子近似为 0)分开；电阻率值在致密层一般为 20000Ω·m 以上，当物性较好时电阻率会明显下降，深浅双侧向呈不同幅度差异现象。

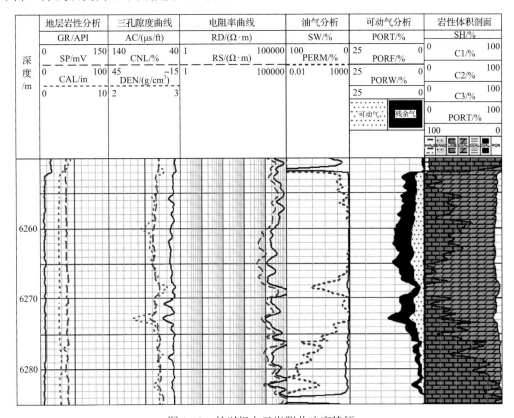

图 3-19 长兴组白云岩测井响应特征

(二)利用成像测井识别岩性

电成像测井图像的色差体现了岩石电导率的差异，本身不能直接反映岩性，但是可依据成像测井静、动态图像颜色深浅变化反映的层理、缝合线、团块等岩石结构和溶蚀孔洞、裂缝等储层发育程度来识别岩性。

图 3-20 为泥质含量相对较重层段的图像，一般水平层理和波状层理较发育，在成像图上主要表现为明暗相间的层状条纹。灰岩总体表现为浅黄色块状结构，部分夹杂黑色斑块，因局部含有泥质，动态图像上在浅色块状背景下具有深色团块特征，或者具有缝合线发育的特征(图 3-21)；具有溶蚀现象的一般都是白云岩类，在静态和动态图像均为暗色斑块状伴随深色条带状特征(图 3-22)。

## 二、储层识别

(一)储层常规测井响应特征

元坝长兴组储层厚度大、物性好，气层电阻率高，测井响应特征为"三高二低"，即高电阻率、高中子、高声波，低自然伽马、低密度（图 3-23）；当储层含水时，测井响应特征为"三低二高"，即低自然伽马、低密度、低电阻率、高中子、高声波。

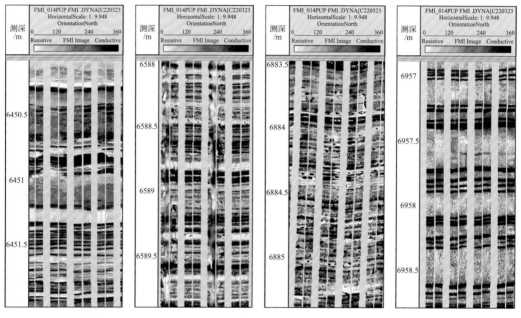

图 3-20 电成像识别泥岩层

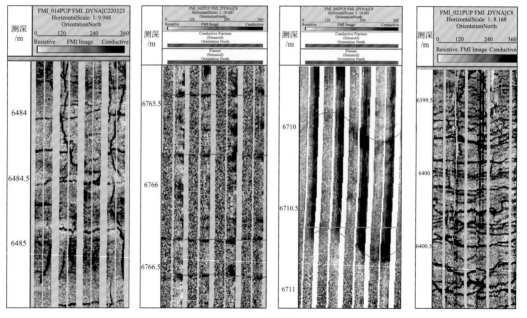

图 3-21 电成像识别灰岩

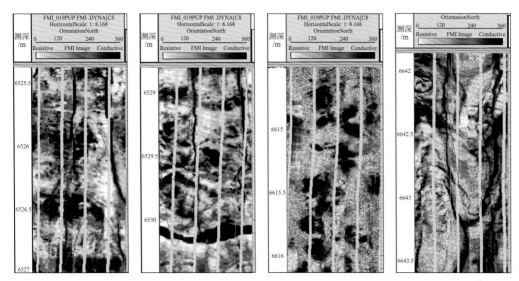

图 3-22　电成像识别云岩

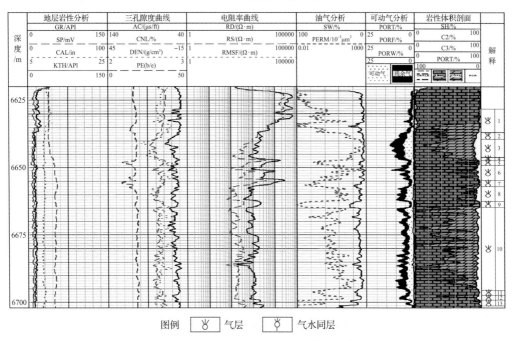

图例　☿ 气层　☿ 气水同层

图 3-23　元坝长兴组典型储层测井响应特征

## (二)储层成像测井响应特征

### 1. 溶蚀孔洞

大溶洞在成像图上表现为较大规模的暗色团块,图像边缘存在过渡性质的模糊部分,且在常规测井曲线上也有明显反应,一般比较容易识别。而小溶蚀孔洞在常规测井曲线上特征不显著,但在动态图像上表现为非均质的斑点状或弥漫状色度不均的暗色区域(图 3-24),与泥质团块的区别是自然伽马无高异常。

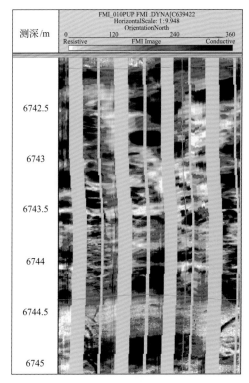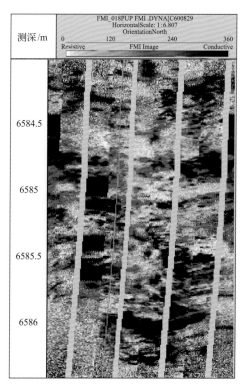

图 3-24　元坝长兴组溶蚀孔洞成像测井响应特征

### 2. 高角度缝与网状缝

高角度缝：裂缝倾角较高，图像呈深色调不规则条带状，裂缝宽度变化不均 [图 3-25(a)]。网状缝为多条裂缝相互交织成网状，裂缝间有相互切错现象，在图像上呈现两组及以上深色条纹相互交织 [图 3-25(b)]。

## 三、储层有效性评价

### (一)储集空间有效性评价

在礁滩相碳酸盐岩储层评价过程中，首先需要鉴别岩性，剔除明显的非储层段，识别有利的白云岩，然后优选参数开展岩石组分和孔隙度等储层参数计算(罗蛰潭和王允诚，1986)。

在储层参数计算基础上，需要从岩性、物性、电性及含气性方面综合分析储层。四川盆地有效礁滩相碳酸盐岩储层一般是白云岩或白云化程度较高的岩石，要求泥质含量低于 10%，孔隙度大于 2%。有效储层应具有低伽马、低密度、高中子、电阻率较致密围岩显著降低的主要特征。

非有机质成因的高伽马一般代表较深水沉积，泥质含量可能较高，溶蚀孔洞可能不发育或被泥质充填，其有效性较差。

溶蚀孔洞发育程度可以从电成像测井直观评判(图 3-24)，也可以从核磁共振测井 $T_2$ 谱分布特征评价，礁滩储层的 $T_2$ 谱峰值一般大于 100ms。

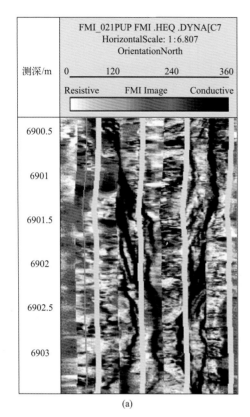 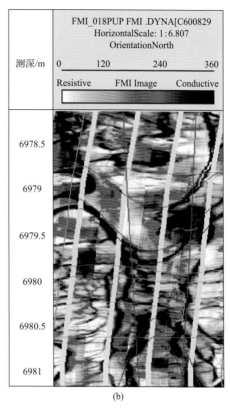

(a)　　　　　　　　　　　　　(b)

图 3-25　元坝长兴组高角度缝(a)和网状缝(b)成像测井响应特征

缝洞发育的储层段一般还具有钻时加快、油气水显示活跃、井涌、井漏等钻录井特征，可以辅助判别储层有效性。

图 3-26 为元坝 103H 井长兴组礁相储层，在常规测井上表现为低伽马特征，指示了生物礁较强的水动力环境，声波、中子值增大，密度值降低，显示白云化程度高、物性好，电阻率曲线在高阻背景下降至最低 200Ω·m，6828～6841m 电阻率呈中高阻负差异特征，储层段溶蚀孔洞和裂缝发育，其中 6823.5～6828m 发育 1 条显著溶蚀的垂直裂缝，为裂缝-溶孔型储层。该储层既有良好的储集空间，又有高角度裂缝沟通，储层有效性好，针对该层侧钻水平井获得天然气无阻流量 $620×10^4 m^3/d$。

(二)裂缝有效性评价

根据成像测井，主要从裂缝的充填程度与产状发育情况评价裂缝有效性。

一般高阻充填裂缝与泥质全充填的低阻裂缝均为无效裂缝。低自然伽马、电阻率相对围岩有不同程度降低，图像上表现为低阻暗色波状特征、具有溶蚀现象或者联通溶蚀孔洞的裂缝，一般为有效裂缝(李翎，2002；邓少贵，2006)。

当裂缝走向与现今最大水平主应力方向一致或夹角很小时，裂缝大多为现今构造运动所产生，裂缝形成时间较短、未被充填，大多为开启状态，是有效裂缝。反之，当裂缝走向与现今最大水平主应力垂直或斜交时，裂缝大多为古构造运动所产生，经过漫长地质时期部分裂缝被矿物质充填，没有被充填的部分也可能在现今构造应力作用下闭合，

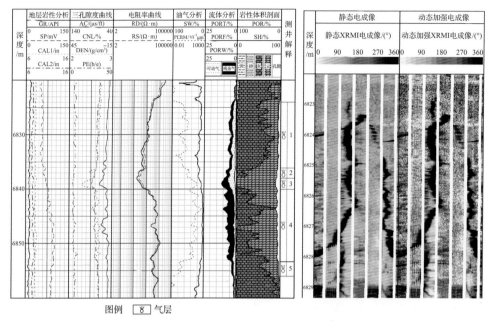

图 3-26　元坝 103H 井生物礁裂缝-溶孔型储层测井响应特征

裂缝的渗透作用大大降低,从而削弱了裂缝的有效性。根据前人研究成果(李德生,2005;金之钧,2005),当裂缝走向与现今最大主应力间的夹角小于30°时,裂缝是有效的;当二者夹角大于30°时,裂缝的有效性较差。

图 3-27 为元坝 101 井长兴组滩相储层,常规测井显示为低伽马特征,指示岩性较纯,

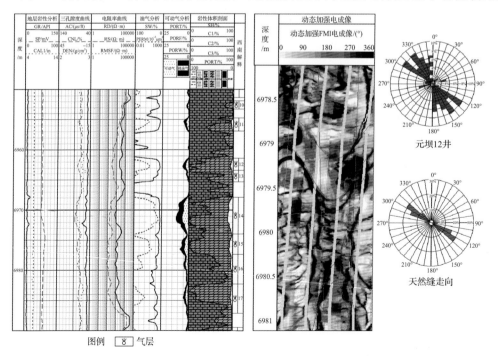

图 3-27　元坝 101 井裂缝-溶孔型储层测井响应特征

声波、中子值增大，密度值降低，储层孔隙发育，电阻率曲线在高阻背景下呈明显降低，且明显正差异特征。电成像资料显示裂缝发育，裂缝以高角度缝、斜交缝为主，且相互切割构成网状缝，主要裂缝走向与最大水平主应力方向基本一致，两者夹角最大约 30°，反映裂缝以有效的张开缝为主，储层类型为裂缝-孔隙型，测试产气量为 $32.05 \times 10^4 \text{m}^3/\text{d}$。

### (三)利用斯通莱波衰减特征评价储层有效性

低频斯通莱波(stoneley wave)是一种具有较大径向探测深度的管波，它在井筒中的传播近似于活塞运动，造成井壁在径向上的膨胀和收缩，这时如存在有效孔洞、裂缝与井壁连通，则将使井液沿着缝洞流进和流出，从而消耗能量，使其幅度降低；而在无效的缝洞处则不会发生能量衰减。因此，利用斯通莱波能量衰减特征可以定性判断缝洞性储层的渗透性，还可据此估算储层的渗透率(张松扬，2006)。

图 3-28 为元坝 10 井长兴组生物礁复合储层，图中第五道显示，6793.5～6832m 的多

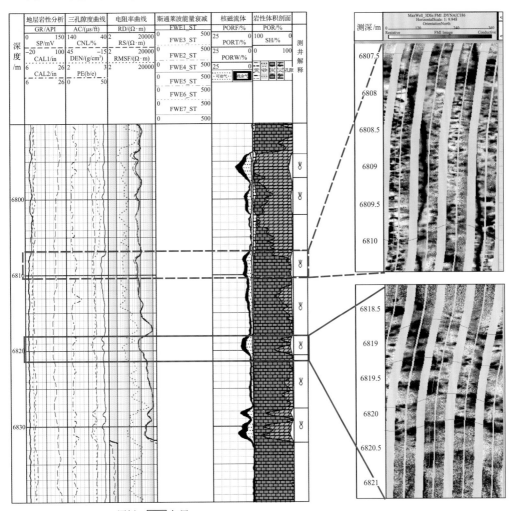

图 3-28　元坝 10 井储层段 6818～6821m 斯通莱波衰减图

个小层斯通莱波能量存在不同程度衰减，反映了各小层之间储渗性能的差异。以该井 6807.5～6811、6818～6821m 孔隙度分别为 5.3%和 7%。成像测井显示 6818～6821m 溶蚀孔洞发育，具有顺层溶蚀特征，但裂缝不发育，垂向联通不充分；斯通莱波有所衰减，但不显著，反映渗透性不太好，这与裂缝不发育的特征是相符的。6807.5～6811m 溶蚀孔洞密集发育，且有垂缝沟通，渗透性良好，这与该段斯通莱波能量明显衰减的特征是相符的。因此，利用斯通莱波衰减特征判断储层的渗透性，比根据孔隙度评价储层渗透性的方法更科学。从斯通莱波衰减特征来看，该井 6793.5～6797、6807.5～6811m 井段的衰减更显著，揭示这两小层的渗透性最优。

综上所述，元坝礁滩相有效储层的主要特征：岩性以白云岩、含灰质白云岩、灰质白云岩为主，具有"两高两低一降"的测井特征：自然伽马为低值、密度为低值、中子为高值、声波时差为高值、电阻率较高阻背景降低，电成像显示溶蚀孔洞、裂缝发育，裂缝走向与最大水平主应力方向的夹角小于 30°，斯通莱波能量衰减明显。

## 第四节 测井解释模型研究

### 一、泥质含量计算

泥质含量的计算是测井解释的一项重要内容，泥质含量计算准确与否，对储层分布预测、储层物性解释及储量参数取值有着直接影响。自然伽马曲线是地层自然放射性的反映，它与沉积环境和泥质含量有比较密切的关系，可以用来计算泥质含量；为了消除有机质等原因造成的伽马高异常对泥质含量计算造成的影响，有时也采用无铀伽马(KTh)来计算泥质含量，公式为

$$SH = \frac{GR - GR_{min}}{GR_{max} - GR_{min}}$$

或

$$SH = \frac{KTh - KTh_{min}}{KTh_{max} - KTh_{min}}$$

$$V_{sh} = 2^{CUR \cdot SH - 1} / 2^{CUR - 1}$$

式中，SH 为归一化的(无铀)伽马值；$V_{sh}$ 为泥质含量；$GR_{min}$ 为纯砂岩段自然伽马值，API；$GR_{max}$ 为纯泥岩段自然伽马值，API；GR 为目的层的自然伽马值，API；$KTh_{min}$ 为纯砂岩段无铀伽马值，API；$KTh_{max}$ 为纯泥岩段无铀伽马值，API；KTh 为目的层段的无铀伽马值，API；CUR 为地质年代系数，通常古近系地层为 3.7，老地层为 2。

图 3-29 显示，元坝 1 井 6175～6220m 伽马值较高，普遍大于 30API，如果采用总伽马计算泥质含量将大于 30%，该段地层将评价为无效储层。综合研究认为，该段地层高放射性主要是由于富有机质造成的。该段无铀伽马值较低，以此计算的泥质含量仅 3%，评价该段为白云岩储层，测试获得 $86 \times 10^4 m^3/d$ 的高产。这个案例证实采用无铀伽马计算泥质含量更准确，不容易漏掉有效储层。

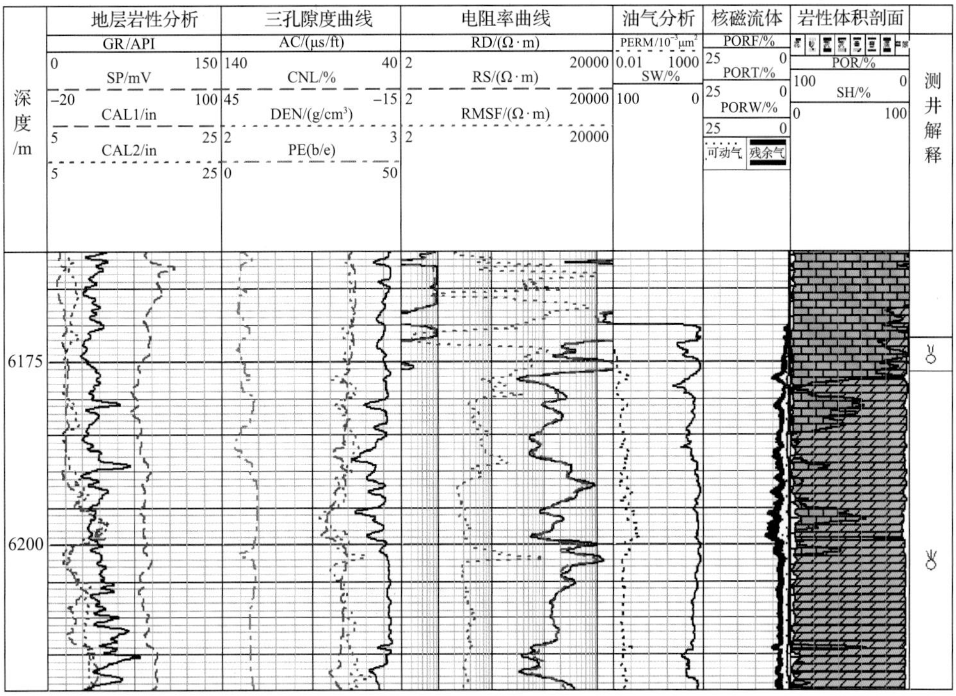

| 深度/m | 地层岩性分析 | | 三孔隙度曲线 | | 电阻率曲线 | | 油气分析 | 核磁流体 | 岩性体积剖面 | 测井解释 |
|---|---|---|---|---|---|---|---|---|---|---|

地层岩性分析
GR/API 0 — 150
SP/mV −20 — 100
CAL1/in 5 — 25
CAL2/in 5 — 25

三孔隙度曲线
AC/(μs/ft) 140 — 40
CNL/% 45 — −15
DEN/(g/cm³) 2 — 3
PE(b/e) 0 — 50

电阻率曲线
RD/(Ω·m) 2 — 20000
RS/(Ω·m) 2 — 20000
RMSF/(Ω·m) 2 — 20000

油气分析
PERM/10⁻³μm² 0.01 — 1000
SW/% 100 — 0

核磁流体
PORF/% 25 — 0
PORT/% 25 — 0
PORW/% 25 — 0
可动气 残余气

岩性体积剖面
POR/% 100 — 0
SH/% 0 — 100

图例 气层

图 3-29 元坝 1 井 KTh 计算泥质含量

## 二、矿物含量及孔隙度计算模型

长兴组岩性主要为灰岩、云岩及过渡岩性，通常采用 CNL-DEN、CNL-AC 交会方法计算岩石矿物含量，在测井质量可靠的情况下优先选择 CNL-DEN 交会法。

常用的孔隙度测井方法有中子、密度、声波三种。对裂缝、孔洞发育的碳酸盐岩储层，三者有较大的差异，声波测井主要反映岩石基质孔隙度 $\phi_b$，一般不反映高角度裂缝贡献，中子、密度测井则反映地层总孔隙度 $\phi_T$。

$$CNL = V_{sh}CNL_{sh} + V_{ma}CNL_{ma} + \phi CNL_f$$
$$DEN = V_{sh}DEN_{sh} + V_{ma}DEN_{ma} + \phi DEN_f$$
$$V_{ma} + V_{sh} + \phi = 1$$

式中，CNL 为中子测量值；$CNL_{sh}$ 为泥岩中子值，$CNL_{ma}$ 为骨架中子值，$CNL_f$ 为流体中子值；DEN 为密度测量值，$DEN_{sh}$ 为泥岩密度值，$DEN_{ma}$ 为骨架密度值，$DEN_f$ 为流体密度值，$V_{sh}$ 为泥岩含量，$V_{ma}$ 为骨架体积，$\phi$ 为孔隙度。

图 3-30 是元坝 12 井长兴组 6710～6765m 利用 CNL-DEN 交会计算矿物含量的实例，6720～6725m 交会数据点落在灰岩线上[图 3-30(b)]，三孔隙度曲线均显示该段为致密灰岩；6742～6744m 交会数据点落在白云岩线上[图 3-30(c)]，物性较好，为溶孔白云岩储层；6745～6749m 交会数据点落在灰岩线偏云岩方向上[图 3-30(d)]，岩性为云质灰岩，有一定储集性。6728～6731m 有岩心分析数据，测井计算孔隙度与岩心分析孔隙度吻合度较好，证实利用 CNL-DEN 交会计算矿物含量和孔隙度的效果较好。

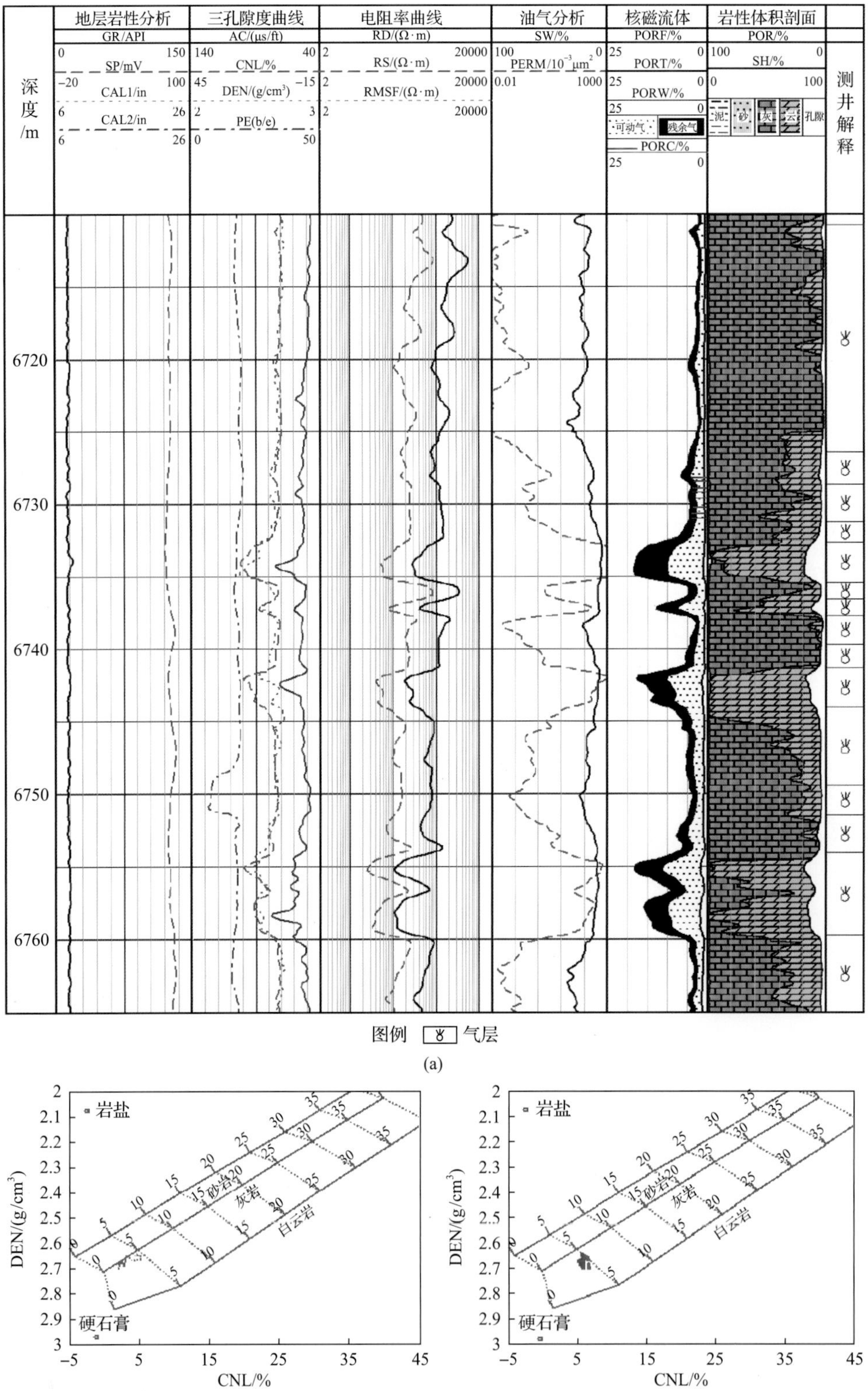

图例 [ ⅋ ] 气层

(a)

(b)

(c)

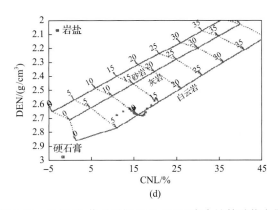

图 3-30　元坝 12 井长兴组 CNL-DEN 交会计算矿物含量

## 三、渗透率计算模型

　　储层的渗透率除了与岩石颗粒粗细、孔隙度大小、孔隙几何形状、所含流体性质有直接关联外，还受裂缝发育程度等诸多因素影响，是一个受多种因素控制的参数。

　　大量岩心样品和铸体薄片观察表明，元坝地区长兴组储层的孔隙空间既有孔隙、孔洞，还伴有裂缝发育，孔隙空间的非均质性较强。其渗透率计算方法主要考虑了岩心分析的孔渗关系，利用该相关关系可以确定基质渗透率，裂缝发育时该方法计算的渗透率可能偏低。

　　元坝气田长兴组岩心主要发育溶蚀孔洞，渗透率随着孔隙度的增大有变好的趋势，部分样品点裂缝发育，但数量较少。岩心孔隙度与渗透率有较好的相关关系(图 3-31)，相关关系为

$$PERM = 0.0147e^{0.4925POR}$$

$$R = 0.86$$

式中，PERM 为渗透率，$10^{-3} \mu m^2$；POR 为孔隙度，%。

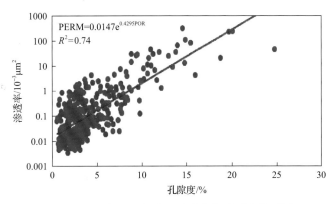

图 3-31　元坝长兴组岩心孔隙度与渗透率关系图

## 四、饱和度计算模型

　　根据阿奇(Archie)理论，纯岩石的电阻率主要取决于岩石的孔隙度、孔隙中含水饱

和度及孔隙中地层水电阻率的高低。元坝长兴组礁滩相储层为泥质含量低的溶蚀孔洞型储层，因此，含水饱和度可采用阿奇公式计算：

$$S_g = 1 - \sqrt[n]{\frac{abR_w}{R_t \phi^m}}$$

式中，$S_g$ 为含气饱和度，$\phi$为储层有效孔隙度，$R_w$ 为地层水电阻率；$R_t$ 为地层的真电阻率；$m$、$a$ 分别为岩石孔隙结构指数、比例系数；$n$、分别为饱和度指数、系数。

长兴组岩电实验分析资料丰富，分Ⅰ、Ⅱ、Ⅲ类储层分别确定了饱和度计算模型参数。$a$、$b$ 均为 1，其中，Ⅰ类储层；$m$=2.31，$n$=2.01；Ⅱ类储层；$m$=2.27，$n$=1.82；Ⅲ类储层；$m$=2.00，$n$=1.91。

地层水电阻率采用实际水分析资料确定，氯化钙型水，矿化度为 54000ppm[①]，温度 145℃，$R_w$=0.03Ω·m。

元坝 123 井在 6913～6947m 进行了密闭取心，分析含水饱和度介于 20%～70%，利用上述模型计算的含水饱和度与岩心分析饱和度基本一致(图 3-32)。

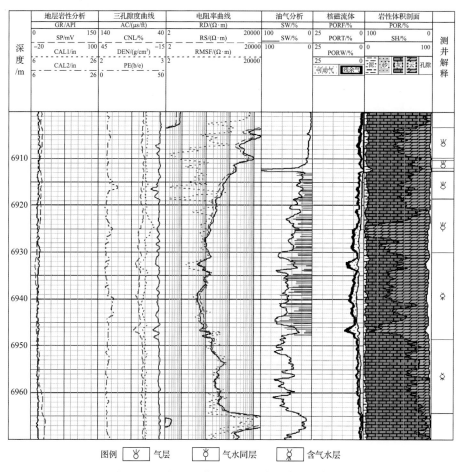

图 3-32　元坝 123 井长兴组测井计算饱和度检验

---

① 1ppm=10$^{-6}$。

# 第五节　储层流体性质判别

## 一、孔隙度重叠法

　　三种孔隙度测井在气层的响应与水层有一定差异。补偿中子测井孔隙度取决于地层含氢量的高低，当井壁周围地层孔隙空间中含有残余天然气时，补偿中子测井所测得的孔隙度远低于纯地层孔隙度(即地层含纯净淡水时的孔隙度)，残余气饱和度越高其中子测井孔隙度比纯地层孔隙度下降越多，这就是天然气对中子测井的"挖掘效应"。岩性密度测井、补偿声波时差测井对气层的响应与补偿中子测井刚好相反，即地层含气时，岩性密度测井与补偿声波时差测井所测得的密度孔隙度、声波孔隙度高于纯地层孔隙度。因此，利用补偿中子测井孔隙度与岩性密度测井、补偿声波时差测井孔隙度对气层的这种反向变化规律就可识别气层。如图 3-33 左边井孔隙度重叠法识别流体性质，储层上部 6523～6541m 中子孔隙度低于声波孔隙度和密度孔隙度，呈"挖掘效应"，显示储层含气，测试产量为 $104.5 \times 10^4 m^3/d$；图 3-33(b)中井 7050～7095m 中子孔隙度大于声波孔隙度和密度孔隙，没有挖掘效应，显示储层含水，测试水产量 $30.9 m^3/d$。

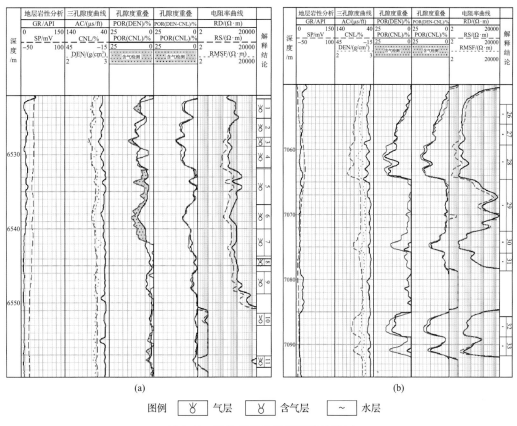

图 3-33　孔隙度重叠法识别流体性质

　　应用表明：对于碳酸盐岩地层，孔隙相对较小，非均质性强，孔隙度重叠法受井眼和岩性的影响较大，需结合其他方法综合判别储层流体性质。

## 二、电阻率绝对值与侵入特征判别法

相对于致密岩石，碳酸盐岩储层电阻率显著下降，其下降幅度与孔洞缝发育程度及所含流体性质有关。可以根据电阻率高低判别气水性质，但不同储集类型、不同物性的储层气水界限值不同，即使同一气藏也不能随意确定(赵良孝等, 2009)。

一般礁滩相碳酸盐岩气层电阻率为中高阻，其值域为数百至数千，甚至高达数万欧·米。气层电阻率一般呈减阻侵入的高阻正差异特征，但垂直裂缝发育时也可能呈中阻负差异特征。礁滩相碳酸盐岩储层含水时，表现为低电阻率，一般小于 $100\Omega\cdot m$，孔渗性好时会表现为明显的增阻侵入的低阻负差异特征。储层致密时，含水岩石的电阻率也可能高达上千欧·米，一般这种情况下的深浅电阻率接近重合。

在泥浆深侵或裂缝发育等情况下，尽量不用此法判别储层流体性质。

## 三、$P^{1/2}$ 法

该方法的思路是基于阿奇公式 $F=R_0/R_w=a/\phi_m$，在假设地层为水层的条件下计算视地层水电阻率 $R_{wa}=R_t\phi_m$ (设 $a=1$)。从理论上讲，可用 $R_{wa}$ 的大小判别储层所含流体的性质，但由于常常不知道地层水真实的电阻率，加之 $\phi$ 和 $m$ 值也难以求得很准，使计算的 $R_{wa}$ 误差较大，故很难用作储层含流体性质指标。

为此采用正态概率分布法来解决这一问题。用 $R_{wa}$ 变化规律而非 $R_{wa}$ 绝对值来指示储层流体性质。对视地层水电阻率开方，并命名为 $P^{1/2}$，$P^{1/2}=(R_{wa})^{1/2}=(R_t\phi_m)^{1/2}$。从统计学的观点看，对地层某一深度点多次测量结果计算的 $P^{1/2}$ 应满足正态分布的规律，但事实上这是无法做到的，因此只能对同一性质的一段地层进行测量，显然在同一层内各测量点计算的 $P^{1/2}$ 值也应满足正态分布规律。

在正态分布中，$\mu$ 为 $P^{1/2}$ 的中值，代表出现次数最多的 $P^{1/2}$ 值；$\sigma$ 为正态分布的标准差，表示测量点落在 $(\mu-\sigma)$ 和 $(\mu+\sigma)$ 范围内的概率是 68.3%，它反映了正态分布的胖瘦程度。但由于正态分布的胖瘦程度是一个相对概念，难于对流体性质做出准确判别，为此，将 $P^{1/2}$ 的累计频率点在一张特殊的正态概率纸上，其纵坐标为 $P^{1/2}$ 值，横坐标为累计频率，并按函数：

$$f(x)=\frac{1}{\sqrt{2\pi}\sigma}e^{\frac{-(x-\mu)^2}{2\sigma^2}}$$

进行刻度。这样就将一条正态概率曲线变成了一条近似的直线，根据累计频率曲线斜率的变化就可以对储层所含流体性质作出判断，即水层斜率小，气层斜率大。

图 3-34 红点礁体上(6520～6590m 井段)$P^{1/2}$ 分布，斜率较高，测井解释为气层，测试日产气达 $105\times10^4m^3$。绿点为滩相带(6978～6986m 井段)$P^{1/2}$ 分布，斜率较低，测井解释为水层，测试产水 106.7m³/d。证实了利用 $P^{1/2}$ 法判别礁滩相溶蚀孔洞储层流体性质的可行性。

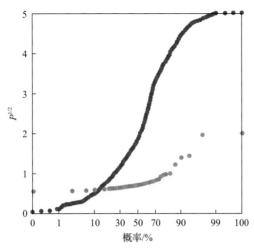

图 3-34　$P^{1/2}$ 法识别储层流体性质

## 四、孔隙度–含水饱和度交会法

依据阿奇公式，可以发现地层含水饱和度可以与孔隙度、地层电阻率、地层水电阻率等建立相关关系。根据该公式讨论含气储层和含水储层饱和度与孔隙度的关系。对于气层，地层水主要为束缚水，束缚水饱和度与孔隙度为负相关关系，呈近似双曲线分布特征，即孔隙度增大时束缚水饱和度降低，孔隙度减小时束缚水饱和度增加。而对于含水储层，含水饱和度与孔隙度则不具有典型的双曲线分布特征。因此，利用储层孔隙度与含水饱和度之间的相关关系程度，可以对储层含流体性质进行判别。

图 3-35(a) 为礁体上(6245～6327m 井段)储层孔隙度与含水饱和度交会图，二者呈明显双曲线关系，具含气特征，测试产气为 $120×10^4m^3/d$。图 3-35(b) 为滩相带(6978～6986m井段)储层孔隙度与含水饱和度交会图，数据点分散，不具双曲线关系，具含水特征，测试产水 $106.7m^3/d$。

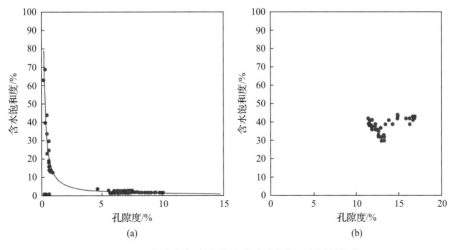

图 3-35　孔隙度与含水饱和度交会图识别流体性质

### 五、电阻率与孔隙度交会判别法

以测试结果为依据，选择典型气层、气水同层、含气水层和水层的测井样本数据制作了电阻率与孔隙度交会图版(图3-36)，图3-36中选择了4口井气层段和2口井含水层段，对数据进行抽稀和优化，建立了气水差异识别图版。图3-36中显示气层、气水同层、含气水层与水层样本数据在交会图上能清晰分开，根据样本数据特征，划出含气储层和含水储层区域，以此作为划分气水储层的模板，对其他未知储层的流体性质进行判别。

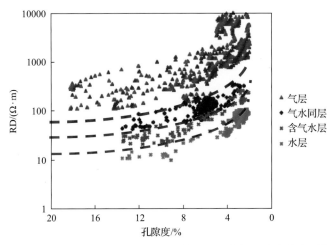

图3-36　元坝长兴组不同含水饱和度下电阻率与孔隙度交会图版

为了能更准确地对储层流体性质进行判别，依据阿奇公式，区分储层品质制作了相同地层水矿化度条件下、不同饱和度状态的电阻率与孔隙度交会图版。图3-37、图3-38、图3-39分别为Ⅰ类、Ⅱ类、Ⅲ类储层的电阻率与孔隙度的流体性质判别图版，在不同饱和度的前提下，电阻率与孔隙度曲线呈幂指数关系，依据此标准图版，能较准确区分出Ⅰ类、Ⅱ类、Ⅲ类储层的流体性质。

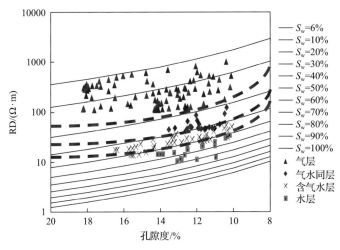

图3-37　元坝长兴组Ⅰ类储层不同含水饱和度下电阻率与孔隙度交会图版

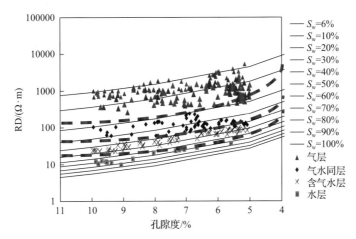

图 3-38　元坝长兴组Ⅱ类储层电阻率与孔隙度交会图版

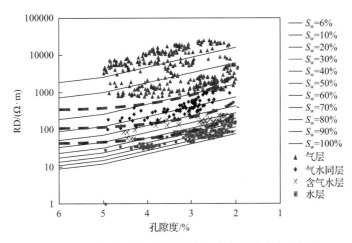

图 3-39　元坝长兴组Ⅲ类储层电阻率与孔隙度交会图版

## 六、纵横波速度比-纵波时差交会法

一般而言，砂岩的纵横波速度比（$V_p/V_s$，或 DTS/DTC）为 1.6～1.8；对灰岩和白云岩来说该比值几乎是一个常数，为 1.86～1.8。纵横波速度比值随孔隙度的增加、压实程度和有效应力的降低而增加；储层含气后，会导致纵波时差增大，而横波时差变化不明显，因而会导致纵横波速度比值降低。通常利用纵横波速度比与纵波时差交会图判别储层含气性，储层含气后会导致数据点向纵横波速度比降低和纵波时差增大方向偏移，含气丰度越高，偏离幅度越大。图 3-40（a）为元坝长兴组气藏某井 6807.7～6810.7m 井段的纵横波速度比交会图版，数据点落于灰岩线偏下方，指示含气层较差。图 3-40（b）为该井6874.4～6907.5m 白云岩储层的纵横波速度比与纵波时差交会特征，数据点绝大部分位于灰岩、白云岩骨架点的右下方含气区域，反映含气性较好，测井解释为气层。

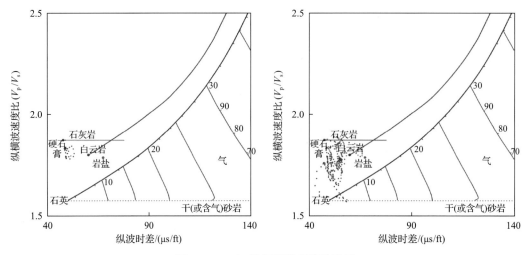

图 3-40  $V_p/V_s$ 法识别储层流体性质

### 七、泊松比与体积压缩系数重叠法

岩石力学参数研究表明,致密泥岩和碳酸盐岩的泊松比较大,体积压缩系数较小;饱含水的碳酸盐岩泊松比与致密岩石相当或略有减小,体积压缩系数也小;饱含气的碳酸盐岩储层泊松比明显降低,尤其当含气饱和度大于 80%以上,泊松比值急剧降低,体积压缩系数也明显增大。因此,利用泊松比与体积压缩系数重叠的方法可以较好地判别储层的含气性。

图 3-41 是利用泊松比与体积压缩系数重叠识别气层的典型案例,致密地层与气层具有显著不同的响应特征。PZ1 井 5815m 之上的致密灰岩段两者几乎重合,5815m 以下两者包络面积扩大,指示含气性好,测井解释为气层,测试获高产 $115 \times 10^4 \mathrm{m}^3/\mathrm{d}$。

### 八、核磁共振测井判别法

#### (一)标准 $T_2$ 测井方式的流体判别

核磁共振测井弛豫过程有三种弛豫作用,包括表面弛豫、体积弛豫、扩散弛豫。对碳酸盐岩储层,表面弛豫作用较小,体积弛豫起主要作用,溶蚀孔洞越发育,体积弛豫作用越强,横向弛豫时间越短。对于天然气,其扩散比油或水快的多,气体的扩散系数和气体的密度及分子运动速度有关,而气体的密度及分子运动速度与温度、压力有关,随着压力增大,气体密度增大,随着温度的升高,分子运动速度加快,分子间碰撞概率增加,扩散系数增大,横向弛豫时间越短。对于地层水,当存在于碳酸盐岩溶蚀孔洞中时,体积弛豫起主要作用。因此,通过上述分析,以测试资料为依据,并结合礁滩相储层 $T_2$ 分布谱特征,分析认为礁滩相储层气水分布主要表现为:气层的 $T_2$ 分布谱靠前,水层的 $T_2$ 分布谱靠后。根据塔里木盆地和四川盆地碳酸盐岩核磁共振测井气水分析资料,初步确定礁滩相溶蚀孔洞型储层 $T_2$ 气水分布界限值见表 3-2。

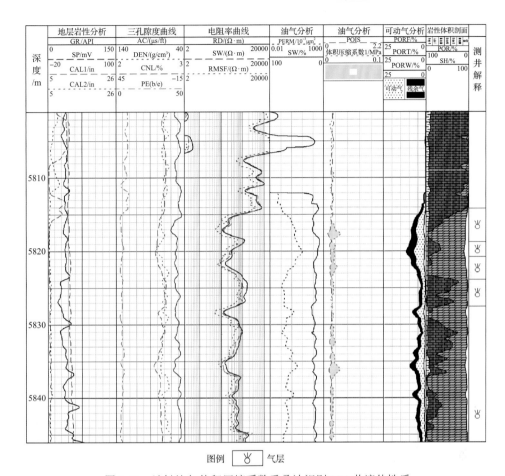

图例 ⚓ 气层

图 3-41　泊松比与体积压缩系数重叠法识别 PZ1 井流体性质

表 3-2　元坝礁滩相储层 $T_2$ 气水界限值

| 岩性 | $T_{2\text{cutoff}}$/ms | 天然气的 $T_2$ 分布/ms | 地层水的 $T_2$ 分布/ms |
|---|---|---|---|
| 礁滩相白云岩储层 | 100 | 100~250 | 250~800 |

注：$T_{2\text{cutoff}}$ 为 $T_2$ 下限值。

(二)双 TE 测井方式的流体判别

双 TE 测井设置足够长的等待时间，使 $T_R$（等待时间）$>$（3～5）$T_{1h}$（$T_{1h}$ 为轻烃的纵向弛豫时间），每次测量时使纵向弛豫达到完全恢复，利用两个不同的回波间隔 $T_{EL}$（长回波间隔）和 $T_{ES}$（短回波间隔），测量两个回波串。由于水与气或水与中等黏度油扩散系数不一样，使各自在长、短回波间隔的核磁共振测井 $T_2$ 分布上的位置发生变化，由此对油、气、水进行识别。

在短回波间隔 $T_{ES}$ 得到的 $T_2$ 分布上，能观测到油、气、水的信号；在长回波间隔 $T_{EL}$ 得到的 $T_2$ 分布上，只能观测到水与轻质油的信号，而气的信号却消失了。这是因为气体的扩散太快，还没有观测到就衰减掉了。这便是所谓的移谱分析法，利用该法可以较好地识别储层中的天然气。

### (三)双 TW 测井方式的流体判别

双 TW 测井利用了水与烃(油、气)的纵向弛豫时间 $T_1$ 相差很大及水的纵向恢复远比烃快的特点,采用长、短等待时间测量方式来观测油气层与水层的 $T_2$ 分布差异,达到识别流体性质的目的。在长等待时间测量的 $T_2$ 分布上,由于油气水都完全被极化,因此测量信号包含 3 种流体的信息;当等待时间较短时,水层完全被极化,而油气层由于极化时间较长,还没有被完全极化,此时只有水层信号,将长等待时间的 $T_2$ 分布减去短等待时间的 $T_2$ 分布,便只有油气层的信号了。这就是所谓的差谱分析法,利用该法可以较好地识别储层中的油气。

元坝 103H 井是该气田第一口开发井,钻遇两套生物礁白云岩储集体(图 3-42),原设计以厚度最大的下部礁体为水平井目标层。导眼井钻井也是气层显示,测井评价上礁体在 6823~6856m,下礁体在 6874~6923m,都为孔洞缝发育的优质储层。电阻率测井显示上礁体 6828~6841m 井段出现中阻负差异,下礁体 6905m 以下电阻率显著下降,最低至 40Ω·m,都可能具有含水风险。

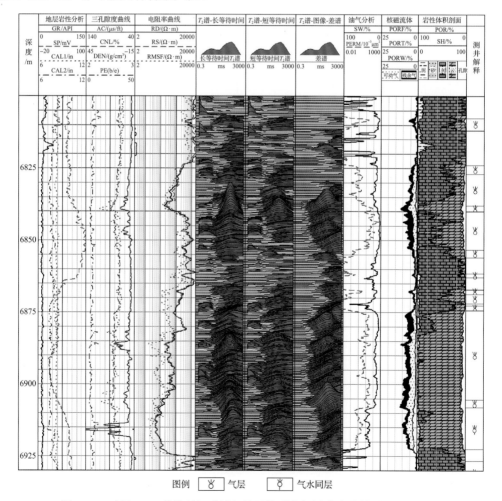

图 3-42  元坝 103H 井长兴组礁滩相储层核磁共振测井流体性质判别综合图

核磁共振测井显示 $T_2$ 分布谱幅度较高，谱分布范围相对较宽，反映物性好；长、短等待时间 $T_2$ 分布谱呈"双峰"特征，左峰对应束缚水，右峰对应可动流体。长 $T_2$ 谱显示 6907.5m 以上右峰靠前，主峰稳定在 150ms 左右，含气特征明显；6907.5m 以下，主峰增大至 250ms 左右，具含水特征。差谱结果也显示 6907.5m 以上储层段的天然气信号更强，6907.5m 以下天然气信号弱，具有上气下水的特征。结合成像测井裂缝评价认为，上礁体的中阻负差异是垂直裂缝发育的气层响应，下礁体底部的低阻是由于含水所致。所以，测井综合分析认为该井区长兴组为生物礁底水气藏，气水界面在 6907.5m/垂深 6794.3m，建议针对上礁体侧钻水平井。该井最终以上礁体为目标侧钻水平井至 7730m 完钻，获得测试产量 $93.9×10^4m^3/d$，无阻流量 $620×10^4m^3/d$。通过核磁共振测井确定该井流体性质并获得高产，为高效开发超深生物礁气藏提供了良好的示范。

# 第六节　储层综合解释与评价

## 一、建立储层评价标准

元坝长兴组礁滩相储层物性较好，裂缝和溶蚀孔洞发育，储集类型包括溶蚀孔洞型和裂缝-孔洞型储层。依据裂缝和溶蚀孔洞的发育程度，将元坝长兴组礁滩相储层按物性分为三类：Ⅰ类、Ⅱ类、Ⅲ类储层，划分标准：Ⅰ类储层孔隙度大于10%；Ⅱ类储层孔隙度介于5%～10%；Ⅲ类储层孔隙度介于2%～5%；孔隙度小于2%为非储层。依据电性和物性特征建立储层评价标准见表3-3。

**表3-3　元坝长兴组礁滩相储层评价标准**

| 解释级别 | 储层品质 | 孔隙度/% | $RD/(\Omega·m)$ | 含水饱和度/% |
|---|---|---|---|---|
| 气层 | Ⅰ类 | 孔隙度≥10 | RD≥100 | 0～20 |
| | Ⅱ类 | 5≤孔隙度<10 | $RD_{min}$≥100，$RD_{max}$≥250 | 0～20 |
| | Ⅲ类 | 2≤孔隙度<5 | $RD_{min}$≥250，$RD_{max}$≥600 | 0～20 |
| 气水同层 | Ⅰ类 | 孔隙度≥10 | 40≤RD<100 | 20～30 |
| | Ⅱ类 | 5≤孔隙度<10 | 42≤$RD_{min}$<100 | 20～40 |
| | | | 100≤$RD_{max}$<250 | |
| | Ⅲ类 | 2≤孔隙度<5 | 100≤$RD_{min}$<250 | 20～40 |
| | | | 220≤$RD_{max}$<600 | |
| 含气层 | 孤立薄层 | 2≤孔隙度<2.5 | $RD_{min}$≥600，$RD_{max}$≥800 | 10～30 |
| 含气水层 | Ⅰ类 | 孔隙度≥10 | 20≤RD<40 | 30～40 |
| | Ⅱ类 | 5≤孔隙度<10 | 20≤$RD_{min}$<42 | 40～60 |
| | | | 45≤$RD_{max}$<100 | |
| | Ⅲ类 | 2≤孔隙度<5 | 45≤$RD_{min}$<100 | 40～60 |
| | | | 150≤$RD_{max}$<320 | |
| 水层 | Ⅰ类 | 孔隙度≥10 | RD<20 | >40 |
| | Ⅱ类 | 5≤孔隙度<10 | $RD_{min}$<20，$RD_{max}$<45 | >60 |
| | Ⅲ类 | 2≤孔隙度<5 | $RD_{min}$<45，$RD_{max}$<150 | >60 |
| 致密层 | | <2 | | |

注：RD为深侧向电阻率。

## 二、快速产能预测

元坝长兴组礁滩相储层储集空间以溶蚀孔洞为主，局部发育裂缝，孔隙度对产能起到关键作用，特别是孔隙度大于 5%的 II 类储层和孔隙度大于 10%的 I 类储层对产能贡献起主导作用。除孔隙度以外，储层厚度也是控制产能的关键因素。由于碳酸盐岩气层含气饱和度整体较高，不同物性的气层饱和度差异较小。

上述分析认为，选择气层孔隙度（POR）和有效厚度（$H_e$）或段长的乘积进行积分有可能反映储层的产能状况。因此，采用该方法建立了产能预测模型，对礁滩相储层进行快速产能预测。

图 3-43（a）为 $H_e \cdot POR$ 与测试产能之间的关系，图 3-43（b）为 $H_e \cdot POR$ 与无阻流量之间的关系，从图中看出 $H_e \cdot POR$ 与两者相关性较好，相关系数分别达到 0.849 和 0.852。因此，采用如下模型对长兴组储层的产能进行及时预测，为制定完井方案提供参考依据。

$$测试产量 = 0.294 H_e \cdot POR - 13.143$$

$$无阻流量 = 0.6171 H_e \cdot POR - 37.197$$

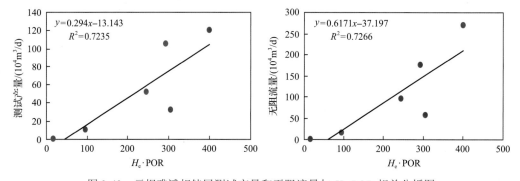

图 3-43　元坝礁滩相储层测试产量和无阻流量与 $H_e \cdot POR$ 相关分析图

## 三、礁滩相储层测井评价案例

### （一）生物礁储层评价

以元坝 29 井为例，其长兴组（图 3-44）白云岩比较发育，共解释 I 类气层 8.2m、II 类气层 49.7m、III 类气层 45.9m。测井显示 6636~6695m 自然伽马值较低，约 10API，孔隙度曲线显示孔隙发育，储层物性较好，以 I 类和 II 类储层为主，双侧向电阻率在特高阻背景下显著降低，呈中高阻正差异特征，反映渗透性较好，含气性显著。成像测井显示该段溶蚀孔洞比较发育，储集类型为溶蚀孔洞型储层，测井综合评价为气层。完井后 6636~6699m 测试获得高产，测试产量为 $143 \times 10^4 m^3/d$，无阻流量 $698 \times 10^4 m^3/d$。

### （二）滩相储层评价

以元坝 12 井为例，其长兴组（图 3-45）局部发育白云岩，共解释 I 类气层 10.4m、II 类气层 25.8m、III 类气层 72.3m。测井显示 6690~6790m 储层物性总体较好，局部发

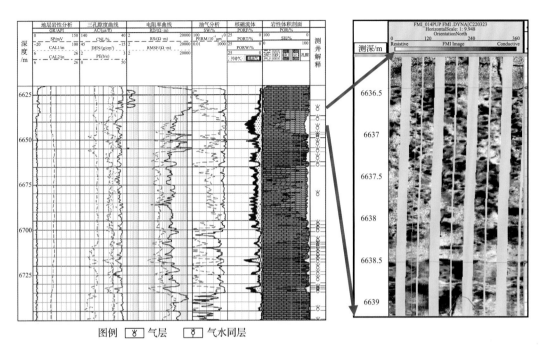

图 3-44　元坝 29 井生物礁储层测井综合评价成果图

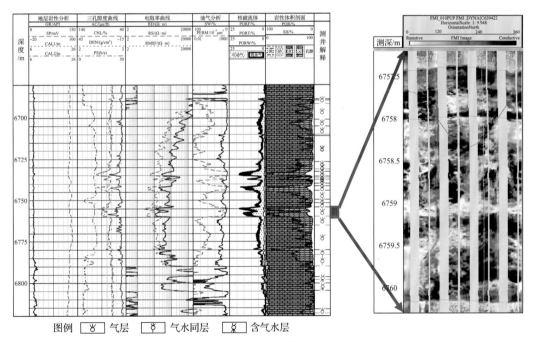

图 3-45　元坝 12 井滩相储层测井综合评价成果图

育 I 类储层，双侧向电阻率在高阻背景下显著降低，呈大幅度中高阻正差异特征，渗透性和含气性均较好。成像测井显示裂缝和溶蚀孔洞发育，储集类型为裂缝-孔洞型储层。6692～6780m 储层完井测试产量为 $53 \times 10^4 m^3/d$，无阻流量为 $137 \times 10^4 m^3/d$。

# 第四章 礁滩相碳酸盐岩储层精细刻画与含气性预测

礁滩相碳酸盐岩气藏是岩性型气藏，所以除了精细解释构造面貌外，更需要开展储层精细预测。礁滩相碳酸盐岩储层最大的特点是空间变化剧烈，非均质性特强。在深埋条件下储层物性总体较差，与非储层的界限不甚明显，又有复杂的气水关系，加之深层超深层地震主频低，这一切导致地震储层精细刻画与含气性预测十分困难。作者在构造精细解释基础上，开展了川东北几个气田礁体和滩体识别、礁滩相储层及其含气性地震预测、礁体和滩体内部结构精细刻画，取得了显著成果。

## 第一节 礁体和滩体地震识别

川东北地区礁体和滩体大多数个体规模较小，要从深层、超深层(一般深度 5000m 以下，部分深度甚至大于 7000m)的地震资料中识别这些礁体和滩体，难度较大。作者首先采用正演模拟，开展井震响应分析及地震反射结构特征分析，对礁滩相碳酸盐岩储层在井上及井旁道上地震响应特征进行分析；然后分别建立礁相、滩相储层识别模式，并开展相关各气田礁体和滩体识别。

### 一、礁滩相碳酸盐岩储层井震响应特征分析

以元坝、普光地区为例，应用井震响应分析技术，将井上声波测井通过人工合成转换成地震记录，与井旁地震道对比，分析礁滩相碳酸盐岩储层在地震纵向上的响应特征。

#### (一)生物礁储层井震响应特征分析

元坝地区长兴组生物礁相储层主要发育在上段，岩性主要为白云岩、灰质白云岩、含灰白云岩、白云质灰岩，生物礁相储层之上覆盖着飞仙关组一段底部一套 3m 左右的泥质灰岩、含泥灰岩，二者声波时差差异较大，在地震上表现为较强振幅特征。通过典型井人工合成地震记录研究(图 4-1)，认为长兴组生物礁储层礁盖部位在地震响应特征上表现为亮点特征，而在礁体内幕的地震响应特征则表现为较杂乱，地震振幅变弱。对元坝地区 19 口井交会分析发现：当生物礁相储层厚度增大时，对应的地震平均绝对振幅增大，表明可以在一定程度上用地震振幅的强弱来反映储层厚度甚至物性的变化。

对该区域长兴组生物礁相不同岩性的速度进行了分析，结果(表 4-1)表明，灰岩的纵波速度明显高于白云岩和泥灰岩，而白云岩与泥灰岩的速度接近。

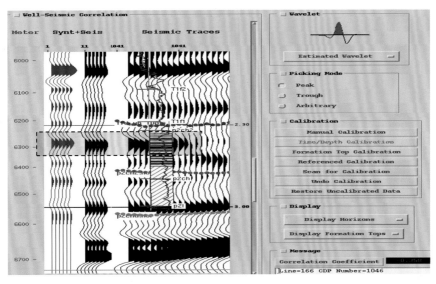

图 4-1　元坝 27 井合成记录

**表 4-1　生物礁地质模型岩石物理参数**

| 岩性 | 密度/(g/cm³) | 速度/(m/s) |
|---|---|---|
| 礁白云岩 | 2.70 | 4000~5900 |
| 灰岩 | 2.70~2.71 | 4600~6500 |
| 泥灰岩 | 2.69 | 4000~5400 |

### (二)生屑滩储层井震响应特征分析

元坝地区生屑滩相储层主要发育在长兴组下段,岩性主要为灰色白云岩、灰质白云岩、含灰白云岩及部分灰岩,长兴组底部发育一套 5m 左右的碳质泥岩,生屑滩相储层的声波时差与该套碳质泥岩差异较大,地震响应特征上表现为低频中等至中强振幅。通过典型井人工合成地震记录研究(图 4-2),认为生屑滩相储层在地震剖面上表现为低频中等振幅,复波反射特征。对元坝地区 13 口井交会分析,认为生屑滩相储层厚度与地震平均绝对振幅属性呈正相关关系,也可用振幅强弱反映储层物性和厚度的变化。

### (三)普光气田储层井震响应特征分析

普光气田飞仙关组和长兴组主要岩石类型有亮晶鲕粒白云岩、砂屑鲕粒白云岩、细-中晶白云岩、含砾砂屑鲕粒白云岩、溶孔白云岩、灰质白云岩、白云质灰岩、泥晶灰岩及泥灰岩等。

通过测井解释统计,Ⅰ类气层声波时差大于 55μs/ft,密度在 2.62~2.4g/cm³,中子值在 8%以上,测井解释平均有效孔隙度大于 10%,渗透性好,岩性为白云岩;GR 曲线为低值。Ⅱ类气层声波时差在 50~55μs/ft,密度 2.67~2.62g/cm³,中子测井值在 5%~8%,测井解释平均有效孔隙度为 5%~10%。Ⅲ类气层声波时差在 47~50μs/ft,密度

$2.75\sim2.67g/cm^3$，中子测井值为 $2\%\sim5\%$，测井解释平均有效孔隙度为 $2\%\sim5\%$。致密层岩性为灰岩，物性差，声波时差在 $45\sim49\mu s/ft$，密度测井曲线值在 $2.67\sim2.83g/cm^3$，中子测井值在 $0\sim2\%$，测井解释平均有效孔隙度小于 $2\%$。

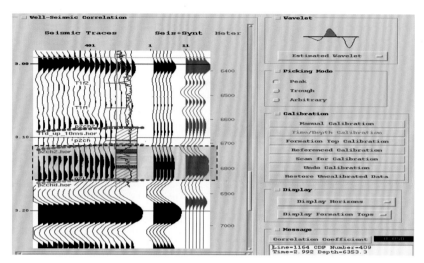

图 4-2　元坝 12 井合成记录

综上所述，礁滩相碳酸盐岩储层具有高—较高声波时差(低速、中低速)、低伽马特征；储层含气和含水均具有低声阻抗、中低阻抗特征(低速、中低速特征)，并与围岩的高声阻抗能明显地区分开。因此，利用低声阻抗、中低阻抗特征可预测礁滩碳酸盐岩储层的发育和分布情况。但局部层段泥质含量影响，围岩也具有低阻抗的特征。

**二、礁体和滩体地震识别模式研究**

**(一)生物礁地震识别模式**

生物礁具有特殊的古地貌及岩石学特征，其外形、储层特征与一般碳酸盐岩建造有明显区别，使生物礁的反射波振幅、频率、连续性等与围岩不同。

依据区域内代表性井资料建立了元坝长兴组生物礁相储层二维正演模型，通过波动方程全波模拟法研究储层纵、横向变化的地震响应，总结建立了生物礁的地震识别模式(图 4-3)(刘国萍等，2017)，具体如下。

(1)外形丘状特征明显。由于生物礁在发育的过程中生物不断聚集和快速生长，其生长速度明显大于周围同期沉积物的增长速度，所以在地震剖面上生物礁一般呈现出明显高于周边的丘状外形特征。

(2)礁顶具有"亮点"反射特征。在礁顶部位的礁盖层，其岩性和物性一般与礁体之外的围岩间存在较大岩性、物性差异，从而导致礁盖上下界面处速度变化大，出现地震强波谷的亮点反射特征[图 4-3(a)、(d)]。

(3)生物礁内部呈现杂乱或空白反射特征。生物礁内部是造礁生物形成的块状格架地质体，一般不具备明显的层状结构，礁核与礁盖之间也是逐步过渡，因此使生物礁内部地震同相轴表现为杂乱、断续或斜交的反射特征[图4-3(a)、(d)]。

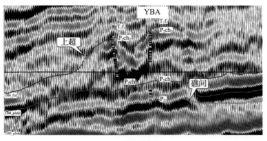

(a) 地震剖面

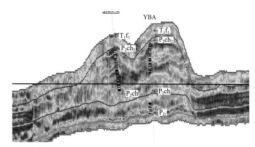

(b) 波阻抗剖面

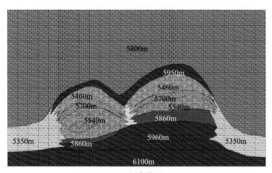

(c) 地质模型

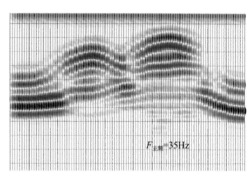

(d) 正演结果

图4-3　生物礁相储层地震正演模拟分析

(4)生物礁周缘围岩地层一般逐层向礁体上超，导致地震反射特征也具有上超现象[图4-3(a)、(b)]。

(5)生物礁相储层表现为地震中、低阻抗值[图4-3(c)]，这是生物礁相储层速度与密度偏低决定的。

(6)生物礁间横向相带变化迅速，在潮沟或斜坡处表现为强反射、低阻抗特征[图4-3(a)、(c)、(d)]，这是泥质含量增加使速度、密度降低，与上覆地层差异增大形成的。

**(二)鲕粒滩相储层地震识别模式**

鲕粒滩相储层横向上呈席状或透镜状夹于非渗透性的厚层灰岩之间，纵向上分布于飞仙关组一——飞仙关组三段。这类储层平均孔隙度达9%，累积厚度可达300~400m，储渗性能优越。由于高孔渗及含流体，储层段与非储层段的声速和密度有明显差异，二者的速度差最大可达1700m/s。

以代表性井的资料为依据，建立鲕粒滩相储层正演模型，开展储层横向变化的地震正演研究。图4-4(b)、(c)为台缘鲕粒滩发育区储层变化模型及地震响应特征。正演模型研究结果如下(马永生等，2005；凡睿等，2003)。

(1)鲕粒滩相储层在地震上呈现为多轴、低频、中强振幅反射特征。

(2)连续性差、杂乱反射、透镜状或似层状反射结构。

(3)鲕粒滩相储层的地震响应变化主要受储层厚度、储层孔隙发育程度及储层与围岩之间的组合关系等因素影响。储层较厚或储层虽薄而孔隙性很好时，在地震剖面上会出现强或较强反射，当储层很薄时，多套薄储层与围岩的反射相互干涉叠加，一般没有较强反射出现。

(4)亮点反射自主体向边缘消失，与之相邻的斜坡相具明显前积结构[图4-4(a)]，反映鲕粒滩相储层由台地边缘向台棚和台内深水区尖灭，相变带反射特征明显。

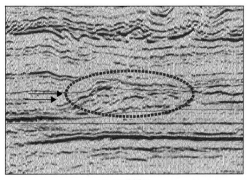

(a) 地震剖面

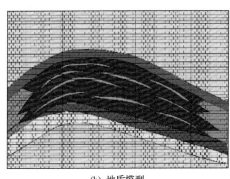

(b) 地质模型

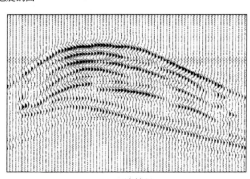

(c) 正演结果

图4-4 鲕粒滩相储层地震正演模拟分析

(三)生屑滩相地震识别模式

针对生屑滩相储层，笔者对相关井进行了储层类型、厚度置换分析，发现：①将Ⅰ类储层置换为Ⅲ类储层时，由于储层物性变差，对应储层的振幅强度也有所减弱，表明储层物性变化会影响地震振幅响应；②将Ⅰ类储层厚度增加时，地震响应上振幅有所增强，表明储层厚度变化亦会影响地震振幅响应。

同时，建立生屑滩前积特征地质模型，进行二维正演模拟，结果(图4-5)显示：高能滩体边界在地震响应上表现为断续-叠置、复波反射特征；滩体中优质储层发育区表现为低频-强振幅，生屑滩体前积地质特征在地震响应上表现为透镜状复波特征。

总结而言，长兴组生屑滩相储层在地震剖面上呈现"低频、中强振幅、连续性差、复波"的异常反射特征，储层随物性、厚度的增大，出现强振幅特征，能量增强，而储层尖灭、消失时变为无反射或弱反射。确定复波中强振幅前积反射特征为生屑滩相储层地震异常识别的基本模式。

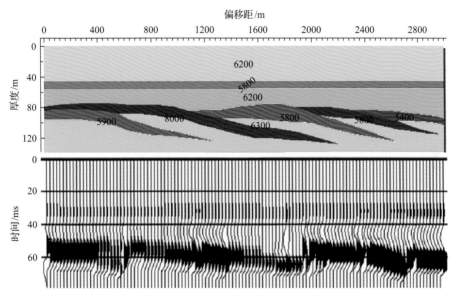

图 4-5  生屑滩前积地质模型正演分析

## 第二节  礁滩相碳酸盐岩储层地震预测

储层地震预测的实质是选取叠前、叠后地震资料中相关属性，在钻井地质、测井资料约束下，应用正反演、融合及其他计算技术，对指定储层厚度、物性等进行预测。由于生物礁、生屑滩、鲕粒滩相储层发育环境、储层形态和内部结构等均较特殊，本书通过井震联合分析，优选相关地震属性，在前面古地貌研究成果和测井解释成果等约束下，开展正反演模拟和其他计算，并进行相关校正，较准确地预测了几个气田礁滩相储层展布及物性空间变化。

### 一、敏感地震属性研究

#### (一)地震属性的类型和物理意义

储层地震预测方法技术许多，其中地震属性预测技术是非常重要的一类。主要依据是：储层的参数变化会改变储层的波阻抗特征，引起地震波的运动学和动力学特征(统称地震属性，包括振幅特征、相位特征、频率特征、相干性、相似性等等)的变化；反过来，根据地震属性与储层参数的关系，可以预测储层及其相关参数。

目前，从地震数据体中能够提取许多地震属性，主要有如下几类(Bracewell，1978；Bodine，1984；Barnes，1991，1994；Alam et al.，1995；Chen and Sidney，1997；Adler，1998)：

1. 振幅特征

反射波振幅特征是地震资料岩性解释和储层预测常用的动力学参数，它是岩性、物性、流体等变化及不整合面、地层调谐效应、地层层序变化等因素的综合响应。

2. 复地震道属性

复地震道属性是指根据复地震道分析，在地震波到达位置上拾取的瞬时地震属性，包括瞬时振幅、瞬时相位、瞬时频率等 3 个基本属性，由此还可以导出许多其他的瞬时地震属性，如瞬时实振幅、瞬时平方振幅、瞬时相位、瞬时相位的余弦、瞬时实振幅与瞬时相位的余弦的乘积、瞬时频率、振幅加权瞬时频率、能量加权瞬时频率、瞬时频率的斜率、反射强度、以分贝表示的反射强度、反射强度的中值滤波能量、反射强度的变化率、视极性等。

3. 功率谱特征属性

当地震数据是一个均值为零的随机过程，功率谱为它的一个统计特征，可以较好地表示反射波特征；当地震数据是一个确定的时间函数，记录信噪比较高，分析时窗中有稳定的反射波脉冲出现，使用傅里叶谱分析描述反射波特征较为适宜。

功率谱是由地震记录自相关函数的傅里叶变换求得。为消除傅里叶变换输入函数ACF 在分析时窗边界上跳变的影响，在做变换前要使用时窗函数进行平滑。为减少偶然误差，算法中应考虑在选定时窗内对 3～5 道相邻道功率谱分析结果进行平均，然后用于参数拾取。

4. 傅里叶谱特征

傅里叶谱特征又称为谱属性，它是在一个长为几十到几百毫秒的时窗内测量的频谱，也是一种类型的体积属性。频谱中逐渐发生的瞬时变化，特别是高频成分的丢失，是波经过地下介质传播的结果。频谱中空间变化，或快速瞬时变化，可以作为一个体积属性使用。频谱中的变化可能与岩性或岩石物性的变化有关。

由岩性横向变化引起的频谱变化；引起子波干涉的薄层层段的调谐效应；由异常低速层段或是厚度变化引起的时间下弯现象；由阻抗的横向变化引起的振幅改变；在不规则表面上的地震能量散射，这可能导致静态误差和高频成分损失。

5. 相关特征分析

自相关函数是地震记录特征的反映，是地震记录重复性的标志。地震记录自相关特征反映了记录的整个特点，是一组有代表性的定量属性。互相关函数是不同地震记录道相似程度的反映，反映的是地震记录(地层)的连续性。

目前研究人员尚无法找到地震属性(如均方根振幅)与地质目标(如储层孔隙度)间一一对应的成因联系。但是通过大量油气勘探实践和经验的统计结果(表4-2)表明：某一种地震属性在不同地质条件下可能是多种地质属性的反映，而一种储层地质特征可能在多种地震属性中均有反应。

(二)地震属性的优选

地震属性与所预测对象之间的关系复杂，不同工区和不同储层对所预测对象敏感的(或最有效的、最具代表性的)地震属性是不完全相同的。即使在同一工区、同一储层，不同预测对象所对应的敏感地震属性也是有差异的。同时，地震反射毕竟是第二性资料，是地下地质情况的反映，地质背景的复杂性反映到地震资料上就有多解性。

表 4-2  地震属性可能反映的储层性质

| 地震属性或指示特征 | 可能反映的地质现象或特征相关参数 |
| --- | --- |
| 振幅(瞬时+能量) | 古地貌、岩性差异、岩层连续性、总孔隙度 |
| 视极性(瞬时+能量) | 岩性、反射极性差异，含气性 |
| 频率(瞬时+能量) | 岩层厚度及流体性质 |
| 相位(瞬时+能量) | 岩层连续性、地层结构 |
| 振幅极小值与极大值数目比及位置 | 古地貌、岩相结构 |
| 层速度 | 岩性、孔隙度、压力 |
| 体反射谱分解的各阶分量 | 横向、垂向分辨率，孔隙度、流体及几何形态 |
| AVO | 岩层中流体性质 |
| 声阻抗 | 孔隙度及泥质含量 |
| 曲率、边界增强等现象 | 断层及裂缝分布特征 |
| 倾角、方位角及人工照明等处理成果 | 构造、断层及由地震资料处理得到的地质特征 |
| 烃指示属性 | 均方根、最小振幅、最大振幅、最大振幅绝对值、波峰平均值 |
| 岩性、物性指示属性 | 波谷平均值、平均能量、振幅和、振幅绝对值之和 |
| 频率-烃类指示属性 | 优势频率、平均瞬时频率 |
| 频率-岩性、物性指示属性 | 半幅能量、门槛值 |
| 流体指示属性 | 平均瞬时相位 |
| 岩相水平、垂向变化特征 | 零值个数、弧长、带宽 |

在储层地震预测中，通常引入相关的各种地震属性。但是，引入地震属性多了也会带来不利的影响。相关性不大的地震属性引入后不仅消耗存储空间和计算时间，还会引起混乱，造成分类效果的恶化。因此，针对具体问题，从全体地震属性集中挑选最好的

地震属性集以降低多解性，提高储层预测精度，是储层地震属性预测的关键。

分析和优选地震属性的方法很多，降维映射、专家知识、聚类分析等均是常用的方法。地震属性优选的一般步骤：首先准确选取代表目标储层反射特征的地震数据，提取各种属性，然后对各种属性进行交会分析，结合井信息标定进行分类，对分类结果做出地质意义的解释(谢芳等，2004；巫盛洪等，2003；刘殊等，2006；徐健斌等，2000)。近些年来，基于储层特征的属性分类研究也很活跃，出现了统计模式识别、模糊模式识别、神经网络、函数逼近与地质统计学方法，以及它们的不同组合方法(李学义，2000；王罗兴等，2000；殷积峰等，2007)。

在地震属性分析预测储层分布时，提取属性时时窗的选取非常关键。由于该区地震资料主频偏低，而储层厚度横向变化大，垂向多薄层叠置，因此所提取属性可能反映的是一个目的层段中几套储层的综合效应，这样就导致地震属性和储层厚度之间的相关系数偏低，由此所进行的储层分布预测往往是定性的趋势性的预测。此外，在利用地震属性分析预测储层厚度时，由于川东北地区礁滩体储层厚度空间变化大的特点，宜分层位、分区带进行。

**二、礁滩相碳酸盐岩储层常规地震属性分析**

笔者主要分析了地震波的速度、振幅、相位、频率等参数的变化幅度、范围，在准确标定储层基础上，选取代表长兴组礁滩储层的时窗段，依据储层的地震响应特征，提取不同的属性，找出生物礁、滩相储层地震有异常反应的属性类型，开展储层横向预测。

(一)振幅属性分析

振幅属性是地震属性的一大类，包含均方根振幅、平均绝对振幅、最大峰值振幅、平均峰值振幅、最大波谷振幅、平均波谷振幅、最大绝对振幅等几十种振幅属性。总的来说，振幅特征是下列因素的综合：流体的变化；岩性的变化；储层孔隙度的变化；生物礁；不整合面；地层调谐效应；地层层序变化。

前面研究成果表明，生物礁相储层与围岩阻抗差异较为明显，储层发育部位往往会相应出现强反射特征，气层一般具有亮点反射特征。且振幅能量的强弱与储层物性和厚度有正相关关系(图4-6)，因而振幅、弧长等能量类属性对礁滩相储层平面分布预测较为有效，在平面上可以较为清晰地划分出储层相带发育的范围。从均方根振幅属性图(图4-7)上看到普光气田飞仙关组一、二段及飞仙关组三段滩相储层分布范围，以及长兴组生物礁分布范围。从图4-8上也可看到，元坝气田长兴组生物礁分布范围，但属性分析一般为定性分析，精度相对不高。

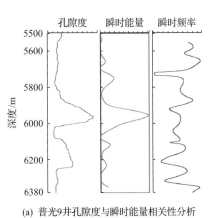

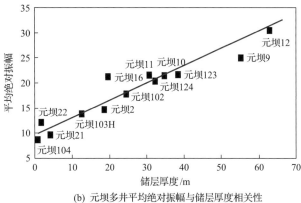

(a) 普光9井孔隙度与瞬时能量相关性分析　　　　(b) 元坝多井平均绝对振幅与储层厚度相关性

图 4-6　振幅属性相关性分析

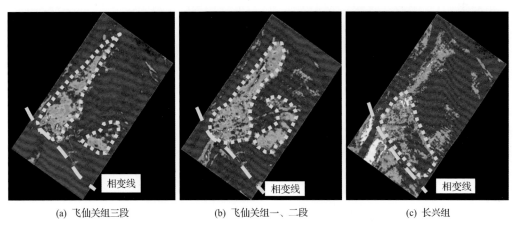

(a) 飞仙关组三段　　　　(b) 飞仙关组一、二段　　　　(c) 长兴组

图 4-7　普光各层段均方根振幅属性平面图

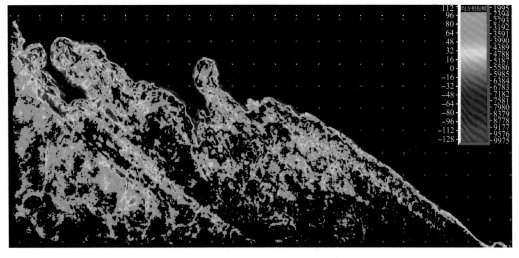

图 4-8　元坝长兴组上段均方根振幅属性平面图

（二）地震波形分类

地震波波形实际上是地震振幅、频率、相位的集中体现，地震信号的任何物理参数的变化总是反映在地震波形状的变化上。如果一个地质体的参数（厚度、分布范围、内部结构、物性、含油气性等）变化会影响到地震波的变化，也必将在地震波的波形特征上有所反映。

为建立地震波形与地震相之间的关系，笔者首先通过神经网络在地震层段内对实际地震道进行训练，通过几次迭代之后，神经网络构造合成地震道。然后与实际地震数据进行对比，通过自适应试验和误差处理，合成道在每次迭代后被改变，在模型道和实际地震道之间寻找更好的相关性。通过自组织的神经网络计算，得到模型道，这些模型道的模板代表了在地震层段中整个区域内的地震信号形状的多样性。其次，对于研究区目的层段，设置正确的分类数对层段内的地震道进行分类，得到地震相图，而地震相图与地质体间的关系可以通过与井信息的匹配来评估。

沉积相和岩相等地质信息的变化总是对应着地震波形的某些变化。研究和分析地震资料中代表各种属性总体特征的地震波形变化，进行有效分类，可以找出地震波形变化的总体规律，认识地震相的变化规律，从而认识沉积相和岩相的变化规律。礁滩相储层具有特殊的沉积环境、沉积相带和地层结构特征，决定了台缘礁滩相储层在地震反射资料上必然具有一些特殊的识别特征和标志，体现在地震波形特征上具有不同于其他沉积地层的波形特征。通过研究地震波形变化信息可以有效地进行礁滩相储层的识别和预测。

普光飞仙关组飞仙关组一、二段地震相图（图4-9）上台缘鲕粒滩相主要位于工区中部，呈北西-南东向展布，内部进一步可细分为三个区块，分别对应红绿杂色、绿色和蓝色三

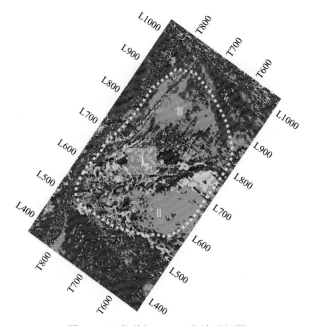

图4-9  飞仙关组一、二段地震相图

个色带，解释认为不同色带反映鲕粒滩沉积的不同阶段及同一阶段水动力的不同状态。长兴组地震相平面图(图 4-10)上可以明显看出北西向展布的 3 个条带，经钻井标定，分别对应陆棚、台地边缘生物礁及开阔台地 3 个沉积相单元，与实钻井及前期地质认识基本一致，同时对相变带及礁滩体边界进行了更细致的刻画。

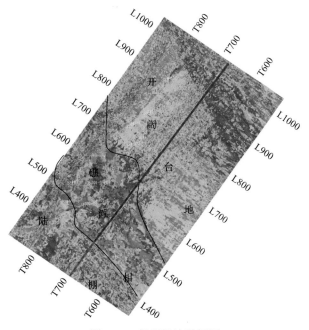

图 4-10　长兴组地震相图

(三)频谱成像技术

频谱成像在理论上主要是依据薄层反射的调谐原理。在时间域，对于厚度小于四分之一波长的薄层而言，随着薄层厚度的增加，地震反射振幅逐渐增加。当薄层厚度增加到调谐厚度时，反射振幅达到最大值(图 4-11)。然后，随着薄层厚度的增加反射振幅逐渐减小。频谱成像技术将地震数据由时间-空间域转换到频率-空间域，时间域的最大反射振幅值，对应着频率域的最大振幅能量值。由薄层调谐引起的振幅谱的干涉特征取决于薄层的声学特征及其厚度。

频谱成像处理还可产生单一频率的一系列的相位数据体。通过相位在空间的变化指示了薄层的声学特征及其厚度的横向不连续。将振幅能量的调谐干涉现象和相位的变化综合在一起，能为解释人员提供一种迅速而有效地利用三维地震资料描述岩石的岩性及厚度在空间变化的工具。频谱成像技术的应用(高静怀等，1997；Partyka 等，1999；朱振宇等，2009)改变了过去以地震子波主频定义的调谐厚度的概念。因为分频技术允许在任意频率下分析地震反射的变化，就没有以地震子波主频定义的单一调谐厚度的概念。勘探家可以用给定储层的调谐频率为解决问题的出发点，而不是给定地震资料的调谐厚度。

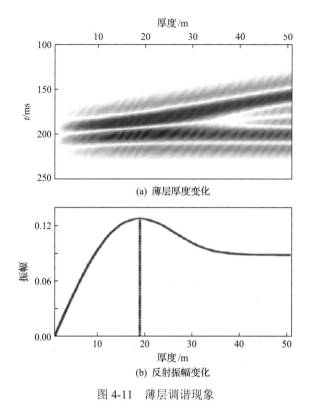

(a) 薄层厚度变化

(b) 反射振幅变化

图 4-11　薄层调谐现象

　　在礁滩相储层频谱成像中，采用以小波变换为基础的时频分析技术，其效果好于傅里叶变换的分析方法(图 4-12)，既得到了精确的时频分析结果，同时又避免了时窗问题。应用该技术对元坝长兴组上段礁相储层进行分频计算，来检测礁相储层的分布范围及空间沉积特征。图 4-13 分别是长兴组礁相储层 20Hz、25Hz、30Hz 频谱能量图，在 20Hz 频谱能量图上看到在台地边缘频谱能量强，表明是储层有利发育区，其厚度对应 20Hz 频

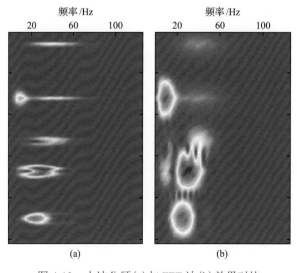

(a)　　　　　　　　　　(b)

图 4-12　小波分频(a)与 FFT 法(b)效果对比

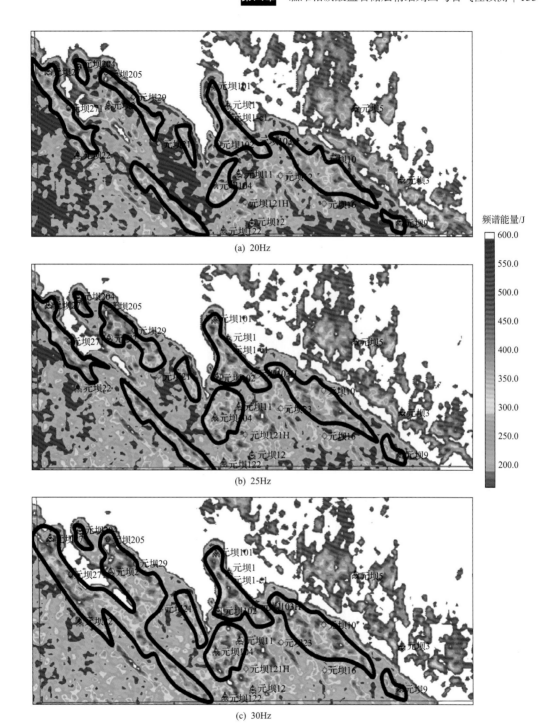

(a) 20Hz

(b) 25Hz

(c) 30Hz

图 4-13　长兴组上段各频率频谱能量图

率，而在北部沿台地边缘，可以看到明显的分界带，表明沉积相带发生变化，进入斜坡带，调谐能量仍表现为强值。在 25Hz 及 30Hz 频谱能量图上看到，随着频率增大，礁相储层发育范围进一步扩大，但厚度也逐渐减薄。

(四)倾角方位角技术

倾角方位角属性属于几何属性,是关于地震层位几何形态(如倾斜、弯曲等)的属性。倾角方位角属性是利用地震道之间的相关性及反射同相轴解释层位处倾角的变化来识别异常体,通常用来识别小断层。由于很多地质体的走向和倾角变化很大,包括塔礁、扭断层形成的弹跳构造等,也可应用倾角方位角属性来对这些地质异常体进行分析(Barnes,2003;张军华等,2009;刘伟等,2012)。

笔者对元坝长兴组下段等分,生成 4 个新层位($d_1$、$d_2$、$d_3$、$d_4$)(图 4-14),然后研究长兴组下段生屑滩倾角和方位角在纵向上的变化,来分析生屑滩的平面分布情况。沿 $d_1$、$d_2$、$d_3$、$d_4$ 层提取方位角属性平面图(图 4-15),方位角属性通过颜色表的选择,在平面上能展现出立体的效果,图上蓝色到红色有颜色的值与黑色代表相反的方位,也可认为代表了一个地质目标体的相反方位,从长兴组下段顶到底四层方位角属性图上可以看到礁滩复合区至元坝 12 井滩区生屑滩分布十分复杂,整体呈现为多个"Y"字形交叉的形

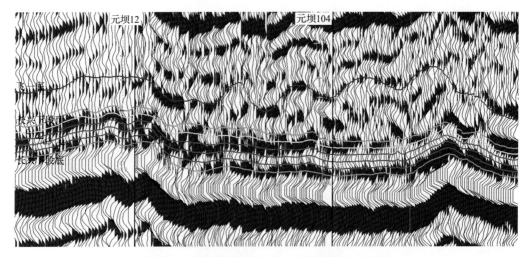

图 4-14 过生屑滩相井任意切割线原始地震剖面

(a) 长兴组下段顶方位角属性

(b) 长兴组下段 $d_2$ 层方位角属性

(c) 长兴组下段$d_4$层方位角属性 　　　　　　(d) 长兴组下段底方位角属性

图 4-15　元坝长兴组下段沿层方位角属性平面图

态，特别是 $d_4$ 层和长兴组下段底这两层特征尤为突出，对照已钻井，元坝 12 等井都打在有颜色(蓝、黄、绿)的突起上，表明这些突起可能是生屑滩储层。

　　图 4-16 是长兴组下段不同层位的沿层倾角属性平面图，沿生屑滩边缘，倾角会发生变化，从图上可以看到，蓝色、绿色沿生屑滩边缘形成了一些边框，可能预示生屑滩的

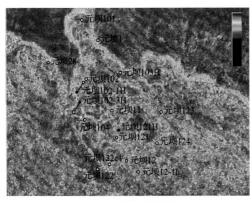

(a) 长兴组下段顶倾角属性 　　　　　　(b) 长兴组下段$d_1$层倾角属性

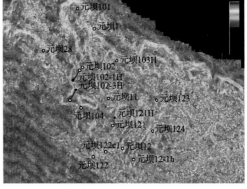

(c) 长兴组下段$d_2$层倾角属性 　　　　　　(d) 长兴组下段$d_4$层倾角属性

图 4-16　元坝长兴组下段不同层位沿层倾角属性平面图

边界，但由于生屑滩分布十分复杂，很多边界地带仍模糊不清，需结合方位角属性平面图，对生屑滩平面分布进行预测。

图 4-17 是结合了倾角和方位角平面图分析后得到了生屑滩储层分布图，生屑滩由多个形态各异的滩体组成，十分复杂。

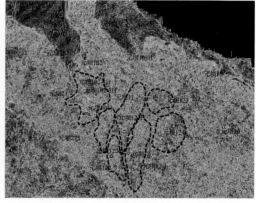

(a) 方位角属性　　　　　　　　　　　　(b) 倾角属性

图 4-17　预测生屑滩平面分布图

### 三、礁滩相储层厚度定量预测

由地下地质信息得到地震信息的过程称为地震正演，反过来，由地震信息得到地下地质信息的过程称之为地震反演。在川东北礁滩相储层多参数定量预测中(陈祖庆等，2005；郭建宇等，2006；蔡涵鹏等，2008；胡伟光等，2010；陈勇，2011；纪学武等，2012；肖秋红等，2012；何永垚等，2014；王超等，2015)，本书主要是在声波阻抗反演的基础上进行地震储层特征重构的多属性储层综合反演。

多属性储层综合反演的核心就是在充分分析储层岩性、电性特征的基础上，选取多个对岩性区分比较敏感的储层参数，并与地震信息建立联系，达到岩性识别和储层预测的目的。对元坝礁相储层的测井曲线研究表明：礁相储层普遍具有特低-低伽马值、高补偿中子值的特征，伽马曲线和补偿中子曲线在判别礁相储层与非储层方面具有明显的优势互补特征。仅仅根据伽马或补偿中子一条曲线不能将礁滩储层很好地识别出来，只有将两者有机地结合起来，才能有效地识别生物礁相储层。根据上述分析，以沉积模式作指导，采取多属性测井约束联合反演的方法，通过多条测井曲线的联合反演识别礁滩储层和非储层。

#### (一)储层特征曲线重构

常规的储层参数定量预测中，通常是采用声波测井曲线来约束进行地震反演。但当储层和围岩的速度差异不明显时，声波测井曲线的纵向分辨率不高，势必会降低反演结果的精度。我们在川东北礁滩相碳酸盐岩储层参数定量预测工作中发现，由于礁滩相岩性复杂且空间变化，多井在用声波和密度交会时，难以区分储层与非储层。从元坝 11 口井的声波时差与密度曲线交会图(图 4-18)上可以看出：由于非储层泥质含量增高后也造成阻抗变低，与部分储层发生重叠，不能区分出储层与非储层，表明仅用常规的速度和波阻抗反演对储层识别效果并不理想。

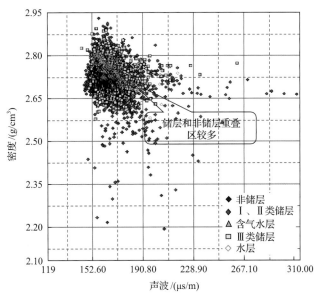

图 4-18　声波与密度曲线交会图

为此，展开伽马和中子拟声波曲线重构，利用伽马曲线重构拟声波曲线(图 4-19)。

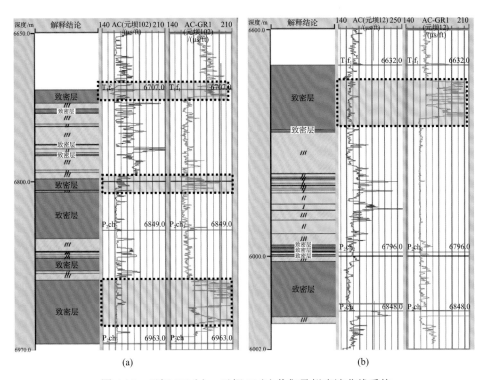

图 4-19　元坝 102(a)、元坝 12(b)井伽马拟声波曲线重构

重构后的伽马拟声波曲线对泥质含量的响应关系更为敏感,泥质含量低的储层在拟声波曲线上表现为低值,表明伽马拟声波反演能找到高泥质含量的部分,以便去除。而应用中子拟声波曲线重构来区分Ⅲ类储层与致密层(图 4-20),中子拟声波曲线在致密非储层段声波值降低,与Ⅲ类储层段的声波值区分开来。将重构的伽马拟声波与密度曲线交会(图 4-21),可看出,可以将大部分含泥质的非储层与储层分隔开,去除非储层。

(二)去泥化储层反演技术

礁滩相地层中,泥质含量高的岩性由于速度偏低,波阻抗值会偏低,而当礁滩相储层中含气时,速度也会降低,使波阻抗值偏低,这就造成泥质含量高的非储层与含气的Ⅰ、Ⅱ类礁滩相储层的波阻抗范围发生重叠,无法进行有效区分。图 4-22A 是原始 P 波阻抗与 GR 曲线交会图,红色离散点代表井上统计得到的Ⅰ、Ⅱ类礁滩相储层,而深蓝色离散点是泥质含量高的非储层,2 种颜色离散点大量重合,难以区分。

为剔除含泥高的非储层对储层预测的影响,采用伽马拟声波反演来提高预测精度。伽马曲线对岩性的识别精度更高,应用伽马曲线进行拟声波重构,重构后的曲线对泥质含量的响应关系更为敏感,泥质含量低的Ⅰ、Ⅱ类储层在拟声波 P 波阻抗曲线上表现为高值[图 4-22(b)],而泥质含量高的非储层表现为低值,表明拟声波反演能区分Ⅰ、Ⅱ类储层与高泥质含量的非储层,提高了储层预测的精度。

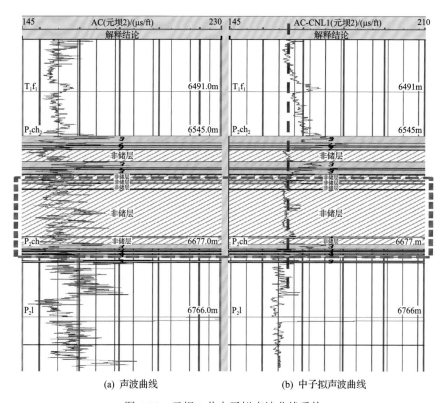

(a) 声波曲线     (b) 中子拟声波曲线

图 4-20 元坝 2 井中子拟声波曲线重构

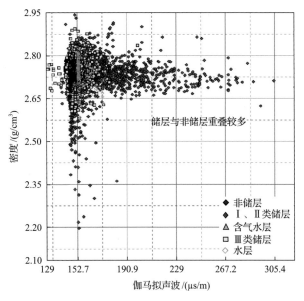

图 4-21 伽马拟声波与密度曲线交会图

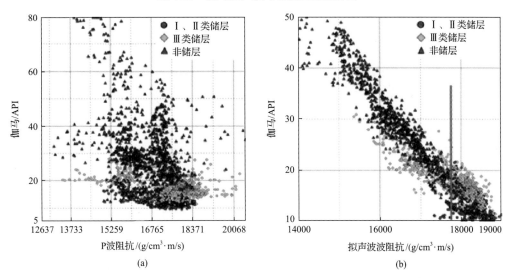

图 4-22 P 波阻抗与伽马曲线交会图(a)和拟声波波阻抗与伽马曲线交会图(b)

通过数据过滤，剔除高含泥质层引起的低速异常区。一些潮汐沟或斜坡造成的红黄色区即高伽马值区[图 4-23(a)]其实大部分是泥质含量高造成的，而在去泥后的反演剖面上[图 4-23(b)]，已经消除了这部分影响，预测的储层厚度较原来的明显偏低，更加接近于实钻值，提高了礁滩储层的预测精度。

图 4-24 是普光长兴组生物礁储层预测图，其中图 4-24(a)是应用原始声波阻抗预测结果，可见在区域北部及东部部分区域厚度较大。但地质研究及钻井均证实这些区域并不是生物礁储层发育区。造成预测误差大的原因主要是此部位岩石泥质含量高，其阻抗也较低而与储层相似所致。通过拟声波反演，用 GR 反演体来进行约束，剔除高含泥质灰岩，提高了储层预测的精度[图 4-24(b)]。

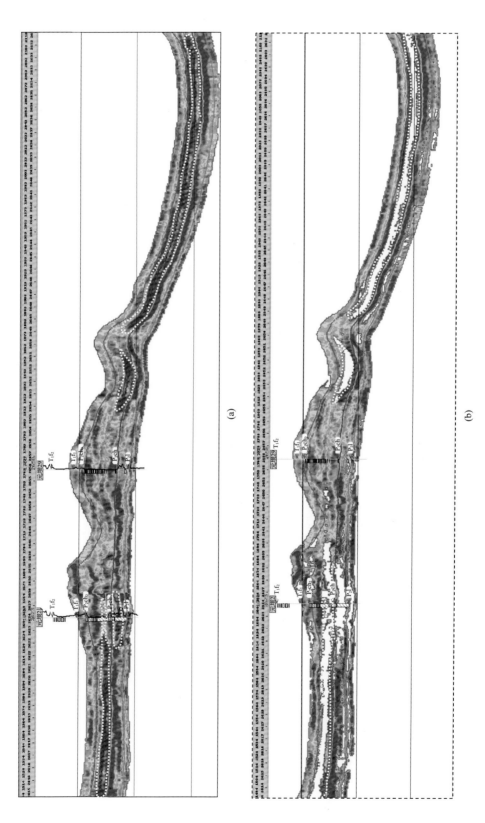

图4-23 元坝东西向波阻抗剖面(a)和去泥后波阻抗剖面(b)

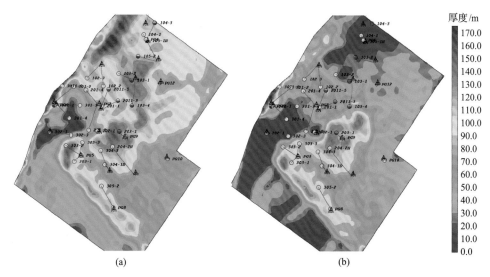

图 4-24 普光长兴组储层声波阻抗预测图(a)和去泥后储层预测图(b)

## (三)中子拟声波反演

伽马拟声波重构可去除泥质含量高的非储层,但对于礁滩相储层中部分白云岩差储层,由于白云岩骨架比灰岩速度高,会产生与灰岩速度相当的部位重叠,使白云岩差储层和致密灰岩难以有效区分[图 4-25(a)]。中子具有较速度敏感的储层孔隙度响应特征[图 4-25(b)],针对Ⅲ类储层的识别精度较原始 P 波阻抗有较大提高,因此采用中子拟声波反演可以较好地对储层和非储层加以区分,提高Ⅲ类储层识别精度。

从普光地区一条连井反演剖面,可看到拟声波反演[图 4-26(a)]在普光 8 等井处储层

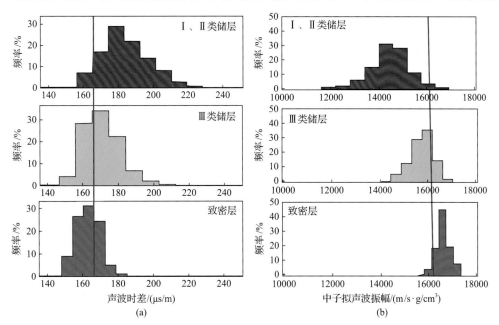

图 4-25 声波时差统计直方图(a)与中子拟声波统计直方图(b)

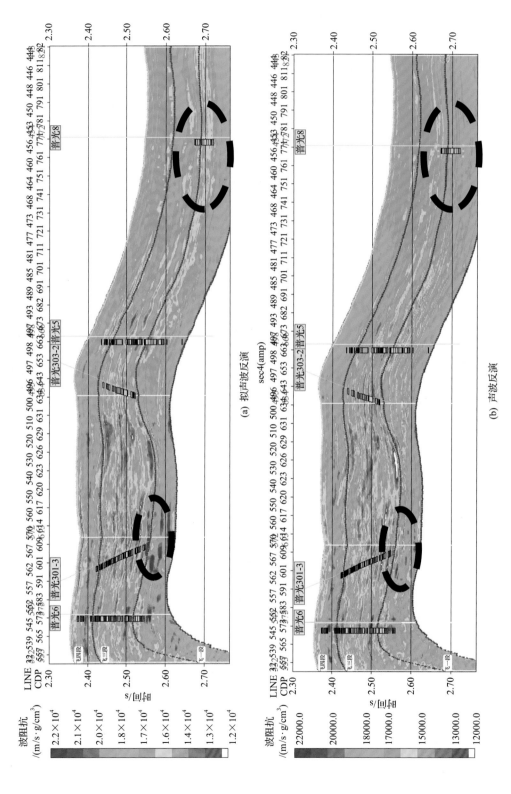

图4-26 普光气田过井中子拟声波反演和声波反演剖面对比图

预测精度较原始波阻抗[图 4-26(b)]有明显提高，表明中子拟声波反演数据体较常规波阻抗数据体更能反映储层特征及变化。

在伽马拟声波反演去除含泥非储层影响的基础上，进一步进行中子拟声波，去除致密非储层对储层预测精度的影响，图 4-27 是在去除含泥非储层影响的基础上，进一步去除致密非储层，得到的最终生物礁储层预测厚度图，可以看到在东部等区域没有生物礁储层发育，与地质认识及钻井结果更为匹配，预测精度进一步提高。

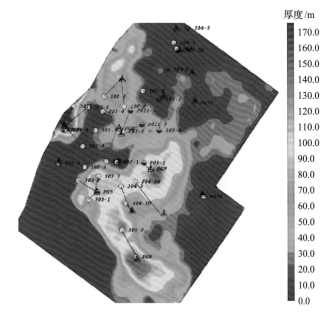

图 4-27　普光长兴组中子拟声波预测储层厚度图

(四)储层预测结果分析

在消除含泥岩性对储层的干扰后，通过统计分析(图 4-28)，分别得到长兴组上段生物礁有利储层阻抗范围在 13500～16800m/s·g/cm³，而下段生屑滩有利储层阻抗范围在 12500～15800m/s·g/cm³，二者是有所区别的。进一步统计分析(图 4-29)，分别得

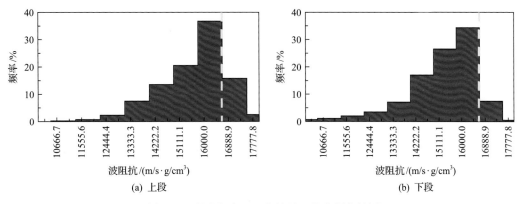

图 4-28　长兴组上、下段储层阻抗范围统计图

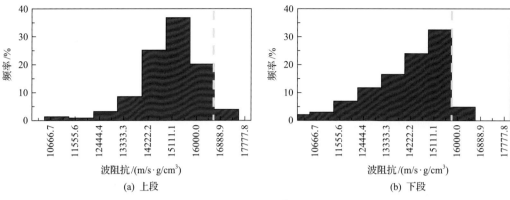

图 4-29 长兴组上、下段Ⅰ、Ⅱ类储层阻抗范围统计图

到长兴组上段生物礁Ⅰ、Ⅱ类有利储层阻抗范围在 13500～16200m/s·g/cm³，而下段生屑滩Ⅰ、Ⅱ类有利储层阻抗范围在 12500～15800m/s·g/cm³。

通过上面统计得到阻抗范围，对长兴组上、下段储层厚度进行预测，其结果与 20 口井测井解释储层厚度对比，上段礁相储层厚度平均相对误差为 13.1%，下段滩相储层厚度平均相对误差为 15.5%，表明结果较可靠。

图 4-30 是长兴组上段储层预测厚度图，由于长兴组上段储层主要是生物礁储层，故预测的储层主要分布在台地边缘微古地貌高处，进一步观察发现生物礁顶、礁后储层发育较厚，礁前储层发育较薄。总体上，预测的储层厚度在 10～130m，在元坝 27 井区礁带、元坝 204-元坝 29 井礁带、元坝 103H 井区礁带及元坝 10 井西北部形成几个相对储层发育区。同样，对长兴组下段储层进行了预测，由于长兴组下段主要为生屑滩储层，预测结果显示生屑滩储层主要发育在元坝 12 井区，储层最厚达到 80m 左右，向东及东北部分区域发育，向北至元坝 102 井逐渐减薄并消失，在西部发育较薄。

再应用各井对长兴组上、下段Ⅰ、Ⅱ类储层阻抗统计结果，预测了长兴组上、下段Ⅰ、Ⅱ类储层厚度。图 4-31 显示：长兴组上段生物礁Ⅰ、Ⅱ类储层主要发育在元坝 27 井区、元坝 204 井-元坝 29 井区、元坝 1 井区及元坝 10 井区附近，其中，元坝 205 井、29 井区Ⅰ、Ⅱ储层最为发育，Ⅰ、Ⅱ类储层厚度达到 65m。

## 四、基于神经网络的孔隙度反演

常规的孔隙度反演是基于井点处孔隙度与波阻抗的交会分析，求取孔隙度与波阻抗的转换关系，将波阻抗转换为孔隙度。川东北礁滩相储层孔隙度与波阻抗的相关性较差，难以取得好的反演效果。笔者研究了孔隙度与波阻抗、其他属性等的相关性，将多种地震属性进行融合，以孔隙度信息作为学习目标，在神经网络框架下进行反演，获取孔隙度数据体。

随机神经网络 (PNN) (Pfeil and Read，1980) 主要是通过比较新点处的新属性与已知的培训中的属性来确定每一个点的输出，得到的预测值是培训目标值的加权组合。

PNN 训练所用的数据包括一系列培训样本，在分析时窗内，每个地震样点都有一口井与之对应，设有 3 个地震属性，$n$ 个训练样本：

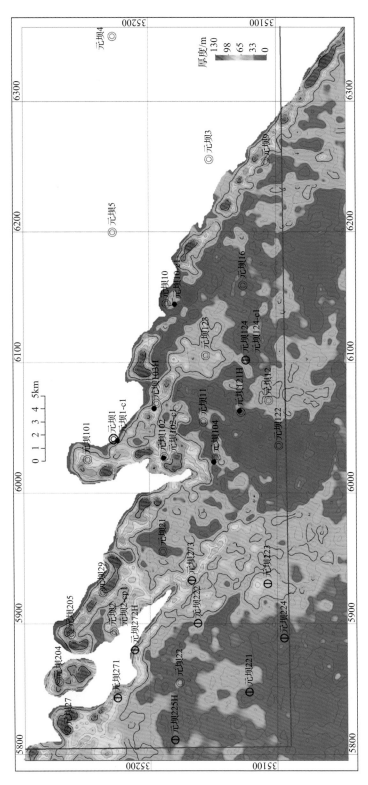

图4-30　元坝长兴组上段储层预测厚度图

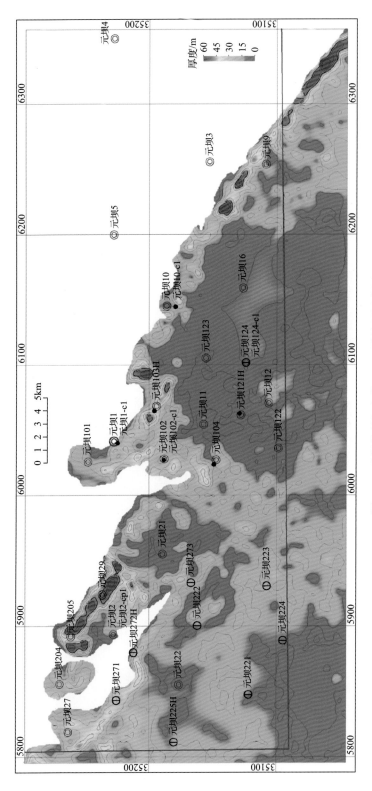

图4-31 元坝长兴组上段Ⅰ、Ⅱ类储层厚度图

$$\{A_{11}, A_{21}, A_{31}, L_1\}$$
$$\{A_{12}, A_{22}, A_{32}, L_2\}$$
$$\{A_{13}, A_{23}, A_{33}, L_3\}$$
$$\vdots$$
$$\{A_{1n}, A_{2n}, A_{3n}, L_n\}$$

$L_i$ 代表目标测井曲线上第 $i$ 个采样点的实际目标测井值，$A_{ij}$ 为第 $i$ 个地震属性的第 $j$ 个采样点的值。

对于给定的训练数据，PNN 法假设每个新的输出测井值都可以表示为训练数据测井值的线性组合。对于属性值为 $x=\{A_{1j}, A_{2j}, A_{3j}\}$ 的新数据样本，新的测井估算值为

$$\hat{L}(x) = \frac{\sum\limits_{i=1}^{n} L_i \exp[-D(x, x_i)]}{\sum\limits_{i=1}^{n} \exp[-D(x, x_i)]} \tag{4-1}$$

式中，

$$D(x, x_i) = \sum_{j=1}^{3} \left( \frac{x_j - x_{ij}}{\sigma_j} \right)^2 \tag{4-2}$$

其中，$D(x, x_i)$ 是输入点与每个训练点 $x_i$ 之间的变化量，$\sigma_j$ 为平滑参数，$x_{ij}$ 表示第 $i$ 个采样点第 $j$ 个属性。预测的好坏主要取决于平滑参数，预测结果最优化的标准是实际目标测井值与预测目标测井值之间的校验误差最小。定义第 $m$ 个目标样本的校验结果为

$$\hat{L}_m(x_m) = \frac{\sum\limits_{i \neq m} L_i \exp[-D(x_m, x_i)]}{\sum\limits_{i \neq m}^{n} \exp[-D(x_m, x_i)]} \tag{4-3}$$

当从训练数据中去除第 $m$ 个目标样本时，依据上式可得出第 $m$ 个样本的预测值。由于样本值已知，可以计算该样本的预测误差。对每个训练样本重复这一过程，则可把训练数据的总预测误差定义为

$$E_v(\sigma_1, \sigma_2, \sigma_3) = \sum_{i=1}^{n} (L_i - \hat{L}_i)^2 \tag{4-4}$$

应用效果：神经网络反演的孔隙度体较多元回归的孔隙度数据体与测井参数的相关性要有明显改善，预测效果有很大提高（图 4-32）。

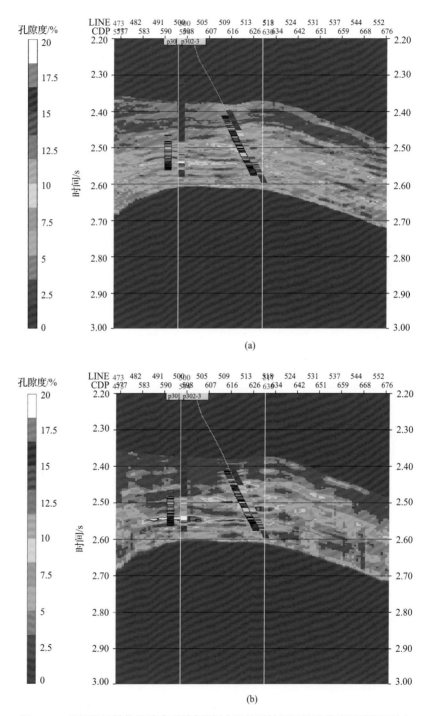

图 4-32　基于统计转换孔隙度反演剖面(a)和基于神经网络孔隙度反演剖面(b)

### 五、储层裂缝预测

(一)模型建立与相关数据提取

1. 模型建立

在叠前正演模拟中，要建立裂缝储层地质模型和弹性介质模型。HTI(horizontal transverse isotropy)介质，也称 EDA 介质或裂缝介质，如图 4-33 所示，是一种具有水平对称轴的横向各向同性介质，是裂缝研究中常用的一种经典模型。由于上覆地层载荷的压实作用，水平或低角度的裂缝近乎消失，有效的是高角度和垂直的裂缝。建立与地下实际裂缝一致的模型是困难的，故用 HTI 裂缝介质模拟这种裂缝类型。

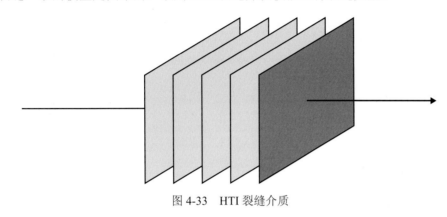

图 4-33 HTI 裂缝介质

2. 正演道集数据的采集与提取

根据不同参数模型，通过正演模拟，采集了 0°、10°、20°、30°、40°、50°、60°、70°、80°和 90°十个不同方位角下的 0°、5°、10°、15°、20°、25°、30°、35°、40°、45°不同入射角的道集数据，然后根据研究需要进行提取与分离。在研究方位各向异性时，结合实际研究区地震采集偏移距情况，提取了 30°入射角(远偏移距)下的方位角道集数据；在研究裂缝与入射角(偏移距)的关系时，选取了与裂缝走向垂直的方位角下的入射角道集，道集提取结果如图 4-34 所示。

3. 正演道集数据的属性计算

对提取的方位角及入射角道集数据，统计振幅值，计算衰减梯度、85%能量衰减对应的频率和最大能量等属性，分析裂缝引起的各属性随方位角和偏移距的变化特征。

正演模拟的结果可以直接提供裂缝储层的理论地震响应特征，通过分析这些理论地震响应特征，就可建立该地区地震响应与裂缝性质间关系，将其直接应用于三维地震资料的分析和解释，这样，利用地震的各向异性和偏移距特征的分析，根据目标储集体的裂缝储层正演模拟研究结果，确定出裂缝可能的走向和分布特征。

(二)正演模拟结果

图 4-35 是元坝 2 井裂缝正演模拟结果，分不存在裂缝[图 4-36(a)]和实际井资料[图 4-36(b)]2 种情况进行正演模拟，结果与成像测井解释结果[图 4-36(c)]对比。正演模

拟时，软件中设计裂缝方向以正东方向为 0°，方位角也以正东方向为 0°。从图中可看出以下规律：

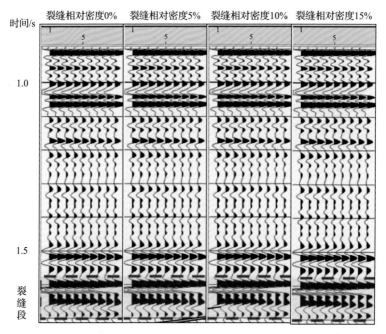

图 4-34　不同裂缝密度的入射角道集

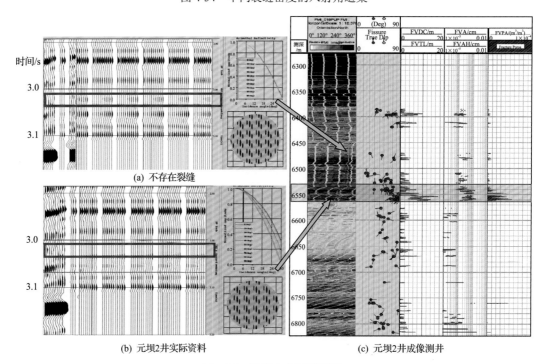

(a) 不存在裂缝

(b) 元坝2井实际资料

(c) 元坝2井成像测井

图 4-35　元坝 2 井正演模拟

（1）不管存不存在裂缝，目的层反射振幅随入射角的增大而变小。

（2）假设井中不存在裂缝时，模拟结果显示地震存在一定的各向异性，但很小，几乎可以忽略，实际资料模拟结果显示，地震存在较明显各向异性（成像测井显示该目的层段裂缝发育），说明裂缝的存在是引起地震各向异性的主要原因。

（3）固定入射角（入射角大于 12°），垂直于裂缝方向（0°）的振幅（红线）大于平行于裂缝方向（90°）的振幅（黄线），其他方位的振幅介于二者之间（第三栏上方）。方位为 90°即正北方向的振幅（黄线）是椭圆的短轴，与裂缝方向一致。从上面结果可看出椭圆短轴代表裂缝方向。其他井分析也具有类似特征。

总体上，从正演模拟结果可以得出结论：裂缝的存在是引起该区地震各向异性的主要原因，用叠前各向异性的方法预测裂缝具有可行性（Hudson，1981；Thomsen，1986，1995；Crampin，1987）；模拟椭圆的短轴代表裂缝的发育方向。

（三）叠前裂缝预测结果分析

1. 裂缝方向预测

正演模拟结果表明，当储层裂缝密度越大，同一偏移距下振幅方位角变化越大，且振幅椭圆的短轴代表了裂缝的走向方向，方位振幅椭圆的扁率代表了地震反射振幅各向异性的强弱。为得到振幅方位角椭圆在空间的变化，选取 35°，70°，105°，140°，175°等 5 个方位角的地震数据体进行标定和消除子波的影响处理（图 4-36）。对标定的方位角振幅在每一储层段内进行了振幅随方位角的变化分析，得到振幅的方位角椭圆在空间的变化。

根据正演模拟结果，在生物礁相储层顶部，如果地震反射振幅的各向异性是由裂缝引起的，则方位振幅椭圆短轴方向就大致地指示了裂缝在空间的统计定向。

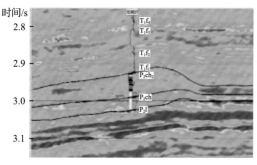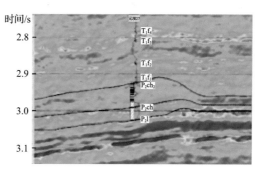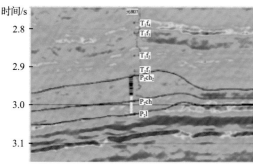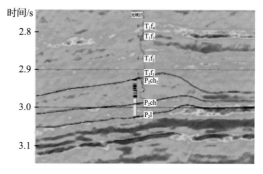

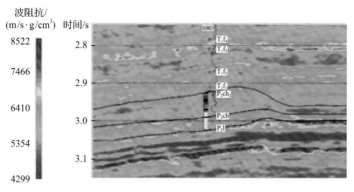

图 4-36　5 个方位角相对波阻抗数据体进行标定和消除子波的影响处理

振幅椭圆的扁率代表了地震反射振幅的各向异性强度。振幅的各向异性强度与裂缝的密度有关，裂缝密度越大，各向异性振幅的强度就越大。

通过振幅随方位角的变化分析，可得地震振幅的各向异性特征在空间的分布，图 4-37 是元坝长兴组上段振幅椭圆空间定向图，指示裂缝方向在空间的分布。从西北到东南，裂缝呈 2 个条带状分布，在条带的西北和东南裂缝相对发育，中部相对较差。

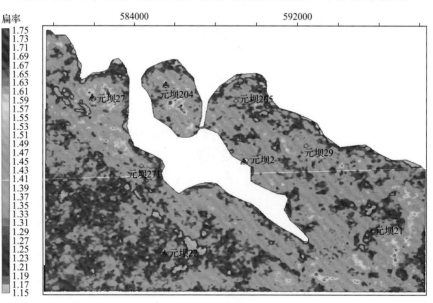

图 4-37　长兴组上段振幅椭圆空间定向图

## 2. 裂缝密度预测

在裂缝法向方向，地震波的衰减强度与裂缝的密度成正比，裂缝越发育，则频率随方位角变化就越明显。此外，裂缝含气后，对地震波的高频能量的衰减作用使地震波频率降低。由于裂缝中充填矿物的弹性模量较流体大得多，被矿物充填的裂缝产生的衰减较流体的小。因此，分析由裂缝的发育和内部所含流体引起的地震衰减属性随方位角变化，就能间接地描述开启裂缝的空间分布。

为得到频率随方位角变化在空间的分布，对处理的 35°、70°、105°、140°、175° 5 个方位角数据体，通过小波变换计算各方位角的频率，对计算的方位角频率进行方位角的变化分析，得到了频率的方位角椭圆在空间的变化，根据理论研究结果，频率椭圆的扁率代表了频率的各向异性强度。这样，通过频率随方位角的变化确定了裂缝造成的地震波衰减各向异性的强度。由于饱和气是引起地震波衰减的重要因素，由方位频率椭圆所描述的地震波衰减的各向异性强度为我们间接地提供了含流体的开启裂缝在空间的大致分布。

图 4-38 表明长兴组顶部方位频率变化特征，可以看到，地震反射频率的各向异性衰减特征能较好地反映开启裂缝的分布。

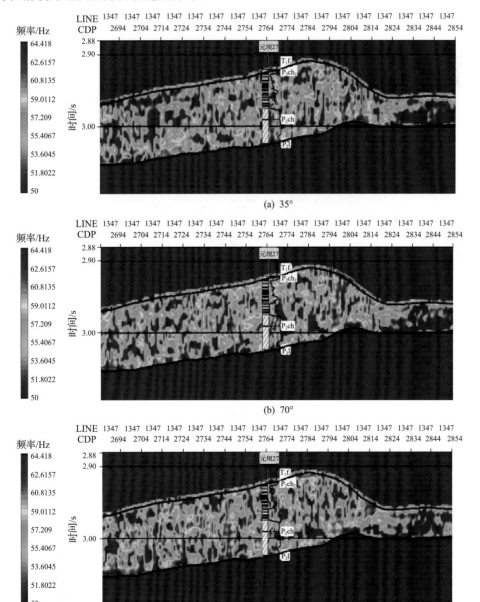

(a) 35°

(b) 70°

(c) 105°

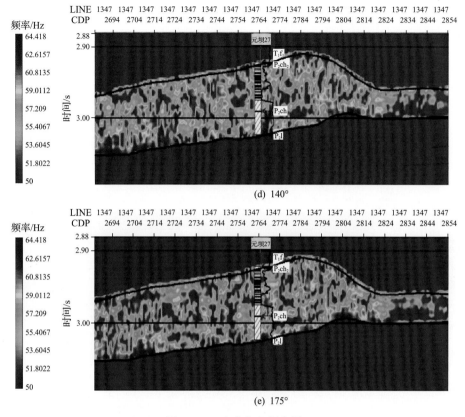

图 4-38 5 个方位角频率图

通过钻井成像测井与剖面上预测的裂缝发育区域进行验证。元坝 2 井成像测井见高导缝及微裂缝[图 4-39 (a)]。无井约束的裂缝预测结果显示该层段裂缝发育，与成像结果吻合较好[图 4-39 (b)]。成像测井解释元坝 27 井裂缝发育程度一般，裂缝孔隙度比较低[图 4-40 (a)]。预测剖面显示该层段裂缝较发育[图 4-40 (b)]，与已知井有很好的一致性。

结合沉积相分析表明，在生物礁发育地带，裂缝相对比较发育，潮汐沟次之，开阔台地裂缝相对不发育。裂缝从西北到东南，呈两个条带状分布(图 4-41)。条带内部，西北和东南裂缝相对发育，中部相对较差；明显受沉积相带的影响，但不完全受其控制。总体而言，生物礁带及生屑滩位置裂缝相对发育，潮汐沟和开阔台地裂缝相对不发育。裂缝发育方向主要有两组：北北西和北北东，但局部地区，也零星发育其他方向的裂缝。

## 第三节 礁滩相储层精细刻画

为了有效开发元坝长兴组气藏，必须对每一个生物礁或生屑滩碳酸盐岩储层空间展布和内部结构、礁滩体间连通性等进行精细刻画，以便建立地质模型和评价储量、优选井位及设计井轨迹。由于生物礁相储层与生屑滩相储层在地层、形态、岩性、物性等方面均有较大差别，采用不同手段来开展精细刻画。

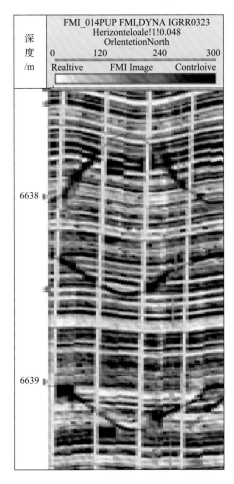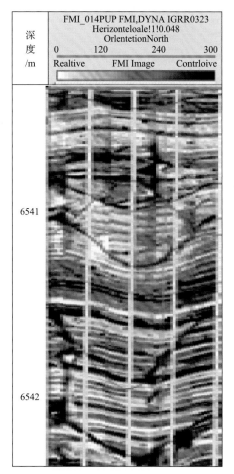

(a)

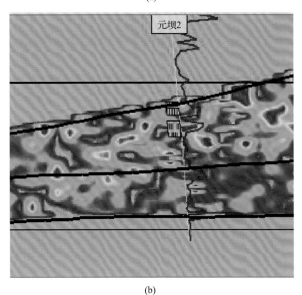

(b)

图 4-39 元坝 2 井成像测井剖面(a)及主测线裂缝预测剖面(b)

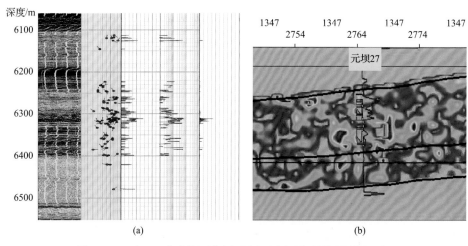

图 4-40　元坝 27 井成像测井剖面(a)及主测线裂缝预测剖面(b)

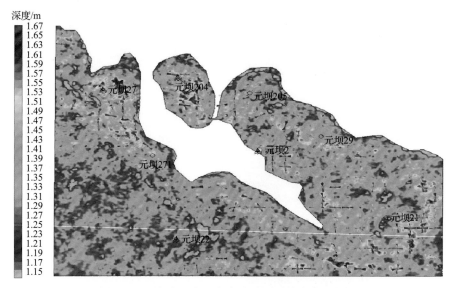

图 4-41　元坝气田长兴组上段预测裂缝发育平面图

## 一、生物礁相储层精细刻画

针对生物礁相储层地质特征，采用地质约束，地震技术相结合的方法，形成了生物礁相储层地震综合识别与精细刻画技术，主要分以下四步进行雕刻。

### (一)剖面识别

从前面生物礁地震响应特征得出生物礁地震反射特征表现：丘状外形，生物礁顶面为一强波谷亮点反射，生物礁两侧有上超现象；礁核内部为空白或杂乱反射。生物礁阻抗剖面特征：礁相储层表现为中低阻抗值，礁核内部形态更为清楚，礁盖、礁翼结束部位较地震剖面更为准确清晰。图 4-42 是过元坝 27-元坝 204-元坝 205 井地震剖面和波阻抗剖面，依据上述原则，可对生物礁体顶底进行精细解释。

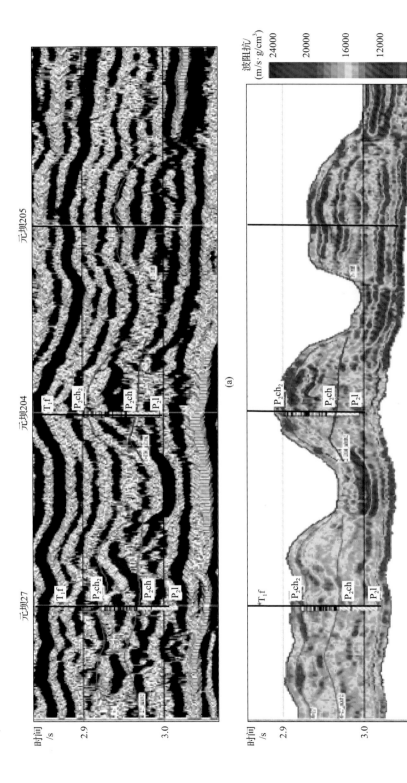

图4-42 过元坝27-元坝204-元坝205井地震剖面(a)及波阻抗剖面(b)

(二)平面预测

仅仅从地震剖面以及波阻抗剖面上解释生物礁相储层的顶底界面,仍难以从宏观上进行把握,通过地震相分析,形成长兴组沉积晚期古地貌图,从平面上对生物礁体平面展布进行约束(图4-43),提高生物礁体刻画的精度。

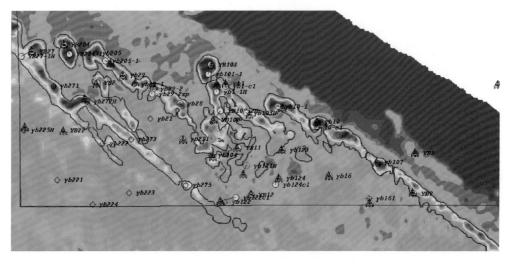

图4-43 长兴晚期古地貌图平面约束

(三)三维边界雕刻和礁体连通性检测技术

利用相位体、常规数据体等资料,逐条主测线和联络线勾画生物礁礁盖的上下包络线,逐一时间切片勾画生物礁礁盖的平面展布内外边界线,应用三维可视化技术及多属性体融合技术,对生物礁进行精确识别,确定边界(图4-44),并将礁盖储层在三维空间

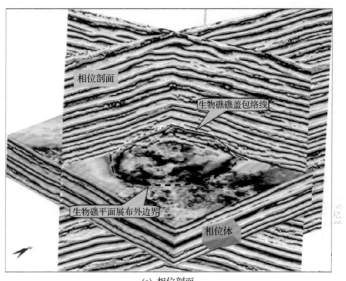

(a) 相位剖面

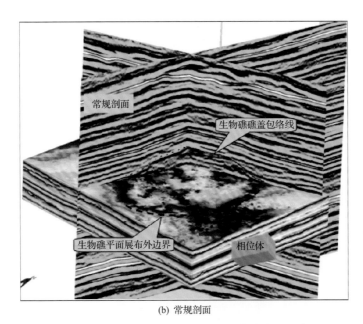

(b) 常规剖面

图 4-44　多属性体三维立体刻画生物礁空间展布

中进行立体雕刻(图 4-45)。

应用频谱成像技术，寻找不同频率能量谱对储层与非储层的分界点，然后逐一剖面刻画小礁体，分析小礁体间连通性(图 4-46)(刘国萍等，2017a，2017b)。

(四)三维空间展布及内部结构研究

生物礁内幕形态十分复杂，仅从不同方向上的剖面来观察，难以得到全貌。以元坝C 井为例，图 4-47 为过该井"米"字地震剖面和波阻抗剖面。东西向剖面 a、南北向剖面 b 及北东-南西向剖面 d 均表现为多期生物礁的杂乱叠置，而北西-南东向剖面 c 生物礁相储层表现为一条较平缓的条带。仅从这几条剖面上是难以看出生物礁生长规律及发育期次的，而应用三维可视化技术展示生物礁储层空间展布及内部结构，可以认识该井区在空间上是由 3 个生物礁体叠合形成(图 4-48)，顶层还有一套较薄的储层，元坝 C 井位于较高部位，储层在其南部更发育。

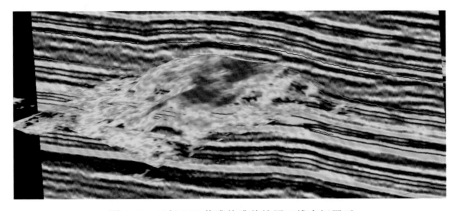

图 4-45　元坝 204 井礁体礁盖储层三维空间展示

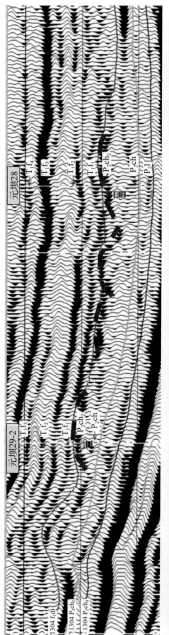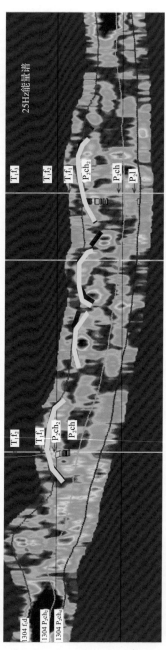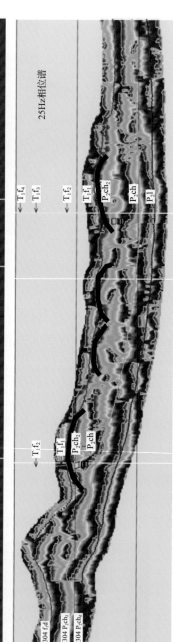

图4-46 礁体连通性检测

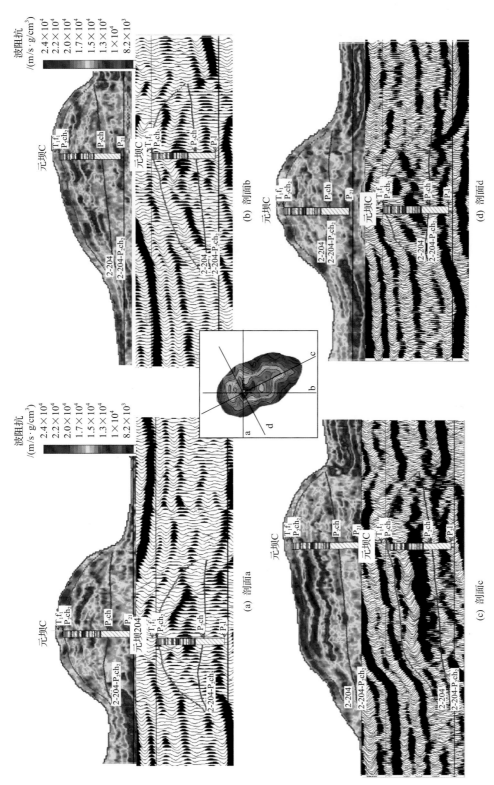

图4-47 过元坝C井的"米"字地震剖面和波阻抗剖面

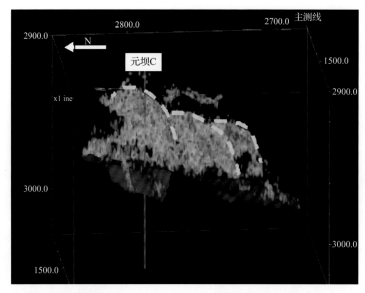

图 4-48　过元坝 C 井区的生物礁空间展布图

（五）生物礁相储层结构模型

通过对生物礁相储层结构进行解剖，可了解优质储层发育部位及发育规律，给井位优选、井型优化、井轨迹设计提供科学依据。由于生物礁相储层的特殊性及复杂性，单纯靠"一孔之见"是无法建立储层结构模型的，本次研究综合地质、测井、地震资料，利用波阻抗反演剖面、常规地震剖面，结合单井相分析及测井解释成果建立了长兴组生物礁储层 3 种主要结构模型：

1. 垂向加积型

此类生物礁从平面看为孤立礁，纵向上发育两期生物礁，表现为垂向加积特征。由于生物礁垂向生长，储层厚度较大；储层可能频繁暴露，物性较好。受准同生期渗透回流白云石化作用控制，每一期礁体优质储层主要发育于其顶部和礁后（背风面）。从图 4-49、图 4-50 可以看出，元坝 29 井钻遇了两期礁体的主体部位，由于 29 井所处的部位礁体主要表现为加积生长，上部储层频繁暴露的可能性更大，因此上部储层物性更好，非均质性弱，以Ⅱ类储层为主，且 2 套储层间夹层较薄。

2. 侧向加积型

此类生物礁为复合礁，纵向上有多期礁体发育，不同井区发育期次不同，生物礁前积方向也不一致。由于生物礁生长所处的位置高低不同，此类生物礁相储层发育的优劣也有所不同。

从图 4-51 及前述三维可视化雕刻可知，元坝 27 井区为一复合礁，总共发育三期，礁体具有从东向西即从台缘向台内前积的特征。受准同生期渗透回流白云石化作用控制，每一期礁体的优质储层主要发育于其顶部和礁后（背风面）。结合单井相分析及测井解释成果，建立了元坝 27 井礁相储层结构模型（图 4-52）。元坝 27 井钻遇了第一期礁体的后部和第二期礁体的主体，所以其下部主要发育Ⅲ类储层，而上部Ⅰ、Ⅱ类储层明显增多。

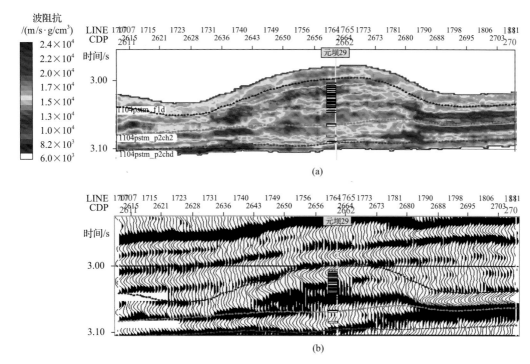

图 4-49 过元坝 29 井波阻抗剖面(a)和常规地震剖面(b)图

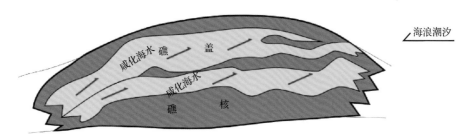

图 4-50 元坝 29 井礁相储层结构模型图

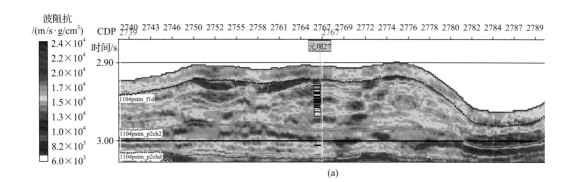

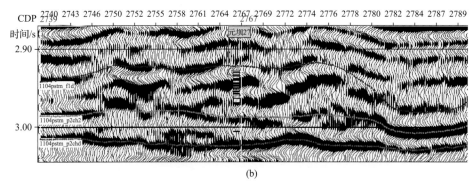

图 4-51　过元坝 27 井波阻抗(a)及常规地震剖面(b)图

图 4-52　元坝 27 井礁相储层结构模型图

3. "侧向加积+垂向加积"型

此类生物礁亦为复合礁,纵向上发育两套生物礁相储层:第一套生物礁在平面上往往发育三期礁体,每个礁体顶部和礁后(背风面)储层发育更好,主要受准同生期渗透回流白云石化作用控制;第二套生物礁往往只有一期礁体发育。此类生物礁相储层发育的优劣因生物礁发育位置的不同也有所不同。

从前研究成果及三维可视化雕刻可知,元坝 204 井区为复合礁,纵向上发育两套生物礁相储层。第一套生物礁在平面上发育 3 个礁体,储层较厚,每个礁体顶部和礁后(背风面)储层发育更好,主要受准同生期渗透回流白云石化作用控制;第二套储层相对较薄,储层发育不受迎风面、背风面控制,主要受准同生期的混合水白云石化作用控制。结合单井相分析及测井解释成果建立了元坝 204 井礁相储层结构模型(图 4-53),元坝 204 井钻遇了两套礁相储层的主体部位,上、下套储层物性差别不大,但下套储层厚度大于上套储层。

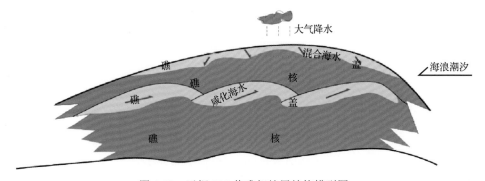

图 4-53　元坝 204 井礁相储层结构模型图

（六）应用

元坝 204 井是一口直井，靠礁前部位，累计钻遇储层 95.9m，其中Ⅰ、Ⅱ类储层累计厚度为 27.8m，占总储层厚度的 29%，礁盖Ⅰ、Ⅱ类储层与Ⅲ类储层呈薄互层状叠置发育（图 4-54）。为了动用礁体南部储量，利用元坝 204 井场向南部署了一口水平井元坝204-1H 井。

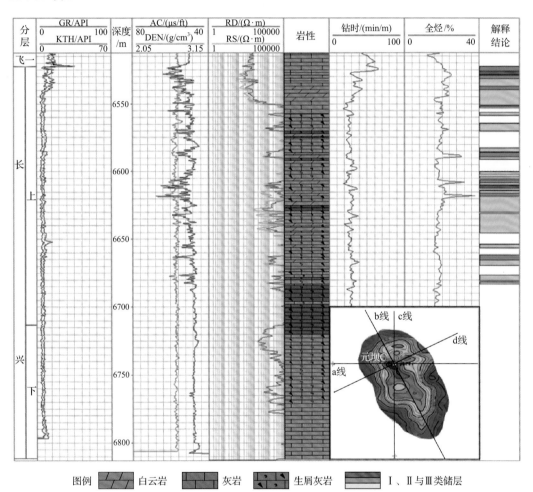

图 4-54 元坝 204 井测井解释综合柱状图

前面研究认为该生物礁体是由三期礁叠置而成，在图 4-47 中的 c 线方向上，三期生物礁被串成一线，生物礁相储层形态变得较为平缓连续，在该方向上设计水平井，可穿过三期生物礁，动用储量达到最大化（图 4-55）。元坝 204-1H 井实钻结果显示，储层钻遇情况与预测结果基本吻合，水平井进入长兴组地层之初就钻遇了较好的白云岩储层，钻遇长兴组地层为 1022m，其中储层为 723m，储层钻遇率达到 71%（图 4-55），其中Ⅰ、Ⅱ类储层共 364m，占总储层的 50%，钻遇优质储层率很高。该井完钻酸压测试获高产。

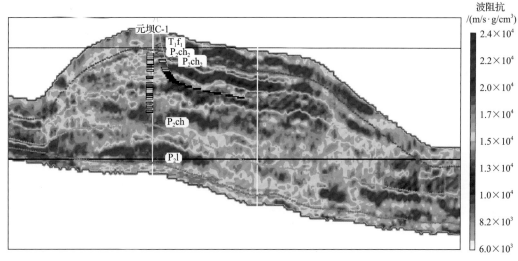

图 4-55　元坝 C-1H 井轨迹图

## 二、滩相储层精细描述

针对滩相储层，笔者采用地震综合识别和刻画技术：应用地震反射结构及正反演预测方法，结合精细解释技术，在剖面上追踪生屑滩储层；同时，应用古地貌预测滩储层，结合地震信息融合技术，在平面上预测生屑滩储层发育部位，并对剖面上滩相储层的预测进行约束，最后得到生屑滩在平面上的展布。

### (一)剖面识别

元坝东部生屑滩储层主要发育于长兴组中部，地震反射特征表现为低频中等至中强振幅特征，地震剖面上出现复波反射特征，波阻抗剖面上表现特征为中低阻抗(图 4-56)，而西南部生屑滩储层主要发育于长兴组上部，由于储层厚度及物性较差，地震响应特征上表现为低频中等至中弱振幅特征，而在波阻抗剖面上表现为中等阻抗(图 4-57)，依据长兴组不同部位、不同区域滩体特征，在剖面上对生屑滩进行初步刻画。

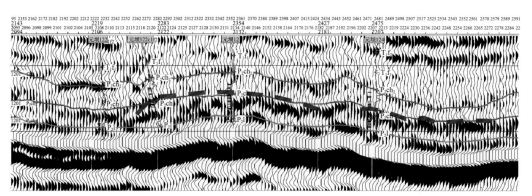

(a)

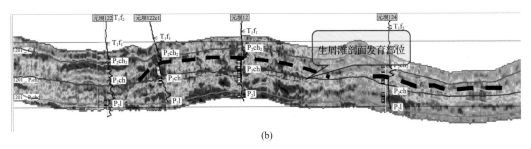

(b)

图 4-56 过元坝 122-元坝 122 侧 1-元坝 12-元坝 124 地震剖面(a)与波阻抗剖面(b)

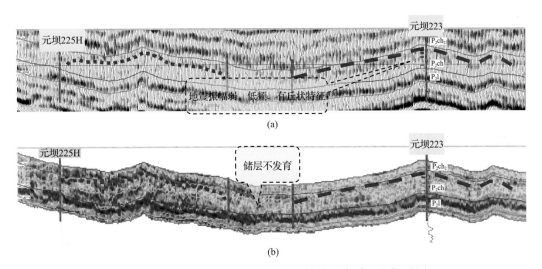

(a)

(b)

图 4-57 过元坝 225H-元坝 223 地震剖面(a)与波阻抗剖面(b)

(二)平面信息融合

为了避免单一地震属性带来的局限性和不确定性,通过多种属性,包括地层、岩性、物性等多种特征的信息融合,来获得地质目标的精确信息,减少预测的多解性,提高预测的精度。本次地震信息融合选用了 4 种不同的地震属性:①最大能量属性(图 4-58),它反映了原始地震振幅能量信息,在东区为中至中强振幅亮点特征,最大能量属性值高的部位可能预示滩储层发育区,但泥质含量重的区域也会出现高的最大能量属性值;②波阻抗属性(图 4-59),它反映地层信息,东区表现为中至中低阻抗值;③伽马体属性(图 4-60),它反映岩性信息,认为伽马值偏大的区域泥质含量高,而在伽马值偏低的部位泥质含量低,通过这一属性去除泥质含量对滩储层的干扰;④衰减梯度属性(图 4-61),通过井上统计当储层含气时衰减梯度门槛值,在目的层统计大于门槛值的采样点数,图上数值表示在目的层内大于该门槛值的采样点数,当采样点数较大时,在某种程度上反映了储层的含气性。

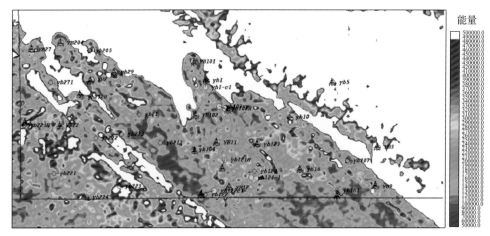

图 4-58　元坝长兴组下段平均最大能量平面图

图 4-59　元坝长兴组下段生屑滩最小波阻抗平面图

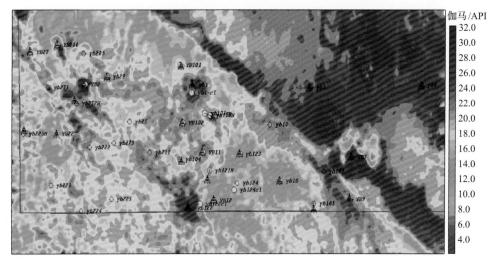

图 4-60　元坝长兴组下段平均伽马平面图

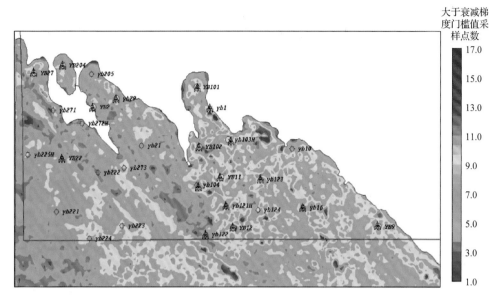

图 4-61 元坝长兴组下段平均衰减梯度属性平面图

　　将上述 4 个属性进行信息融合，得到融合数据体。融合数据体是地质目标的综合判别指数，判别指数越大表示地质目标的可能性越大，其最大值为 100，最小值为 0，结合测井解释成果，分析信息融合平面图。图 4-62 就是长兴组下段的信息融合平面图，通过已钻井来判别，在分值 40～60 所对应的区域发育生屑滩储层，这一结论与测井解释成果吻合。

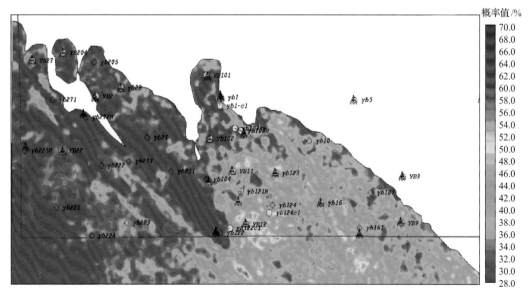

图 4-62 元坝长兴组下段信息融合综合分析平面图

#### (三) 生屑滩储层结构模型

在前面古地理分析基础上,利用融合数据体即可确定生屑滩储层平面分布,然后应用与礁相储层类似的技术,精细刻画生屑滩储层发育特征及内部结构。

本次研究综合地质、地震、测井资料,利用波阻抗反演剖面、常规地震剖面,结合单井相分析及测井解释成果建立了不同滩体发育区不同井的储层结构模型。

#### 1. 元坝 12 井区

元坝 12 井区是生屑滩储层最发育的井区,纵向上发育两期滩相储层:Ⅱ期、Ⅲ期。从图 4-63 可以看出,该区生屑滩相储层以Ⅱ期为主,分布范围相对较大,厚度大,物性好,且该期滩相储层具有从西往东前积的特征。Ⅲ期生屑滩相储层分布范围相对较小,主要收缩在元坝 12 井区,厚度薄,物性差。而在元坝 124 井、元坝 122 侧 1 井区发育台内点礁相储层,这类储层分布范围更小,也较薄,物性差。结合单井相分析及测井解释成果建立了元坝 12-元坝 124 井区储层结构模型(图 4-64),元坝 12 井钻遇了Ⅱ、Ⅲ期滩相储层滩核部位,所以其储层厚度大,物性相对较好,下部储层以Ⅰ、Ⅱ类为主,上部储层以Ⅲ类为主,两期滩相储层连续发育;元坝 124 井、元坝 122 侧 1 井从下到上钻遇Ⅱ期滩相和台内点礁相储层,这两口井钻遇的滩相储层均位于滩缘部位,所以储层厚度相对较薄,物性较差。

#### 2. 礁滩叠合区

该区是早期发育滩相储层,晚期发育礁相储层,以礁相储层为主。从图 4-65 可以看出,该区发育两期滩相储层,其中Ⅰ期滩相储层主要发育在元坝 11 井,分布范围小,较薄,物性差;Ⅱ期滩相储层在元坝 11、元坝 12 井中均有发育,但两口井分属于不同的滩体,这期滩相储层分布范围相对较大,厚度较大,物性略好。结合单井相分析及测井解释成果建立了元坝 102-元坝 11 井区储层结构模型,见图 4-66。

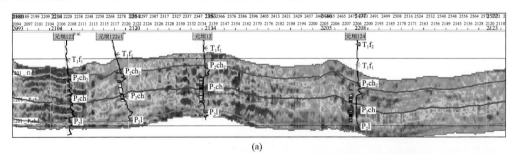

(a)

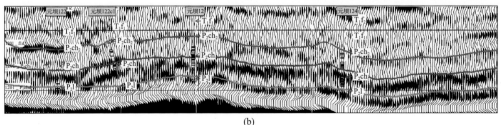

(b)

图 4-63　过元坝 122 侧 1-元坝 12-元坝 124 井波阻抗(a)及地震剖面(b)

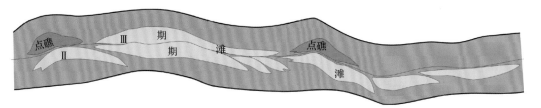

图 4-64 元坝 12-元坝 124 井区储层结构模型图

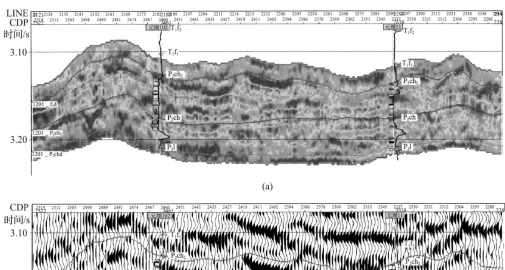

图 4-65 过元坝 102-元坝 11 井波阻抗(a)及地震剖面(b)

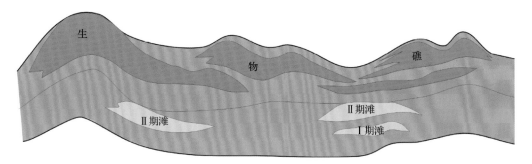

图 4-66 元坝 102-元坝 11 井区储层结构模型图

# 第四节　储层含气性地震预测

目前，储层含气性预测技术很多，叠后和叠前地震解释技术均有(Mitchell et al.，1996；Gadoret et al.，1998；Goloshubin and Kurneev，2000；Eugene，2003；毕研斌等，2007；郭旭升和凡睿，2007)，但储层含气性是对储层物性特征和流体特征的综合表征，而单一地震属性又受多种因素影响，因此单一地震属性预测含气性可能存在较大不确定性。本书针对礁滩相碳酸盐岩储层地质特点，经过反复的实践，筛选出多种相对敏感的属性，集成建立了叠后、叠前地震资料预测含气性的技术系列。

## 一、频率依赖叠后地震属性流体识别技术

### (一)吸收衰减

吸收衰减技术已在川东北礁滩相储层含气性预测中发挥了较大作用。一般而言，如果储层含气，它会使纵波速度降低很多，而横波速度没有太大变化，从而造成含气储层的 $V_p/V_s$ 比值不同于周围的岩石。在由固、液、气构成的多相介质中，对吸收性质影响最显著的是气态物质，在岩石孔隙饱和液中渗入少量气态物质，可以明显提高对纵波能量的吸收。2003 年，Eugene 发布了在瞬时地震子波上检测天然气和流体的统一方法。他认为，在瞬时子波的振幅谱上，高频部分的吸收异常往往预示着气藏的存在，而低频部分的吸收异常则常常与岩石孔隙中的流体(油、气、水)相关。当然，由于影响地层吸收的因素既可能是岩性，也可能是孔隙度、渗透率及含水饱和度等等，所以用这一方法进行储层含油、气预测通常还需要结合其他技术手段，而且这种预测一般是定性的。

基于子波衰减吸收分析方法原理：Mitchell 等(1996)提出了一种计算地震信号能量衰减的分析方法(EAA 技术)，其核心是求取信号谱的高频指数衰减系数。指数衰减函数的形式为 $\exp(-a,\omega)$，$a$ 为衰减系数(或吸收系数)，$\omega$ 为频率。计算是以一系列小时窗(一般略大于地震波的周期)对地震道连续作谱分析，并连续计算得到各相应的衰减系数，使衰减系数成为时间的函数(图 4-67)。该技术假定背景的能量衰减变化(在时间轴上)是缓慢的，消除背景后的吸收异常可以更直接地反映岩石的岩性或物性。

Eugene(2003)拓展了 EAA 分析技术。他在实验的基础上提出：弹性介质(固体和液体)和塑性介质(气体)对声波传播过程中的能量再分配的形式有着明显的不同。高吸收特别是振幅谱高频部分的高吸收往往与岩石孔隙含气有关。低频部分的高吸收则可能预示着岩石孔隙的含水(油)饱和度。对于一个多孔介质来说，孔隙中气体对能量吸收的影响机制主要是声波在气体中的传播速度远小于在岩石骨架中的传播速度。液体部分的机制则是液体与岩石骨架之间的摩擦，液体、气体部分对总能量损失的贡献分别为

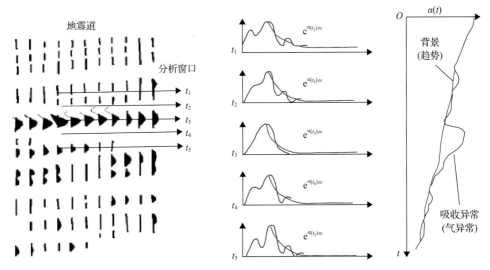

图 4-67 瞬时子波振幅谱检测气层

$$
\begin{cases}
\dfrac{\Delta E_{气体}}{E} = \alpha_{气体}(\omega / \omega_{\mathrm{ref}}) \\[3mm]
\dfrac{\Delta E_{液体}}{E_\omega} = \alpha_{液体} \ln(\omega / \omega_{\mathrm{ref}})
\end{cases}
\tag{4-5}
$$

式中，$\Delta E_{气体}$ 为气体导致的能量吸收；$\Delta E_{液体}$ 为液体导致的能量吸收；$E$ 为总能量；$\alpha_{气体}$ 为气体的吸收系数；$\alpha_{液体}$ 为液体的吸收系数；$\omega_{\mathrm{ref}}$ 为参频率，一般为 1Hz。

由式(4-5)可以看到，气体导致的能量衰减与频率之间是线性关系，频率越高吸收越快；而液体引起的能量衰减与频率之间是对数关系，频率越高吸收反而变慢了[图 4-68(a)]。在振幅谱上，以主频为界将谱分为左右两支，左右两支分别对应孔隙中流体和气体，相应的瞬时子波谱能量与频率之间的关系[图 4-68(b)]分别为

$$
\begin{cases}
A_{气体} = \mathrm{e}^{-\alpha_{气体}\omega} \\[2mm]
A_{液体} = \mathrm{e}^{\alpha_{液体}\ln\omega}
\end{cases}
\tag{4-6}
$$

应用叠后吸收衰减属性对普光、元坝地区礁滩相碳酸盐岩储层含气性进行预测。

对单井含气性的预测结果表明：①礁滩相碳酸盐岩储层含气时，会出现高频吸收衰减；②储层含水时，吸收衰减异常不明显；③由于岩性变化，如高含泥质岩石也会造成衰减异常，表明在用吸收衰减方法预测含气性时，要根据相带约束，剔除岩性变化引起的吸收衰减异常。图 4-69 是元坝 204 井单井吸收衰减剖面，显示含气层具有高频吸收衰减特性，即用吸收衰减方法可以有效地定性识别含气层段。图 4-70 是元坝地区各井储层段与高频吸收衰减分析结果对比，可以看到，在储层含气时，出现高频吸收异常。图 4-71 是长兴组上段高吸收衰减统计图，表明长兴组上段礁相储层富含气区主要分布在台地边缘礁带上，而台缘内发育的部分点礁和滩相储层的含气较差，含气范围较小。

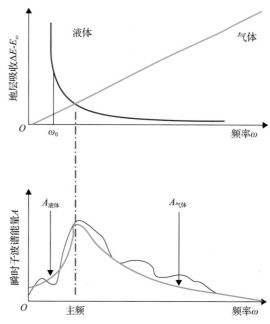

图 4-68　气液吸收曲线及对应瞬时子波谱

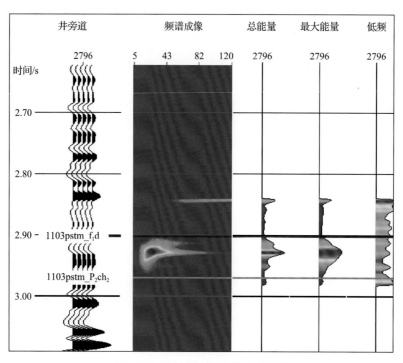

图 4-69　元坝 204 井吸收衰减分析

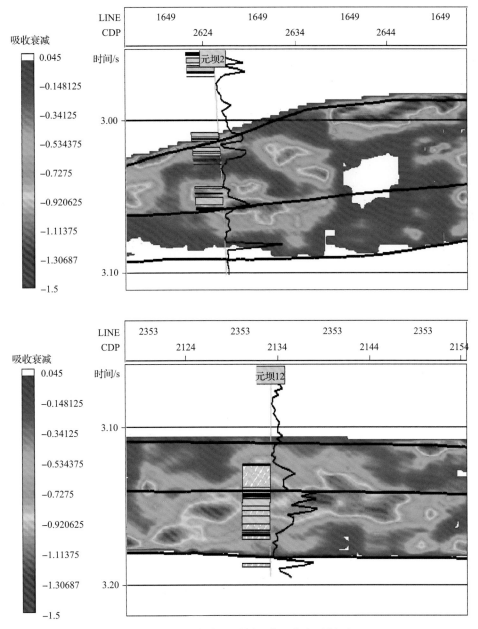

图 4-70 元坝气田过不同井吸收衰减剖面

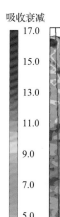
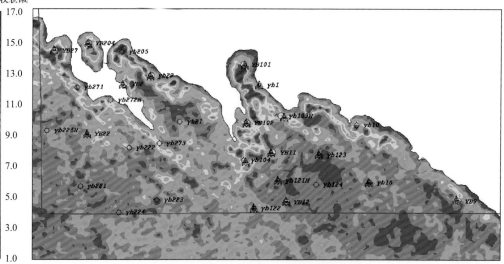

图 4-71　长兴组上段吸收衰减分析平面图

应用叠后吸收衰减属性对普光地区礁滩相储层含气性进行预测，结果也明显表现出：含气层段具有高衰减特征，水层衰减特征相对较弱(图 4-72)，可以用来有效识别含气层段。该方法在配合储层岩性预测等基础上，进行含气层段的判别，是一种比较行之有效的方法。

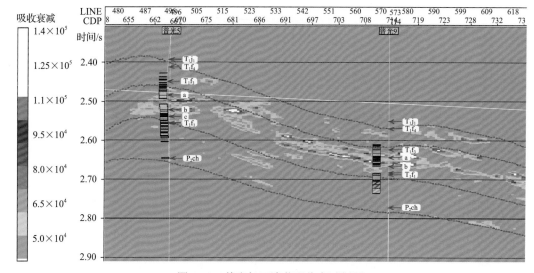

图 4-72　普光气田连井吸收衰减剖面

(二)低频阴影

研究表明，如果目标储层中饱含流体(特别是油气)，则地震波会发生非弹性衰减，主频降低，信号能量相对移动到低频(图 4-73)，这为利用地震低频信息判断天然气的存在提供了理论依据。

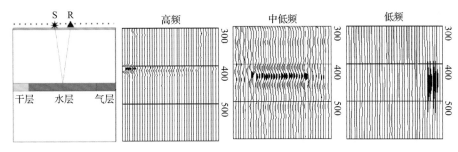

图 4-73　油气地震各频率响应图

S. 激发点；R. 接收点

　　低频阴影即为低频强能量异常现象，首先通过频谱分解技术把地震记录分解到时间-频率联合域，然后在有效的低频范围内计算振幅谱的积分。图 4-74 是对元坝 27 井进行的时频分析图，可以看到在目的层段，出现低频阴影异常。

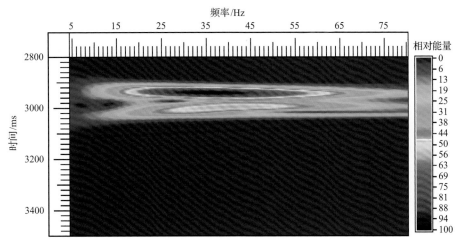

图 4-74　元坝 27 井时频分析图

　　连井低频阴影剖面(图 4-75)显示：在礁滩相碳酸盐岩储层含气时基本出现了低频阴影，但该属性仍会受到岩性影响，在泥质含量较高的区域，也会出现低频阴影异常。结合沉积相分析，可去除这部分影响，从平面图(图 4-76)上看到，在 4 条礁带上出现较强的低频阴影，预示其含气性较好。

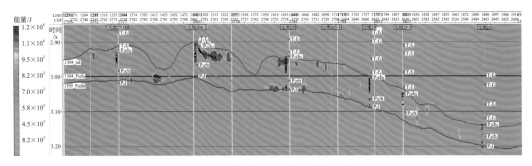

图 4-75　元坝气田连井低频阴影剖面

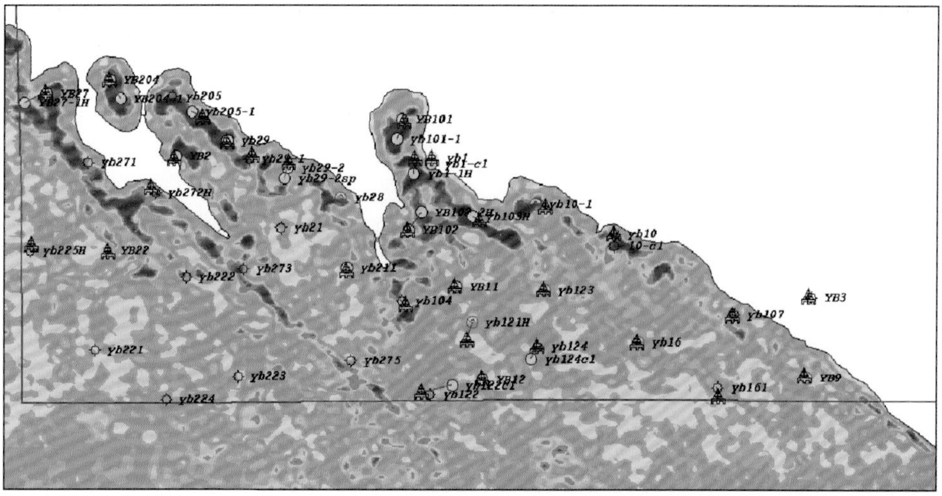

图 4-76    元坝长兴组上段低频阴影平面图

### (三)流体活动性属性

流体活动性属性技术是在低频域流体饱和多孔介质地震信号反射的简化近似表达式研究基础上开发的一套饱和多孔介质储集层流体预测技术。流体的活动性近似与储集层渗透率、流体密度与流体黏度比值的函数成正比,也即流体的活动性与地震反射振幅对地震反射频率偏导数的绝对值成正比,其计算公式为

$$M \approx F(v, \rho, \kappa, \eta) \left( \frac{\partial R}{\partial W} \right)^2 W \tag{4-7}$$

对含流体后地震资料频谱变化(低频振幅、低频梯度、高频衰减)的研究表明:流体活动性实质上反映的是地震资料中渗透性储层与非渗透性储层频谱的变化率。低频段频谱中渗透性储层与非渗透性储层的频谱变化率表现为正异常,利用地震资料中渗透性储层与非渗透性储层频谱的变化率就可以获得流体活动性的变化量,进而开展储层含气性预测。应用该属性分析元坝长兴组生物礁碳酸盐岩储层含气性,结果(图 4-77)显示,在目的层段,当储层含气时出现强能量异常。

流体活动性属性在储层含气时出现异常,但同样在岩性变化时,如岩石的泥质含量增加时,也可能出现异常(图 4-78),因此在分析流体活动性属性异常时,同样要结合地质认识去除岩性变化造成的异常。图 4-79 是元坝长兴组上段流体活动性属性平面图,表明上段礁相储层含气主要分布在台地边缘礁带上,如元坝 27 井区、204 井区、元坝 103H 井区及元坝 10 井区。此技术预测的含气部位与吸收衰减属性及低频阴影大致相同,但局部存在差异,上段在元坝 107 井区有更为明显的含气显示。

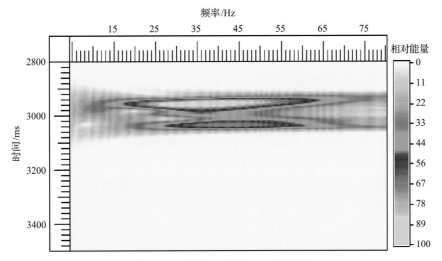

图 4-77 元坝地区单井时频分析图

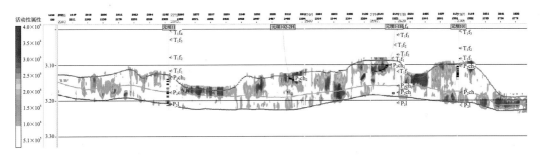

图 4-78 元坝气田连井流体活动性属性剖面

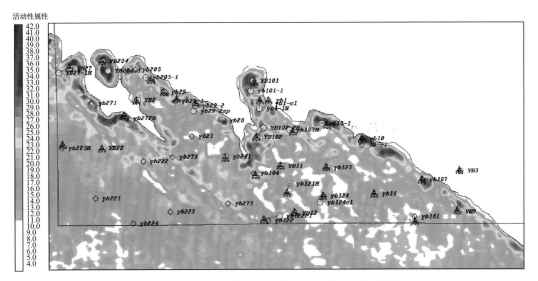

图 4-79 元坝气田长兴组上段流体活动性属性平面图

## 二、叠前弹性波阻抗反演技术

### (一)叠前弹性波阻抗反演理论基础

经过几十年的发展,地震反演技术已经实现由叠后地震反演到叠前地震反演的跨越。叠后地震反演技术如今已经相当成熟,并且取得了较好的应用效果,能在一定程度上预测地层岩性、物性的变化规律,但由于其利用的是叠后数据,故很难对流体进行较准确的预测。而叠前地震数据包含有丰富的、能够反映岩性、含油气的信息,如 AVO 信息等,对其进行反演可获得对含油气敏感的泊松比、横波速度等关键参数。

关于叠前弹性波阻抗反演的方法,张奎和倪逸(2006)通过调研归纳了如下三种方法。

1. Connolly 提出的弹性波阻抗(EI)

1999 年,Connolly 通过 Zoeppritz 近似式的比较,率先提出了弹性波阻抗(EI)的概念,并且推导出了弹性波阻抗公式:

$$EI(\theta) = V_P^{1+\sin^2\theta} V_S^{-8K\sin^2\theta} \rho^{1-4K\sin^2\theta} \qquad (4-8)$$

式中,$\theta$ 为入射角;$V_P$ 为纵波速度;$V_S$ 为横波速度;$\rho$ 为密度;$K = V_S^2 / V_P^2$ 为常数,取相邻层的平均值。

式(4-8)利用不同入射角的地震叠前数据,保留了地震资料的 AVO 信息,使 AVO 反演可行而有效,提高了含油气性的预测精度。但同时该公式求取的 $EI(\theta)$ 值随着角度的变化而变化,因此在综合分析声波阻抗与弹性波阻抗时,首先需要将弹性波阻抗变换为声波阻抗,给实际工作造成不便。

2. Whitcombe 提出的扩充弹性波阻抗(EEI)

2002 年,Whitcombe 等基于前人在流体因子和岩性预测等方面的研究成果,根据与弹性波阻抗公式的类比,提出了扩充弹性波阻抗的概念,其公式为

$$EEI(x) = V_{P0} \rho_0 \left[ \left(\frac{V_P}{V_{P0}}\right)^{\cos x + \sin x} \left(\frac{V_S}{V_{S0}}\right)^{-8K\sin x} \left(\frac{\rho}{\rho_0}\right)^{\cos x - 4K\sin x} \right] \qquad (4-9)$$

式中,引入自变量 $x$,且 $\tan x = \sin^2\theta$;$V_{P0}$、$V_{S0}$、$\rho_0$ 为常数。

式(4-9)对弹性阻抗公式进行了归一化处理,解决了 Connolly 弹性阻抗数值和量纲随入射角度改变而剧烈变化的情况,使弹性波阻抗值与叠后波阻抗在一个数量级上,便于两者之间的比较。针对弹性波阻抗对应的地震反射系数可能大于 1 的情况,Whitcombe 等用正切函数替换正弦函数的方法,控制反射系数在[–1,1],使地震记录更符合实际情况,推导出的扩展弹性波阻抗方程,可直接用于岩性、物性和流体的预测。

### 3. Verwest 提出的弹性波阻抗反演（VEI）

在 Bortfeld 公式基础上，Verwest 等（2000）通过引入不变的地震射线参数作为参量，从而推出如下 VEI 公式：

$$VEI = V_{P0}\rho_0 \left[ \left(\frac{V_P}{V_{P0}}\right)^{\cos x + \sin x} \left(\frac{V_S}{V_{S0}}\right)^{-8K\sin x} \left(\frac{\rho}{\rho_0}\right)^{\cos x - 4K\sin x} \right] \tag{4-10}$$

张奎和倪逸（2006）通过实际例子应用，对上述三种方法进行了对比分析，认为由 VEI 公式求得的反射系数比弹性波阻抗和扩充弹性波阻抗公式求得的反射系数精度高，尤其是当入射角较大时更是如此；AI-VEI 交会图比 AI-EI 和 AI-EEI 交会图的岩性指示能力更强，在岩性预测中有着更大的应用价值。

### （二）叠前入射角道集的划分

结合收集到的 CRP 道集合叠加速度，按照以下三原则，划分了三个入射角道集，基本保证三个道集叠加前覆盖次数基本一致（图 4-80）：①最大角度不能超出最大偏移距；②保证目的层段有最高的照明度；③在保证足够覆盖次数和信噪比的基础上,尽可能多划分几个角度范围。

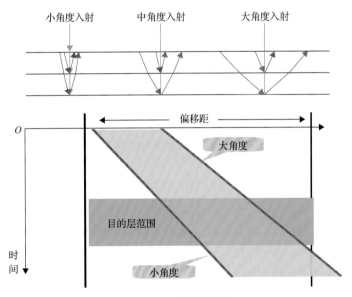

图 4-80　入射角的划分

入射角处理，是为了后面的 EI 反演及裂缝预测，要求资料必须保幅，虽然每一个方位角及入射角数据覆盖次数减低，但是在处理中，尽可能地既保证信噪比，又保证覆盖次数的一致性，使处理后得到的各个数据具有真实性和一致性，这是处理的关键。

入射角分为：6°（2°～10°）、14°（10°～18°）、22°（18°～26°），平均目的层覆盖次数 12 次。叠加后，各角度的地震剖面反射位置、构造趋势及能量级别基本一致（图 4-81）。而从 3 个入射角地震资料的频谱分析结果认为，随着入射角的增大，主频和频带宽度都逐渐降低（图 4-82），即主频和频宽分别从 6°（2°～10°）的 25Hz 和 5～75Hz 降到 22°（18°～26°）的 23Hz 和 5～65Hz。

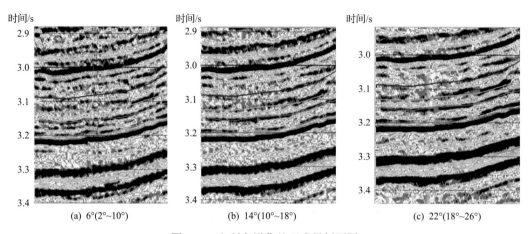

(a) 6°（2°～10°）　　　　(b) 14°（10°～18°）　　　　(c) 22°（18°～26°）

图 4-81　入射角道集处理成果剖面图

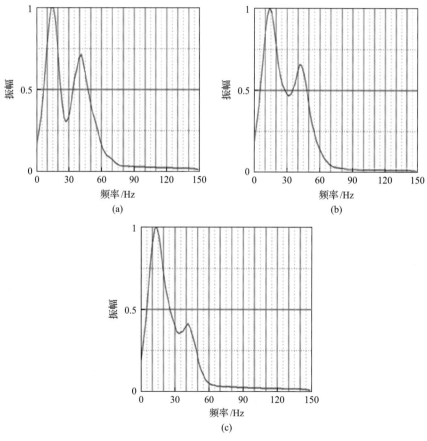

图 4-82　3 个入射角频谱分析

(三)叠前弹性参数分析

元坝地区有 2 口井进行了横波测井。对测井曲线进行分析,找出对含气性敏感的参数,为后续工作打下基础。图 4-83 为单井纵波、横波、纵横波速度比、拉梅系数、泊松比、中子测井曲线与含气性的对比分析,可以看出,当储层含气后纵横波增加,纵横波速度比降低,拉梅系数降低,泊松比降低,中子增加。

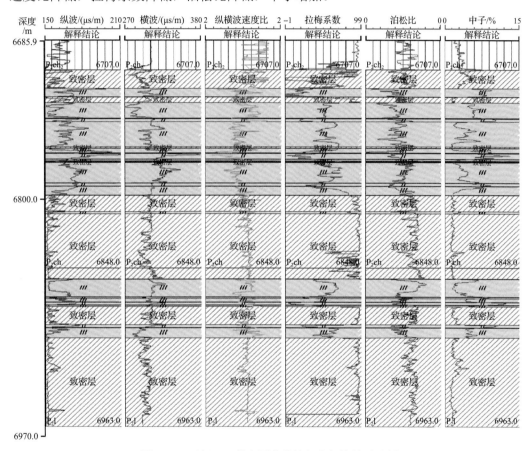

图 4-83 元坝 102 井各测井曲线与含气性关系分析

作弹性参数交会分析发现(图 4-84):纵横波交会与含气性分析结果显示,储层含气后纵横波速度均有所下降,但纵波速度下降幅度远远大于横波速度下降幅度,而且无论用纵波还是横波来识别气层,均有较大范围的重叠区,尤其是差气层和干层;横波、泊松比与含气性分析结果显示,虽然含气后泊松比有所降低,但受岩性影响,用泊松比来识别气层也具有较大的局限性;泊松比、拉梅系数交会与含气性分析结果显示,用拉梅系数识别含气性具有较高的分辨率,能比较清晰地刻画气层、差气层和干层;纵横波速度比与泊松比交会分析结果显示,同样虽然储层含气后速度比有所降低,但重叠区域太多,无法较清楚地识别气层、差气层和干层。上述多种交会分析表明,拉梅系数对气层反映最敏感,所以最终选择拉梅系数作为识别气层的首选参数。

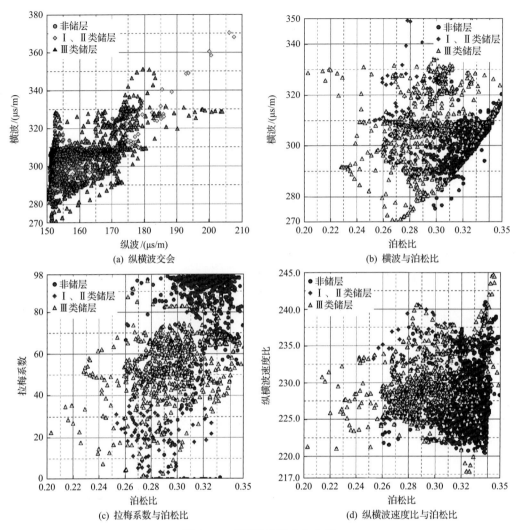

图 4-84　各弹性参数交会分析

(四)叠前弹性波阻抗反演

在道集划分及测井曲线分析的基础上,叠前弹性波阻抗反演主要包含了以下 4 个关键步骤。

1. 横波速度反演

横波速度反演主要是基于 Xu-White 模型进行的。Xu-White 认为泥质含量对岩石速度的影响主要是由于泥岩孔隙扁率往往远小于砂岩孔隙扁率,在干岩条件下(无流体充填),泥岩孔隙度比砂岩更易于被压实,这种差异使泥质含量能够显著地影响岩石的弹性模量,进而影响岩石的速度。

在测井横波速度缺失时,采用 Xu-White 模型进行横波速度预测,除了了解各模量计算公式外,还需要建立符合井情况的 Xu-White 模型。在模型的实现过程中对其作了一定的简化,将扁率这一实际条件难以测量的值设定为常数,主要考虑孔隙度变化对岩石弹性产生的影响。Xu-White 模型主要描述两相介质，由于 $V_{sh}$ 及孔隙度曲线质量好坏非常重要，因此主要利用孔隙度在 $V_{sh}$ 的基础上修正岩石的弹性。

在泥质含量确定后，孔隙将在泥质含量影响的背景下继续改造岩石的速度，使其在储层段表现出不同的响应特征。对于矿物较为单一，泥质不发育地区(如仅灰岩发育的层段)，孔隙度将成为主要影响因素。

为了保证计算的横波准确可行，在计算横波曲线时，先选择已有的横波曲线做实验，其目的一是试验选择合适的参数，二是验证计算的横波曲线是否可靠。如果计算的横波曲线无论趋势和形态均与测量的基本一致(图 4-85)，能较好地反映井中真实地质情况，就能满足后续叠前弹性反演的需要。

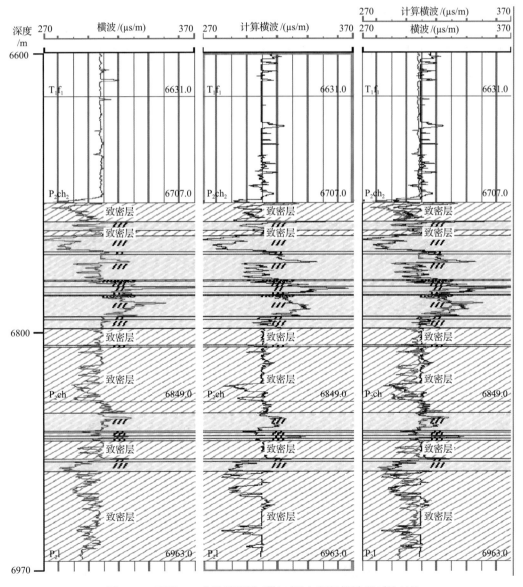

图 4-85 元坝 102 井计算横波(紫红色)与测量横波(红色)对比

## 2. 子波反演

层位标定及子波反演是联系地震和测井数据的桥梁，层位标定的好坏直接影响子波反演结果，而子波的正确性又对层位的准确标定具有重大影响，只有在子波提取和层位标定较准确的情况下，才能获得高精度预测结果。正因为它们相互制约，只有通过子波反演和层位标定交互迭代才能获取最佳标定和最佳子波。

弹性波阻抗反演是在几个道集上同时进行的反演，因此需要对几个道集进行层位标定和子波提取。而一口井只有一个时深关系，因此在确定正确时深关系的基础上，只需对几个道集提取不同子波就行。图 4-86 为元坝 22 井 3 个角道集子层位标定与子波提取结果对比，从小角度到高角度，井旁实际地震道与合成记录都有较好的匹配关系，而且提取的子波均接近零相位，只是各角道集提取的子波主频随着角度的增加而有所降低。

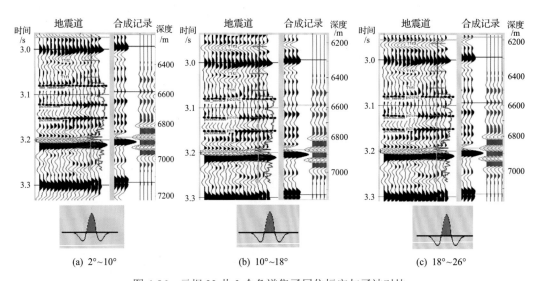

(a) 2°~10°　　　　　　　　(b) 10°~18°　　　　　　　　(c) 18°~26°

图 4-86　元坝 22 井 3 个角道集子层位标定与子波对比

## 3. 复杂地质构造情况下弹性阻抗建模

在地质模型建立过程中，采用信息融合技术把地质、测井、地震等多元地学信息统一到同一模型上，实现各类信息在模型空间的有机融合，提高反演的信息使用量、信息匹配精度和反演结果的可信度，并且在建模时考虑了多种沉积模式(超覆、退覆、剥蚀和尖灭等)的约束，使用地震分形技术和地震波形相干技术内插方法，建造出复杂储层的初始地质模型，该模型完全保留了储层构造、沉积和地层学特征(通过地震波形变化)在横向上的变化。弹性波阻抗建模原理和流程与叠后储层建模相同，只是需要分别利用不同偏移距的地震数据建模。

图 4-87 为元坝地区一连井含气性预测剖面。综合地震、纵波阻抗、横波阻抗及拉梅系数，充分考虑到了地震资料的横向变化，通过分形插值的方式建模，发现所建的模型与地震资料的形态、趋势保持一致，井点处预测结果与钻井揭示信息一致。

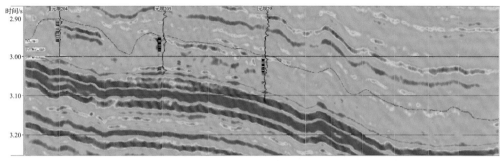

(a) 地震

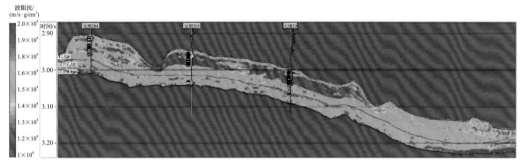

(b) 纵波阻抗

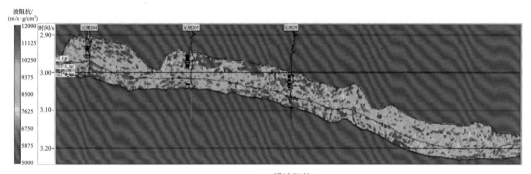

(c) 横波阻抗

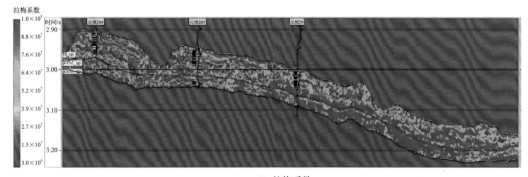

(d) 拉梅系数

图 4-87　元坝地区连井含气性预测剖面

4. 弹性波阻抗及弹性波阻抗参数反演

弹性波阻抗反演是在角道集基础上按入射角对地震信号进行波阻抗反演，最终得到随入射角变化的弹性波阻抗。在弹性波阻抗反演的基础上，通过弹性波阻抗参数反演，得到了弹性波参数反演的结果，通过对各种反演得到的弹性波参数分析，最终确定对含气反应敏感的参数，以此为含气预测的主要参数。

5. 叠前含气性预测及效果分析

1) 预测结果剖面分析

图 4-88 为过元坝连井叠前弹性参数反演的拉梅系数剖面，预测结果不仅与钻井含气情况一致，还清楚地反映了井间的含气性变化。位于不同生物礁带上的 2 口井均见较好的含气性显示，井间构造低部位为台缘斜坡相，结合预测结果认为，生物礁盖红色部位为有利含气区，而礁间红色部位为相带变化引起的，与含气性没有关系。图 4-89 为过各井主测线拉梅系数反演剖面，红色代表低拉梅系数，蓝色代表高拉梅系数。反演结果显示，储层含气后拉梅系数变低。

2) 有利含气区预测

分析认为储层含气后，拉梅系数降低，而且物性好的气层（Ⅰ、Ⅱ类）比差气层（Ⅲ类）降低得更明显。因此我们应用气层平均拉梅系数平面分布，来描述气层物性的好坏。图 4-90 为长兴组上段气层拉梅系数平均值，研究认为，含气性较好气层（Ⅰ、Ⅱ类）主要分布在 4 条生物礁带位置，生物礁体Ⅰ、Ⅱ类气层相对也较厚，而在礁后生屑滩发育区，虽然有的部位气层也较厚，但总体属差气层（即Ⅲ类气层）。

### 三、多属性信息融合气富集区分析

多种含气性分析方法研究表明，单一属性或方法难以有效预测储层含气性，需融合多种属性或方法进行综合分析研究，来评价储层的油气富集特征。多属性信息融合技术的关键环节是预测参数的选取和权重的确定。综合储层及含气性预测成果，主要优选反映储气层亮点特征的总能量属性、反映储气层物性特征的波阻抗属性、反映储气层吸收衰减特性的吸收系数属性、反映储气层异常特征变化的弧长属性等几项参数开展多属性信息融合技术研究（图 4-91）。

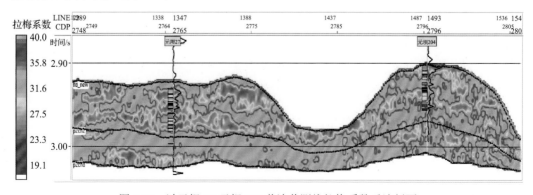

图 4-88 过元坝 27-元坝 204 井连井测线拉梅系数反演剖面

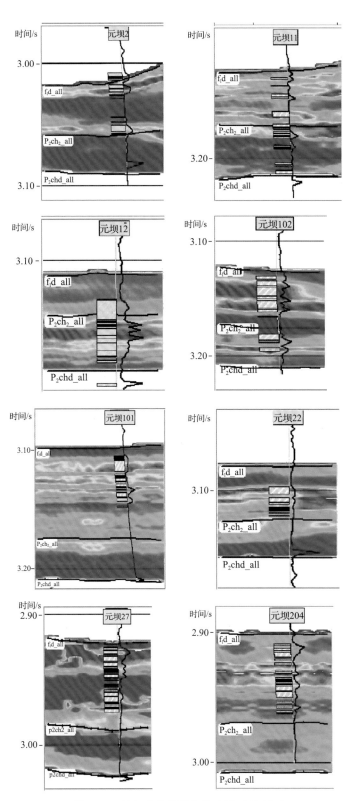

图 4-89 过各井主测线拉梅系数反演剖面

图 4-90　长兴组上段平均拉梅系数图

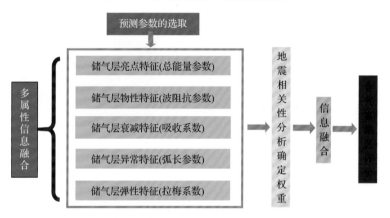

图 4-91　多属性信息融合含气富集特征研究流程图

各参数的权重主要依据相关属性与孔隙度和含气饱和度之积的相关性来确定。本书在普光气田进行了应用，预测结果显示，礁滩相主体部位含气性好，向构造低部位含气性逐渐变差，与实钻井吻合较好(图 4-92)。

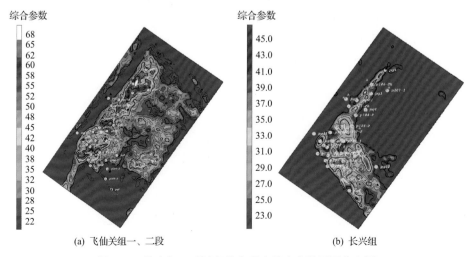

(a) 飞仙关组一、二段　　　　　　　　　　(b) 长兴组

图 4-92　普光气田礁滩相信息融合综合参数平面分布图

# 第五章 礁滩相碳酸盐岩气藏特征与有利目标

礁滩相碳酸盐岩储层的分散不连续性、物性强烈非均质性，导致其中气水关系复杂。本章首先依据钻井揭示的气水分布特征，建立概念模型，结合测井、地震资料解释成果建立气藏地质模型，落实资源，优选开发目标。

## 第一节 气水分布特征

根据测井解释成果与测试成果，结合含气性检测结果，对普光、元坝等气田礁滩相碳酸盐岩气藏气水关系进行了分析，总体认为长兴组气藏不存在统一的气水界面，不同滩体、礁体具有不同的气水系统，水体展布形态总体表现为边水或底水；但普光气田飞仙关组气藏可能具有统一的气水关系，水体属边水。

### 一、普光气田长兴组-飞仙关组气藏气水关系

普光主体区为受构造-岩性复合圈闭所控制的气藏，在普光3断层的分隔下，形成普光2块和普光3块两个圈闭。从10口井测井、测试结果分析，普光气田主体的2个圈闭分别具有不同的气水关系。

#### (一)普光2块

飞仙关组气藏：从已有井钻井、测井、试气结果分析看，构造高部位的井在飞仙关组均未钻遇水层，只是低部位的4口井钻遇水层，其中4口井落实的水层顶界深度为-5123.3~-5156.0m，气层底界深度为-5082.2~-5123.5m，气水界面基本一致，只是略有起伏，可大致看作是一个统一的边水系统。

长兴组气藏：钻遇水层的井比较多，有的井还钻遇两套水层，如普光304-3井有两套水层，其气水界面分别为-5065.2m和-5178.0m；普光305-2井也有两套水层，其气水界面深度分别为-5099.4m和-5159.7m。

从构造部位看，大部分构造低部位的井均钻遇水层。如普光8井在长兴组5584.0~5604.6m(-5242.9m)为二类气层，在5604.6~5614.0m为一类水层(图5-1)，由此根据电测资料解释气水界面在5604.6m(-5234.3m)左右。普光9井在长兴组钻遇水层。从电测曲线上看(图5-2)，6104.8~6141.5m(海拔为-5229.0m)电阻率在100Ω·m以上，解释为三类气层；6141.4~6147.0m电阻率下降到100Ω·m左右，解释为一类气水同层。目前对6151~6175m气水层进行测试，日产水23.6m³/d，证实气水界面在海拔-5238.5m以上。通过电性对比，推测气水界面为-5220.5m。但也有部分处于构造较高部位的井，如普光102-1井，也钻遇水层，其气水界面为-4984.1m。总体认为长兴组没有形成统一的边底水系统，各礁体连通性差，具有各自独立的气水关系，其气水界面深度差异很大，在-5234.3~-4984.1m。

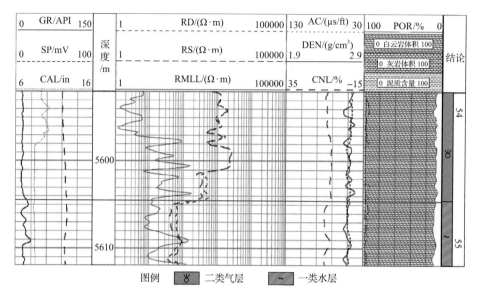

图 5-1　普光 8 井长兴组测井曲线及气水界面图

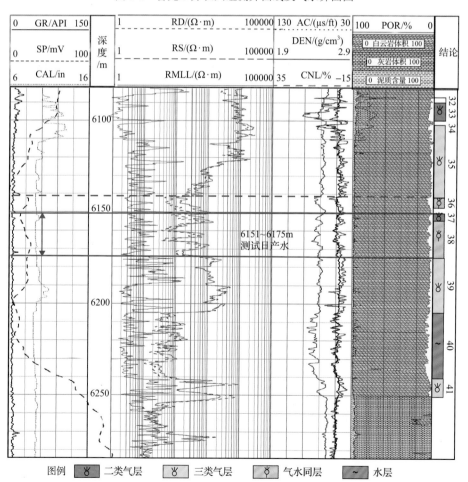

图 5-2　普光 9 井长兴组测井曲线及气水界面图

（二）普光3块

该块只完钻了3口井。其中普光3井5295.8~5349.3m井段测试日产气972m³，无水；5423.6~5432.5m井段测试日产水3.62m³，证实气水界面在5349.3m以下。测井解释的气层底界深度为5362.5m，综合确定普光3井气水界面5362.5m。普光7-侧1井在飞仙关组一段的5571.7~5590.7m试气获日产气28.76×10⁴m³，日产水8.36m³，与测井解释的气水同层吻合，综合确定气水界面在5577.7m。二井的气水界面深度转换为垂直海拔后，大致相当，故可认为是统一的气水系统（图5-3），综合取普光3块气水界面海拔−4890m。

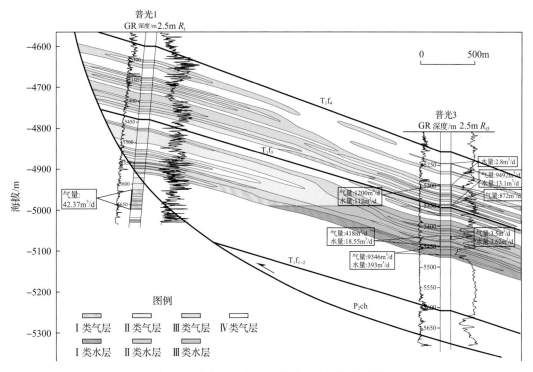

图5-3　普光3块普光1-普光3井气藏剖面图

## 二、元坝长兴组气藏气水纵横向分布特点

（一）生物礁区

**1. ①号礁带**

从测试的2口井看，元坝9井在长兴组生物礁储层中下部测井解释有含气水层和水层，累计厚度为57.3m，在6836~6857m井段测试产水，日产气为0.258×10⁴m³、日产水为81.6m³；而元坝10侧1井生物礁储层测井解释全为气层，在6988~7166m井段测试日产气为107.5m³。这表明2口井无统一气水界面（图5-4）；从前述礁体精细刻画的结果来看，元坝10井和元坝9井属于不同的礁体。因此，初步分析认为不同礁体具有不同的气水关系，该礁带不存在统一的气水界面。

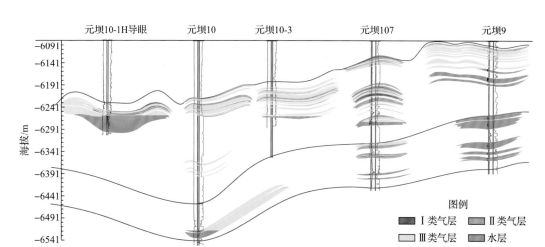

图 5-4　元坝①、②号礁带气藏剖面示意图

**2. ②号礁带**

位于礁带东南部的元坝 103H 井(斜导眼)在生物礁中下部测井解释为气水同层及水层 4 层，垂厚 19.2m，水层顶界井深 6794.4m(海拔深度−6316.15m)，而礁带北部的元坝 101 井及中部的元坝 1 侧 1 井在相同深度却无水层，初步分析认为该礁带在西南方向存在一定体积的边底水分布，且不存在统一的气水界面。

**3. ③号礁带**

构造高部位的 4 口井测井解释无气水同层和水层，均已测试获得工业气流，不产水。但构造低部位的元坝 29-2 井斜导眼在礁体中下部测井解释为气水同层 1 层、垂深为 6913.277～6922.235m，垂厚 8.958m，气层底界垂深 6913.276m(海拔深度−6262.6m)，在该礁带构造低部位很可能存在边(底)水(图 5-5)。

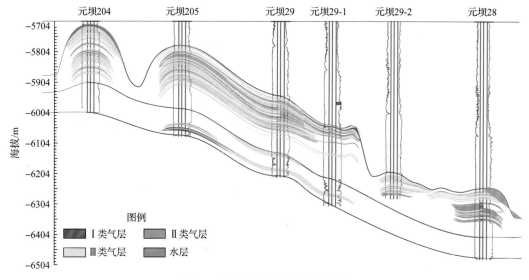

图 5-5　③号礁带气藏剖面示意图

## 4. ④号礁带

完钻井 5 口生物礁储层测试获得工业气流，仅位于④礁带西南翼的元坝 222 井，测井解释气水同层 3 层，厚度 5.7m，测试产气量为 $2.133 \times 10^4 m^3/d$、产水为 $384m^3/d$，气水同层顶界井深 6708.06m（海拔深度−6239.56m）（图 5-6）。

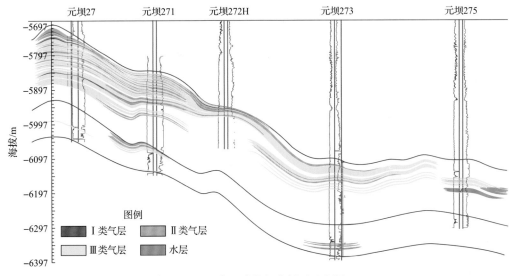

图 5-6　④号礁带气藏剖面示意图

### (二) 礁−滩叠合区

元坝 102 侧 1 井、元坝 104 井生物礁储层测试及元坝 11 井礁−滩相储层合试均获得工业气流，不产水。根据现有资料初步分析该区长兴组生物礁储层不含水。元坝 11 井礁滩相储层合试获得工业气流，不产水，元坝 102 侧 1 井生屑滩储层测试为干层，初步分析该区长兴组生屑滩储层亦不含水（图 5-7）。

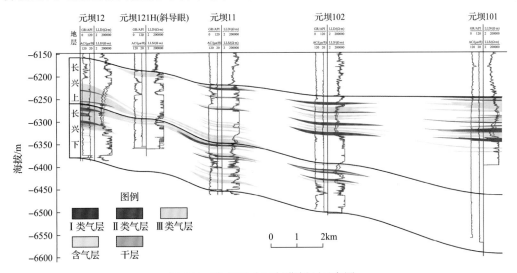

图 5-7　礁−滩叠合区气藏剖面示意图

### (三)生屑滩区

#### 1. 东区滩相

在该区,元坝 123 井测井解释有气水同层、含气水层、水层(厚度 79.5m),在 6938~6945m 井段测试日产气 0.13×10$^4$m$^3$、日产水 50.85m$^3$,并在 6978~6986m 井段测试日产气 5.3×10$^4$m$^3$、日产水 289.9m$^3$(图 5-8);元坝 16 井在长兴组下段中下部测井解释有气水同层、含气水层、水层(厚度 20.7m),在 6950~6974m 井段测试日产气 2.64×10$^4$m$^3$、日产水 28.8m$^3$;元坝 9 井钻遇滩体厚度为 51.5m,在 7000~7020m 井段测试日产水 30.9m$^3$;元坝 10 井滩体测井解释有含气水层和水层,厚度 20.1m,含气水层顶界深度为 7092.18m(海拔−6531.55m),未测试;元坝 103H 井(斜导眼)滩体测井解释水层垂厚 9.2m,未测试;元坝 161 井测井解释气水同层 1 层 3.25m,未测试。

元坝 12 井滩体气层底深 6855.99m,海拔深度−6381.99m;元坝 121H 井滩体气层底井深 7024.7m,海拔深度−6334.2m;元坝 123 井滩体气层底深 6918.5m,海拔深度−6306.03m;元坝 124 井滩体气层底井深 7000.8m,海拔深度−6348.88m;元坝 16 井滩体气层底深 6977.2m,海拔深度−6313.23m;元坝 9 井滩体气层底井深 6991.48m,海拔深度−6272.53m;元坝 10 井滩体气层底井深 7062.08m,海拔深度−6501.45m;元坝 103H 井滩体气层底井深 6850.1m,海拔深度−6373.35m;元坝 161 井气水同层顶界井深 6953.5m(海拔深度−6542.0m)(图 5-8)。

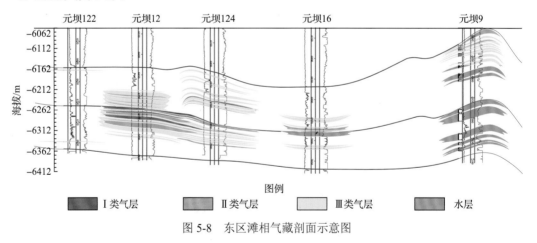

图 5-8 东区滩相气藏剖面示意图

由此可见,东部生屑滩区局部有水体分布,各个生屑滩储层气水关系复杂,无统一的气水界面。

#### 2. 西区滩相

已测试井 3 口,2 口井为干层,而元坝 224 井测井解释有Ⅲ类气层、气水同层和水层,气层底界井深 6650m(−5968.5m),6625~6636m 井段测试产气量 17.86×10$^4$m$^3$/d、产水 21.6m$^3$/d;此外③号礁带的元坝 2 井、元坝 205 井、元坝 29 井及④号礁带的元坝 271 井、元坝 273 井钻遇生屑滩储层,测井解释无水层,测试均获得不同程度的天然气产能,不产水;④号礁带的元坝 271 井生屑滩储层测井解释无水层、未测试,元坝 273 井生屑滩储层测井解释为含气水层、厚度 7.9m/4 层，气水界面−6291.6m，未测试(图 5-9)。

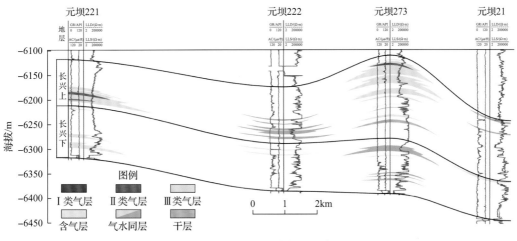

图 5-9 西区滩相气藏剖面示意图

综上所述，依据现有测井解释成果，长兴组气藏生物礁储层水体主要分布在东区①号礁带的元坝 9(测试产水)、②号礁带的元坝 103H 井；生屑滩储层水体主要分布在东区，西区有 3 口井(测试 1 口井产水)、东区有 5 口井测井解释有水层，且东区的元坝 9 井、元坝 123 井、元坝 16 井测试均不同程度产水。

# 第二节 气藏地质建模

## 一、建模思路与方法

油气藏地质建模有两种基本途径，即确定性建模(Deterministic modeling)和随机建模(Stochastic modeling)。从本质分析看，确定性建模方法所建模型平滑掉了预测点的变异性，不能很好地反映油气藏的层内及平面非均质性，而随机建模方法虽然能较好地对储层的非均质性进行表征，但是由于其产生多个等概率的实现，即所建模型具有随机性。

对于元坝气田，储层属于台地边缘生物礁或生屑滩碳酸盐岩沉积，短距离内横跨陆棚相-台地边缘相和局限台地相等(武恒志等，2017)，相带变化快；同一微相中由于后期白云化程度不同，以及不同类型储层交错分布，造成其储层非均质性极强(王正和等，2012；李宏涛等，2016)。因此，在建立元坝长兴组气藏三维地质模型过程中，就需要综合应用地质、测录井、地震等资料，结合元坝的沉积认识成果，同时要分层段对各种参数属性进行统计分析，采用确定性建模和随机建模相融合的一种综合方法——多信息约束的地质建模方法。

多信息约束的地质建模方法是指在建模过程中，不仅应用建模目标区的实际地质、测录井、地震数据及这些数据分析解释结果(如变差函数的变程、分形维数等)(胡光义等，2007；胡向阳等，2013)，还应用地质原理和地质知识等地质约束条件(如层序地层学、沉积模式、储层构型模式等)来约束建模过程(徐维胜等，2011；李阳等，2016)，这样不仅可以保证所建随机模型对储层非均质性的精细表征，还能使所建地质模型与地质实际的充分吻合。其建模流程如图 5-10 所示。

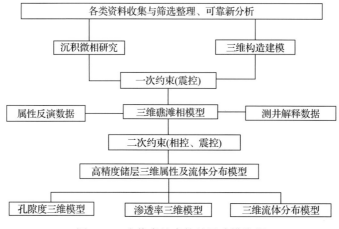

图 5-10    多信息约束的储层建模流程

## 二、长兴组气藏地质模型建立与检验

### (一)数据库的建立

地质建模以数据库为基础。数据的丰富程度及其准确性在很大程度上决定着所建模型的精度。

元坝气田在初期建模时，共有探井和开发井资料 30 余口，三维地震资料满区覆盖。在元坝气田建模中，其建模数据主要包括岩心描述、实验测试、测录井、地震、试井、开发动态等方面的数据。这些数据具有不同来源，比例尺各不相同，需要加以处理与集成，形成统一的气藏建模数据库，以便于综合利用各种资料对气藏进行一体化分析和建模（胡光义等，2009）。同时，为了提高储层建模精度，必须对不同来源数据进行质量检查，尽量保证用于建模的原始数据特别是硬数据的准确可靠性。

### (二)三维构造模型的建立

构造模型由断层模型和层面模型两部分构成，是地层分布格架的具体表现。元坝长兴组气藏由于断层不发育，构造模型建立相对简单。构造建模采用的是 PETREL 建模软件。

#### 1. 层面建模

首先对元坝长兴组气藏时间域的地震解释 $T_0$ 图进行时-深转换，得到深度域的地震解释构造面，然后以 30 余井的小层分层数据为依据，在地震构造解释数据约束下，采用克里金插值方法，建立元坝长兴组上、下两段的顶面、底面构造图，图 5-11 是其中的一个界面（长兴组上段底面）构造图，这样既能保证构造的总体趋势，又能反映局部的微幅度起伏。

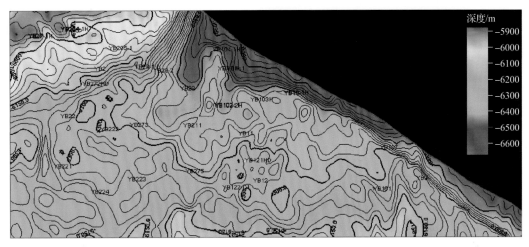

图 5-11 元坝长兴组上段底面构造图

## 2. 建立三维构造模型

元坝长兴组由于构造比较简单，地层平缓，同时断层不发育。因此在完成的构造模型中，主要结合小层构造图，把各个层面进行空间叠合，完成元坝长兴组气藏的三维构造模型(图 5-12)。

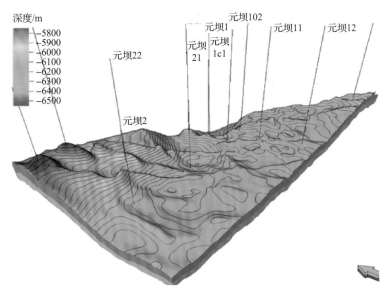

图 5-12 元坝长兴组气藏储层三维构造模型

## 3. 三维地质模型网格确定

在建模初期，首先要根据研究区气藏特征，并结合目前开发的现状，确定建模网格的大小。考虑元坝长兴组礁滩相碳酸盐岩气藏横向上变化快，因此平面网格采用 50m×50m，垂向网格采用 2m 的大小，建模总网格数达到了 4300 多万个，这既能充分详细地对地质进行刻画，也能满足计算机软硬件的要求。

### (三)三维沉积微相模型的建立

储层沉积相的配置决定了储层层间及平面非均质性，正确的描述储层的沉积展布，是决定油气田勘探开发成功与否的关键。

三维沉积相建模一般遵循从点-面-体的步骤，即首先建立各井点的一维垂向模型，然后在储层认识模式的基础上，建立储层沉积相三维展布模型。

#### 1. 地震数据体优选

长兴组生物礁沉积微相形态为条带状，呈 4 个分隔的礁带分布，多期叠加，厚度较大，礁体上下段、内外侧由于白云化程度的差异而岩性及储集性不同；生屑滩储层厚度一般大于 5m，多期滩体的叠加，平面呈椭圆形。

对于元坝长兴组气藏这种复杂的储层特征，就需充分利用地震资料横向高分辨的控制优势。采用定性观察与定量相关分析相结合的方法，优选能够较好区分元坝长兴组储层各种微相的地震数据体，为井间三维沉积微相建模提供约束(龙胜祥等，2015；韩东等，2016)。在长兴组储层地震反演预测时，利用波阻抗反演数据取得了对储层分布很好的预测效果。经过对该数据体的进一步观察分析认为，长兴组气藏波阻抗反演数据能较好地区分各种沉积微相的储层(图 5-13)。因此在建立元坝长兴组气藏储层沉积微相模型的过程中，应用该反演数据体作为一种软数据进行约束(闫玲玲等，2015)。

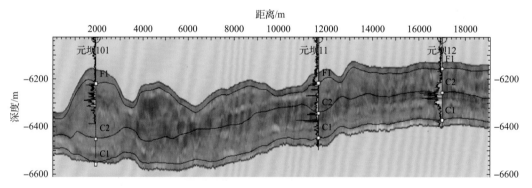

图 5-13 地震波阻抗反演数据连井剖面

#### 2. 参数统计与数据分析

在建立气藏三维属性模型之前，为掌握工区内各种沉积微相的特征参数，首先要根据前人的研究成果，结合野外露头观察，对元坝长兴组气藏各参数三维展布特征进行统计、分析。然后在地质认识基础上，根据测井资料进行变差函数分析，最终确定各参数的数学几何特征。由于沉积储层的差异，元坝长兴组气藏各个层段各种微相的变差函数也有很大不同，长兴组上段以礁沉积相为主，主变程在 1000m 左右，而下段主要发育各种滩相，主变程则在 1800m 左右。变差函数反映了各沉积相的空间相关性随距离变化的关系，在建模过程中通过对变差函数主要参数(主要指变程)的掌握，可以明显增加地质认识对模型的控制。

### 3. 三维沉积微相建模

在单井沉积微相划分和井-震相关性分析的基础上，以测井解释数据为硬数据，以优选出的地震数据做约束，同时以沉积微相地质研究成果做控制，采用序贯指示模拟方法，建立元坝长兴组气藏的沉积微相三维模型(图 5-14)。图中显示的为长兴组的沉积微相三维模型，其中红色表示生物礁体，棕色表示礁后滩等各种滩体，黄色表示礁间沉积，蓝色表示潟湖、斜坡等沉积，为非储层发育微相。研究区长兴组礁滩体发育平面分布范围规律性较强，且上下段礁滩体分布平面呈分区和分带性，为主要储集体发育相。长兴组下段主要发育滩相，仅在斜坡边缘附近元坝 27 井/元坝 204 井/元坝 101 井发育零星礁体，且礁体范围较小；长兴组上段，研究区礁体大面积发育，且呈条带状沿斜坡分布，平面上自东向西可划分为 4 个礁体条带。潟湖相占据斜坡之上大面积区域，斜坡之下为斜坡相，此二者为非储层。

从沿生物礁体和垂直生物礁体发育的沉积微相剖面图上看，长兴组下段储层发育较差，各个方向连片性较好，主要发育在东南部；长兴组上段储层发育较好，沿礁体发育方向连续性好，分别范围广，发育于工区的北部(图 5-15)。

#### (四)气藏属性三维模型的建立

气藏属性参数在三维空间上的变化和分布即为气藏属性参数分布模型，主要包括孔隙度、渗透率、流体分布等属性模型。孔隙度模型反映储存流体的孔隙体积分布，渗透率模型反映流体在三维空间的渗流性能，而流体分布模型则反映三维空间上的气水分布。这三种属性模型对于气藏评价及气田开发均有很重要的意义。

由于不同沉积微相的参数特征差异较大，这种差异具有统计规律。根据各沉积微相的参数统计特征，分别建立其参数分布模型，能更精细地刻画不同沉积微相的非均质性。

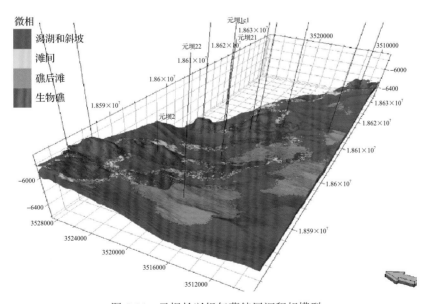

图 5-14 元坝长兴组气藏储层沉积相模型

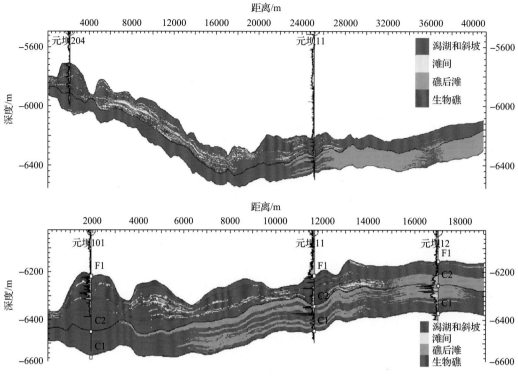

图 5-15　元坝长兴组储层沉积相连井剖面

1. 参数统计与分析

　　为在相控基础上建立元坝长兴组气藏精细的储层参数模型，就要分层段、分岩相分别统计分析孔隙度、渗透率等各参数的概率密度函数(图 5-16)，确定各参数在各个微相内分布频谱，详细描述其均值、偏差等。元坝长兴组气藏中，长兴组上段生物礁储层孔隙度主要分布在 3%～6.2%，均值为 4.4%；长兴组下段生屑滩储层孔隙度主要分布在 3%～5.5%，均值为 4.1%；滩间相岩石孔隙度基本小于 2%，潟湖、斜坡等沉积微相为非储层相。以此为建模过程中的一项控制指标，可以使所建模型更精确、更符合地质认识实际。

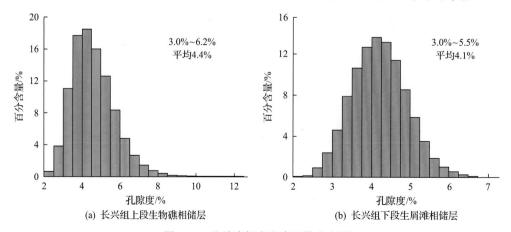

图 5-16　孔隙度概率密度函数分布图

同时，还需要对各沉积微相内各属性参数的变差函数进行分析，获取连续相关性关系，以其作为井间属性参数连续展布的基本函数。分析认为，由于生物礁、台缘生屑滩相储层等的属性连续性较强，其属性参数变差函数与该沉积微相的变差函数相近。

2. 属性地震数据体优选

在元坝长兴组气藏属性参数建模过程中，为充分利用地震资料横向高分辨的控制优势，需要优选能够较好反映各种属性参数分布的地震数据体，为建立属性参数模型提供井间约束，可以极大提高所建各属性参数模型的精度(王鸣川等，2018)。地震数据优选的方法主要是通过连井剖面定性观察、测井解释属性数据与地震数据体进行定量相关分析这 2 种方法相结合进行。通常来说，波阻抗反演数据体能对孔隙度等有很好的指示作用。经相关性分析认为，元坝长兴组气藏的地震波阻抗反演数据与储层孔隙度具有很好的相关性(图 5-17)，因此在建立孔隙度模型的过程中，可以该种地震数据体作为一种软数据进行井间约束。根据测井解释原理及岩心分析资料知道，在元坝长兴组储层中，渗透率与孔隙度具有良好的相关性，因此在完成孔隙度模型的基础上，以孔隙度模型为约束，可以完成储层的渗透率模型。

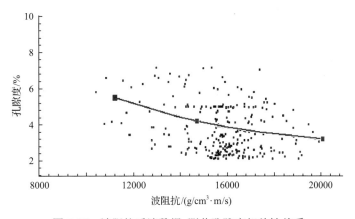

图 5-17　波阻抗反演数据-测井孔隙度相关性关系

对于流体分布模型来说，除了优选出含气饱和度反演地震体作为井间约束、分析统计气体饱和度密度函数外，同时要综合气水界面认识，采用多信息约束的序贯指示模拟方法，模拟元坝长兴组气藏流体在三维空间的分布。

3. 三维地质参数建模

在孔隙度模型的模拟计算中采用序贯高斯模拟方法。在单井孔隙度、渗透率等属性测井解释成果的基础上，依据地震反演数据分析，采用震控、沉积微相双重井间控制，结合变差函数分析成果，分别完成了元坝长兴组储层孔隙度、渗透率、饱和度的随机分布模型(图 5-18)。这样不仅保证了所建模型与测井资料的充分吻合，也使所建模型紧密结合了地震、沉积微相的分析成果，使模型精度更高。

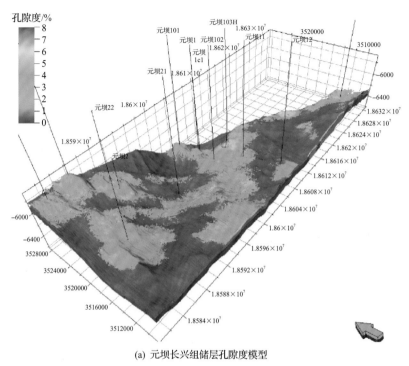

(a) 元坝长兴组储层孔隙度模型

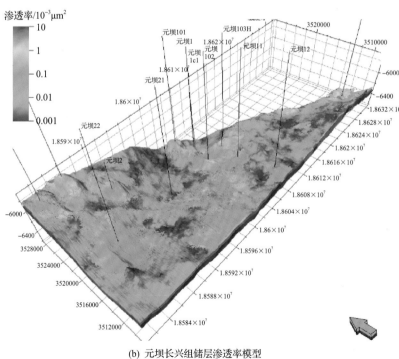

(b) 元坝长兴组储层渗透率模型

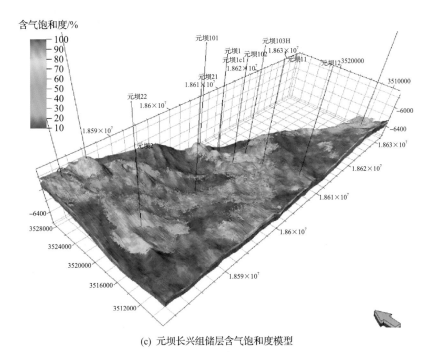

(c) 元坝长兴组储层含气饱和度模型

图 5-18　元坝长兴组储层三维属性模型

由于完成的模型是一组等概率的多个模型，要对模型进行优选。在此次模型的优选中，主要是根据地质分析的井间储层的连通情况、采取抽稀井的验证方法综合分析。

根据各层段孔隙度-渗透率模型显示，储层物性长兴组上段的礁相储层较好，礁后滩相储层和下段的各种滩相储层次之。上段礁相储层平均孔隙度 4.4%，平均渗透率 $1.1\times10^{-3}\mu m^2$；长兴组的礁后滩相储层等各种滩相储平均孔隙度为 4.1%，平均渗透率为 $0.5\times10^{-3}\mu m^2$；长兴组下段主要发育各种滩相储，主要分布于工区南部，平均孔隙度约 4%。整个长兴组气水分别复杂，存在多个气水界面，但各含气系统中气层的饱和度比较相近，基本为 80%~95%。

(五)三维地质模型验证

根据模型优选结果，需要对模型可靠度和精度进行验证。验证和优选模拟实现的主要标准：随机图像是否符合地质概念模式；随机实现的统计参数与输入参数的接近程度；模拟实现是否忠实于真实数据；模拟实现是否符合生产动态。

根据 4 号礁带新完钻井元坝 273-1H 对模型的验证(图 5-19)，证实模型表征的礁体连续发育、礁体储层物性(孔隙度)发育程度、储层含气性程度等与实钻井吻合度超过 85%，印证了所建三维地质模型可靠。同时通过后期的生产动态拟合，也进一步验证了模型的可靠。

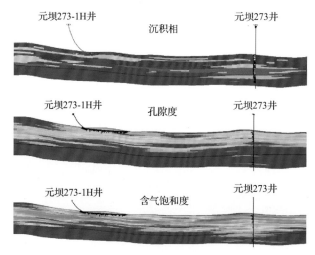

图 5-19　实钻井模型验证

# 第三节　气 藏 特 征

## 一、流体性质

### （一）天然气组分

长兴组气藏 18 口井 21 个层天然气分析资料表明：天然气中甲烷体积分数为 75.54%～91.88%，平均为 86.23%；乙烷体积分数为 0.03%～0.06%，平均为 0.04%；二氧化碳体积分数为 3.12%～15.51%，平均为 7.23%；硫化氢体积分数为 1.42%～6.78%，平均为 5.09%；氮气体积分数为 0.24%～2.89%，平均为 0.77%。天然气相对密度为 0.5614～0.7172，平均为 0.6412。天然气临界压力为 4.6923MPa、临界温度为 194.01K。总体来看，天然气组分在平面分布有一定差异，但差异较小。

生物礁：$CH_4$ 体积分数平均为 88.17%，$CO_2$ 体积分数平均为 5.86%，$H_2S$ 体积分数平均为 4.96%。其中，①号礁带 $CH_4$ 体积分数平均为 86.40%，$CO_2$ 体积分数平均为 6.28%，$H_2S$ 体积分数平均为 6.65%；②号礁带 $CH_4$ 体积分数平均为 84.92%，$CO_2$ 体积分数平均为 8.02%，$H_2S$ 体积分数平均为 5.58%；③号礁带 $CH_4$ 体积分数平均为 89.25%，$CO_2$ 体积分数平均为 5.92%，$H_2S$ 体积分数平均为 3.99%；④号礁带 $CH_4$ 体积分数平均为 90.59%，$CO_2$ 体积分数平均为 3.48%，$H_2S$ 体积分数平均为 5.08%。

礁滩叠合区：$CH_4$ 体积分数平均为 84.78%，$CO_2$ 体积分数平均为 8.78%，$H_2S$ 体积分数平均为 5.62%。

生屑滩：东区生屑滩 $CH_4$ 体积分数平均为 77.72%，$CO_2$ 体积分数平均为 12.54%，$H_2S$ 体积分数平均为 3.85%；西区生屑滩 $CH_4$ 体积分数平均为 86.23%，$CO_2$ 体积分数平均为 7.16%，$H_2S$ 体积分数平均为 5.65%。

按照《天然气藏流体物性分析方法》（SY/T6434—2000），长兴组属于高含 $H_2S$、中含 $CO_2$ 气藏。

长兴组气藏 15 口井 17 个层分析结果：有机硫体积分数平均为 407.99mg/m³，其中：

硫氧碳为 6.5~497mg/m³，平均为 125.70mg/m³；甲硫醇为 10~978mg/m³，平均为 178.24mg/m³；乙硫醇为 2.0~11.1mg/m³，平均为 6.27mg/m³；二硫碳为 6.3~51.2mg/m³，平均为 25.79mg/m³；异丙硫醇为 2.8~1563.0mg/m³，平均为 169.48mg/m³；正丙硫醇为 1.4~101.0mg/m³，平均为 30.87mg/m³。总体上，天然气中有机硫含量差异较大；生屑滩有机硫含量高，生物礁含量低。

(二) 天然气高压物性

按照 SY/T6434-2000 标准的要求，对元坝 27 井、元坝 1 侧 1 井长兴组天然气进行地层温度下的单次脱气试验和逐步递减 5 个温度下的恒质膨胀试验研究；分析不同压力下天然气的偏差因子、体积系数、密度、压缩系数、黏度等参数的变化关系。

偏差系数：气体偏差系数随压力的降低呈现先降低后升高的趋势，随温度的增加呈增大的趋势，且低压下偏差系数对温度的敏感性要强于高压下。在压力达到 20MPa 时，偏差系数接近 1；随着压力的进一步降低，偏差系数小于 1；在压力为 10.0MPa 时，偏差系数出现最低值；当压力进一步降低时，偏差系数又呈现逐渐增大的趋势(图 5-20)。

体积系数：气体体积系数随压力的增大呈下降趋势，随温度的升高呈增加趋势，但与压力相比，体积系数对温度的敏感性要小得多。低压下，由于气体分子间的作用力减小，气体地层体积急剧增大，体积系数显著增高。当压力小于 20MPa 时，随压力的增加，体积系数急剧下降；当压力介于 20MPa~35MPa 时，随压力增加，体积系数下降幅度减小；当压力大于 35MPa 时，随压力的增加，体积系数下降趋势明显变缓(图 5-21)。

压缩系数：压缩系数随压力的增加而减小，对温度的敏感性极弱。压力小于 25MPa 时，随压力的增加，压缩系数急剧下降；压力介于 25~40MPa 时，随压力增加，压缩系数下降幅度减小；压力大于 40MPa 时，压缩系数下降趋势明显变缓(图 5-22)。

密度：随着压力的下降，密度值显著降低；随着温度的增加密度值呈下降趋势，且随着压力的下降，密度对温度的敏感性不断降低。

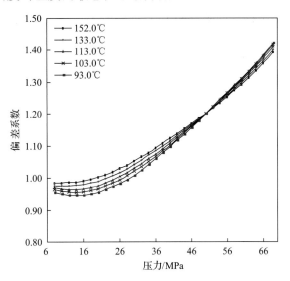

图 5-20 元坝 27 井不同温度下偏差系数与压力关系曲线

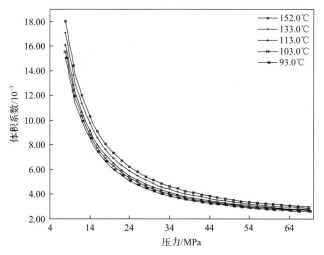

图 5-21　元坝 27 井不同温度下体积系数与压力关系曲线

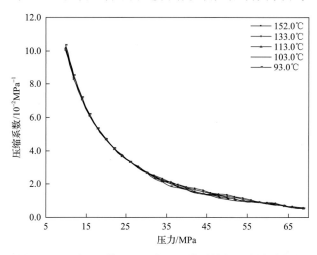

图 5-22　元坝 27 井不同温度下压缩系数与压力关系曲线

黏度：气体黏度随压力的增大呈线性增加趋势。气体黏度随温度的变化规律：当压力在 19MPa 左右，气体黏度几乎不受温度的影响；当压力大于 19MPa，气体黏度随温度的增加而降低；当压力小于 19MPa，气体黏度随温度的增加而增加，幅度较小。

(三)地层水性质

从目前已取得的水样分析统计结果：地层水具臭鸡蛋气味的黑色、不透明液体；水型以 $CaCl_2$ 为主；氯离子为 6333～42189mg/L，平均为 33664mg/L；总矿化度为 11121～75544mg/L，平均为 59247mg/L。总体上，生物礁、生屑滩存在一定差异。

## 二、气藏地层压力与温度

(一)气藏压力

长兴组气藏 16 口井 18 层段压力恢复测试解释结果，折算气层中部压力为 66.66～

70.62MPa，压力系数为 1.00～1.18，为正常压力系统；根据各井测试层段压力-深度的拟合关系综合分析，长兴组气藏压力梯度约 0.0029MPa/m（图 5-23）。

（二）气藏温度

目前长兴组一共有 13 口井 17 层进行了地层温度测试，气层中部温度介于 145.2℃～157.414℃，温度梯度介于 1.899℃～2.11℃，为低地温梯度；根据川东北地区多个气藏各井测试层段温度-深度的拟合关系综合分析，元坝气田长兴组气藏温度梯度与其他区块气层接近，为 1.97℃/100m（图 5-24）。总体来看，元坝气田长兴组气藏为常压、低地温梯度气藏。

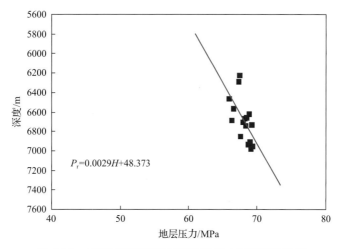

图 5-23 元坝气田长兴组气藏地层压力与深度关系图

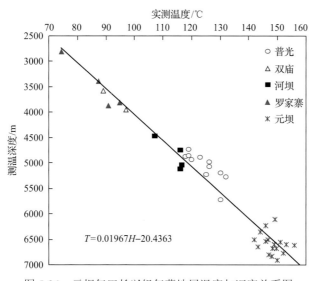

图 5-24 元坝气田长兴组气藏地层温度与深度关系图

### 三、气藏类型

按照《天然气藏分类》（GB/T 26979—2011）标准中气藏组合分类方案中各种单因素的组合顺序，根据气藏评价研究和测试等成果综合分析认为，元坝长兴组气藏属于高含 $H_2S$、中含 $CO_2$、超深层、裂缝-孔隙型、局部存在边（底）水、受礁滩体控制的岩性气藏。

# 第四节　有利开发目标区及其储量评价

## 一、储层综合评价

长兴组储层为低孔、低渗碳酸盐岩储层，储层物性较差，非均质性强，地质和测井信息响应差异小，储层的岩性、物性、有效厚度、含气性等参数具有或多或少的"不明确性"。有鉴于此，我们采用模糊数学方法进行了储层综合评价。

模糊数学综合评价方法较多，下面是其中几种方法。

1. 模糊模型识别

模糊模型识别是指标准模型库中的模型是模糊的（模型间没有明显的界线）。如根据测井信息或岩样的观测值判断钻穿储层的含油气性、岩样的沉积相是一个模糊集对标准模糊集的识别问题。为了解决模糊集的识别问题，需要一个度量模糊集与标准模糊集靠近程度的指标，这就是隶属度和贴近度。

隶属度：设 $U$ 上有 $n$ 个模糊子集 $A_1$，$A_2$，$\cdots$，$A_n$，其隶属函数为

$$A_i(x)，i=1,2,\cdots,n$$

当 $A_1$，$A_2$，$\cdots$，$A_n$ 为模糊向量集合族，$x^o=(x_1^o，x_2^o，\cdots，x_n^o)$ 为普通向量时，则有

$$A(x^o)=\bigwedge_{i=1}^{n} A_i(x_i^o)$$

为 $x^o$ 对 $A$ 的隶属度

基于不同考虑，隶属度也有其他的定义形式，如：

$$A(x^o)\triangle=(1/n)\sum_{i=1}^{n} A_i(x_i^o)$$

贴近度：描述模糊集之间彼此靠近程度的指标，一般定义为 $\sigma_0(A，B)=1/2[A \odot B+(1-A \odot B)]$，为 $A$ 与 $B$ 的贴近度。

例如，识别储层含油气性：论域 $U=\{$储层含油气性$\}$，储层含油气性可分为油层、油水同层、含油水层、油气层、气层、气水同层、干层等，构成标准模型库为 $X=(X_1，X_2，\cdots，X_7)$。待识别含油气性的储层为 $Y$，试据贴近度判定 $Y$ 的含油气性。

2. 模糊数学综合评价

在对许多事物进行客观评价时，其评价因素可能较多，不能只根据某一个指标的好坏就作出判断，而应该根据多种因素进行综合评价。

设 $U=\{u_1, u_2, \cdots, u_n\}$ 是待评价的 $n$ 个方案集合，$V=\{v_1, v_2, \cdots, v_m\}$ 是评价因素集合，将 $U$ 中的每个方案用 $V$ 中的每个因素进行衡量得到一个观测值矩阵：

$$A = \begin{pmatrix} a_{11} & a_{12} & \cdots & a_{1n} \\ a_{21} & a_{22} & \cdots & a_{2n} \\ \cdots & \cdots & \cdots & \cdots \\ a_{1m} & a_{2m} & \cdots & a_{mn} \end{pmatrix}$$

式中，$a_{ij}$ 表示第 $j$ 个方案关于第 $i$ 项评价因素的指标值。

为了客观公正地对各个方案进行综合评价，通常有以下两种方法。

一是将各方案数值(根据各评价指标的属性)进行无量纲化，然后根据各指标的重要性程度对各指标赋予权值，在此基础上建立目标函数并且求出该函数的极大值或极小值。二是由客观值矩阵 $A$，依据各指标的属性构造出一个理想方案，然后考察已知方案中哪个方案与此理想方案接近。

在储层主控因素分析基础上，结合测井解释及测试资料，参考四川盆地碳酸盐岩分类评价标准，建立储层综合评价标准(表 5-1)；综合沉积相、测井精细解释、储层及含气性预测、产能评价，动静结合进行了储层综合评价。

表 5-1　元坝气田长兴组储层综合评价标准

| 储层类型 | 气层厚度/m | I+II类气层厚度/m | 无阻流量/$10^4$m³ | 储层评价 |
|---|---|---|---|---|
| 有利储层 | ≥60 | ≥20 | ≥200 | 好 |
| 较有利储层 | 10~60 | <20 | 50~200 | 较好 |
| 次有利储层 | 0~10 | | <50 | 较差 |

(1)生物礁有利储层发育面积 60.98km²，较有利储层发育面积 71.91km²。有利储层主要发育于礁后和礁顶，平面上分布于①号礁带的元坝 10 井及其西北、东南区，②号礁带的元坝 101 井、元坝 1 侧 1 井、元坝 103H 井区，③号礁带的元坝 204 井、元坝 205 井、元坝 29 井及元坝 29 井东南区，④号礁带的元坝 27 井-元坝 272H 井区。

(2)礁滩叠合区有利储层发育面积 9.16km²，较有利储层发育面积 18.61km²，主要位于元坝 102 井西南及东部、元坝 104 井南、元坝 11 井东部及东南部。

(3)生屑滩有利储层发育面积 23.12km²(矿权范围内 17.23km²)，较有利储层发育面积 65.97km²(矿权范围内 32.68km²)。有利储层发育在元坝 205 井、元坝 12 井区。

根据储层综合评价结果，结合钻井、测井解释、测试等成果，选择优质储层发育区、储层有效厚度大、测试产能相对较高、构造部位较高等有利等参数，采用半定量、定量评价方法进行开发目标区优选，分序次优选出 5 个礁相单元作为试采开发建产区；优选出 8 个礁相及滩相单元作为滚动开发建产区(图 5-25)。

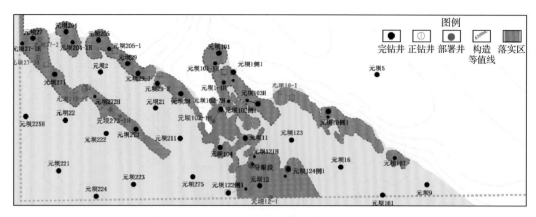

图 5-25　元坝地区长兴组气藏开发目标区优选图

## 二、储量评价

在气藏地质综合研究的基础上，结合探明储量申报情况、测试试采成果、分析化验等资料，应用多种方法确定储量计算参数，采用容积法分别计算试采开发目标区及滚动开发目标区天然气地质储量。计算结果：元坝地区长兴组气藏开发建产区地质储量 $1361.79 \times 10^8 m^3$，储量丰度介于 $4.19 \times 10^8 \sim 15.68 \times 10^8 m^3/km^2$，平均 $7.92 \times 10^8 m^3/km^2$，其中Ⅰ+Ⅱ类气层的地质储量 $651.54 \times 10^8 m^3/km^2$。

截至 2013 年 5 月底，元坝气田三维地震全覆盖，已完钻井 49 口，测试井 26 口。开展了气藏精细描述，落实了气藏构造形态及断层分布情况，刻画了储层展布特征与内部结构，明确了各目标的气水关系。在气藏各储量参数确定中，根据气藏类型的认识，以测试和测井解释结果为依据，同时参考了地震含气检测和储层预测的结果，圈定的含气面积比较可靠；各单元有效厚度采用单井有效厚度等值线面积权衡法确定，取值可行；孔隙度及饱和度参数的取值均依据测井解释结果，对于有井控的计算单元采用算术平均取值，对于无井控的计算单元借用同相带内邻近井取值，并参考了川东地区同类型气藏的研究思路，经过对比分析，选值较为可靠；天然气体积换算因子是根据天然气高压物性分析成果确定，比较可靠。综合评价本次计算储量基本落实。

# 第六章　礁滩相碳酸盐岩高含硫气藏渗流特征

川东北二叠系和三叠系礁滩相碳酸盐岩气藏具有深层或超深层、低孔低渗、局部发育裂缝、地层压力高、高含硫化氢和二氧化碳、边-底水等特点。开发中天然气在基质块体(不发育裂缝)中渗流属低速非线性渗流,而在裂缝系统中属高速非线性渗流。但随着开发生产持续发展,此渗流受到气水同产、硫沉积及各种敏感性的影响(李宁和张清秀,2000;闫丰明等,2010;孔祥言,2010;李乐忠和李相方,2013;李传亮,2016;张李等,2020)。本书通过物理实验和数值模拟对这些影响进行了深入分析。

## 第一节　气水相对渗透率测定实验

### 一、实验方法

选择代表性井,钻取岩心样品 35 个(其中生物礁相岩心样品 15 个、生屑滩相岩心样品 20 个),制成直径为 2.50cm 的圆柱,长度不小于直径的 1.5 倍。实验用水:根据地层水和注入水的成分分析资料配置地层水和注入水或等矿化度的标准盐水。实验用水应在实验前放置 1d 以上,然后用 G5 玻璃砂芯漏斗或 0.45μm 微孔滤膜过滤除去杂质,并抽空。实验用气:经过加湿处理的高纯度氮气。

实验参照石油天然气行业标准《岩心常规分析方法》(SY/T 5336—1996)、《岩石中两相流体相对渗透率测定方法》(SY/T 5345—2007)进行相关实验。

(一)岩样孔隙度和气体渗透率的测定

作为配套,按 SY/T5336—1996 的规定,进行岩样孔隙度和气体渗透率测定,并用饱和液体法直接测定孔隙体积,上述参数重复测定两次,误差在规定的范围内。

(二)岩样的饱和

将烘干的岩样称重,抽真空饱和模拟地层水;

将饱和模拟地层水后的岩样称重,即可按下式求得有效孔隙体积:

$$V_p = (m_1 - m_0)/\rho_w \tag{6-1}$$

式中,$V_p$ 为岩样有效孔隙体积,$cm^3$;$m_1$、$m_0$ 分别为含水岩样、干岩样质量,g;$\rho_w$ 为在测定温度下饱和岩样模拟地层水的密度数值,$g/cm^3$。

(三)非稳态法气-水相对渗透率测定

1. 原理

非稳态法气-水相对渗透率是以 Buckley-Leverett 一维两相气驱水前缘推进理论为基

础,忽略毛细管压力和重力作用,假设两相不互溶流体不可压缩,岩样任一横截面内气水饱和度是均匀的。实验时不是同时向岩心中注入两种流体,而是将岩心事先用一种流体饱和,用另一种流体进行驱替。在气驱水过程中,气水饱和度在多孔介质中的分布是距离和时间的函数,这个过程称非稳定过程。按照模拟条件的要求,在岩样上进行恒压差或恒速水驱油实验,在岩样出口端记录每种流体的产量和岩样两端的压力差随时间的变化,用 JBN 方法算得到气、水相对渗透率,并绘制气、水相对渗透率与含气饱和度的关系曲线。

2. 驱动条件

为了使在实验测定气、水相对渗透率时,减少末端效应影响,使所得相对渗透率曲线能代表油层内气水渗流特征,除了所用岩样、气水性质、驱油历程等与储层条件相似外,在选择气驱水速度或驱替压差实验条件方面,还必须满足以下关系。

(1)恒速法:按下式确定注水速度;

$$L\mu_w v_w \geqslant 1 \qquad (6-2)$$

式中,$L$ 为岩样长度的数值,cm;$\mu_w$ 为在测定温度下水的黏度,mPa·s;$v_w$ 为渗流速度,cm/min。

(2)恒速法:按照 $\pi_1 \ll 0.6$ 来确定初始驱替压差 $\Delta P_0$,$\pi_1$ 按下式确定:

$$\pi_1 = \frac{10^{-3}\sigma_{ow}}{\Delta P_0 \sqrt{K_a/\phi}} \qquad (6-3)$$

式中,$\pi_1$ 为毛细管压力与驱替压力之比;$\sigma_{ow}$ 为油水界面张力,mN/m;$K_a$ 为岩样的空气渗透率,$10^{-3}\mu m^2$;$\phi$ 为岩样的孔隙度,%;$\Delta P_0$ 为初始驱动压差,MPa。

(四)实验步骤

实验温度为 20℃,实验压差按照现场实际压力梯度计算和设定。具体按三步进行实验。

(1)将已饱和模拟地层水的岩样装入岩心夹持器。用驱替泵以一定的压力或流速使地层水通过岩样,待驱替岩样进出口的压差和出口流量稳定后,连续测定三次水相渗透率,其相对误差小于 3%。此水相渗透率作为水—气相对渗透率的基础值。

(2)根据空气渗透率、水相渗透率,选取合适的驱替压差,初始压差必须保证既能克服末端效应又不产生窜流,初始气驱水在 7～30ml/min 为宜。

调整好出口水、气体积计量系统,开始气驱水,记录各个时刻的驱替压力、产水量及产气量。

(3)气驱水至残余水状态,测定残余状态下气相有效渗透率后结束实验。

(五)数据处理方法

气体通过岩心,当压力从岩样的进口 $P_1$ 变化到出口 $P_2$ 时,气体的体积亦随之变化,因此必须采用平均体积流量。按下式将岩样出口压力下测量的累计流体总产量值修正到岩样平均压力下值。

$$V_t = \Delta V_{wt} + V_{t-1} + \frac{2P_a}{\Delta P + 2P_a} \Delta V_{gi} \quad (6-4)$$

式中，$V_t$ 为 $t$ 时刻的累积水气产量，mL；$V_{t-1}$ 为 $t-1$ 时刻的累积气水产量，mL；$\Delta V_{wt}$ 为 $t-1$ 到 $t$ 时刻的水增量，mL；$P_a$ 为大气压力，MPa；$\Delta P$ 为驱替压差，MPa；$\Delta V_{gi}$ 为大气压下测得的某一时间间隔的气体增量，mL。

将水气总产量按式(6-4)修正后，采用 JBN 的方法计算非稳态气水相对渗透率的方法进行计算。

对于一个具体气藏，由于取心分析的岩样具有不同的渗透率和孔隙度，所以测得的相对渗透率曲线是不相同的。因此，选择若干条有代表性的相对渗透率曲线，在此基础上进行归一化处理，从而得到能够代表气藏的平均相对渗透率曲线。

气水标准化相对渗透率的定义：

$$\begin{aligned} K_{rw}^* &= (S_w^*)^a \\ K_{rg}^* &= (1 - S_w^*)^b \end{aligned} \quad (6-5)$$

式中，

$$\begin{aligned} K_{rw}^* &= K_{rw} / K_{rw}(S_{gr}) \\ K_{rg}^* &= K_{rg} / K_{rg}(S_{wi}) \\ S_w^* &= (S_w - S_{wi}) / (1 - S_{wi} - S_{gr}) \end{aligned} \quad (6-6)$$

气水标准化相对渗透率的对数与有效湿相饱和度的关系，可分别对式(6-5)两边取对数，得

$$\begin{aligned} \lg K_{rw}^* &= a \lg S_{rw}^* \\ \lg K_{rg}^* &= b \lg(1 - S_w^*) \end{aligned} \quad (6-7)$$

同时，改写式(6-6)得

$$\begin{aligned} K_{rw} &= K_{rw}^* K_{rw}(S_{gr}) \\ K_{rg} &= K_{rg}^* K_{rg}(S_{wi}) \\ S_w &= S_w^* / (1 - S_{wi} - S_{gr}) + S_{wi} \end{aligned} \quad (6-8)$$

式(6-5)和式(6-6)中，$K_{rw}^*$、$K_{rg}^*$ 分别为标准化水、气的相对渗透率；$K_{rw}$、$K_{rg}$ 分别为水、气的相对渗透率；$K_{rw}(S_{gr})$、$K_{rg}(S_{wi})$ 分别为残余气饱和度下水的相对渗透率、束

缚水饱和度下气的相对渗透率；$S_w$、$S_{wi}$、$S_{gr}$ 分别为含水饱和度、束缚水饱和度、残余气饱和度；$S_w^*$ 为标准化含水饱和度；$a$、$b$ 分别为取决于孔隙结构和润湿性的常数。

## 二、实验结果

### (一)礁相岩心气水相对渗透率实验结果

本次采集元坝气田礁相碳酸盐岩储层 15 个样品进行了气水相对渗透率实验，由于样品物性变化较大，孔隙度为 3.04%～17.82%，渗透率 0.072×10⁻³～430.558×10⁻³μm²，其气水相对渗透率实验结果有一定变化，按渗透率小于 1×10⁻³μm²、1×10⁻³～10×10⁻³μm²、10×10⁻³～100×10⁻³μm²、大于等于 100×10⁻³μm² 四个档次选出代表性样品的气水相对渗透率实验分别如图 6-1 和图 6-2 所示。可以看出相对渗透率越低，两相共渗区更窄，等渗点更低。

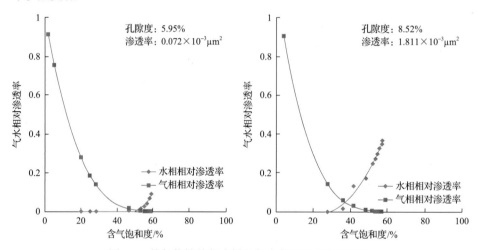

图 6-1 较低物性的代表样品气水相对渗透率曲线图

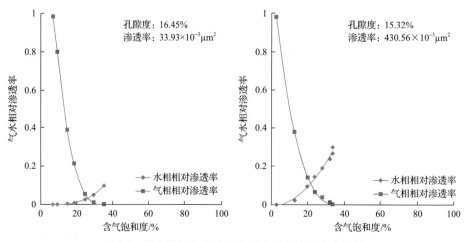

图 6-2 较高物性的代表样品气水相对渗透率曲线图

选取渗透率相近(均为 1×10⁻³～10×10⁻³μm²)的 7 块岩心进行归一化处理，结果如

图 6-3 所示。可以看出，礁相束缚水饱和度约 50%，随含水饱和度降低，水相渗透率初期快速下降，后期下降幅度较小，气相相对渗透率后期增加幅度较大。

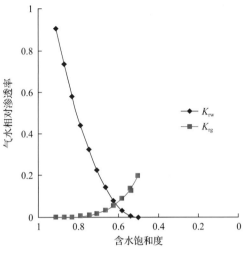

图 6-3　礁相归一化结果图

(二)滩相岩心气水相对渗透率实验结果

本次对元坝气田滩相碳酸盐岩储层采集 20 个样品进行了气水相对渗透率实验，由于样品物性变化较大，孔隙度为 1.64%～23.44%，渗透率为 $0.078 \times 10^{-3} \sim 411.674 \times 10^{-3} \mu m^2$，其气水相对渗透率实验结果有一定变化。按渗透率小于 $1 \times 10^{-3} \mu m^2$、$1 \times 10^{-3} \sim 10 \times 10^{-3} \mu m^2$、$10 \times 10^{-3} \sim 100 \times 10^{-3} \mu m^2$、大于等于 $100 \times 10^{-3} \mu m^2$ 四个档次选出代表性样品的气水相对渗透率实验分别如图 6-4 和图 6-5 所示。可以看出，随着含气饱和度增加，水相相对渗透率快速下降，气相相对渗透率缓慢上升；渗透率越高，气相相对渗透率上升越快。

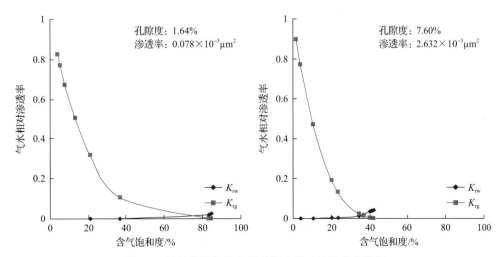

图 6-4　较低物性的代表样品气水相对渗透率曲线图

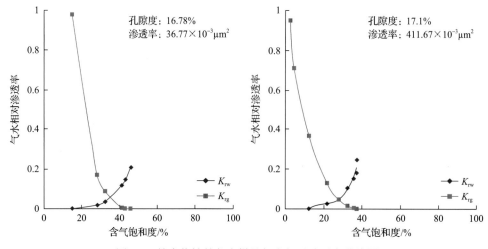

图 6-5 较高物性的代表样品气水相对渗透率曲线图

选取渗透率相近(均为 $14.817 \times 10^{-3} \sim 65.805 \times 10^{-3} \mu m^2$)的 5 块岩心进行归一化处理,结果如图 6-6 所示。可以看出,滩相束缚水饱和度约 45%,随含水饱和度降低,液相相对渗透率快速下降,气相相对渗透率缓慢上升。

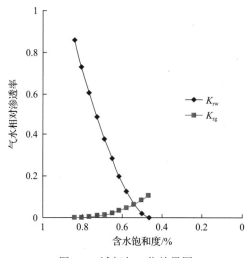

图 6-6 滩相归一化结果图

(三)对比分析

礁相与滩相归一化实验数据对比发现,礁相岩心束缚水饱和度(50%)要略高于滩相(47%);礁相岩心亲水性强于滩相岩心;在气水两相渗流过程中,礁相岩心水相相对渗透率下降较快,气相相对渗透率抬升较快,束缚下气相相对渗透率为 0.1983,明显高于滩相束缚水下气相相对渗透率值 0.1048。礁相岩心两相渗流区较窄,水相对气相渗流干扰较小,气相相对渗透率上升快;滩相岩心两相渗流区较宽,两相渗流过程中水相对气相渗透率存在一定干扰,气相相对渗透率上升较慢。

## 第二节　礁滩相碳酸盐岩气藏敏感性实验分析

为了更好地认识礁滩相碳酸盐岩气藏开发过程中敏感性，以指导气井的生产，笔者在室内进行了以下实验分析工作：礁相 15 块、滩相 22 块岩心应力敏感性测试；礁相 3 块、滩相 3 块岩心气速敏测试；礁相 3 块、滩相 3 块岩心酸敏性测试。

### 一、应力敏感性实验

#### (一) 实验步骤

该实验用高纯度氮气为实验流体，并参照《覆压下岩石孔隙度和渗透率测定方法》(SY/T 6385—2016)进行数据记录和处理。具体步骤如下。

(1) 参照 SY/T 6385—2016 测定损害前的气体渗透率。

(2) 保持进口压力值不变，缓慢增加围压，使净围压依次为 5MPa、8MPa、11MPa、14MPa、17MPa、20MPa。每一压力点持续 30min 后，参照 SY/T 6385—2016 测定岩样渗透率。

(3) 缓慢减小围压，使净围压依次为 17MPa、14MPa、11MPa、8MPa、5MPa。每一压力点持续 30min 后，参照 SY/T 6385—2016 测定岩样渗透率。

(4) 渗透率损害系数的计算：

$$D_{kp} = \frac{K_i - K_{i+1}}{K_i \left| (P_{i+1} - P_i) \right|} \tag{6-9}$$

式中，$D_{kp}$ 为渗透率损害系数，$MPa^{-1}$；$K_i$、$K_{i+1}$ 为第 $i$ 个、第 $i+1$ 个净围压下的岩样渗透率，$10^{-3}\mu m^2$；$P_i$、$P_{i+1}$ 为第 $i$ 个、第 $i+1$ 个净围压值，MPa。

按下面公式计算应力敏感性引起的不可逆渗透率损害率 $D_{k3}$：

$$D_{k3} = \frac{K_1' - K_{1r}}{K_1'} \times 100\% \tag{6-10}$$

式中，$D_{k3}$ 为应力回复至第一个应力点后产生的渗透率损害率；$K_1'$ 为第一个应力点对应的岩样渗透率，$10^{-3}\mu m^2$；$K_{1r}$ 为应力回复至第一个应力点后的岩样渗透率，$10^{-3}\mu m^2$。

#### (二) 应力敏感性评价指标及本次实验结果

本次按照如表 6-1 所示指标进行岩心应力敏感性评价。

依照前面步骤，我们对礁相 15 块、滩相 22 块岩心进行了应力敏感性实验，其中礁相碳酸盐岩样品长度为 3.18～6.776cm，但直径基本在 2.54cm 左右，实验结果差异较大，伤害率由 4.15% 至 56.82% 不等。表 6-2 和图 6-7 为元坝 104 5 26/36 号岩心应力敏感性结果。

滩相岩心长度 2.38～6.980cm，直径 2.520～2.562cm，应力敏感性差异性很大，伤害率 2.00% 至 49.55%，其中元坝 123 23 14/43-1 号岩心应力敏感性实验结果如表 6-3 和图 6-8 所示。

表 6-1　应力敏感性评价指标

| 渗透率损害率/% | 损害程度 |
|---|---|
| $D_k \leq 5$ | 无 |
| $5 < D_k \leq 30$ | 弱 |
| $30 < D_k \leq 50$ | 中等偏弱 |
| $50 < D_k \leq 70$ | 中等偏强 |
| $70 < D_k \leq 90$ | 强 |
| $D_k > 90$ | 极强 |

表 6-2　元坝 104 5 26/36 号岩心应力敏感性数据表

| 岩心长度/cm | 岩心直径/cm | 上覆压力/MPa | 渗透率/$10^{-3} \mu m^2$ |
|---|---|---|---|
| 4.298 | 2.540 | 5 | 0.4217 |
| 4.298 | 2.540 | 8 | 0.3875 |
| 4.298 | 2.540 | 11 | 0.3024 |
| 4.298 | 2.540 | 14 | 0.2638 |
| 4.298 | 2.540 | 17 | 0.2192 |
| 4.298 | 2.540 | 20 | 0.1715 |
| 4.298 | 2.540 | 17 | 0.1856 |
| 4.298 | 2.540 | 14 | 0.2024 |
| 4.298 | 2.540 | 11 | 0.2434 |
| 4.298 | 2.540 | 8 | 0.2645 |
| 4.298 | 2.540 | 5 | 0.2946 |
| 渗透率损害率/% | | 30.14 | |

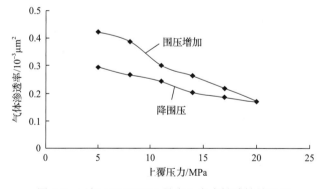

图 6-7　元坝 104 5 26/36 号岩心应力敏感性结果图

表 6-3　元坝 123 23 14/43-1 号岩心应力敏感性数据表

| 岩心长度/cm | 岩心直径/cm | 上覆压力/MPa | 渗透率/$10^{-3} \mu m^2$ |
|---|---|---|---|
| 6.570 | 2.550 | 5 | 59.1056 |
| 6.570 | 2.550 | 8 | 58.2058 |
| 6.570 | 2.550 | 11 | 56.5667 |

续表

| 岩心长度/cm | 岩心直径/cm | 上覆压力/MPa | 渗透率/$10^{-3}\mu m^2$ |
|---|---|---|---|
| 6.570 | 2.550 | 14 | 56.5331 |
| 6.570 | 2.550 | 17 | 56.2694 |
| 6.570 | 2.550 | 20 | 56.0569 |
| 6.570 | 2.550 | 17 | 55.1861 |
| 6.570 | 2.550 | 14 | 55.4156 |
| 6.570 | 2.550 | 11 | 55.5312 |
| 6.570 | 2.550 | 8 | 56.6947 |
| 6.570 | 2.550 | 5 | 57.9255 |
| 渗透率损害率/% | 2.00 | | |

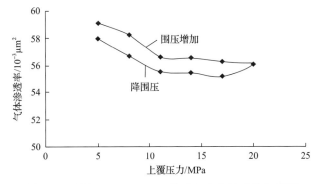

图 6-8 元坝 123 23 14/43-1 号岩心应力敏感性曲线图

表 6-4 是所有礁相、滩相碳酸盐岩样品应力敏感性实验结果，可以看出应力敏感性与渗透率基本上成反比关系，渗透率越小应力敏感性越强。渗透率越小，孔喉越细小，即使是微小的变形也会对渗透率造成很大的伤害。

表 6-4 礁相与滩相岩心应力敏感性实验结果

| 样品号 | 长度/cm | 直径/cm | 孔隙度/% | 渗透率/$10^{-3}\mu m^2$ | 伤害率/% | 备注 |
|---|---|---|---|---|---|---|
| 元坝 29 2 2/18 | 5.934 | 2.540 | 15.32 | 430.558 | 4.15 | |
| 元坝 104 6 4/51-1 | 4.342 | 2.540 | 8.52 | 15.268 | 10.82 | |
| 元坝 27 8 8/21 | 3.744 | 2.540 | 7.63 | 5.647 | 13.19 | |
| 元坝 104 5 28/36-2 | 5.626 | 2.540 | 8.17 | 4.829 | 17.17 | |
| 元坝 104 6 3/51 | 6.068 | 2.544 | 8.66 | 2.163 | 12.27 | |
| 元坝 27 9 6/14 | 5.354 | 2.540 | 8.52 | 1.811 | 28.72 | |
| 元坝 27 8 4-21 | 4.580 | 2.540 | 6.83 | 1.637 | 56.82 | 礁相 |
| 元坝 104 5 26-36 | 4.688 | 2.540 | 8.69 | 1.59 | 30.14 | |
| 元坝 104 5 28/36 | 5.612 | 2.540 | 5.39 | 1.259 | 12.27 | |
| 元坝 27 8 17/21 | 3.556 | 2.540 | 3.04 | 0.434 | 25.61 | |
| 元坝 27 7 19/29 | 4.782 | 2.540 | 6.75 | 0.325 | 30.40 | |
| 元坝 104 6 4/51-2 | 6.782 | 2.540 | 5.95 | 0.072 | 20.79 | |

续表

| 样品号 | 长度/cm | 直径/cm | 孔隙度/% | 渗透率/$10^{-3} \mu m^2$ | 伤害率/% | 备注 |
|---|---|---|---|---|---|---|
| 元坝9 7 8/27 | 4.758 | 2.540 | 4.62 | 0.103 | 51.07 | 礁相 |
| 元坝9 3 11/53 | 3.488 | 2.524 | 16.45 | 33.93 | 46.85 | |
| 元坝104 5 23/36 | 3.39 | 2.54 | 17.82 | 17.15 | 42.61 | |
| 元坝123 26 1/31 | 5.606 | 2.540 | 17.12 | 411.674 | 17.34 | 滩相 |
| 元坝123 23 14/43-1 | 6.568 | 2.538 | 11.26 | 127.697 | 2.00 | |
| 元坝123 23 26/43 | 6.886 | 2.540 | 10.45 | 95.435 | 21.44 | |
| 元坝123 24 40/42-1 | 5.460 | 2.540 | 10.15 | 65.805 | 12.74 | |
| 元坝123 23 18/43-2 | 5.440 | 2.540 | 9.13 | 29.662 | 24.93 | |
| 元坝123 23 5/43 | 6.542 | 2.540 | 8.78 | 20.983 | 26.91 | |
| 元坝123 23 14/43-2 | 5.000 | 2.540 | 9.02 | 15.241 | 24.66 | |
| 元坝123 24 40/42-2 | 5.510 | 2.540 | 8.40 | 14.817 | 20.48 | |
| 元坝123 23 18/43-1 | 6.958 | 2.540 | 7.60 | 2.632 | 45.24 | |
| 元坝22 7 15/56 | 5.462 | 2.540 | 1.64 | 0.078 | 29.51 | |
| 元坝123 18 3/29 | 3.236 | 2.530 | 16.81 | 10.87 | 43.30 | |
| 元坝123 26 23/31 | 3.276 | 2.520 | 16.78 | 36.767 | 42.12 | |
| 元坝123 26 28/31 | 3.26 | 2.520 | 15.91 | 25.5 | 43.12 | |
| 元坝11 4 14/87 | 2.776 | 2.522 | 14.47 | 13.639 | 47.41 | |
| 元坝11 4 21/87 | 2.756 | 2.520 | 16.29 | 50.34 | 42.51 | |
| 元坝11 4 84/87 | 3.426 | 2.544 | 16.32 | 43.06 | 40.93 | |
| 元坝11 4 15/87 | 6.748 | 2.548 | 18.00 | 6.562 | 48.91 | |
| 元坝11 4 16/87 | 6.922 | 2.562 | 15.90 | 3.735 | 43.38 | |
| 元坝22 7 33/56-1 | 6.668 | 2.552 | 20.59 | 2.975 | 49.55 | |
| 元坝22 7 33/56-2 | 6.486 | 2.550 | 23.44 | 0.543 | 42.26 | |
| 元坝22 7 34/56-1 | 6.820 | 2.520 | 18.46 | 0.2112 | 17.19 | |
| 元坝22 7 34/56-2 | 6.52 | 2.522 | 19.33 | 0.4155 | 15.03 | |

## 二、礁相、滩相岩心气相速敏性分析

储层岩石的流速敏感性(流体流动速度的变化引起地层微粒运移、堵塞喉道,导致渗透率下降的现象)是合理开采油气藏的重要依据。气层岩心的速敏性的评价介质是气体,通常处于安全性考虑所采用的是氮气。但是采用气体为介质时,需要考虑气体通过岩石流动与液体通过岩石流动的差异,及气体通过岩石孔道的滑脱效应对渗透率的影响。因此,在实验过程中参照石油行业标准《储层敏感性流动实验评价方法》(SY/T 5238—2002)和《岩心常规分析方法》(SY/T5336—1996)中的气测渗透校正气体滑脱效应部分的数据处理方法,对礁相岩心进行了气体速敏性评价实验。

(一)气体速敏性评价实验

单相气体速敏性评价实验采用纯度为 99.9% 氮气。具体实验步骤如下。

(1)选择岩样。

(2)选择围压 5MPa。

(3)选择驱替气体压力,初始压力为 0.02MPa,测试岩心渗透率,同一压力测试 30min 无变化,可测下一压力。

(4)选择测试压力以 0.02MPa 递增,压力的设置也应视岩心具体情况调整。

(5)临界流速点的确定,如果流速 $v_{i-1}$ 对应的渗透率 $K_{i-1}$ 与流速 $v_i$ 对应的渗透率 $K_i$ 满足式(6-11):

$$\frac{K_{i-1} - K_i}{K_{i-1}} \times 100\% \geqslant 5\% \qquad (6-11)$$

则说明已发生速敏损害,式中流速 $v_{i-1}$ 即为临界流速。

(6)岩样的渗透率损害率。

由速敏性引起的渗透率损害率由式(6-12)计算:

$$D_{k1} = \frac{K_{max} - K_{min}}{K_{max}} \times 100\% \qquad (6-12)$$

式中,$D_{k1}$ 为速敏性引起的渗透率损害率;$K_{max}$ 为临界流速前岩样渗透率的最大值,$10^{-3} \mu m^2$;$K_{min}$ 为临界流速后岩样渗透率的最小值,$10^{-3} \mu m^2$。

因速敏性引起的渗透率损害程度评价指标见表 6-5。

表 6-5 速敏损害程度评价指标

| 渗透率损害率/% | 损害程度 |
| --- | --- |
| $D_{k1} \leqslant 5$ | 无 |
| $5 < D_{k1} \leqslant 30$ | 弱 |
| $30 < D_{k1} \leqslant 50$ | 中等偏弱 |
| $50 < D_{k1} \leqslant 70$ | 中等偏强 |
| $D_{k1} > 70$ | 强 |

(二)气体速敏性评价实验结果

本次实验礁相和滩相各 3 个样品,气体速敏性实验结果如表 6-6 和图 6-9 所示,可以看出礁相、滩相岩心的速敏性较弱,在生产过程中可以适当放大生产压差。同时,由于实验过程中所用介质为氮气,与实际气藏渗流环境存在一定的差异,气体对微粒的冲刷作用有限,不会带来严重的速敏损害。因此提示在钻井、完井或生产作业液体系中加入抑制剂,降低黏土等微粒的运动活性,或加入包被剂对储层微粒进行包被,这样可以防止因黏土或微粒活化结构失稳,而被流体冲刷后产生分散、运移,带来速敏损害。

表 6-6　气体速敏实验结果表

| 样品号 | 长度/cm | 直径/cm | 空气渗透率/10⁻³μm² | 孔隙度/% | 临界流速/(mL/min) | 伤害率/% | 伤害程度 | 备注 |
|---|---|---|---|---|---|---|---|---|
| 元坝 104 5 28/36-2 | 5.626 | 2.540 | 4.829 | 8.17 | 28.41 | 6.13 | 弱 | |
| 元坝 27 8 4/21 | 4.580 | 2.540 | 1.637 | 6.83 | | 2.83 | 无 | 礁相 |
| 元坝 27 8 8/21 | 3.744 | 2.540 | 5.647 | 7.63 | 25.90 | 6.42 | 弱 | |
| 元坝 11 4 84/87 | 3.426 | 2.544 | 43.06 | 16.32 | 150.0 | 7.44 | 弱 | |
| 元坝 11 4 15/87 | 6.748 | 2.548 | 6.562 | 18.00 | 30.00 | 11.66 | 弱 | 滩相 |
| 元坝 11 4 16/87 | 6.922 | 2.562 | 3.735 | 15.90 | 27.89 | 13.57 | 弱 | |

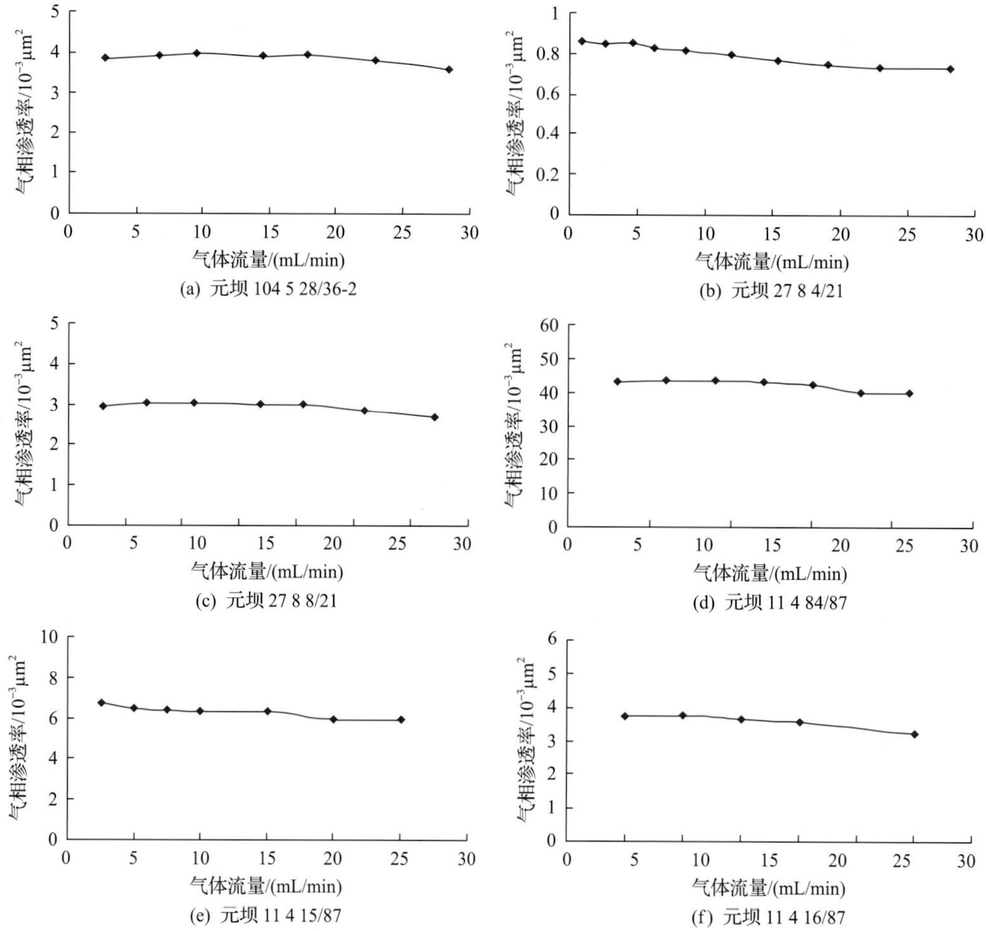

图 6-9　元坝 104 5 28/36-2 号岩心速敏曲线

### 三、礁相、滩相岩心酸敏性分析

（一）酸敏评价实验步骤

酸化是改造碳酸盐油气藏一种常用、有效的措施，为了评价礁相岩心酸敏性程度，以指导现场酸化施工，在室内进行了酸敏性评价实验。

(1)用于地层水测定酸处理前的液体渗透率。

(2)反向注入 2 倍孔隙体积(PV)的酸液[20%(质量分数,下同)HCl+3%缓蚀剂+0.5%助排剂+1%黏土稳定剂]。

(3)停驱替泵模拟关井,碳酸盐岩样品包括注酸在内的酸反应时间为 0.5h。

(4)开驱替泵正向驱替,注入与地层水,连续测定时间、压差、液量,同时用精密 pH 试纸测定流出液 pH 的变化。

(5)从注酸开始,连续收集数份流出液待测,直至累计量达 10~15 倍 PV。

(6)当流动状态稳定且 pH 不变时,关驱替泵,停止驱替实验。

(二)酸敏性评价指标

驱替法酸敏性评价指标按下式计算:

$$I_a = \frac{K_f' - K_{ad}}{K_f'} \times 100\% \qquad (6-13)$$

式中,$I_a$ 为酸敏指数;$K_f'$、$K_{ad}$ 为酸处理前、后用于地层水测定的岩样渗透率,$10^{-3}\mu m^2$。

酸敏损害的评价指标见表 6-7。

表 6-7 酸敏损害的评价指标

| 酸敏指数/% | 酸敏性程度 |
|---|---|
| $I_a \approx 0$ | 弱酸敏 |
| $0 < I_a \leq 15$ | 中等偏弱酸敏 |
| $15 < I_a \leq 30$ | 中等偏强酸敏 |
| $30 < I_a \leq 50$ | 强酸敏 |
| $I_a > 50$ | 极强酸敏 |

(三)酸敏性评价实验结果

实验结果见表 6-8 和图 6-10,总体看礁相、滩相岩心不存在酸敏。实验中所采用的酸液浓度和配方能起到较好的酸化效果,岩心渗透均有非常大的改善,渗透率最大增加了 2431 倍。同时,在实验过程中发现由于反应较为剧烈,岩心出口端有黑色细小岩石颗粒产生,所以在酸化作业过程中要给予一定的重视。

表 6-8 酸敏实验结果

| 样品号 | 长度/cm | 直径/cm | 空气渗透率/$10^{-3}\mu m^2$ | 孔隙度/% | 液相渗透率/$10^{-3}\mu m^2$ 注酸前 | 注酸后 | 渗透率增加倍数 | 备注 |
|---|---|---|---|---|---|---|---|---|
| 元坝 104 5 28/36 | 5.612 | 2.540 | 1.259 | 5.39 | 0.130 | 6.850 | 52 | |
| 元坝 27 9 6/14 | 5.354 | 2.540 | 1.811 | 8.52 | 0.0717 | 39.630 | 551 | 礁相 |
| 元坝 27 8 17/21 | 3.556 | 2.540 | 0.434 | 3.04 | 0.0248 | 60.260 | 2431 | |
| 元坝 22 7 33/56-1 | 6.668 | 2.552 | 2.975 | 20.59 | 0.1870 | 7.316 | 39.0 | |
| 元坝 22 7 33/56-2 | 6.486 | 2.550 | 0.543 | 23.44 | 0.0395 | 5.0147 | 126.8 | 滩相 |
| 元坝 22 7 34/56-1 | 6.820 | 2.520 | 0.2112 | 18.46 | 0.4671 | 4.2958 | 91.96 | |

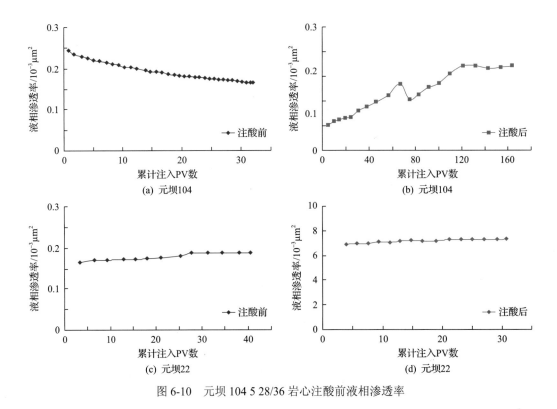

图6-10 元坝104 5 28/36岩心注酸前液相渗透率

# 第三节 硫沉积及其对气井产能的影响

高含硫气藏开发过程中会发生硫沉积，这些沉积的硫会吸附在岩石孔隙壁面上，堵塞气体的流动通道，进而影响气井产能，严重时可造成气井停产。而目前国内外对于这方面的研究还处于起步阶段。由于缺少能直接观测高温高压硫析出点和熔解点的实验方法，制约了深层超深层高含硫气藏的相态特征的研究；在高含硫气藏研究地层渗流时，主要精力集中在单纯硫沉积对储层伤害方面，缺少对液态硫微观、宏观渗流机理方面的深入研究。本节针对元坝气田，开展采样分析和数值模拟，分析埋深达7000m的超深层高含硫气藏相态特征及渗流机理，为合理高效开发提供支撑。

## 一、高含硫气藏开发中发生硫沉积

高含硫气藏开采过程中，随着温度和压力逐步下降，高含硫气体中硫的溶解度会逐步下降，当降到一定的程度，含硫量即达到饱和，单质硫开始以结晶体的形式析出。若结晶体微粒直径大于孔喉直径，或气体流动的能量无法携带全部结晶体一起流动时，这些单质硫结晶体就从气体中析出，并在原地滞留下来，发生所谓硫物理沉积现象，简称硫沉积。

硫沉积是高含硫气藏开发过程中广泛存在现象。美国和加拿大等含硫地区元素硫沉积的实例表明：当地层温度低于单质硫的熔点，单质硫就会发生沉积，这种硫沉积会发生在地层、井底、井筒和井口(地面)。

　　沉积在地层孔隙中的硫微粒会改变多孔介质的孔隙结构，引起孔隙度和渗透率的降低，即造成地层伤害。同时，硫微粒和 $H_2S$ 之间也存在一个化学反应平衡，即随着温度和压力降低，多硫化物分解析出更多的硫。大量硫物理化学沉积能引起气藏严重污染和伤害。即使含硫量低于 $2g/m^3$ 的气井，在几个月的时间内也会发生"硫堵"，致使生产无法正常进行。

## 二、高含硫气藏硫析出特征

### (一)高含硫气藏硫析出特征

　　首先，物理模拟观察 PVT 筒中硫析出并微观运移现象。可以观察到：当流体样品转入 PVT 筒中时出现颗粒状物质(单质硫)，并且随着压力和/或温度降低，颗粒状物质(单质硫)逐渐增加，此时如果地层温度还高于 119℃，颗粒状物质(单质硫)会变为液体[图 6-11(a)]；当压力降低到 5MPa 时可明显看到液体的流动，而且随着温度、压力进一步降低该液体流动量逐步增多[图 6-11(b)]。

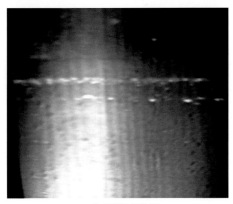
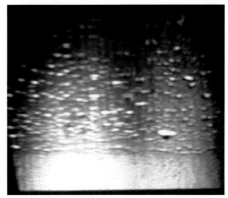

(a) 出现颗粒状物质　　　　　　　　　　(b) 出现液体流动

图 6-11　PVT 筒中微观运移观察图片

　　接着，利用元坝 272H 井样品，实验模拟无裂缝碳酸盐岩基质中的硫沉积形态。在原始条件下，基质孔隙中未见硫沉积(图 6-12 和图 6-13)。实验中，在高温高压下将含单质硫的元坝气体缓慢通过基质时，单质硫由于密度和黏度较大，运移速度比气体慢，开始慢慢在孔隙中沉积，由于温度和压力快速下降，单质硫迅速从气体中析出，且优先进入相对大孔隙中(图 6-14～图 6-16)。随着注入量的不断增加，当大孔隙被硫沉积占据后，气体开始进入相对较小的孔隙(图 6-17)。实验结束时，可以发现基质模型中硫沉积总体呈现非均匀分布特征，硫沉积主要分布在相对大孔隙中，而大部分微孔隙未见到硫沉积。在裂缝和基质共存区域，硫沉积优先沉积在裂缝中。总结起来，硫沉积主要发生在气体易流动区域。

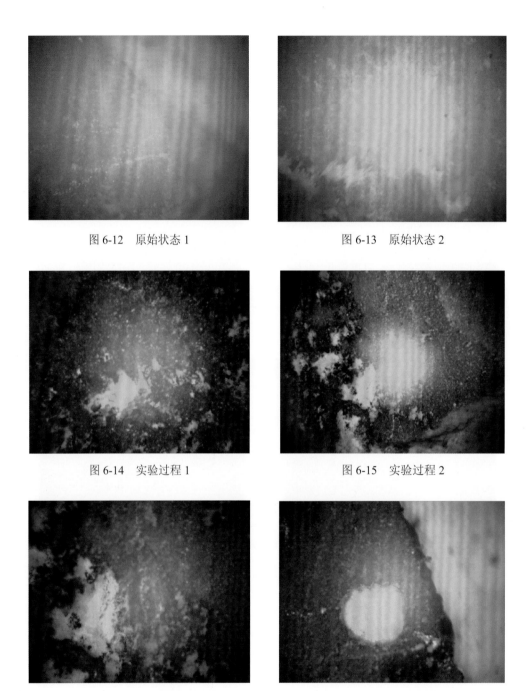

图 6-12　原始状态 1　　　　　　　图 6-13　原始状态 2

图 6-14　实验过程 1　　　　　　　图 6-15　实验过程 2

图 6-16　实验过程 3　　　　　　　图 6-17　实验过程 4

（二）液态硫吸附能力研究

液态硫在流动中，因与孔隙壁面接触发生吸附现象而部分滞留在孔隙中。液态硫的吸附是硫沉积的主要表现形式。单质硫属于非极性分子，易溶于非极性溶液中，而岩石骨架由极性物质组成，根据吸附选择性原理，其中的孔隙壁面对非极性的液态硫吸附较小。液态硫到底是游离态还是吸附态国内外还没有专门的实验研究。

笔者采用油气藏地质及开发工程国家重点实验室的高温高压高含硫气藏气-液态硫相渗曲线测试装置，实验中通过将硫粉放入中间容器中加温制备成液态硫，选取 2 种不同物性的储层岩心，测定不同温度(110℃和 160℃)及压力下(75~20MPa)的液态硫在岩心中的吸附能力，研究储层物性、温度、压力对液态硫吸附能力的影响。具体实验过程如下。

(1)岩心的选取与处理：制备直径为 2.50cm 或 3.80cm 的岩心，其长度不小于直径的 1.5 倍；按照相应的标准将岩心样本进行抽提、清洗、烘干处理，处理后测量岩心的长度为 $L$、直径为 $d$、岩心孔隙度为 $\phi$、渗透率为 $K$。

(2)液态硫的制备与气-液态硫驱替实验中的制备过程相同；利用气体配样器配置不同 $H_2S$ 含量的混合天然气，利用气体增压泵将其注入气体中间容器。

(3)岩心饱和液态硫：待装液态硫的中间容器冷却后，将其移至恒温箱，同时将岩心夹持器也置于恒温箱内，有液态硫经过的设备均置于恒温箱内，利用加热丝加热回压阀，防止液态硫冷却堵塞管路；将恒温箱内部温度升至 150℃，回压阀及相关管路的电加热丝温度亦升至 150℃，然后将中间容器中的液态硫驱替至岩心中，使岩心充分饱和液态硫。

(4)模拟真实地层束缚液态硫条件，保持高温高压条件，保证驱替过程中不会出现固化而堵塞管线及岩心。持续利用含 $H_2S$-$CO_2$ 混合气驱替岩心中液态硫，置换出液态硫，直至气液分离器液体出口端不出液态硫为止，驱替过程结束。

(5)取出岩心，并称重，其重量差即为液态硫吸附量。

选取元坝高含硫气藏岩心开展液态硫吸附实验，实验条件为内压 13MPa，围压 20MPa，回压 11MPa，温度 150℃。液态硫饱和前干岩心质量为 54.3196g，然后利用含 $H_2S$-$CO_2$ 混合气驱替岩心中液态硫，液态硫驱替过程中随机对岩心称重质量为 56.1205g，此时岩心中液态硫质量为 1.8009g。继续驱替直至气液分离器液体出口端不出液态硫为止，对岩心称重质量为 55.1507g，吸附的液态硫质量为 0.8311g。

选取元坝高含硫气藏元坝 29 井开展液态硫吸附实验，实验条件为内压 50MPa、围压 75MPa、回压 48MPa、温度 150℃。

定义岩心吸附液态硫量为(岩心增重的质量/S 的摩尔质量)/液态硫伤害前岩心的质量。

在液态硫伤害后元坝 29 井 1 号岩心的孔隙体积减小了 0.52cm³，岩心增重 2.3686g，液态硫吸附量 0.0014mol/g。在液态硫伤害后元坝 29 井 2 号岩心的孔隙体积减小了 2.55cm³岩心增重 7.2519g，液态硫吸附量 0.0036mol/g。其中，常温常压下固态硫的密度为 2g/cm³。由此得知：岩心孔隙度越大，在同等液态硫吸附实验条件下，岩心增重越多，岩心吸附液态硫量越大。

(三)液态硫吸附非线性特征研究

对于元坝高含硫气藏来说，储层一旦析出硫，孔隙结构和渗流阻力将发生较大改变，流体流动不再符合经典的达西定律。选取元坝高含硫气藏 2 块岩样，研究液态硫吸附下气体流动的非线性特征。首先向岩心饱和液态硫，接着采用高 $H_2S$-$CO_2$ 气体驱替液态硫，直至气液分离器液体出口端不流出液态硫为止。通过改变压差实验，获取压力梯度与气体流速关系曲线。从图 6-18 可见，岩心 27(3) 具有较高渗透率($4.71 \times 10^{-3} \mu m^2$)，岩心渗流特征表现出达西流动；而岩心 27(2) 具有较低渗透率($0.044 \times 10^{-3} \mu m^2$)，岩心渗流特征偏离达西流动，表现出较强的非线性特征。因此，液态硫吸附对低渗透岩心为非线性渗流。

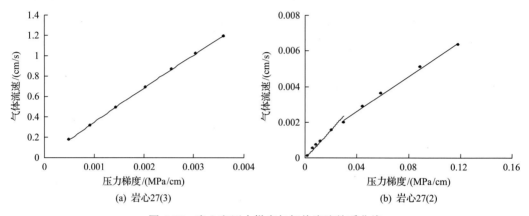

图 6-18 岩心和压力梯度与气体流速关系曲线

选取岩心 27(2) 开展液态硫储层伤害渗透率变化研究。实验条件为内压 13MPa、围压 20MPa、回压 11MPa、温度 150℃。实验结果显示：随着含液态硫饱和度增加，渗透率不断降低。液态硫饱和度小于 0.3，渗透率伤害程度较为明显；当液态硫饱和度大于 0.5，气相渗透率变化趋于缓慢(图 6-19)。

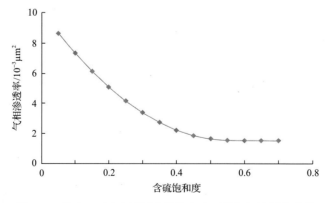

图 6-19 岩心 27(2) 在不同含硫饱和度下的气相渗透率曲线

(四) 单质硫的相态变化

单质硫存在 4 种相：正交硫(R)、单斜硫(M)、液态硫和硫蒸气。由于单组分体系最多只能三相共存，因此在硫的相图中会存在 4 个三相点。单质硫各相之间可以相互转化，其转化关系见图 6-20 中硫的 $P$-$T$ 相图。在图中具有 4 个三相点,实线是稳定平衡态,虚线是介稳平衡态。如果将正交硫迅速加热或者将液态硫迅速冷却,便可能出现正交硫与液态硫之间的平衡状态。如果将正交硫缓慢加热或者将液态硫缓慢冷却,不能得到正交硫与液态硫之间的两相共存,而是正交硫与单斜硫或液态硫与单斜硫之间的两相平衡。这是因为如果将正交硫迅速加热到 $BGE$ 区,则仍为正交硫,但在 $BGE$ 区久置便能转变成单斜硫。如果将液态硫迅速冷却到 $BGC$ 区,则仍为液态硫,但若使液态硫在 $BGC$ 区久置便能转变成单斜硫。

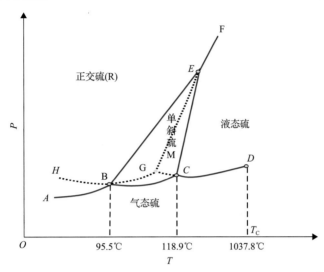

图 6-20　硫的不同状态之间的转化关系图

图 6-20 中各线的转化关系:$B$ 为正交硫 $\underset{\text{凝华}}{\overset{\text{升华}}{\rightleftharpoons}}$ 气态硫;$BC$ 为单斜硫 $\underset{\text{凝华}}{\overset{\text{升华}}{\rightleftharpoons}}$ 气态硫;$CD$ 为液态硫 $\underset{\text{液化}}{\overset{\text{汽化}}{\rightleftharpoons}}$ 气态硫;$EF$ 为正交硫 $\underset{\text{凝固}}{\overset{\text{熔化}}{\rightleftharpoons}}$ 液态硫;$CE$ 为单斜硫 $\underset{\text{凝固}}{\overset{\text{熔化}}{\rightleftharpoons}}$ 液态硫;$BE$ 为正交硫 $\rightleftharpoons$ 单斜硫。

各点的相平衡关系:$B$ 为正交硫 $\rightleftharpoons$ 气态硫 $\rightleftharpoons$ 单斜硫;$C$ 为气态硫 $\rightleftharpoons$ 液态硫 $\rightleftharpoons$ 单斜硫;$E$ 为正交硫 $\rightleftharpoons$ 液态硫 $\rightleftharpoons$ 单斜硫。$D$ 是硫的临界点,临界温度为 $T_c$。

元坝气田长兴组气藏埋深 6500~7200m,地层压力 65~82MPa,地层温度 145~158.6℃,$H_2S$ 含量为 4.9%,$CO_2$ 含量为 8.86%,储层具有超深、高温、高压、高含 $H_2S$-$CO_2$ 特征,气藏应力敏感性和非均质性强。根据相态理论和实验得到的 $P$-$T$ 相图(图 6-21)可见,在元坝气藏地层条件下单质硫为液态。

(五)含硫气体硫溶解度变化及相图

从 3 口井的气样硫溶解度测定实验结果(图 6-22)可见,在原始地层条件下,元坝 204-1H 和元坝 121H 井的单质硫饱和溶解度分别为 6.413g/m³ 和 9.0983g/m³。在相同温度

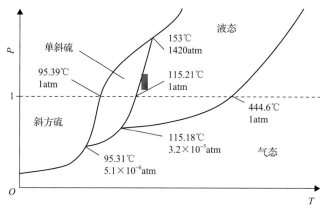

图 6-21 元坝高含硫气藏单质硫 P-T 相图

1atm=1.05×10⁵Pa

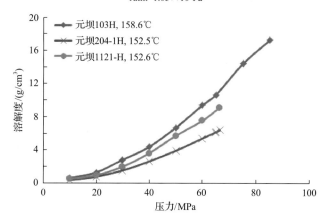

图 6-22 单质硫溶解度与压力关系对比曲线

下，随着压力的升高硫的溶解度增大；而在相同压力下，温度越高，天然气中单质硫的溶解度越大。对比发现，在地层条件下，元坝 103H 井单质硫溶解度最高，元坝 121H 井次之，元坝 204-1H 井最低。

利用建立的高温高压硫析出点和熔解点测量装置，测定单质硫在三口井及不同 $H_2S$ 含量气体中的凝固点曲线，明确单质硫地层条件和井筒流动过程中存在状态，实验结果如图 6-23 所示。总结起来，单质硫在含硫天然气中的凝固点比纯单质硫的凝固点要低，在纯 $H_2S$ 气体的凝固点最低，其他几个含硫气样的凝固点相似，但这些凝固点远远低于元坝气田地层温度，因此元坝气田单质硫在井底流压低于 25MPa 时，地层中才会析出，一旦析出即呈现液态硫形态。

利用建立的高温高压硫析出点和熔解点测量装置，测定单质硫在元坝 103H 井、元坝 121H 井、元坝 204-1H 井气体中的析出点曲线，结果如图 6-24 所示。由于没有取得元坝 103H 井气样，测定了不同含量单质硫时硫的析出模板。在后续研究中，当获得单质硫含量时可通过插值法得到单质硫的析出曲线。对比元坝 121H 井、元坝 204-1H 井口气体中单质硫的析出曲线可以看出，相同条件下元坝 121H 井的析硫点更高，更易析出，在地层温度下元坝121H井的析硫压力为26.5MPa，元坝204-1H井的析硫压力为25MPa。当地层压力低于该压力值时，会析出液态硫。

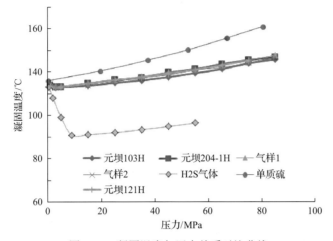

图 6-23　凝固温度与压力关系对比曲线

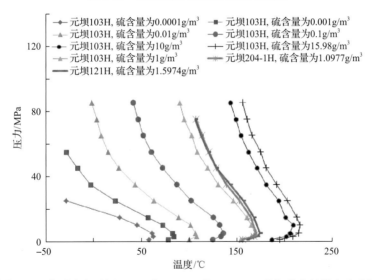

图 6-24　单质硫在元坝 103H 井、121H 井、204-1H 井气体中的析出点曲线

　　利用单质硫在元坝气样中的凝固点和析出点数据，完成流体相态实验研究，明确了含硫气体相态特征。根据元坝 121H 井口气体和地层条件下饱和单质硫气样的单质硫析出曲线、凝固曲线，结合露点线和泡点线的计算结果，绘制了元坝 121H 井口气样和地层条件下饱和单质硫流体相图(图 6-25)。可以看出，随着气体中单质硫含量增加，硫析出曲线向更高温度方向偏移，相同压力下气体中单质硫含量越高，析出温度越高，越容易析出；单质硫的析出温度随着压力的增加呈现先增大后减小趋势。元坝 121 井口气样在地层压力低于 26.5MPa 才会析出液态硫。元坝 121H 井相图存在天然气与液态硫两相共存的区域，且随着单质硫含量的不断增加，天然气与液态硫两相共存区越来越大。

元坝 121H 井相图存在液态烃、天然气和单质硫的三相共存区(G-L₁-S)、单质硫-天然气的气固两相区(G-S)、含硫气体的单相区和天然气-液态硫两相共存区域。此外，随着开采进行，当地层压力低于 25MPa 时，在地面管线和井筒中会存在多相共存区域。

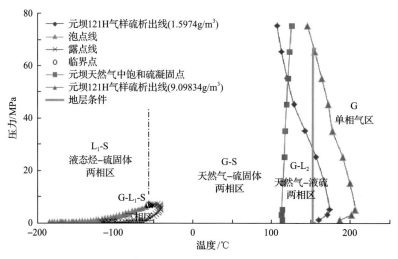

图 6-25　元坝 121H 井含硫流体相图

### 三、高含硫气藏渗流特征研究

高含硫气藏存在硫析出现象，析出的硫又会因温度的高低分别呈液态和固态，发生在多孔介质中则会影响气体流动，因此，高含硫气藏在开采过程中存在着多相渗流问题，导致其流动机理异常复杂，对气井生产的影响难以判别。之前酸气中硫析出研究主要针对硫以固态形式析出，这是因为先期开发的酸性气藏普遍埋深较浅，地层温度难以达到硫熔点($115.21℃$)，析出的硫在地层中以固态形式出现。随着元坝等超深层高含硫气藏相继投入开发，地层温度达到硫熔点，导致析出的硫以液态形式存在。目前针对气-液态硫两相渗流的研究多从理论方面考虑，而缺乏实验数据的验证。

目前气-液态硫两相驱替实验面临温度必须高于硫熔点、必须实现全程密封、液态硫易发生凝固等难题。作者研制了一套适用于高温高压条件下气-液态硫两相驱替实时测试装置，并制订了相应的测试流程，选取四川盆地元坝气田的取样岩心，开展了气-液态硫两相驱替实验，并采用非稳态法对相对渗透率实验数据进行处理，得到了气-液态硫相对渗透率曲线，实现了对气-液态硫两相渗流规律的定量化研究，可用于超深含硫气井的产能评价。

#### (一)气-液态硫渗流实验

实验装置主要由驱替系统(岩心夹持器)、增压系统(增压泵、回压控制器)、储集系统(储氮气罐、储硫中间容器)、围压控制系统(围压泵)、环境模拟系统(恒温箱)、气-液态硫分离及收集系统(液态硫收集容量瓶)、气-液态硫自动计量系统(高精度天平、气体计量器、计算机)、压力监测系统(回压压力表、增压泵/围压泵自带压力表)及控制软件和数据处理软件组成。该装置的主要性能和技术指标如下：驱替压力为 25MPa，流量为 0.0001～25mL/min，围压为 80MPa，出口回压为 20MPa，工作温度为 150℃。

该实验装置有效解决了气–液态硫实验面临的困难。首先，在开始实验时将储硫中间容器和岩心夹持器置于恒温箱中，将温度加热至 150℃，在管线外裹上绝缘电热丝并加热至 150℃，使硫在管线中保持液态形式。其次，将实验气体替换为氮气，并持续使用强排气扇以保持实验室通风，采用自动计量及远程监测技术，以有效减少实验人员与测试装置的接触，防止中毒。最后，批量采购密封橡胶筒，保证每组岩心驱替实验均用新橡胶筒；用二硫化碳溶硫剂进行清洗时需佩戴隔绝式防毒面具。

制备直径为 2.50cm 的岩心，其长度不小于直径的 1.5 倍，按照国家标准 GB/T 28912—2012 对岩心样本进行抽提、清洗及烘干，然后测量岩心样本的长度、直径、孔隙度及渗透率。

将硫粉装满储硫中间容器(以下简称中间容器)，开动恒温箱对其加热，将硫粉制备成液态硫。由于硫粉变成液态硫后体积变小，故应选用大型中间容器以便尽可能多装入硫粉，以保证制备出充足的液态硫。因为液态硫在高温高压的空气环境中可自燃，由此选取氮气作为驱替气体，利用增压泵将其注入储氮气罐。在进行液态硫驱替时，将氮气泵入岩心夹持器以驱出岩心中饱和的液态硫。

待装液态硫的中间容器冷却后，将其移至恒温箱内，同时将岩心夹持器、回压阀也置于恒温箱内，需使用管线将回压阀接至恒温箱外的液态硫收集容量瓶，并利用绝缘电热丝对处于恒温箱外的管线进行加热，防止液态硫遇冷凝固而堵塞管路；将恒温箱内部温度升至 150℃，回压阀及相关管路的电加热丝温度亦升至 150℃，然后启动驱替泵将中间容器中的液态硫泵入岩心中，使岩心充分饱和液态硫。

为保证驱替过程中液态硫不会凝固而堵塞管线及岩心，整个驱替管线应保持 150℃。开启驱替泵，使用氮气驱替岩心中的液态硫，直至液态硫收集瓶内的液体出口端不再出现液态硫。将驱替出的气体和液体进行气液分离，计量气体流量及液态硫质量，并记录驱替时岩心两端的进、出口压力。

(二)实验测试结果分析

选取元坝气田岩心，采用超低渗气体渗透率仪对所取岩心进行渗透率、孔隙度测试，然后针对不同岩心开展气–液态硫两相物理驱替实验(各组实验的温度皆全程保持在150℃)，实验条件见表 6-9。

1 号岩心的气–液态硫相渗曲线说明液态硫产生后气相相对渗透率大幅下降，而液态硫相渗透率缓慢上升，液态硫最大相对渗透率仅 0.17(图 6-26)。气–液态硫两相共渗区较窄，液态硫临界流动饱和度较大，共渗区液态硫饱和度介于 56%～87%。由于液态硫临界流动饱和度较大，含硫气藏内绝大多数区域液态硫产生后很难流动。由于在井筒附近，压降最明显，液态硫析出量最多，同时气流汇聚至井筒，大量的液态硫被携带至井筒附近并聚集，造成井筒附近的液态硫饱和度容易达到液态硫临界流动饱和度，进而阻碍井筒附近气体的流动。

**表 6-9  气−液态硫两相物理驱替实验条件数据表**

| 岩心编号 | 围压/MPa | 驱替压力/MPa | 回压/MPa |
|---|---|---|---|
| 1 | 20 | 18 | 17.97 |
| | 30 | 28 | 27.97 |
| | 50 | 48 | 47.97 |
| 2 | 30 | 28 | 27.97 |
| | 50 | 48 | 47.97 |
| 3 | 20 | 18 | 17.98 |
| | 20 | 18 | 17.97 |
| 4 | 20 | 18 | 17.98 |
| | 20 | 18 | 17.97 |

注：各实验温度全程保持在 150℃。

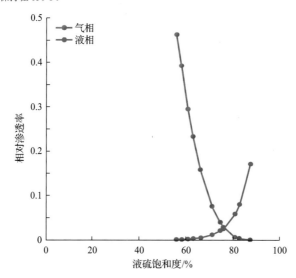

图 6-26  1 号岩心气−液态硫相对渗透率曲线图（围压为 20MPa）

通过改变围压，测得 1 号岩心和 2 号岩心的相对渗透率曲线，随着围压的增大，气相相对渗透率及液态硫相对渗透率均下降（图 6-27）。由于围压升高，增加了作用在岩石骨架上的有效应力，同时由于气体具有较强可压缩性，使岩石孔隙及吼道变小。根据微管流动理论，由于液体边界层的存在，使流体(含气相和液相)可通过的空间变小，从而导致气相及液态硫的相对渗透率下降。

由 3 号岩心、4 号岩心的气−液态硫相对渗透率曲线可见，随着驱替压差增大，气相相对渗透率及液态硫相对渗透率均有一定程度地上升(图 6-28)。这是由于驱替压差增大，气体流速增加，部分孔道壁面处被束缚的液态硫受到气体的携带而脱离孔道壁面，使液态硫的相对渗透率上升，该现象称为 Henderson 效应。气体流速越快，携液态硫能力越强。随着孔隙中的液态硫被部分携带出，液态硫量减少，使气−液态硫两相共渗时流动能力均有所提升。因此，在进行气−液态硫渗流研究时，需适当考虑气体流速的影响。

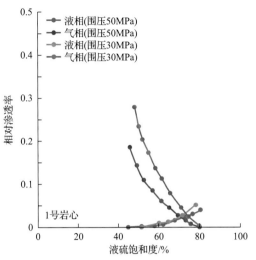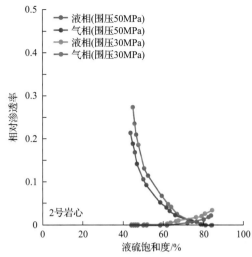

图 6-27  1 号岩心、2 号岩心在不同围压下气-液态硫相对渗透率曲线图（顾少华等，2018）

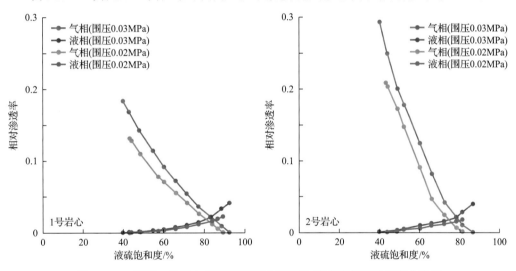

图 6-28  3 号和 4 号岩心在不同驱替压差下气-液态硫相对渗透率曲线图

## 四、考虑液态硫析出的高含硫气藏数值模拟技术

### （一）考虑液态硫析出的高含硫气不同流动阶段划分

根据前面的相态及渗流特征，归纳总结出考虑液态硫析出的高含硫气在不同开采阶段的流动模式，如图 6-29 所示。

原始状态时，地层压力最高，气体尚未开始流动，硫元素以单质或化合态的形式溶解于气相之中，此时硫在气体中溶解度未达到饱和，故地层中仅存在气相。

气藏刚开发时，地层压力开始下降，溶解在气体中的硫元素开始析出。由于气体流速最大，析出的硫以雾滴形式全部被气体携带，未能聚集形成连续液相，没有明显的气液相界面，这一时期的流动阶段可称之为完全混相携硫阶段。

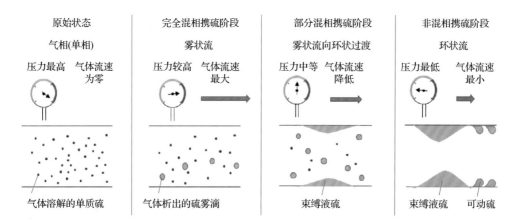

图 6-29　考虑液态硫析出的酸气在不同开采阶段的流动模式

当开发进入递减阶段时，地层压力持续下降，析出的液态硫开始增多。又由于气体流速开始下降，对硫的携带能力下降，部分液态硫开始聚集在壁面上形成束缚液态硫。此时地层中出现了液态硫相，但处于束缚状态，流动中的气体仍然是雾状流，总体上看流态处于雾状流向环状流过渡，该流动阶段出现了一部分连续相液态硫，而其他部分硫仍以雾滴状被携带，因此称之为部分混相携硫阶段。

当开发接近于衰竭时，气体压力很低，溶解于气体中的硫已基本析出。束缚液态硫继续增多，气体流速降到最低，大量的硫聚集在壁面上，一些硫可以摆脱壁面的束缚，随气体沿壁面流动。地层流体沿壁面流动，而气体在孔隙中央，流态呈现出明显的环形流。此时地层中气流速较低，无法携带硫雾滴，所以气液两相互不相溶且共同流动，该流动阶段可称之为非混相携硫阶段。

(二)考虑液态硫的速度敏感相对渗透率模型

在此引入速敏相对渗透率模型来表征有液态硫析出的高含硫气体的流动特征 (图 6-30)。该模型可模拟不同阶段气体对液体的携带，反映不同流速条件下液相临界流动饱和度的变化。高含硫气体速敏相对渗透率的计算方法如图 6-31 所示。

通过引入毛细管数的概念对气体携硫能力进行判别。毛细管数表示被驱替相所受到的黏滞力和毛细管力之比，是一个无量纲数。它反映了多孔介质两相驱替过程中不同力之间的平衡关系。气体流速越高，毛细管数越高，则液态硫越容易被携带；气体流速越低，毛细管数越低，液态硫越难以被携带。

计算毛细管数($N_{cp}$)公式如下：

$$N_{cp}^{(1)} = \frac{v_g \mu_g}{\sigma} \tag{6-14}$$

式中，$\mu_g$ 为气相黏度；$v_g$ 为气相驱替速度；$\sigma$ 为两相界面张力，下标 $p$ 代指气-液态硫中某一相。

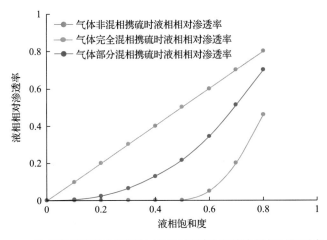

图 6-30 考虑液态硫析出的酸气在不同开采阶段的液相相对渗透率曲线

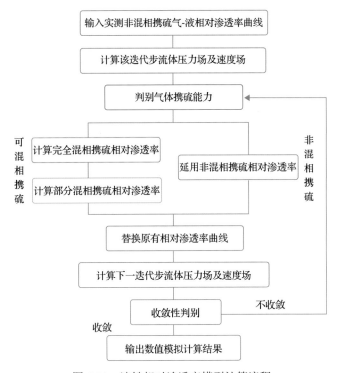

图 6-31 速敏相对渗透率模型计算流程

为判别气体的携液能力，引入标准化毛细管数的概念来表征气-液硫混相程度。标准化毛细管数 $N_{cnp}$ 的计算如式（6-15）所示：

$$N_{cnp} = \frac{N_{cbp}}{N_{cp}} \tag{6-15}$$

式中，$N_{cbp}$ 为该相的基础毛细管数，代表一个下限值，若低于该下限值，则判定气-液硫两相共渗不能混相。若 $N_{cp}$ 小于 $N_{cbp}$，则 $N_{cnp}$ 大于 1，表明此时处于非混相携硫阶段，液硫全部以连续液相被气体携带。若 $N_{cp}$ 大于 $N_{cbp}$，则 $N_{cnp}$ 小于 1，表明此时气体已开始混相携硫，由于气体流速增大，部分液硫开始以液态微滴或分子形式被携带。

若判断气体为非混相携硫，则沿用原有相对渗透率曲线进行下一步迭代计算。若判断气体可混相携硫，根据实验结果可知此时相对渗透率曲线形态和饱和度端点值会发生改变，必须计算适用于这一阶段的新的相对渗透率曲线。

部分混相携硫相对渗透率可由完全混相携硫相对渗透率和非混相携硫相对渗透率插值得到，所以要先计算完全混相携硫相对渗透率。计算完全混相携硫相对渗透率，首先要确定相对渗透率的残余相饱和度端点值 $S_{rbp}$，可通过将原残余饱和度端点乘以饱和度端点标定系数 $X_p$ 来确定：

$$S_{rbp} \to X_p S_{rbp} \tag{6-16}$$

饱和度端点标定系数 $X_p$ 确定方法为

$$X_p = 1 - \exp(-m_p N_{cnp}) \tag{6-17}$$

式中，$m_p$ 是由速敏实验确定的系数。若 $m_p$ 为零，则表明气体流速不会对饱和度端点产生影响。完全携液相对渗透率曲线 $K_{rmp}$ 可由下式计算：

$$K_{rmp} = \frac{S_p - X_p S_{rbp}}{1 - X_p S_{rbp}} \tag{6-18}$$

式中，$S_p$ 为气或液硫中某一相的归一化饱和度，其计算方法如下：

$$S_p = \frac{S_p^{(3p)}}{1 - S_w} \tag{6-19}$$

其中，$S_w$ 为水相饱和度；$S_p^{(3p)}$ 为三相共存条件下的真实相饱和度。

得到完全携液相对渗透率曲线后，可结合 $K_{rbp}$ 如下公式计算部分携液相对渗透率 $K_{rvp}$：

$$K_{rvp} = N_{cnp}^{1/n_p} K_{rbp} + (1 - N_{cnp}^{1/n_p}) K_{rmp} \tag{6-20}$$

$$n_p = n_{1p} S_p^{n_{2p}} \tag{6-21}$$

式(6-20)和式(6-21)中，$n_{1p}$、$n_{2p}$ 为系数，由气-液硫速敏相对渗透率实验结果回归确定。$N_{cnp}$ 是表征气-液硫混相程度，当 $N_{cnp}$ 小于 1 时，流动处于部分混相携硫阶段。此时若 $N_{cnp}$ 趋近于 1，则表明部分混相携硫相对渗透率 $K_{rvp}$ 趋近于非混相携硫相对渗透率 $K_{rbp}$；若 $N_{cnp}$ 趋近于 0，表明部分混相携硫相对渗透率 $K_{rvp}$ 趋近于完全混相携硫相对渗透率 $K_{rmp}$。通过以上方法，可全面表征酸气在气-液硫同流时各个阶段的渗流特征，并进行迭代计算。

(三)考虑液态硫析出的数值模拟模型

考虑了液态硫相变，耦合压力场与速度场控制硫析出，建立了高含硫气藏液态硫相变的渗流数学模型。其中模型假设条件如下：考虑气、水、液态硫三相及气组分、水组分、硫组分三组分；硫组分与气相、液态硫相发生质量交换，水相与气相、液态硫相间无质量交换；压力较高时，硫组分可溶解在气相中(气态)；压力降低时，硫组分可从硫相中分离(液态)；流速较高时，硫组分以雾滴形式被气相带(雾状流)；流速较低时，硫组分以液滴形式被气相携带(液环流)；考虑毛细管力、重力；气、水、液态硫、岩石均可压缩；气藏恒温。

建立守恒方程，其中气组分守恒方程为

$$\nabla \cdot \left[ \frac{KK_{rg}}{B_g \mu_g} (\nabla P_g - \rho_g g \nabla \boldsymbol{D}) \right] + q_{vg} = \frac{\partial}{\partial t} \left( \frac{\phi S_g}{B_g} \right) \tag{6-22}$$

水组分守恒方程为

$$\nabla \cdot \left[ \frac{KK_{rw}}{B_w \mu_w} (\nabla P_w - \rho_w g \nabla \boldsymbol{D}) \right] + q_{vw} = \frac{\partial}{\partial t} \left( \frac{\phi S_w}{B_w} \right) \tag{6-23}$$

硫组分守恒方程为

$$\nabla \cdot \left[ \frac{KK_{rs}}{B_s \mu_s} (\nabla P_s - \rho_s g \nabla \boldsymbol{D}) \right] + \nabla \cdot \left[ R_{gs} \frac{KK_{rg}}{B_g \mu_g} (\nabla p_g - \rho_g g \nabla \boldsymbol{D}) \right] q_s + q_{vg} = \frac{\partial}{\partial t} \left( \frac{\phi S_s}{B_s} \right) \tag{6-24}$$

式(6-22)～式(6-24)中，$K$ 为渗透率；$K_r$ 为相对渗透率；$B$ 为体积系数；$P$ 为压力；$\rho$ 为密度；$g$ 为重力加速度；$\boldsymbol{D}$ 为向量；$q$ 为流入量；$\phi$ 为孔隙度；$R_{gs}$ 为气硫比；下标 g 表示气，w 表示水，s 表示硫。

饱和度方程如下：

$$S_g + S_w + S_s = 1 \tag{6-25}$$

毛细管力方程如下：

$$P_{cgw} = P_g - P_w, \quad P_{cgs} = P_g - P_s \tag{6-26}$$

初始条件如下：

$$P_g(x,y,z,t)\big|_{t=0} = P_g^0(x,y,z)$$
$$S_g(x,y,z,t)\big|_{t=0} = S_g^0(x,y,z) \tag{6-27}$$
$$S_w(x,y,z,t)\big|_{t=0} = S_w^0(x,y,z)$$

边界条件如下：

内边界：

$$\left.\frac{\partial P}{\partial n}\right|_L = 0 \tag{6-28}$$

定压：

$$Q_v(x,y,z,t) = Q_v(t)\delta(x,y,z) \tag{6-29}$$

定产：

$$P_{wf}(x,y,z,t) = P_{wf}(t)\delta(x,y,z) \tag{6-30}$$

对推导的渗流方程进行离散化，在 MATLAB 环境下开发了考虑液态硫的数值模拟器。该模拟器考虑液态硫析出和储层非均质性，实现了块中心及角点网格求解，考虑速度敏感相渗，考虑完全混相、部分混相、非混相携硫。模拟器可实现三十万节点块中心及角点网格求解，兼容 Eclipse 格式、CMG 格式，可进行模型后处理。

（四）液态硫析出对气井生产的影响

建立单井模型，网格数为 $51\times51\times20$，网格尺寸为 $50m\times50m\times10m$。孔隙度为 5%，渗透率为 $4\times10^{-3}\mu m^2$，含气饱和度为 90%，模型如图 6-32 所示。

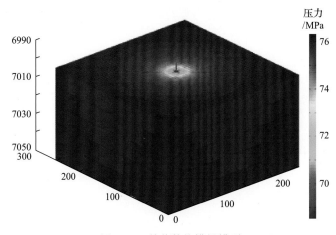

图 6-32　单井数值模拟模型

经过计算，气藏液态硫析出对气井的影响主要体现在以下方面：初始时刻，气藏内没有硫元素分布；随着开发的进行，井筒附近压力迅速下降，硫开始析出并聚集在井筒附近；随后硫聚集量不断增多，但一直集中在井壁附近，不向井周围扩展；直到 30 年后，大部分硫液仅析出在井筒周围。由此证明，液态硫析出主要是在井壁附近聚集并形成表皮，改变井周的渗透性，对于气藏内部的渗透率改变，影响并不显著，见图 6-33。

对比干气和高含硫气的气井生产状况，发现高含硫气析出液态硫后气井稳产期为 7.7 年，干气的稳产期为 8 年，后期高含硫气析出液态硫后气井日产量明显低于干气日产量（图 6-34）；30 年采收后，干气采收率为 56.1%，液态硫析出的高含硫气采收率为 52.4%。因此，液态硫析出对气井稳产期影响不大，但后期递减较快，采收率下降。

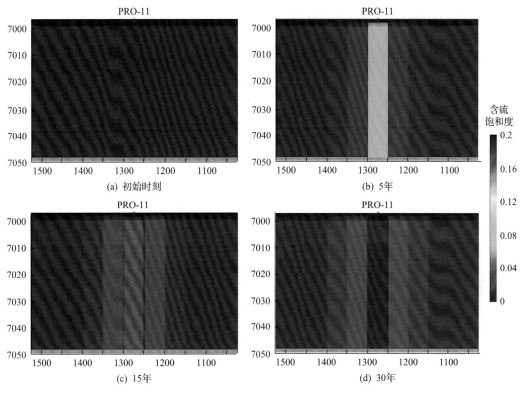

图 6-33 井筒附近液态硫饱和度分布图

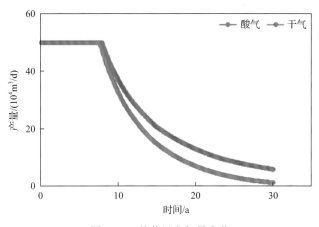

图 6-34 单井日产气量变化

(五)实际气井算例

现选取元坝 204-1H 井进行实际气田单井数值模拟研究。将之前建立的元坝③号礁带 Eclipse 数值模拟模型导入新编制的模拟器中,将原有的干气 PVT 参数及相对渗透率曲线替换为测得的酸气 PVT 参数及相对渗透率曲线。将气井按照实际配产设定为日产气量 $40 \times 10^4 \text{m}^3/\text{d}$,生产 20 年。

计算结果表明，在实际非均质地层中，液态硫主要聚集在储层物性比较好的区域。主要是因为气体经高渗通道流量较大，析出的液态硫数量较多，因此液态硫主要聚集在物性较好的地方。在生产过程中，液态硫优先占据裂缝或溶孔等高渗区，造成气藏渗透性下降，导致气井产能下降。

# 第七章　礁滩相碳酸盐岩高含硫气藏试井分析

　　川东北地区礁滩相碳酸盐岩气藏基本都高含硫化氢，在开发中由于硫沉积可能导致储层物性变差。因此，通过试井解释来分析储层原始物性及开发一定时期后物性变化。本章根据测试资料，在气藏地质研究的基础上，对储层参数进行解释和分析，进一步深化了气藏认识。

## 第一节　礁滩相碳酸盐岩高含硫气井试井理论模型及解释方法

### 一、礁滩相碳酸盐岩高含硫气藏试井分析难点

　　(1)在高含硫气藏开发过程中，近井地带由于储层压力降低会导致气体中硫的沉积，沉积出的硫会堵塞气体流通孔道，导致储层物性变差。

　　(2)由于元坝长兴组气藏储层物性差，开发井需要用水力压裂加酸化工艺进行储层改造。但是压裂水平井的流动机理较常规水平井复杂，现有的压后试井解释模型还不能完善地描述其流动规律，解释模型的结果存在多解性，需要地质、工艺评价多学科结合，才能得到可信的解释。

　　(3)对于礁滩相碳酸盐岩而言，其储层展布变化很大，空间不连续，同样储层的孔隙度、渗透率也变化大，非均质性严重，应用传统的试井方法，难以描述其单井压力波及范围。

### 二、礁滩相碳酸盐岩高含硫气井试井理论模型及解释方法

　　(一)高含硫气井试井

　　目前，已有的气体渗流模型大多采用两区复合气藏模型来描述高含硫气藏气体流动规律。针对复合气藏，贺胜宁等(1995)推导了封闭外边界的双孔介质复合气藏试井模型。对于近井地带硫沉积的影响，李成勇等(2006)将高含硫气藏考虑为均质复合气藏，建立了无限大复合气藏试井模型；李晓平等(2008)利用有效井径，将硫沉积的影响转变为内外区流度比的变化，从而建立了相应的试井模型；方晓春等(2013)推导了简化的高含硫复合气藏试井模型；卢婧等(2014)将内外区双重介质孔隙中的流动考虑为球状不稳定流，并建立了封闭外边界复合两区气藏的试井模型；杨苗苗等(2016)在考虑井筒相分离的基础上，将高含硫气藏划分为内外两个双孔介质渗流区，推导得到了相应的试井模型。参考前人的研究成果，我们结合元坝长兴组气藏的实际地质特征和气井试井情况，开展了相关模型的研究。

　　(1)气藏物理模型。在高含硫气藏的开发过程中，近井地带由于储层压力的降低会导致气体中硫析出，如果析出状态为固态硫，硫会堵塞气体流通孔道，导致储层物性变差。

如果以液态形式析出，近井地带存在气液两相，两相流均会导致气相渗流能力降低，在试井解释中表现出内差外好的特征。因此，将硫析出区划分为储层内区，其余储层区域则为外区，如图 7-1 所示。此外，考虑到实际生产的情况，近井地带径向上不同位置处的渗透率减小程度一般是不同的，因此，为了描述硫沉积区内储层渗透率的变化，考虑内区渗透率为径向距离的函数，即

$$K_1 = K_{1i} \left( \frac{r_m}{r} \right)^n \Bigg|_{-1 \leqslant n \leqslant 0} \tag{7-1}$$

式中，$r_m$ 为内区半径，m；$r$ 为内区径向距离，m；$K_{1i}$ 为内外区交界面处内区原始渗透率，$\mu m^2$；$K_1$ 为 $r$ 处的渗透率，$\mu m^2$；$n$ 为渗透率变化指数。

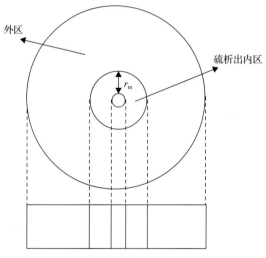

图 7-1　储层物理模型

（2）气藏假设条件：①气藏等温渗流；②气井以定产量生产且开井前气藏原始压力处处相等；③内区渗透率考虑硫析出对气相有效渗透率的影响；④气藏中气体流动忽略毛细管力和重力；⑤流动过程符合 Darcy 流动规律；⑥考虑井筒相分离的影响。

（3）渗流数学模型。

A. 外区。

储层外区裂缝系统无因次渗流微分方程：

$$\frac{\partial^2 \psi_{2fD}}{\partial r_D^2} + \frac{1}{r_D} \frac{\partial \psi_{2fD}}{\partial r_D} + \lambda_2 \left( \psi_{2mD} - \psi_{2fD} \right) = w_2 \frac{\partial \psi_{2fD}}{\partial t_D} \tag{7-2}$$

式中，$\psi_{2fD}$ 为外区裂缝系统中无因次拟压力，无量纲；$\psi_{2mD}$ 为外区基质系统中无因次拟压力，无量纲；$r_D$ 为无因次半径，无量纲；$\lambda_2$ 为外区基质向裂缝中的窜流系数，无量纲；$w_2$ 为外区弹性储容比，无量纲；$t_D$ 为无因次时间，无量纲。

外区基质流体渗流微分方程：

$$\lambda_2\left(\psi_{2fD} - \psi_{2mD}\right) = \left(1 - w_2\right)\frac{\partial \psi_{2mD}}{\partial t_D} \tag{7-3}$$

B. 内区。

内区渗透率采用式(7-1)来表征，将其带入内区气藏渗流微分方程后得到

$$\frac{\partial^2 \psi_{1D}}{\partial r_D{}^2} + \frac{1-n}{r_D}\frac{\partial \psi_{1D}}{\partial r_D} = \frac{w_{12}}{M_{12}}r_{mD}^{-n}r_D^{n}\frac{\partial \psi_{1D}}{\partial t_D} \tag{7-4}$$

式中，$\psi_{1D}$ 为内区无因次拟压力，无量纲；$r_{mD}$ 为无因次内区半径，无量纲；$w_{12}$ 为内外区弹性储容比，无量纲；$M_{12}$ 为流度比，无量纲。

(4)定解条件。

井储内边界条件为

$$C_D\left(\frac{\partial \psi_{wD}}{\partial t_D} - \frac{\partial \psi_{\varphi D}}{\partial t_D}\right) - M_{12}r_{mD}^{n}r_D^{1-n}\frac{\partial \psi_{1D}}{\partial t_D}\bigg|_{r_D=1} = 1 \tag{7-5}$$

式中，$C_D$ 为无因次井筒储集系数，无因次；$\psi_{wD}$ 为无因次井底拟压力，无量纲；$\psi_{\varphi D}$ 为无因次相再分布拟压力，无量纲。

表皮效应内边界条件为

$$\psi_{wD} = \left[\psi_{1D} - SM_{12}r_{mD}^{n}\frac{\partial \psi_{1D}}{\partial t_D}\right]_{r_D=1} \tag{7-6}$$

式中，$S$ 为表皮因子。

内外区界面条件为

$$\frac{\psi_{1D}}{r_D} = \frac{1}{M_{12}}\frac{\partial \psi_{2fD}}{\partial r_D}\bigg|_{r_D=r_{mD}} \tag{7-7}$$

$$\psi_{1D} = \psi_{2fD}\big|_{r_D=r_{mD}} \tag{7-8}$$

外边界条件为

$$\psi_{2fD}\left(\infty, t_D\right) = 0 \tag{7-9}$$

相分离条件(胡勇等，1992)为

$$\psi_{\varphi D} = C_{\varphi D}\left(1 - e^{-\frac{t_D}{\alpha_D}}\right) \tag{7-10}$$

式中，$C_{\varphi D}$ 为无因次相再分布压力参数，无因次；$\alpha_D$ 为无因次相再分布时间参数，无量纲。

初始条件为

$$\psi_{1D}(r_D, 0) = \psi_{2fD}(r_D, 0) = \psi_{2mD}(r_D, 0) = 0 \qquad (7-11)$$

(5)无因次参数定义。

为了简化计算，定义无因次参数。

无因次拟压力定义为

$$\psi_{\xi D} = \frac{\pi K_{2f} h}{q_{sc}} \frac{T_{sc}}{TP_{sc}} (\psi_i - \psi_\xi) \bigg|_{\xi = 1, 2m, 2f} \qquad (7-12)$$

$$\psi_{\varphi D} = \frac{\pi K_{2f} h}{q_{sc}} \frac{T_{sc}}{TP_{sc}} \psi_\varphi \qquad (7-13)$$

式中，$K_{2f}$ 为外区裂缝平均渗透率，$\mu m^2$；$h$ 为储层厚度，m；$q_{sc}$ 为标况下地面气井产量，$m^3/d$；$T$ 为温度，K；$T_{sc}$ 为标况温度，K；$P_{sc}$ 为标况压力，MPa；$\psi_1$、$\psi_{2m}$、$\psi_{2f}$、$\psi_i$、$\psi_\varphi$ 分别为内区、外区基质、外区裂缝、原始地层、相再分布拟压力，MPa/d。

无因次拟时间定义为

$$t_D = \frac{K_{2f} t}{\mu_{2i} (\phi_2 C_{g2i})_{f+m} r_w^2} \qquad (7-14)$$

式中，$t$ 为生产时间，d；$\phi_2$ 为外区孔隙度，%；$\mu_{2i}$ 为外区原始条件下气体黏度，$mPa \cdot s$；$C_{g2i}$ 为外区原始条件下气体压缩系数，$MPa^{-1}$；$r_w$ 为井筒半经，m；下标 f、m 分别表示裂缝和基质，下同。

无因次井筒储集系数定义为

$$C_D = \frac{C}{2\pi h (\phi_2 C_{g2i})_{f+m} r_w^2} \qquad (7-15)$$

$$C_{\varphi D} = \frac{\pi K_{2f} h}{q_{sc}} \frac{T_{sc}}{TP_{sc}} C_\varphi \qquad (7-16)$$

$$\alpha_D = \frac{K_{2f} \alpha}{\mu_{2i} (\phi_2 C_{g2i})_{f+m} r_w^2} \qquad (7-17)$$

式中，$C$ 为井筒储集系数，$m^3/MPa$；$C_\varphi$ 为相再分布压力参数，MPa/d；$\alpha$ 为相再分布时间参数，d。

其他无因次参数定义为

$$r_D = \frac{r}{r_w} \qquad (7-18)$$

$$w_2 = \frac{\phi_{2f} C_{gf2i}}{\phi_{2f} C_{gf2i} + \phi_{2m} C_{gm2i}} \qquad (7-19)$$

$$\lambda_2 = \sigma r_{\mathrm{w}}^2 \frac{K_{2\mathrm{m}}}{K_{2\mathrm{f}}} \tag{7-20}$$

$$M_{12} = \frac{K_{\mathrm{li}}}{K_{2\mathrm{f}}} \tag{7-21}$$

$$w_{12} = \frac{\phi_{2\mathrm{f}} C_{\mathrm{gf2i}}}{\phi_{2\mathrm{f}} C_{\mathrm{gf2i}} + \phi_{2\mathrm{m}} C_{\mathrm{gm2i}}} \tag{7-22}$$

(6)模型的求解。

将式(7-2)~式(7-11)进行 Laplace 变换，并将式(7-3)代入式(7-2)，联立式(7-4)，得到方程式(7-2)、式(7-4)的通解分别为

$$\overline{\psi}_{1\mathrm{D}} = r_{\mathrm{D}}^{\frac{n}{2}} \left[ A\mathrm{I}_v \left( \frac{2\sqrt{F_1(u)}}{n+2} r_{\mathrm{D}}^{\frac{n+2}{2}} \right) + B\mathrm{K}_v \left( \frac{2\sqrt{F_1(u)}}{n+2} r_{\mathrm{D}}^{\frac{n+2}{2}} \right) \right] \tag{7-23}$$

$$\overline{\psi}_{2\mathrm{fD}} = C_{\mathrm{c}} \mathrm{I}_0 \left[ r_{\mathrm{D}} \sqrt{F_2(u)} \right] + D\mathrm{K}_0 \left[ r_{\mathrm{D}} \sqrt{F_2(u)} \right] \tag{7-24}$$

式中，

$A = CM_{12} r_{\mathrm{mD}}^n D - M_{12} r_{\mathrm{mD}}^n \overline{E}$，

$B = SM_{12} r_{\mathrm{mD}}^n E - \mathrm{I}_v(X_1) + C\mathrm{K}_v(X_1) - CSM_{12} r_{\mathrm{mD}}^n D$

$$C = \frac{r_{\mathrm{mD}}^n \mathrm{I}_v(X_{11}) + \dfrac{F}{G} \mathrm{K}_0 \left( r_{\mathrm{mD}} \sqrt{F_2} \right)}{r_{\mathrm{mD}}^n \mathrm{K}_v(X_{11}) + \dfrac{H}{G} \mathrm{K}_0 \left( r_{\mathrm{mD}} \sqrt{F_2} \right)},$$

$D = \dfrac{n}{2} \mathrm{K}_v(X_1) - \dfrac{1}{2} \sqrt{F_1} \mathrm{K}_{v-1}(X_1) - \dfrac{1}{2} \sqrt{F_1} \mathrm{K}_{v+1}(X_1)$

$E = \dfrac{n}{2} \mathrm{I}_v(X_1) + \dfrac{1}{2} \sqrt{F_1} \mathrm{I}_{v-1}(X_1) + \dfrac{1}{2} \sqrt{F_1} \mathrm{K}_{v+1}(X_1)$，

$F = \dfrac{n}{2} r_{\mathrm{mD}}^{\frac{n-2}{2}} \mathrm{I}_v(X_{11}) + \dfrac{1}{2} r_{\mathrm{mD}}^n \sqrt{F_1} \mathrm{I}_{v-1}(X_{11}) + \dfrac{1}{2} r_{\mathrm{mD}}^n \sqrt{F_1} \mathrm{I}_{v+1}(X_{11})$，

$$G = \frac{\sqrt{F_2} \mathrm{K}_1 \left( r_{\mathrm{mD}} \sqrt{F_2} \right)}{M_{12}}$$

$H = \dfrac{n}{2} r_{\mathrm{mD}}^{\frac{n-2}{2}} \mathrm{K}_v(X_{11}) - \dfrac{1}{2} r_{\mathrm{mD}}^n \sqrt{F_1} \mathrm{K}_{v-1}(X_{11}) - \dfrac{1}{2} r_{\mathrm{mD}}^n \sqrt{F_1} \mathrm{I}_{v+1}(X_{11})$

$\sqrt{F_1} = \sqrt{F_1(u)}$

$\sqrt{F_2} = \sqrt{F_2(u)}$

$X_1 = \dfrac{2\sqrt{F_1}}{n+2}$

$$X_{11} = \frac{2\sqrt{F_1}}{n+2} r_{mD}^{\frac{n+2}{2}}$$

$$F_1(u) = \frac{w_{12}}{M_{12}} u r_{mD}^{-n}$$

$$F_2(u) = w_2 u + \lambda_2 - \lambda_2 f_2(u)$$

$$f_2(u) = \frac{\lambda_2}{\lambda_2 + u(1-w_2)}$$

其中，$I_v$ 为第一类 $v$ 阶虚宗量贝塞尔函数；$K_v$ 为第二类 $v$ 阶虚宗量贝塞尔函数；$I_0$ 为第一类 0 阶虚宗量贝塞尔函数；$K_0$ 为第一类 0 阶虚宗量贝塞尔函数；$u$ 为 Laplace 变量。

根据无限大外边界条件式(7-9)，可以知道 $C_c=0$，为了得到最终 Laplace 空间下井底拟压力的解，将式(7-23)、式(7-24)代入式(7-5)～式(7-11)，得到一个四阶矩阵，通过消元法得到 Laplace 空间下的井底无因次拟压力解：

$$\bar{\psi}_{wD} = \frac{1 + C_D u^2 \left( \dfrac{C_{\varphi D}}{u} - \dfrac{C_{\varphi D}}{1 + \dfrac{1}{\alpha_D}} \right)}{C_D u^2 - \dfrac{A}{B} u} \tag{7-25}$$

对式(7-24)进行 Stehfest 数值反演，绘制出拟压力、拟压力导数与时间的双对数曲线。

（二）压裂水平井分析

1. 压裂水平井试井分析方法

1）压裂水平井渗流数学模型

在上下边界封闭无限大气藏条件下，一连续点源 $q$ 位于在 $(x_w, y_w, z_w)$ 处，观测点位于 $(x, y, z)$ 处，点源产生的压力分布的 Laplace 空间解（王晓冬等，2014）：

$$\Delta \tilde{P}(x_D, y_D, z_D) = \frac{\tilde{q}\mu}{2\pi KL h_D u} \left\{ K_0 \left[ r_D \sqrt{uf(u)} \right] + 2\sum_{n=1}^{\infty} K_0(r_D \varepsilon_n) \cos\left( n\pi \frac{z}{h} \right) \cos\left( n\pi \frac{z_w}{h} \right) \right\} \tag{7-26}$$

式中，$L$ 是无因次化参考长度，$u$ 是 Laplace 空间变量；$\tilde{q}$ 为流量，$m^3/d$；$K$ 为地层渗透率，$\mu m^2$；$z_w$ 为水平井距储层底距离，m。无因次量定义如下：

$$x_D = x/L ,$$

$$y_D = y/L ,$$

$$h_D = \frac{h}{L}\sqrt{\frac{K}{K_z}} ,$$

$$K = \sqrt[3]{K_x K_y K_z} ,$$

$$h'_D = h/L$$

$$\varepsilon_n = \sqrt{sf(s) + n^2\pi/h_D^2} \ ,$$

$$r_D^2 = (x_D - x_{wD})^2 + (y_D - y_{wD})^2$$

均匀流率水平裂缝井的定产压力响应公式:

$$\Delta\tilde{P}_{wf} = \frac{\tilde{q}\mu R_f^2}{2\pi KLh_D s}\int_{r_{wD}}^{1} 2\pi r_D \left\{ K_0\left[r_D\sqrt{sf(s)}\right] + 2\sum_{n=1}^{\infty}K_0(r_D\varepsilon_n)\cos\left(n\pi\frac{z}{h}\right)\cos\left(n\pi\frac{z_w}{h}\right)\right\}dr_D$$

$$(7\text{-}27)$$

式中,$r_{wD} = r_w / R_f$,其中 $R_f$ 为裂缝半长。根据产量关系式和无因次压力关系式:

$$qB = \tilde{q}\pi R_f^2$$

$$P_D = \frac{2\pi Kh}{qB\mu}\Delta P$$

得到

$$\tilde{P}_{wfD} = \frac{2}{s}\int_{r_{wD}\sqrt{sf(s)}}^{\sqrt{sf(s)}} r_D K_0(r_D)dr_D + 2\sum_{n=1}^{\infty}\frac{1}{\varepsilon_n^2}\int_{r_{wD}\sqrt{sf(s)}}^{\sqrt{sf(s)}} K_0(r_D\varepsilon_n)\cos^2\left(n\pi\frac{z_w}{h}\right)dr_D \qquad (7\text{-}28)$$

计算考虑井筒存储系数 $C_D$ 和污染表皮系数 $S_f$ 的压力响应 $\tilde{P}_{wD}$。

$$\tilde{P}_{wD} = \frac{s\tilde{P}_{wfD} + S_f}{s\left[1 + s^2 C_D\left(s\tilde{P}_{wfD} + S_f\right)\right]} \qquad (7\text{-}29)$$

进一步,通过 Stehfest 数值反演算法计算实空间压力 $P_{wD}$。

2)带垂直裂缝的水平井渗流机理

压裂水平井的渗流过程较水平井和垂直裂缝井都要复杂,本书主要以压力动态曲线为基本依据,分析压裂水平井的流态及每个流动阶段的特征(Ozkan,2001)。

压裂水平井能够增产增注的渗流力学机理是将这种原来普通完善水平井的流体径向渗流模式改变为线性渗流模式。径向流模式的特点是流线向井高度集中,其井底渗流阻力大;而线性流的特点是流线平行于裂缝壁面,其渗流阻力相对小得多。在开发过程中改变近井筒地带流体的渗流方式、增加泄气面积、提高扫气效率,最终影响气井单井产量和采收率。

四个渗流阶段分别为裂缝附近线性流动阶段(第一线性流)、垂直裂缝井拟径向流动(第一径向流)、水平井线性流动阶段(第二线性流)、水平井拟径向流动(第二径向流)。各流动阶段如图 7-2 所示。

裂缝附近线性流动阶段:由于裂缝的分隔作用,裂缝的界面起到分流作用,使裂缝两边的流体呈线性流入裂缝。

垂直裂缝附近拟径向流动:垂直裂缝影响范围逐渐增大,裂缝附近流体以径向流模式向垂直裂缝流动,在裂缝平面内,以水平井井筒为中心,发生平面径向流。

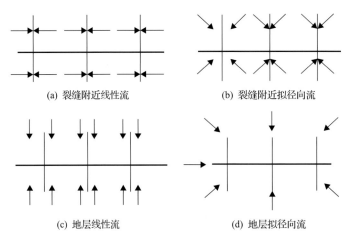

(a) 裂缝附近线性流　　　　　(b) 裂缝附近拟径向流

(c) 地层线性流　　　　　　(d) 地层拟径向流

图 7-2　压裂水平井流动阶段示意图

地层中的线性流：根据渗流理论，地层上下边界的流体首先发生的是线性流动，从边界远端流向水平井及裂缝。

水平井拟径向流动：压裂水平井的影响已经波及整个气层，气藏较大时，可将水平井及裂缝系统看成一中心，远端流体的流动状态可以近似为平面径向流。

典型的多段压裂定产压降典型曲线如图 7-3 所示。从双对数曲线特征表现出 4 种流动机制：早期第一线性流、早期第一径向流、第二线性流、第二径向流。

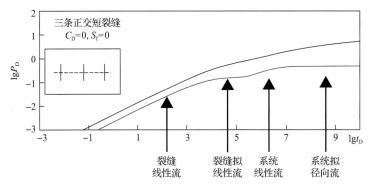

图 7-3　多裂缝典型双对数曲线

3）目前压裂水平井模型及优缺点

目前广泛应用的压裂水平井模型有两类：相同裂缝的压裂水平井和不同裂缝的压裂水平井模型。相同裂缝的压裂水平井模型适用条件：垂直段及倾斜段均未射孔，水平段压裂，每条裂缝垂直于水平段并具有相同的间距，模型如图 7-4 所示。不同裂缝的压裂水平井模型适用条件：垂直段及倾斜段均未射孔，水平段压裂，每条裂缝垂直于水平段并具有相同的间距。每条裂缝有各自的长度，表皮及传导率，模型如图 7-5 所示。

从图 7-6 可以看出，在水平段和裂缝同时从储层产气时，水平段的贡献可以忽略。压裂水平井的不稳定渗流特征主要受裂缝质量、长度、传导性和数量影响。裂缝导流能力越强，表皮的影响越弱。对于高导裂缝(无限导流)而言，表皮的影响可以忽略。

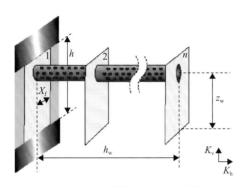

图 7-4  相同裂缝的压裂水平井

$h_w$ 为水平段长度，m；$h$ 为储层厚度，m；$X_f$ 为裂缝半长，m；

$K_v$ 为垂向渗透率，$\mu m^2$；$K_h$ 为水平方向渗透率，$\mu m^2$

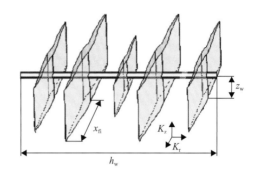

图 7-5  不同裂缝的压裂水平井

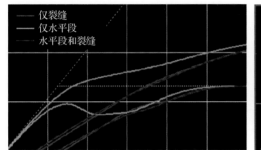

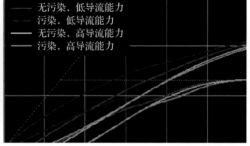

图 7-6  水平裂缝井图版

当水平井顶底为压实封闭的，双对数曲线响应为在两个平行断层之间的垂直井的动态特征，在线形流后将出现 1/2 斜率的上翘（图 7-7）。当不考虑井储、缝间干扰时，分析线性或双线性流可以估算裂缝的长度和传导率。能够计算总的裂缝长度，但很难推导裂缝的数量（图 7-8）。

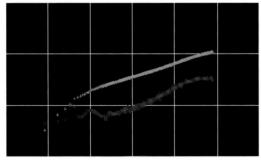

图 7-7  水平井图版

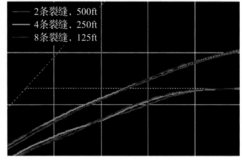

图 7-8  讨论相同总缝长时压裂水平井图版

1ft=0.3048m

2. 压裂水平井方法应用

实例 1 井 2011 年 6 月 21 日在长兴组 6988～7166m 段进行了酸压联作试气，16:37～20:00 开井排液，6 月 22 日 2:00～15:00 一点法求产，6 月 22 日 15:00～25 日 08:00 采用五个工作制度进行系统试井：$\Phi$6mm 油嘴求产，稳定油压 43.5MPa，天然气产量为 $20.53 \times 10^4 m^3/d$；

$\Phi$8mm 油嘴求产，稳定油压 42.6MPa，天然气产量为 $35.40\times10^4\text{m}^3/\text{d}$；$\Phi$(10mm+5mm) 油嘴求产，稳定油压 39.7MPa，天然气产量为 $64.99\times10^4\text{m}^3/\text{d}$；$\Phi$10mm 油嘴求产，稳定油压 42MPa，天然气产量为 $50.97\times10^4\text{m}^3/\text{d}$。6 月 24 日 8：00 关井，测压力恢复，关井 81h。

从该井测试资料可以看出：续流段后压力导数及压力均呈 1/4 斜率的直线，纵坐标高差 0.602 倍对数周期，表现为垂直于裂缝的线性流动。

实例 1 井是 79°的井斜角，可近似水平井处理。压裂水平井模型（见图 7-5）适用范围：垂直段及倾斜段均未射孔，水平段压裂，每条裂缝垂直于水平段并具有相同的间距，每条裂缝有各自的长度，表皮及传导率。通过模型分析（图 7-6），在水平段和裂缝均能从储层产气时，水平段的贡献可忽略。双对数曲线整体反映裂缝特征，可选用"压裂水平井+均质"模型进行解释。

地质分析认为：实例 1 井位于生物礁顶部，岩性主要为生屑云岩、含灰云岩，距边界 0.6km。目前双对数曲线未反映边界特征。

因此，应用 Saphir 软件选用"压裂水平井+均质"模型进行解释。解释结果见表 7-1，拟合曲线见图 7-9～图 7-11。可以看出，实例 1 井解释有效渗透率为 $1.05\times10^{-3}\mu\text{m}^2$，总缝长 156.9m。

**表 7-1  实例 1 井长兴组试井分析结果表**（压裂水平井+均质）

| 地层系数/($10^{-3}\mu\text{m}^2\cdot\text{m}$) | 渗透率/$10^{-3}\mu\text{m}^2$ | 总裂缝长/m | 地层压力/MPa | 井筒储集/($\text{m}^3$/MPa) | 探测半径/m |
|---|---|---|---|---|---|
| 38.1 | 1.05 | 156.9 | 67.32 | 2.29 | 252 |

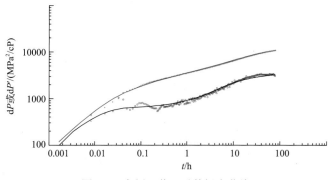

图 7-9  实例 1 井双对数拟合曲线

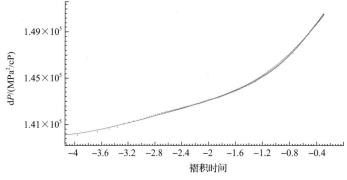

图 7-10  实例 1 井半对数拟合曲线

1cP=$10^{-3}$Pa·s

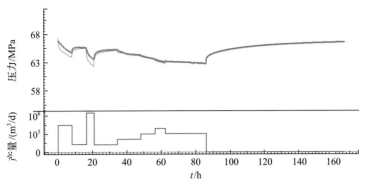

图 7-11　实例 1 井压力史拟合曲线

(三)数值试井分析

礁滩相碳酸盐岩储层孔隙度、渗透率空间变化很大,非均质性严重,平面上呈现"陀"状分布。应用传统的基于解析解的试井方法,难于通过试井分析描述礁滩相碳酸盐岩气层中单井压力波及范围。

数值试井技术汲取了描述复杂油气藏属性方面的成熟技术,诸如描述地层流体性质的变化、储层分布厚度变化、流渗条件非均质性和油藏特殊外边界形状等,同时又采纳了高精度压力计录取的压力资料作为模型拟合检验实际的参照,这就为非均质油气藏试井动态描述提供了有效的技术支撑。

1. 数值试井技术描述

为了能够更加精确描述油气藏的动态特性,准确分析诸如邻井生产影响、复杂形状油气藏等一系列在空间和时间都发生变化的现象,在试井资料的分析和评价中成功引用了有限元数值模拟技术。和其他数值分析方法一样,有限元数值试井分析方法也是从建立基本的物理模型开始。对于一个特定的油气藏对象,通常由井的内边界模型、储层模型、外边界模型及流体模型四个基本模型组成,这一点无论是数值分析还是解析分析都是一致的,不同的只是在分析对象的范围、表达方式有所差异。

1)井的模型

通常一口井的产能可表达为

$$Q = \text{WI}\left(P_\text{i} - P_\text{w}\right) \tag{7-30}$$

式中,

$$\text{WI} = 2\pi Kh/\ln\left(r_\text{o}/r_\text{w}\right) \tag{7-31}$$

其中,WI 为井的模型表达式,$r_\text{o}$ 为分析单元的直径,而与之相关的几何网格的表达式即被称为井的模型。

对于一个初始化的网格:

$$r_\text{o} = \exp\left[\sum f_\text{c} \ln\left(r - \theta\right)\right] \tag{7-32}$$

式中，$f_c$ 为渗透性的径向校正系数。

如果井的单元是一个规则的多边形，井到边缘的距离为 $R_i$。则 7-32 式可以简化为，

$$r_o = R_i \exp\left[-\theta / f_c n_a t_g\left(\pi / n_a\right)\right] \tag{7-33}$$

上述井的模型中只考虑了井筒储集系数的影响，如再考虑表皮系数则井的换算的表达式变为

$$WI = 2\pi kh / \ln\left(r_o / r_w\right) + S \tag{7-34}$$

当然对于采用数值解来描述一个特定的油气藏与解析方法通常有一定的差异，这主要是有限元数值方法必须考虑井单元与相邻单元的关系。通过对比分析，两种分析方法的差异性可以用数值表皮的方式进行定义，该数值表皮 $S_n = -0.06$，则数值分析方法中井的确切表达式为

$$WI = 2\pi Kh / \ln\left(r_o / r_w\right) + S + 0.06 \tag{7-35}$$

(1) 渗流模型。

流体在任何油藏中的流动特征，都遵循运动方程和物质守恒定律，以单相不可压缩流体为例则有：

$$\vec{v} = -K / u\nabla P \tag{7-36}$$

$$-\text{div}(\rho\vec{v}) = \partial\left(\rho\phi\right) / \partial t \tag{7-37}$$

(2) 油藏的离散化。

有限元网格的建立：对于油气藏中的井、不同的渗流单元、单元间的干扰、边界的描述，有限元数值试井方法采用了径向模型、干扰模型、角度模型、片段模型等多种方式进行组合，最终形成一个能够准确反映油气藏地质特征的组合单元网格模型。

离散方程的建立：将井和储层的模型进行离散，确定每个单元网格点上的微分方程式。

空间离散：考虑一个油气藏的网格，单元之间的物质平衡条件可以用给定的时间进行离散：

$$e_i = \sum_{j \in j_i} T_{ij}\lambda\left(P_j - P_i\right) - \frac{\partial}{\partial t}\left(v_i\phi_i / B_i\right) - q_i \tag{7-38}$$

时间离散：把空间离散方程用模拟时间间隔进一步离散，从而使所有的量都被最终表达：

$$e_i^{n+1} = \sum_{j \in j_i} T_{ij}\lambda\left(P_j^{n+1} - P_i^{n+1}\right) - \frac{V_i}{\partial t}\left[\left(\phi_i / B_i\right)^{n+1} - \left(\phi_i / B_i\right)^n\right] - q_i^{n+1} \tag{7-39}$$

对离散单元的联立及求解：对于一个离散系统可以简单地描述为

$$F(P) = 0 \qquad (7\text{-}40)$$

式中，$P = (P_1, P_2, \cdots, P_n)^t$；$F = (e_1, e_2, \cdots, e_n)^t$。

利用 Newton-Paphson 迭代法对系统进行求解，得到一个重复 $L$ 次的近似解：

$$F^{l+1} = F^l + J^{-1}\Delta P \qquad (7\text{-}41)$$

式中，$J = \partial F / \partial P$；$\Delta P = (P^{l+1} - P^l)$。

经对方程进行多次重复求解，从 $P^0 = P^n$ 到 $P^{n+1} = P^{l+1}$ 最后得到一个收敛值 $[\max(e_i)\Delta t / V]$，产生一个有限元数值模型，并将得到的解通过图形方式表达出来，生成动态压力响应特征曲线。在实际分析过程中，通过将生成的理论数值模型的特征曲线与实际特征曲线对比，并进行不断调整，最终达到最佳的匹配，准确描述气藏。

2) 数值试井的优点

与常规解析模型相比，数值试井具有以下的优点：①能够实现对气藏内部不同区域储层渗流条件和流体渗流特征的精细刻画；②通过对不同单元的描述，可以分析气藏内部井间干扰，注采井网中水的推进速度等信息，从而对目的井单元的分析更加全面、准确；③完全改变了常规解析中人为确定气藏边界模型的方法，无论对复杂气藏外边界还是内部次生断层的描述更加准确；④实现了对气藏中流体 PVT 参数、剩余饱和度等参数随时间变化的准确评价，可以从空间和时间上对气藏全部生产过程中压力的动态的准确描述。

2. 数值试井方法应用

实例 2 井于 2010 年 8 月 10 日对 6523～6590m 段进行了酸压联作试气，采用两个工作制度求产。先采用 $\Phi18\times22$mm 油嘴、$\Phi35.2$mm 孔板临界速度流量计求产，稳定油压 24.5MPa，天然气产量为 $126.46\times10^4$m³/d；然后采用 $\Phi15\times22$mm 油嘴、$\Phi35.2$mm 孔板临界速度流量计求产，稳定油压 29.4MPa，天然气产量为 $104.5\times10^4$m³/d。8 月 11 日关井，测压力恢复，关井 150h。从测试资料可以看出：续流段后压力导数及压力均呈 1/4 斜率的直线，纵坐标高差 0.602 倍对数周期，表现为垂直于裂缝的线性流动。

实例 2 井距离礁边缘 673m。由于求产时间较短，尚未波及礁滩边缘。岩心观察实例 2 井未见天然裂缝，可采用均质模型进行解释。

基于对测试资料的分析和地质认识，应用 Saphir 软件选用"有限导流+均质"模型进行解释。解释结果见表 7-2，该层段解释有效渗透率为 $1.53\times10^{-3}\mu$m²，裂缝半长 54.6m。

表 7-2　实例 2 井长兴组试井分析结果表(有限导流+均质，解析模型)

| 地层系数/($10^{-3}\mu$m²·m) | 渗透率/$10^{-3}\mu$m² | 地层压力/MPa | 裂缝半长/m | 波及范围/m |
|---|---|---|---|---|
| 69.9 | 1.53 | 66.9 | 54.6 | 116 |

除了采用解析模型解释以外，针对实例 2 井区礁体发育、非均质性强，通过数值试

井方法，采用 PEBI 网格，拟合实例 2 井的压力恢复，验证解析模型，预测该井压力波及范围。

　　导入实例 2 井礁体的等值线图，输入渗透率、孔隙度分布数据，建立地质模型（图 7-12）。用 PEBI 网格来模拟井附近网格分布，建立模型见图 7-13 所示。

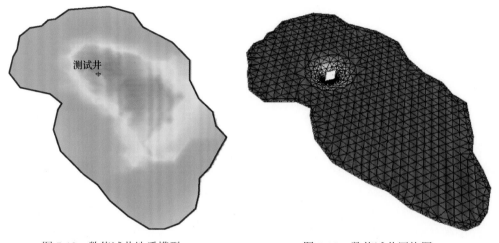

图 7-12　数值试井地质模型　　　　　　图 7-13　数值试井网格图

　　采用数值模型，选用"有限导流+均质"模型进行解释。解释结果见表 7-3，拟合曲线见图 7-14～图 7-16。数值模型与解析模型解释结果相近。采用该模型预测实例 2 井压力波及范围。以 $40 \times 10^4 \mathrm{m}^3/\mathrm{d}$ 生产，压力波及范围如图 7-17 所示。压力在 96h 波及礁体的西南边界、192h 波及东北边界、240h 波及西北边界、1200h 波及整个礁体。

表 7-3　实例 2 井长兴组试井分析结果表（有限导流+均质，数值模型）

| 地层系数/($10^{-3}\mu\mathrm{m}^2 \cdot \mathrm{m}$) | 渗透率/$10^{-3}\mu\mathrm{m}^2$ | 地层压力/MPa | 裂缝半长/m | 波及范围/m |
| --- | --- | --- | --- | --- |
| 69.9 | 1.5 | 66.9 | 77.9 | 210 |

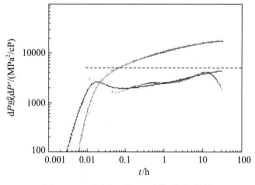

图 7-14　实例 2 井双对数拟合曲线

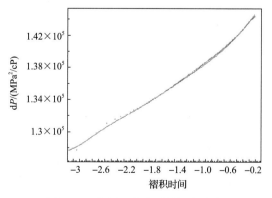

图 7-15　实例 2 井半对数拟合曲线

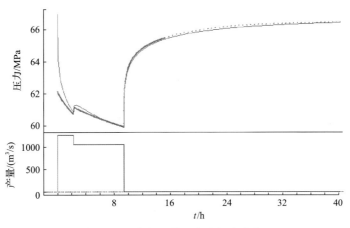

图 7-16 实例 2 井压力史拟合曲线

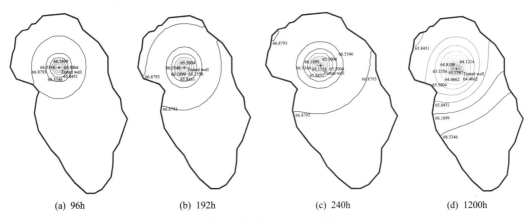

(a) 96h　　(b) 192h　　(c) 240h　　(d) 1200h

图 7-17 实例 2 井压力分布图（单位：MPa）

# 第二节　元坝礁滩相气井试井解释

## 一、不稳定试井分析

元坝长兴组气藏共完成的 14 口井 16 层段的有效试井，其中 3 井测试时出水。从目前测试资料，可以得到如下几个方面的基本认识。

(1)大部分井压恢前开井测试时间短，压力恢复曲线主要反映了井筒附近储层特征，不稳定试井解释存在多解性。从解释的测试资料看，除元坝 10 侧 1 井、元坝 124 侧 1 井求产时间在 86h 以上外，其余井压恢前开井测试时间短，介于 5.7～23h，其中 7 口井求产时间低于 10h，求产时间大于 10h 以上的井采用多个制度求产，单个制度求产时间也只有几个小时。由于开井时间短，泄气半径小，压力波及范围有限，压力恢复曲线未出现明显径向流段，主要反映了井筒附近储层特征(图 7-18)。

(2)部分井开井生产期间井底流压未达稳定或压力恢复前产量变化异常，影响不稳定试井分析。元坝 2 井压力恢复前求产时压力未稳定，影响压力历史的拟合(图 7-19)。元坝 102 侧 1 井压力恢复前期产量数据变化异常，影响不稳定试井分析与解释(图 7-20)。

（3）部分气井关井恢复时间较短，对于渗透性较差的长兴组储层则压力恢复不充分，可能导致外推压力偏低，并影响储层类型的判断（图7-21）。

（4）部分气井关井前放喷，但无放喷产量的记录，引起求导多解（图7-22）。由于输入气井关井前放喷数据不同，导致双对数曲线各异，评价的参数存在多解。

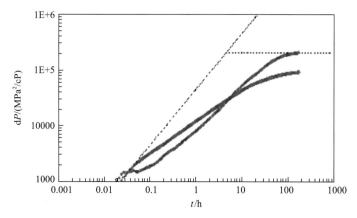

图 7-18 元坝 101 井压力恢复双对数图

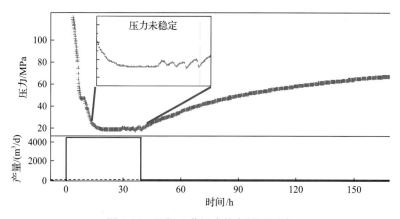

图 7-19 元坝 2 井压力恢复测试历史

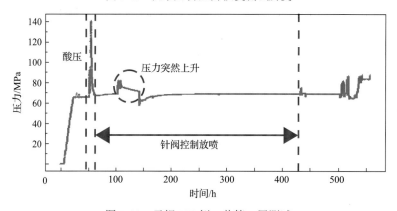

图 7-20 元坝 102 侧 1 井第一层测试

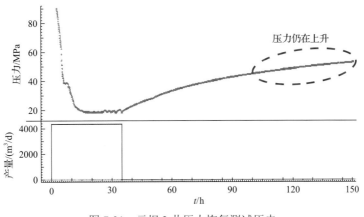

图 7-21　元坝 2 井压力恢复测试历史

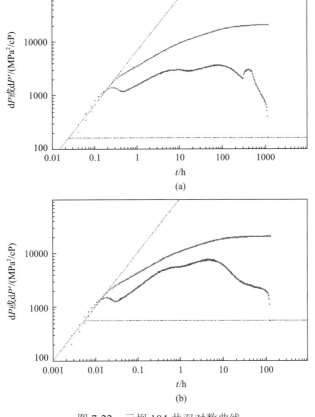

图 7-22　元坝 104 井双对数曲线

## 二、典型井不稳定试井分析

(一)礁带典型井

1. 实例 3 井

实例 3 井于 2007 年 10 月 21 日在长兴段 7330.7～7367.6m 进行了射孔，24 日 20:50～

25 日 13:30 开井放喷，13:30～16:00 采用 $\Phi$16mm 孔板、垫圈流量计求产，计算天然气产量为 0.1504×10$^4$m$^3$/d；25 日 16:00～30 日 8:55 一关井 6780min 地层压力恢复；30 日 8:55～31 日 22:00 二开井，采用 $\Phi$16mm 孔板、垫圈流量计求产，天然气产量为 0.0945×10$^4$m$^3$/d。11 月 18 日对该井段进行了酸压联作试气，采用两个工作制度进行求产：用 $\Phi$13mm 油嘴×30mm 孔板工作制度求产，天然气产量 50.3×10$^4$m$^3$/d，井口油压 18.9MPa；用 $\Phi$8mm 油嘴×20mm 孔板工作制度求产，天然气产量 27.2×10$^4$m$^3$/d，井口油压 28.05MPa。求产 11h 后，19 日 18:30～23:15 井口关井求压力恢复，油压 28.05 上升至 40.6MPa；23:15～27 日 10:00 环空加压 52MPa 打开 RD 安全循环阀，实现井下关井，关井压力恢复 184h。从测试资料初步分析，可以得到如下几个方面的基本认识。

（1）测试曲线上未见裂缝特征，表明酸压未形成有效裂缝。

（2）关井压力恢复后，后期双对数曲线的压力导数出现下降。地质认识表明该井发育在生物礁边缘，鉴于储层非均质性，采用复合模型进行解释测试数据。

基于对测试资料的分析和地质认识，应用 Saphir 软件选用"变井储+表皮+径向复合地层"模型进行解释，结果见表 7-4，拟合曲线见图 7-23～图 7-25。从解释结果可以看出，该层段解释的内区有效渗透率比较低（0.789×10$^{-3}$μm$^2$），该区渗流能力差，外区的有效渗透率较高（3.07×10$^{-3}$μm$^2$）。另外，解释的表皮系数为 6.16，说明该层段经过酸化，仍存在一定程度的污染。

2. 实例 4 井

实例 4 井在两个层段进行测试。2011 年 6 月 8 日在长兴组 6448～6480m（第二层）进行了酸压联作试气，酸压后开井排液，8 日 16:30～9 日 00:50 采用四个工作制度进行系统试井：$\Phi$20mm 油嘴求产，稳定油压 20.67MPa，天然气产量为 112.21×10$^4$m$^3$/d；$\Phi$16mm+20mm 油嘴求产，稳定油压 26.96MPa，天然气产量为 101.61×10$^4$m$^3$/d；$\Phi$12mm+16mm 油嘴求产，

表 7-4　实例 3 井试井分析结果表（变井储+表皮+径向复合地层）

| 地层系数/(10$^{-3}$μm$^2$·m) | 渗透率(内区/外区)/10$^{-3}$μm$^2$ | 表皮系数 | 井筒储集/(m$^3$/MPa) | 外区距离/m | 流动系数比 | 储能参数比 | 地层压力/MPa |
|---|---|---|---|---|---|---|---|
| 28.9 | 0.789/3.07 | 6.16 | 6.3 | 49.5 | 0.257 | 0.00161 | 68.29 |

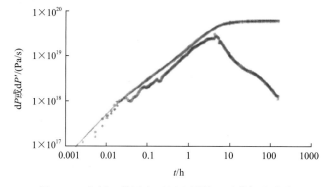

图 7-23　实例 3 井压力及压力导数双对数拟合曲线

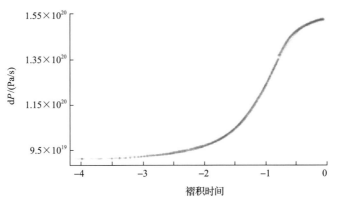

图 7-24 实例 3 井半对数拟合曲线

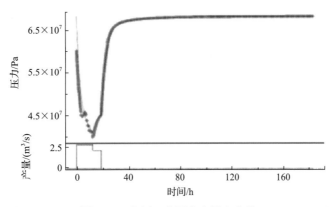

图 7-25 实例 3 井压力史拟合曲线

稳定油压 36.72MPa，天然气产量为 $81.53×10^4m^3/d$；$Φ$8mm+12mm 油嘴求产，稳定油压 44.24MPa，天然气产量为 $58.73×10^4m^3/d$。00:50～01:00，$Φ$8mm 油嘴针阀控制放喷，油压下降至 30.1MPa。9 日 01:00 关井，测压力恢复，关井 120.8h。

从该井测试资料可以看出：虽然实施了酸压，续流段后未呈现线性流动特征，因此用"井储+表皮"解释；后期曲线出现下掉后上升，地质分析第二层位于生物礁顶部，距边界 1.9km。反褶积分析(图 7-26)表明，后期出现上翘，与直接双对数曲线先下掉相反，外围反应出现多解性。

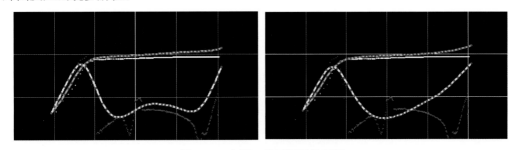

图 7-26 实例 4 井反褶积处理图

基于对测试资料的分析和地质认识，应用 Saphir 软件选用"井储+表皮+均质"模型进行解释。解释结果见表 7-5，拟合曲线见图 7-27～图 7-29。从解释结果可以看出，第二层段解释有效渗透率为 $25.9 \times 10^{-3} \mu m^2$。

表 7-5 实例 4 井第二层长兴组试井分析结果表（井储+表皮+均质）

| 地层系数/($10^{-3} \mu m^2 \cdot m$) | 渗透率/$10^{-3} \mu m^2$ | 表皮系数 | 地层压力/MPa | 井筒储集/($m^3$/MPa) | 探测半径/m |
|---|---|---|---|---|---|
| 826 | 25.9 | 1.97 | 65.69 | 0.57 | 1370 |

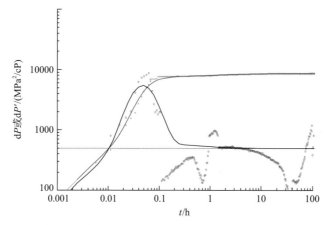

图 7-27 实例 4 井压力及压力导数双对数拟合曲线

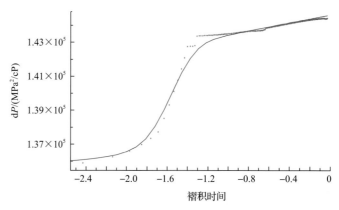

图 7-28 实例 4 井半对数拟合曲线

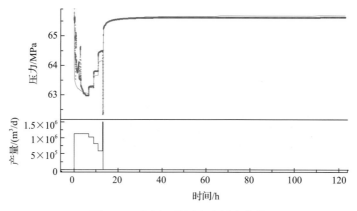

图 7-29 实例 4 井压力史拟合曲线

### (二)滩相典型井

实例 5 井是滩相区产量较高的井。2009 年 4 月 30 日在长兴组 6692～6780m 段进行了酸压联作试气，15:10～23:40 采用 $\Phi$11mm 油嘴×$\Phi$32mm 孔板临界速度流量计求产，稳定油压 26.0MPa，天然气产量为 53.14×$10^4$m$^3$/d。4 月 30 日～5 月 1 日，井口关井，油压 36.5 上升至 37.8MPa。5 月 1 日至 5 月 5 日地下关井，测压力恢复。

从该井测试资料可以看出：双对数曲线压力与导数的纵坐标高差小于 0.301 个对数周期，不是线性流表现，说明压裂特征不明显，可用变井储解释。压力及压力导数曲线下凹后期再上翘，此现象可用两种模型解释。模型 1 为双孔介质特征；模型 2 为区块外围变差渗流受阻，压力导数上倾。地质分析认为该井钻遇生物滩，滩体连绵发育，外围存在阻流边界可能性较小；同时，测试段岩性为碳酸盐岩，根据普光经验，碳酸盐岩存在小的裂缝及溶洞，酸压后，酸压缝可能沟通碳酸盐岩中自身的缝洞，储层形成双孔双渗特征。

基于对测试资料的分析和地质上的初步评价和认识，应用 Saphir 软件选用"变井储+双孔介质"模型进行解释。解释结果见表 7-6，拟合曲线见图 7-30～图 7-32。从解释结果

表 7-6　实例 5 井长兴组试井分析结果表(变井储+双孔介质)

| 地层系数/($10^{-3}\mu m^2\cdot m$) | 渗透率/$10^{-3}\mu m^2$ | 井筒储集/(m$^3$/MPa) | $C_i$/$C_f$ | 弹性储能比 | 窜流系数 | 地层压力/MPa |
|---|---|---|---|---|---|---|
| 17.5 | 0.20 | 8.16×$10^{-6}$ | 1.29 | 0.596 | 4.74×$10^{-6}$ | 68.52 |

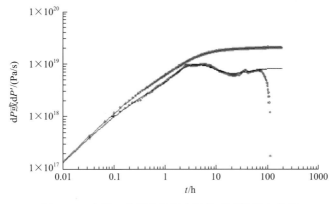

图 7-30　实例 5 井压力及压力导数双对数拟合曲线

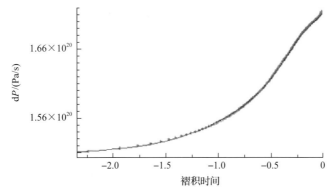

图 7-31　实例 5 井半对数拟合曲线

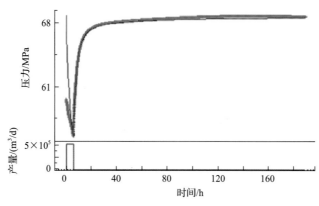

图 7-32　实例 5 井压力史拟合曲线

可以看出,该层段解释有效渗透率比较低($0.20 \times 10^{-3} \mu m^2$)。另外,解释的表皮系数为−4.56,说明该层段经过酸化,储层有所改善。

### 三、元坝礁滩相储层初步认识

#### (一)试井结果汇总

根据各层段的试井曲线形态,反映出储层平面非均质性强、存在天然裂缝及酸压裂缝的特点。目前,长兴组气藏试井解释主要用无限/有限导流、阻流边界/复合和双重介质型三种模型。

1. 无限/有限导流型

除元坝 2 井、271 井酸压后未反应明显压裂特征外,其余各井次均反映有效压裂。地质认识表明,元坝 11、101 井和元坝 102 侧 1 井位于礁前,均没有钻遇优质储层,储层物性较差。酸压后的试井解释双对数曲线斜率为 1/2、压力与压力导数的纵坐标高差 0.301 对数周期,反映出无限导流特征,表明酸压形成了有效裂缝,具有高导流能力,改善了储层的渗流和沟通能力。

地质认识表明,元坝 10 侧 1 等井位于礁盖,储层主要为白云岩,物性较好,酸压后试井解释双对数曲线斜率为 1/4、压力与压力导数的纵坐标高差 0.602 对数周期,反映出有限导流特征。解释结果表明:裂缝渗透率与地层渗透率相比不太高,裂缝相对较长,缝内存在压力差。推测大规模酸压后形成了较长裂缝,但在大幅度改善储层渗流能力的同时,由于裂缝面不平整或裂缝中有残留物而导致导流受到一定阻碍。

2. 阻流边界/复合型

压力导数曲线后期表现出上翘,反映外围出现阻流边界或物性变差,储层非均质性强。含阻流边界和径向复合两种试井解释模型。其中 5 口井次选用复合模型,3 口井次选用阻流边界。

地质认识表明,元坝 101 井位于礁前,元坝 102 侧 1 井位于礁带边缘,元坝 11 井位于滩缘,均表明平面上非均质性强。酸压后的试井解释压力导数曲线后期出现上翘,反映外围出现阻流边界或物性变差,与地质认识一致。

元坝 1 侧 1 井等井酸压后的试井解释导数曲线后期下降,反映外围物性变好,表现出复合模型特征，但由于没有出现明显径向流段，有待进一步验证。

3. 双重介质型

压力导数曲线下凹后再上翘，表现出明显双重介质特征，反映储层发育裂缝。元坝27 井岩心观察见高角度缝，成像测井也见裂缝发育，裂缝宽度 20μm，试井压力导数曲线下凹后再上翘，解释裂缝半长 40.8m，表现出明显双重介质特征，反映储层发育裂缝。元坝 12 井和 27 井均反映双重介质特征。

(二)初步认识

1. 礁相初步认识

①号礁带仅钻一口井，元坝 10 侧 1 井，为压裂水平井。

②号礁带目前钻 4 口井，各井静态物性见表 7-7 和图 7-33。元坝 1 侧 1 井和元坝 101 井有效厚度厚达 36.6m 以上，但物性低于 5.0%；元坝 102 侧 1 井和元坝 104 井厚度小，20.5m 以下，但物性在 6.0%左右。总体看，Ⅰ类储层不发育，以Ⅱ₁类为主；试井解释(表 7-8)反映外围物性变化快，两口井复合模型，两口井阻流边界；酸压形成的裂缝均呈现无限导流特征，裂缝半长 20m 左右；相比其他礁带，②号礁带物性较差。

表 7-7 ②号礁带各井静态物性

| 井名 | 测试井段/m | 有效厚度/m | 孔隙度/% |
|---|---|---|---|
| 元坝 1 侧 1 | 7330.7~7367.6 | 36.6 | 4.71 |
| 元坝 101 | 6955~7022 | 39 | 4.07 |
| 元坝 102 侧 1(下段) | 6874.0~6894.2 | 5.3 | 5.62 |
| 元坝 104 | 6700~6726 | 20.5 | 6.16 |

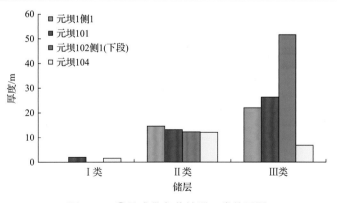

图 7-33 ②号礁带各井钻遇三类储层图

表 7-8 ②号礁带试井分析结果

| 井名 | 选择模型 | 裂缝半长/m | 表皮系数 | 外推压力/MPa | 地层系数/(10⁻³μm²·m) | 渗透率/10⁻³μm² | 边界距离/m |
|---|---|---|---|---|---|---|---|
| 元坝 1 侧 1 | 井储+表皮+复合气藏 | | 6.16 | 68.29 | 28.9 | 0.789 | 49.5(内区半径) |
| 元坝 102 侧 1 | 变井储+无限导流+阻流边界 | 19.5 | | 68.00 | 3.97 | 0.093 | 52.1 |
| 元坝 101 | 无限导流+表皮+阻流边界 | 15.3 | | 69.33 | 0.703 | 0.018 | 3.49, 9.62 |
| 元坝 104 | 无限导流+复合气藏 | 27.1 | | 68.25 | 48.8 | 2.38 | |

③号礁带目前钻三口井，各井静态物性见表 7-9 和图 7-34。各井储层厚度较大，物性好；元坝 29 井（上段）Ⅰ、Ⅱ类储层发育，厚度最大；元坝 205 井（上段）孔隙度较大。试井显示，求产期间元坝 29 井压力下降最小，其次为 205 井；恢复期间元坝 29 井及元坝 205 井最快，能量最充足（图 7-35）。试井分析（表 7-10）表明，29 井表现出高渗透率，高于测井解释结果，可能中部礁带存在裂缝；酸压形成的裂缝沟通了储层自身的裂缝，裂缝半长较长。结合静态物性参数，纵向上③号礁带长兴组上段物性最好；下段厚度较薄，物性差；平面上，元坝 29 井及元坝 204 井所在礁体物性最好，元坝 204 井所在礁体次之；元坝 29 井礁体裂缝发育，酸压形成的裂缝沟通了储层自身的裂缝。

表 7-9　③号礁带测井解释结果表

| 井名 | 测试井段/m | 有效厚度/m | 孔隙度/% |
|---|---|---|---|
| 元坝 204 | 6523～6590 | 45.6 | 3.72 |
| 元坝 205（上段） | 6448～6480 | 31.9 | 6.58 |
| 元坝 29（上段） | 6636～6699 | 58.8 | 5.54 |

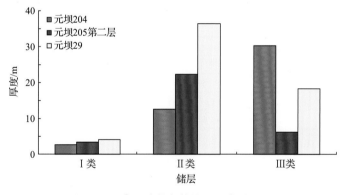

图 7-34　③号礁带各井钻遇三类储层图

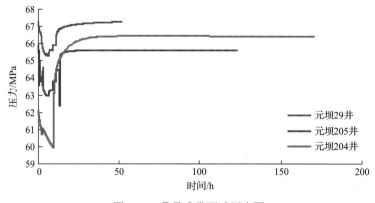

图 7-35　③号礁带测试历史图

表 7-10 ③号礁带试井分析结果

| 井名 | 选择模型 | 裂缝半长/m | 表皮系数 | 外推压力/MPa | 渗透率/10⁻³μm² |
|---|---|---|---|---|---|
| 元坝204 | 有限导流+均质 | 54.6 | | 66.9 | 1.53 |
| 元坝205(上段) | 井储+表皮+均质气藏 | | 1.97 | 65.63 | 25.9 |
| 元坝29(上段) | 有限导流+复合 | 102 | | 67.35 | 35.54 |

④号礁带目前钻两口井，各井静态物性见表 7-11 和图 7-36。两口井厚度较大，物性均较好，且上段物性最好。试井显示，元坝 271 井测试压力恢复快，呈现直角特征，反映近井地带储层物性好，能量充足。双对数曲线趋势完全不一致，元坝 271 井反映较大的表皮特征，而井 27 井改善良好(表 7-12，图 7-37)。结合静态物性参数，试井分析结果表明：地质认识元坝 27 井及井 271 井所在礁体物性较一致，渗透率较低(0.22×10⁻³～0.74×10⁻³μm²)；试井解释渗透率远高于测井渗透率，可能该礁体裂缝发育，元坝 27 井表现明显双孔特征，而元坝 271 井由于恢复时间较短，尚未显现。

礁体总体认识如下。

(1)通过静态物性比较，认识到③号、④号礁带的储层物性最好，渗透率为 1.53～72.9×10⁻³μm²，地层系数为 69.9～3840×10⁻³μm²·m；②号礁带储层物性最差，渗透率为 0.018～2.38×10⁻³μm²，地层系数为 0.703～48.8×10⁻³μm²·m。

(2)后期测试结果可以看出，解释的近期各井储层物性优于前期各井储层物性。表明随着地质认识的加深，后期布井更为合理。

表 7-11 ④号礁带测井解释结果表

| 井名 | 测试井段/m | 有效厚度/m | 孔隙度/% | 渗透率/10⁻³μm² |
|---|---|---|---|---|
| 元坝27 | 6262～6319 | 54.2 | 4.27 | 0.74 |
| 元坝271 | 6320～6370 | 52.6 | 4.26 | 0.24 |

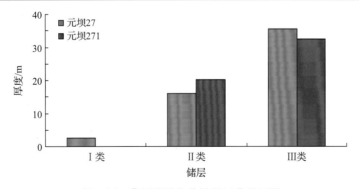

图 7-36 ④号礁带各井钻遇三类储层图

表 7-12 ④号礁带试井分析结果

| 井名 | 外推压力/MPa | 渗透率/10⁻³μm² | 地层系数/(10⁻³μm²·m) | 窜流系数 | 裂缝半长/m | 表皮系数 |
|---|---|---|---|---|---|---|
| 元坝27井 | 66.67 | 1.72 | 93.1 | 1.89×10⁻⁶ | 40.8 | |
| 元坝271井 | 67.15 | 72.9 | 3840 | | | 17.3 |

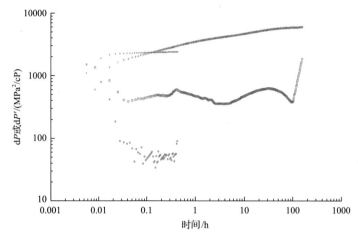

图 7-37    元坝 271、元坝 27 井双对数曲线叠合图

(3)通过试井分析，认识到③号、④礁带裂缝发育，呈现条状分布特征。应注意合理配产，避免生产早期裂缝提早闭合。当存在边底水时，降低配产，防止底水锥进。试井认识与叠前裂缝预测认识相一致。

2. 滩相初步认识

滩相储层目前钻七口井，各井静态物性见表 7-13 和图 7-38。总体而言，滩相储层物性较差，其中元坝 12 井及 11 井滩相物性较好，厚度较大，孔隙度较高，而其余井相对较薄，孔隙度小。试井分析(表 7-14)表明，平面上，非均质性强，外围物性均发生变化；总体渗透率较低($0.0058 \times 10^{-3} \sim 0.3 \times 10^{-3} \mu m^2$)；压裂裂缝半长较短。

表 7-13    滩相测井解释结果表

| 井名 | 测试井段/m | 有效厚度/m | 孔隙度/% |
|---|---|---|---|
| 元坝 12 | 6692-2～6780 | 87.8 | 5.8 |
| 元坝 2 | 6677～6700 | 17.4 | 3.5 |
| 元坝 11 | 6797～6917 | 42.5 | 3.88 |
| 元坝 205(第一层) | 6698～6711 | 12 | 9.54 |
| 元坝 124 侧 1 | 6940～7483 | 27.5 | |
| 元坝 123 | 6902～6918 | 12.3 | 2.76 |
| 元坝 16 | 6950～6974 | 13.2 | 4.57 |

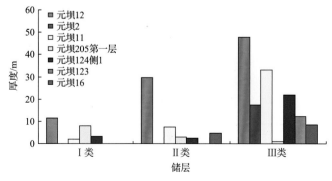

图 7-38    滩相各井钻遇三类储层图

表 7-14　滩相试井分析结果

| 井名 | 选择模型 | 裂缝半长/m | 表皮系数 | 外推压力/MPa | 渗透率/$10^{-3}\mu m^2$ | 地层系数/$(10^{-3}\mu m^2 \cdot m)$ | 边界距离/m |
|---|---|---|---|---|---|---|---|
| 元坝 12 | 变井储+双孔介质 | | | 68.5 | 0.2 | 17.56 | 0.596（弹性储容比） |
| 元坝 2 | 井储+表皮+均质气藏 | | −4.75 | 68.26 | 0.0058 | 0.1 | |
| 元坝 11 | 无限导流+表皮+阻流边界 | 11.5 | | 66.73 | 0.18 | 7.65 | 17.3，13.1 |
| 元坝 124 侧 1 | 水平井+变表皮+均质气藏 | | | 67.27 | 1.53 | 42.07 | |
| 元坝 123 | 变井储+无限导流+复合气藏 | 18.3 | | 67.85 | 0.038 | 0.038 | 28.7（内区半径） |
| 元坝 16 | 井储+表皮+复合气藏 | | | 66.47 | 0.3 | 0.3 | 43.39（内区半径） |

3. 礁滩对比

总体上非均质性强，储层平面上渗透性差异大（$0.006\times10^{-3}\sim65.1\times10^{-3}\mu m^2$），变化快。礁相储层的渗透率高于滩相储层，礁顶储层的渗透率明显高于礁前及其他储层（图 7-39、图 7-40）。

4. 储层改造情况

试井解释中有 10 口具有无限/有限导流特征，表明一半以上井酸压形成有效裂缝，裂缝半长 11.5～54.6m，压裂改造较为成功。

酸压未成缝井主要有以下几种：钻遇致密储层难于成缝（元坝 2 井）；钻遇物性好储层（元坝 205 井）压裂后高渗透储层特征掩盖了裂缝成缝的高渗透缝特征；双孔介质储层（元坝 12 井）中压裂的缝沟通了储层中裂缝掩盖了压裂形成的裂缝。

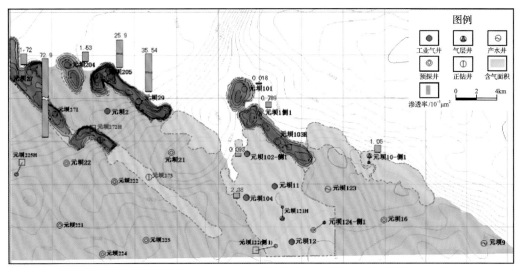

图 7-39　礁相渗透率图

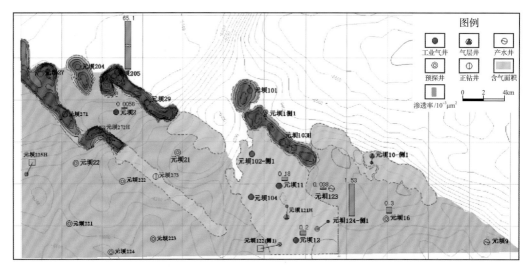

图 7-40　滩相渗透率图

# 第八章 碳酸盐岩高含硫气藏产能评价技术

气田开发中，气井产能评价是确定气井初期产量、分析气井动态最主要手段，也是制定气田开发方案的科学依据之一，对于气田开发具有指导意义。本章结合元坝长兴组碳酸盐岩高含硫气藏的测试状况，分析了气井测试资料状况及特点，分析目前气井产能评价方法的适用性并优选产能评价方法，开展测试井产能评价，分析气井产能的影响因素。

## 第一节 气井产能评价方法优选

目前气井产能测试方法主要有常规回压试井、等时试井、修正等时试井和"一点法"测试(陈元千等，1993；陈元千，1998，2005；李士伦，2008；李海平等，2016)。常规回压试井、等时试井、修正等时试井都是通过多次改变气井的工作制度，测量每个制度下的产气量、井底压力等数据来分析气井产能。"一点法"测试是在关井测得地层压力的情况下，开井生产取得一个工作制度下的稳定产量和井底流动压力，进而计算气井无阻流量。

根据元坝长兴组气藏产能测试资料状况及特点，对现有产能评价方法进行分析，优选出适用的气井产能评价方法；针对目前部分气井测试时间短，井底压力未稳定，计算无阻流量可能偏高的问题，在气井产能影响因素研究基础上，采用单点模拟校正法评价气井产能，并分析了短时测试对气井产能的影响。

### 一、产能测试现状

#### (一)测试概况

截至 2013 年 4 月，元坝长兴组气藏测试井中有 28 口井 32 层段获得工业气流，获得工业气流层段的测试产量 $2.13 \times 10^4 \sim 142.97 \times 10^4 m^3/d$，其中有 4 口井测试产量低于 $10 \times 10^4 m^3/d$，有 10 口井测试产量大于 $100 \times 10^4 m^3/d$。另外，还有 6 口井未获得工业气流。所有测试井中，有元坝 9 井等 5 口井测试出水。

#### (二)资料状况

初步分析元坝长兴组气藏的测试资料，可得到如下几个方面的基本认识。

1. 气井测试方式相对简单

元坝长兴组气藏天然气组分中硫化氢含量高，具有强烈的腐蚀性和剧毒性，给气井安全测试和现场 HSE 管理带来巨大的挑战。加之气藏压力高等因素，故产能测试主要采用一开一关的单点测试方式。探井测试中一开一关为 15 层/井次，二开一关为 5 层/井次，四开一关为 5 层/井次，仅元坝 204 井等 4 口井开展过系统测试。

**2. 单个工作制度开井时间短，压力波动比较大，绝大部分井底流压未达到稳定**

从收集到的测试资料可以看出：13 口井的测试求产时间低于 10h，最低的求产时间仅 2.5h；有 3 口井的测试求产时间介于 10~20h；测试时间最长的那口井，四个工作制度累计测试时间为 55h。研究表明，对于短时测试，气层压力高、渗透率好的储层流动能基本满足稳定条件，但对于合层开采的气层和储层物性相对较差的层段，气体渗流不仅没有达到稳定状态，甚至部分层位还处于窜流状态，无法综合反映各投产层段对气井投入实际生产后产能的贡献。储层纵向、横向非均质性都较强，目前气井测试时单个工作制度生产时间短，难以反映出储层非均质性对气井产能的影响，同时井底压力波动大也给产能评价工作带来了较大困难。

**3. 部分气井测试层段压差大，流压下降快**

从测试资料可以看出，储渗条件较好的获工业气流层段测试压差相对较小，而储层渗透性条件差的气层测试压差大，稳产条件差。如元坝 2 井测试压差超过 40MPa，元坝 101 井测试压差超过 30MPa，元坝 1 侧 1 井压差达 25MPa；同时，部分气井测试工作制度设计不合理，油嘴大，产量高，流压快速下降，二项式曲线出现倒置现象，难以用常规产能评价方法进行产能评价，如元坝 124 侧 1 井、元坝 271 井和元坝 10 侧 1 井等。

**4. 关井恢复时间较短，可能导致外推压力偏低**

测试井的关井时间介于 64~228h，对于元坝长兴组气藏而言，由于储层低渗透，此关井时间太短，压力恢复不充分，如元坝 11 井关井恢复 224h，后期压力曲线仍未趋于平稳。这一测试现状导致试井解释的地层压力不准，进而影响产能评价结果。

综上所述，长兴组气藏一方面以"一点法"测试为主，另一方面测试时间短，压力不稳定，这两方面给准确评价气井产能带来了挑战。针对上述难题，从地质认识、不稳定试井解释、产能评价多方面反复结合，在单点模拟基础上，开展系统试井设计，客观认识气井产能，并进行产能影响因素分析。

## 二、产能评价方法优选

由于目前元坝长兴组气藏主要采用"一点法"测试，本书主要对各种"一点法"进行分析，并结合实际测试资料优选出适合长兴组气藏的产能评价方法。

### (一)"一点法"产能评价方法

"一点法"公式是在二项式产能方程的基础上，通过统计分析气井的稳定试井、等时试井或修正等时试井资料并归纳总结得到的经验公式(陈元千，1987；刘能强，2008；孙志道和胡永乐，2011)。"一点法"产能公式适用条件：①测试压力点必须达到稳定，否则计算结果不能反映气井的真实情况；②地层流体为单相，如果测试过程中井底附近出现了两相流，如边底水窜入井底或工作液返排不彻底等形成了两相流等，一点法测试的分析结果误差较大。

气藏储层特征、储层物性不同，得到的"一点法"经验公式有较大的不同，各气田根据系统试气资料推导的"一点法"公式很多，适用条件各不相同。目前川东北地区普遍采用以下几种"一点法"公式进行产能评价：

1. 陈元千"一点法"公式

该公式是陈元千(1991)根据四川 16 个气田 16 口储层物性较好气井的多点稳定试井取得的资料分析结果，反求出各井的 $\alpha$ 值，平均为 0.2541，取 $\alpha=0.25$，从而形成无阻流量经验公式为

二项式：
$$q_{AOF} = \frac{6q_g}{\sqrt{1+48P_D}-1} \tag{8-1}$$

指数式：
$$q_{AOF} = \frac{q_g}{1.0434P_D^{0.6594}-1} \tag{8-2}$$

式中，$q_{AOF}$ 为测试段无阻流量，$10^4 m^3/d$；$q_g$ 为气井产量，$10^4 m^3/d$；$P_D$ 是无因次压力，定义为

$$P_D = 1-\left(\frac{P_{wf}}{P_R}\right)^2 \tag{8-3}$$

其中，$P_R$ 为平均地层压力，MPa；$P_{wf}$ 为井底流动压力，MPa。

现场应用实践表明，公式(8-1)和式(8-2)对中高渗储层气井产能预测具有较好的适应性。

2. 罗家寨的改进"一点法"公式

中国石油西南分公司研究院主要根据罗家寨气藏罗家 6 井、罗家 7 井和罗家 11H 井稳定试井或修正等时试井数据(陈元千等，2014)，总结分析形成的经验公式，称罗家寨改进"一点法"公式。其表达式为

$$\frac{P_R^2 - P_{wf}^2}{P_R^2} = \frac{2}{1+\sqrt{1+C_1K^2P_R^2}}\left(\frac{q_g}{q_{AOF}}\right) + \left(1+\frac{2}{1+\sqrt{1+C_1K^2P_R^2}}\right)\left(\frac{q_g}{q_{AOF}}\right)^2 \tag{8-4}$$

式中，$K$ 为气层有效渗透率；$C_1=\dfrac{4B}{A^2K^2}$，其中 $A$、$B$ 为二项式产能方程系数。

实际应用时，根据实际的系统产能测试资料，求出气井二项式产能方程，即可以确定出常数 $C_1$。罗家寨改进"一点法"公式 $C_1=0.000434$，研究表明该公式适合于气井产量大、生产压差小的高产气井。

3. 川东"一点法"公式

川东"一点法"公式是利用川东地区不同类型气井稳定试井和完井测试资料分别计算无阻流量，并与陈元千"一点法"公式计算结果比较，对其进行误差统计分析，再根据无阻流量大小将气井分为三种类型进行校正，归纳总结出的不同类型气井"一点法"

公式(陈元千,1998;陈元千等,2014;倪杰等,2015)。

公式 1:
$$q_{AOF} = \frac{5.69q_g}{\sqrt{1+43.78P_D}-1} \tag{8-5}$$

公式 2:
$$q_{AOF} = \frac{7.09q_g}{\sqrt{1+64.46P_D}-1} \tag{8-6}$$

公式 3:
$$q_{AOF} = \frac{14.67q_g}{\sqrt{1+244.4P_D}-1} \tag{8-7}$$

川东的"一点法"三种公式适用条件:公式 1 适用于无阻流量小于 $100\times10^4m^3/d$ 的气井,公式 2 适用于无阻流量在 $100\times10^4\sim300\times10^4m^3/d$ 的气井,公式 3 适用于无阻流量大于 $300\times10^4m^3/d$ 的高产气井。

4. 普光气田的"一点法"公式

中原油田研究院根据普光气田 4 口探井多工作制度产能测试数据,分别求取各测试层段的产能方程后,得到气井绝对无阻流量,然后反求一点法公式中的 $\alpha$ 值,最后求得一个算术平均值而建立普光气田"一点法"公式(倪杰等,2015),其算术平均 $\alpha=0.5141$,方程形式如下:

$$q_{AOF} = \frac{2q_g}{\sqrt{1+8P_D}-1} \tag{8-8}$$

普光气田的"一点法"是用探井多工作制度测试数据计算气井二项式产能方程系数,经统计分析形成的经验公式。所采用的 4 口井测试数据,除 1 口井的测试数据的流动状态基本达到稳定之外,其余井的流动均处于非稳定流动阶段。因此,在目前普光气田可用的系统的稳定试井或修正等时试井资料十分有限的情况下,用如此方法得到的"一点法"产能评价公式必定会产生较大的误差。

(二)"一点法"产能评价方法优选

为对比不同"一点法"计算结果的差异,选用元坝气田部分井的实际测试资料,应用各种一点法公式进行计算,结果见表 8-1。从实际试气资料分析看,由于大部分测试段的试气生产压差大于 10MPa,测试压差平均为 17MPa,约占地层压力的为 25%。从无阻流量计算结果看,各种"一点法"公式计算的无阻流量相近。

为了研究测试生产压差对"一点法"无阻流量计算结果的影响,以元坝 12 井为例,模拟计算了不同压差情况下各种评价方法的计算结果,见表 8-2。结果表明,当生产压差大于 6MPa(地层压力的 10%)时,川东北公式 3 的结果偏小,其他几种方法计算结果基本一致,预测的无阻流量结果整体相差较小;当压差小于 3MPa 时,各种计算方法的无阻流量预测结果相差很大,如当压差为 1.5MPa 时,预测的最大无阻流量为最小无阻流量的 2.5 倍，表明生产压差很小时，川东北各种"一点法"公式计算的无阻流量相差较大。研究表明：当测试生产压差较小(低于地层压力的 5%)时，生产压差的变化对无阻流量的计算结果影响较大。

表 8-1 不同压差下各种"一点法"的无阻流量计算结果

| 井号 | 测试井段/m | 测试厚度/m | 地层压力/MPa | 测试压差/MPa | 测试产量/(10⁴m³/d) | 测试段无阻流量/(10⁴m³/d) | | | |
|---|---|---|---|---|---|---|---|---|---|
| | | | | | | 陈元千 | 川东1 | 川东2 | 川东3 |
| 元坝1侧1 | 7330.7~7367.6 | 20.2 | 68.708 | 25.83 | 50.3 | 67.32 | 67.43 | 66.95 | 65.85 |
| 元坝2 | 6677~6700 | 6.7 | 66.33 | 47.83 | 4.36 | 19 | 19.1 | 18.7 | 18.6 |
| | 6544~6593 | 18.1 | 65 | 25 | 10.24 | | | | |
| 元坝11 | 6797~6917 | 33.6 | 67.76 | 11.17 | 51.61 | 110.4 | 111.2 | 108.77 | 103.26 |
| 元坝12 | 6694~6780 | 86.7 | 69.234 | 8.8 | 53.14 | 132.87 | 133.78 | 130.11 | 121.82 |
| 元坝27 | 6264~6319 | 51.2 | 66.67 | 2.1 | 29.62 | 230.78 | 235.29 | 217.42 | 177.79 |
| 元坝101 | 6954~7022 | 32.6 | 69.33 | 18.84 | 32.06 | 37.61 | 37.63 | 37.5 | 37.18 |
| 元坝102侧1 | 6711~6791 | 37.3 | 68.49 | 11.93 | 38.68 | 78.07 | 78.44 | 76.89 | 73.37 |
| 元坝204 | 6524~6590 | 34.1 | 66.52 | 3.26 | 40.21 | 280.75 | 282.86 | 274.33 | 255.09 |

表 8-2 元坝 12 井不同压差下各种"一点法"的计算结果

| 生产压差/MPa | 陈元千一点法/(10⁴m³/d) | 川东北公式1/(10⁴m³/d) | 川东北公式2/(10⁴m³/d) | 川东北公式3/(10⁴m³/d) |
|---|---|---|---|---|
| 38.5 | 60.1 | 60.1 | 59.9 | 59.6 |
| 33.5 | 63.3 | 63.3 | 63.1 | 62.5 |
| 28.5 | 67.7 | 67.7 | 67.4 | 66.5 |
| 23.5 | 73.8 | 74.0 | 73.4 | 72.0 |
| 18.5 | 83.0 | 83.3 | 82.3 | 80.1 |
| 13.5 | 98.1 | 98.5 | 96.9 | 93.1 |
| 8.5 | 128.1 | 128.9 | 125.6 | 118.0 |
| 6.5 | 151.0 | 152.3 | 147.3 | 136.2 |
| 5.5 | 168.0 | 169.5 | 163.3 | 149.4 |
| 4.5 | 191.6 | 193.6 | 185.4 | 167.2 |
| 3.5 | 227.1 | 229.9 | 218.6 | 193.3 |
| 2.0 | 339.3 | 345.2 | 322.0 | 270.6 |
| 1.5 | 422.4 | 430.8 | 397.7 | 324.3 |
| 1.0 | 583.6 | 597.2 | 543.2 | 422.9 |
| 0.5 | 1051.8 | 1082.3 | 961.2 | 687.3 |

基于上述研究，由于陈元千"一点法"是由四川不同碳酸盐岩气藏 16 口气井实测产能归纳得到，更接近元坝碳酸盐岩气藏的实际，加之元坝气田目前单点测试时压差大的现状，陈元千"一点法"能较好地满足元坝气田现有测试资料分析的要求，故优选陈元

千"一点法"计算无阻流量。

### (三)多工作制度测试气井产能评价方法

#### 1. 系统试井产能评价方法

系统试井是气井以多个产量(工作制度)生产下,测取相应的稳定井底流压的测试方法(Lee and Wattenbarger,1996;陈元千,2005;李士伦,2008;庄惠农,2009;张建业等,2016)。其测试资料的分析方法有压力分析法、压力平方法和拟压力分析三种方法,分析求得方程的形式有指数式和二项式。系统试井产能评价方法使用时要求以下条件:各测试工作制度的流动压力达到稳定;所选择的最小产量至少应等于井筒中携液所需要的产量,不能造成井底积液;每一工作制度的产量必须保持由小到大的序列。

#### 2. 等时试井产能评价方法

等时试井是采用若干个(至少 3 个,一般为 4 个)不同的产量生产相同时间;在以每一产量生产一定时间后均关井一段时间,使压力恢复到(或非常接近)气层静压;最后再以某一定产量生产一段较长时间,直至井底流压达到稳定(金忠臣等,2004;陈元千,2005;李士伦,2008)。

等时试井资料分析是假设在一个已知的气藏中有效驱动半径只是无因次时间的函数,而与产量无关,如果一个多点试井的每一个产量都持续一段固定的时间而没有稳定,那么,作为生产时间函数的有效驱动半径在每一点都是一样的。一组产量不同而生产时间相同的多点试井数据在双对数坐标上将是一条直线,用这种动态曲线计算出的二项式指数式中的指数 $n$ 和稳定流动条件下得到的 $n$ 基本相同。在二项式求解过程中,也认为二项式一般式中的系数 $B$ 与生产时间无关,因此,$n$ 或 $B$ 可以根据短期试井资料确定,而二项式指数式中的系数 $C$ 或二项式一般式中的系数 $A$ 则只能从稳定条件下求得,但对于不同的产量,只要每一个产量的生产时间是常数,$C$ 和 $A$ 也是固定不变的。于是等时生产数据只要结合一个稳定流动点就可以用来替代完全稳定的常规产能试井。

#### 3. 修正等时试井产能评价方法

修正等时试井是对等时试井的进一步简化和改进(金忠臣等,2004;陈元千,2005;李士伦,2008)。在等时试井中,各次生产之间的关井时间要求足够长,使压力恢复到气藏静压,因此,各次关井时间一般来说都是不相等的。修正等时试井中,各次关井时间相同(一般与生产时间相等,也可以与生产时间不等,不要求压力恢复到静压),最后也以某一稳定产量生产较长时间,直至井底流压达到稳定。由此可以看出,修正等时试井最大的特点就是,开关井时间相同,不要求压力恢复到静压。这样,在分析测试资料求取 $n$ 或 $B$ 时,计算每个点的压力差值是以前次关井恢复值减去本次开井的井底流压值,整个处理过程与等时试井分析过程相似。

上述分析可知,在测试方式一定时,如果满足该测试方式产能评价方法的适用条件,即可选择对应的方法计算气井产能。元坝气田目前以"一点法"测试为主,部分井开展了多工作制度测试,根据多工作制度测试气井产能评价方法开展产能评价,对 5 口测取流压偏小的异常系统测试资料,采用 $C_w$ 值校正的方法获得气井二项式产能方程。

### 三、测试时间对产能评价的影响及校正

影响气井产能的因素很多，可分为地质因素和工程因素。地质因素主要包括储层物性、非均质性和地层压力等客观存在的因素；而工程因素主要是指酸化、压裂和测试时间等人为因素(李跃刚，1992；许进进等，2006；刘言等，2014)。根据元坝气田实际测试资料状况，目前主要问题是测试时间短，因此主要分析测试时间对产能评价结果的影响，进而对"一点法"进行了改进。本书采用短时气井产能评价方法——单点模拟校正法，对气井的产能评价结果进行了分析。

#### (一)测试时间对产能评价的影响

由气井产能试井理论可知(庄惠农，2009)，气井的稳定产能方程为

$$\bar{P}_R^2 - P_{wf}^2 = Aq_g + Bq_g^2$$

$$A = \frac{84.84 T P_{sc} \bar{\mu}_g \bar{z}}{KhT_{sc}} \left[ \lg \frac{0.472 r_e}{r_w} + 0.434 S \right] \tag{8-9}$$

$$B = \frac{36.91 T P_{sc} \bar{\mu}_g \bar{z}}{KhT_{sc}} D \tag{8-10}$$

经计算和变换后得到气井绝对无阻流量为

$$q_{AOF} = \frac{-A + \sqrt{A^2 + 4B(P_R^2 - 0.101^2)}}{2B} \tag{8-11}$$

式(8-9)~式(8-11)中，$\bar{P}_R$ 为平均地层压力，MPa；$P_{wf}$ 为井底流动压力，MPa；$q_g$ 为气井产量，$10^4 m^3/d$；$T$ 为气层温度，K；$K$ 为地层渗透率，$\mu m^2$；$h$ 为地层厚度，m；$P_{sc}$ 为标准状态压力，为 0.101325MPa；$T_{sc}$ 为标准状态温度，为 293.15K；$\bar{\mu}_g$ 为气体平均黏度，mPa·s；$\bar{z}$ 为气体平均偏差系数；$S$ 为污染系数；$D$ 为紊流系数，$(10^4 m^3/d)^{-1}$；$r_w$、$r_e$ 为分别为井眼半径、外边界距离，m。

由式(8-11)可知，气井无阻流量与地层压力成正比；在地层压力一定的条件下，气井产能主要受产能方程系数 $A$ 和 $B$ 的影响，其中 $B$ 主要表征气井的非达西流程度，而 $A$ 是储层物性、测试时间、气井边界等多种因素的综合体现。$A$、$B$ 越小，气井产能越大。因此，影响产能方程系数 $A$ 和 $B$ 的因素便是影响气井产能的因素。

对一口气井而言，在储层物性已确定的情况下，影响气井产能评价结果的因素主要就是测试方法和测试条件，如测试时间和测试压力等。

由气井产能试井理论可知，气井生产未达到稳定时，气井二项式产能方程为

$$P_i^2 - P_{wf}^2 = A_t q_g + B q_g^2 \tag{8-12}$$

$$A_t = \frac{42.42 T P_{sc} \overline{\mu}_g \overline{z}}{K h T_{sc}} \left[ \lg \frac{8.085 KT}{\phi \overline{\mu}_g \overline{c}_t r_w^2} + 0.87 S \right] \tag{8-13}$$

式中，$c_t$ 指平均地层压缩系数。

由式(8-13)式可知，气井产能方程系数 $A_t$ 是时间的函数，时间不同，$A_t$ 值不同，此时确定的气井产能也不相同，因此如果气井试气未达到稳定时，反映的是气井瞬时产能，并非气井的稳定产能。气井生产未达到稳定时二项式系数 $A_t$ 随生产时间的变化关系如图 8-1 所示。

对于陈元千"一点法"产能公式：

$$q_{AOF} = \frac{6 q_g}{\sqrt{1 + 48 \left( 1 - \dfrac{P_{wf}^2}{P_R^2} \right)} - 1} \tag{8-14}$$

采用不同延时生产时间的井底流压计算的气井无阻流量随生产时间的变化关系如图 8-2 所示。从图中可以看出，在开井初期，无阻流量的计算结果对井底压力极为敏感；随测试时间的延长，气井的绝对无阻流量不断降低，但当测试时间达到拟稳定后，气井的无阻流量的变化将很小。因此，气井测试时间对产能计算结果有很大影响，如果测试时间短，流压 $P_{wf}$ 不稳定，流压往往偏大，则计算的气井无阻流量偏高。

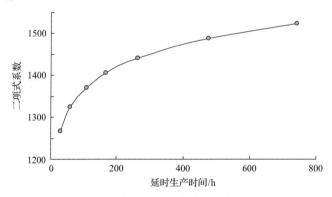

图 8-1　生产时间与二项式系数 $A_t$ 的变化曲线

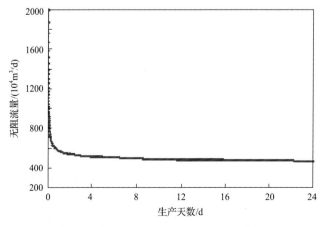

图 8-2　测试时间与无阻流量的变化曲线

因此,要想获得可靠的气井产能,必须达到一定的测试时间(大于或等于拟稳态时间),即探测半径达到气井所控制的范围,否则计算的无阻流量会产生较大误差,如果测试时间过短,气井远未达到稳定,此时计算的无阻流量偏大;如果测试时间过长,则会在储层中形成一定的压降,储层偏离原始状态,使评价结果偏小。

(二)单点模拟法确定气井产能

由于元坝气田目前所有测试气井的测试时间短,每个工作制度仅 2~10h,大部分气井井底压力未稳定。因此,为消除测试时间短、压力未稳定对气井产能评价结果的影响,在用陈元千"一点法"公式进行产能评价时,对"一点法"进行了改进,采用短时气井产能评价方法——单点模拟校正法。

单点模拟校正法的理论基础是用气井不稳定试井资料建立反映气藏动态特性的地质模型,进而评价气井产能。其确定气井产能的思路如下。

(1)利用一口气井试气关井压力恢复测试资料,进行不稳定试井解释,分析确定测试层和测试井的特性及储层参数,建立起反映测试井地层特性的单井地质模型。

(2)采用建立的测试井地质模型,模拟气井单点产能试井过程,即试气过程中压力变化,确定达到拟稳定阶段的井底流动压力。由式(8-6)和式(8-9)可以推导得出气井达到拟稳定流动阶段所需的时间为

$$t = \frac{0.02756\phi\overline{\mu}_g c_t r_e^2}{K} \qquad (8-15)$$

气井达到稳定的时间可由式(8-15)确定,也可根据气井试气和产能试井技术规范中测试达到稳定的标准确定。

(3)根据测试井产量、地层压力及确定的稳定井底流动压力,选择适合这类气藏的"一点法"公式评价气井产能。

根据元坝 12 井酸压后试井解释的储层参数,模拟单点试气压力变化,让气井以 $53.14\times10^4\mathrm{m}^3/\mathrm{d}$ 定产量生产 2000h 后关井恢复,井底压力的变化见图 8-3。生产初期压力

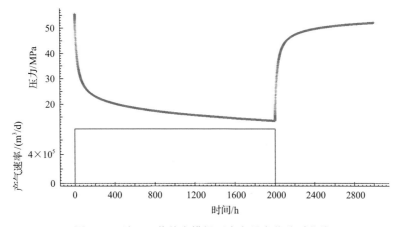

图 8-3　元坝 12 井单点模拟压力产量变化关系曲线

下降快，后期压力缓慢下降并趋于稳定。根据不同生产时间对应的井底流压来计算无阻流量，计算结果表明(表 8-3)，测试时间对低渗透气藏的产能评价影响较大，测试时间越长，流压越小，压差越大，评价的无阻流量越小。表明该类气藏初期评价的气井产能可能偏大。

表 8-3  元坝 12 井模拟生产情况表

| 生产时间/h | 井底流压/MPa | 压差/MPa | 无阻流量/($10^4\text{m}^3$/d) |
|---|---|---|---|
| 5.7 | 60.5 | 8.74 | 126.8 |
| 15 | 58.3 | 10.9 | 111.2 |
| 30 | 56.5 | 12.7 | 102 |
| 50 | 55 | 14.2 | 95.9 |
| 100 | 52 | 17.2 | 90 |

## 四、试井设计分析产能影响因素

元坝 10 侧 1 井试井资料品质比较好，选择该井开展试井设计，分析了渗透率、表皮系数和气体相对密度等因素对无阻流量的影响。

### (一)渗透率

结合元坝长兴组气藏的试井解释渗透率，选取渗透率范围为 $0.1\sim5\times10^{-3}\,\mu\text{m}^2$，开展了 8 组不同渗透率情况下的试井设计，工作制度见表 8-4，根据试井设计得到的压力，进行了产能评价，产能评价结果见表 8-5。

表 8-4  工作制度设计表

| 序号 | 产量/($10^4\text{m}^3$/d) | 时间/h |
|---|---|---|
| 1 | 15 | 24 |
| 2 | 25 | 24 |
| 3 | 30 | 24 |
| 4 | 35 | 24 |

表 8-5  不同渗透率设计结果评价表

| $K/10^{-3}\mu\text{m}^2$ | $A$ | $B$ | $P$/MPa | $q_{\text{AOF}}$/($10^4\text{m}^3$/d) |
|---|---|---|---|---|
| 0.1 | 22.39 | 0.25 | 67.32 | 97.11129 |
| 0.2 | 12.35 | 0.187 | 67.32 | 126.1187 |
| 0.5 | 5.85 | 0.112 | 67.32 | 176.7289 |
| 1 | 3.26 | 0.071 | 67.32 | 230.7304 |
| 2 | 2.025 | 0.046 | 67.32 | 292.6407 |
| 3 | 1.481 | 0.037 | 67.32 | 330.5379 |
| 4 | 1.209 | 0.03 | 67.32 | 369.0437 |
| 5 | 1.038 | 0.025 | 67.32 | 405.5144 |

　　不同渗透率情况下对应的无阻流量见图 8-4，可以看出，无阻流量随渗透率增加而增加，渗透率在较低水平上增加时无阻流量增加幅度大，但当渗透率在较高水平上增加时无阻流量增加幅度变小。前 4 个设计点产能增幅平均 30%，拐点出现在渗透率为 $0.5\times10^{-3}\sim$ $1\times10^{-3}\mu m^2$。

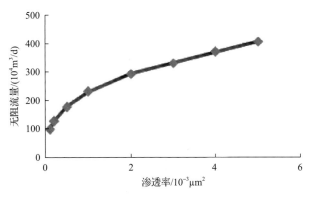

图 8-4　无阻流量与渗透率关系曲线

## （二）表皮系数

　　结合元坝长兴组气藏试井解释的表皮系数，渗透率取实际值 $1.04\times10^{-3}\mu m^2$，相对密度取 0.66，工作制度与前面一组相同，考虑不同改善效果进行了 8 组设计，根据试井设计得到的压力评价产能，结果见表 8-6。

表 8-6　不同表皮系数设计结果评价表

| $K/10^{-3}\mu m^2$ | $A$ | $B$ | $P$/MPa | $q_{AOF}/(10^4 m^3/d)$ |
| --- | --- | --- | --- | --- |
| −0.2 | 1.894 | 0.072 | 67.32 | 238.0783 |
| −0.1 | 2.58 | 0.072 | 67.32 | 233.6088 |
| 0 | 3.26 | 0.071 | 67.32 | 230.7304 |
| 1 | 10.1 | 0.063 | 67.32 | 199.7725 |
| 2 | 16.95 | 0.05 | 67.32 | 175.9992 |
| 3 | 23.79 | 0.032 | 67.32 | 157.2415 |
| 4 | 30.63 | 0.008 | 67.32 | 142.6442 |

　　不同表皮系数情况下对应的无阻流量见图 8-5。可以看出无阻流量随表皮系数增加而降低，总体变化趋势是表皮系数较小时降低幅度大，而表皮系数较大时降低幅度。

## （三）相对密度

　　结合元坝长兴组气藏不同部位的相对密度，渗透率取实际值 $1.04\times10^{-3}\mu m^2$，表皮系数为 0，工作制度与前面相同，开展了 5 组设计。根据试井设计得到的压力评价产能，结果见表 8-7。

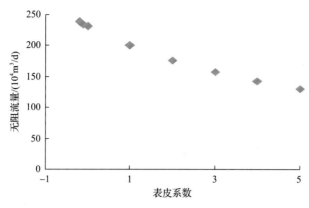

图 8-5　无阻流量与表皮系数关系曲线

**表 8-7　不同相对密度设计结果评价表**

| 相对密度 | $A$ | $B$ | $P$/MPa | $q_{AOF}/(10^4 m^3/d)$ |
|---|---|---|---|---|
| 0.56 | 2.823 | 0.063 | 67.32 | 246.7384 |
| 0.6 | 2.984 | 0.066 | 67.32 | 240.4097 |
| 0.64 | 3.159 | 0.07 | 67.32 | 232.8797 |
| 0.68 | 3.352 | 0.074 | 67.32 | 225.8586 |
| 0.72 | 3.566 | 0.078 | 67.32 | 219.2665 |

考虑不同气体相对密度对应的无阻流量见图 8-6。可以看出，无阻流量随气体相对密度的增加而减小，两者呈现比较明显的线性关系。相对密度增加约 25%，无阻流量减少约 10%。

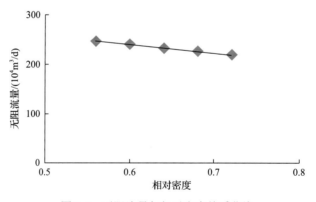

图 8-6　无阻流量与相对密度关系曲线

(四)工作制度序列

设计 4 个相同的工作制度，采用不同的序列(正序列工作制度由小到大，反之为反序列)，根据试井设计得到的压力，进行产能评价(图 8-7、图 8-8)，可以看出，反序列出现斜率为负，不能计算无阻流量。

综合上述评价结果可以看出，无阻流量随渗透率增加而增大，随表皮系数增加而降低，随气体相对密度的增加而减小。同时，在进行工作制度设计时，尽可能采用由小到大的正序列工作制度。

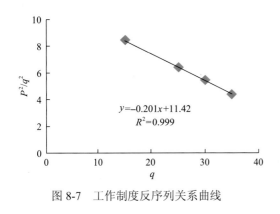

图 8-7　工作制度反序列关系曲线

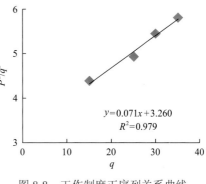

图 8-8　工作制度正序列关系曲线

# 第二节　元坝长兴组气藏气井测试层段产能评价

根据元坝长兴组气藏的试气资料，利用优选的陈元千"一点法"，开展测试井测试层段的产能评价，同时对开展系统测试的 3 口井进行产能评价，综合分析气井的生产能力。

## 一、礁相储层单井分析与评价

目前礁相储层共有 12 口井 12 层段进行了测试，其中元坝 10 侧 1 井和元坝 204 井进行了系统测试。按照礁带分布情况，其中部分井具体如下。

### (一)①号礁带

目前礁相储层的①号礁带仅元坝 10 侧 1 井和元坝 9 井共 2 口井 2 层段进行了测试，其中元坝 10 侧 1 井开展了系统测试。

元坝 10 侧 1 井于 2011 年 6 月 18~28 日进行酸压测试，首先进行排液求产，其次进行"一点法"测试，然后进行了 5 个制度的系统测试，最后关井测压恢。酸化测试曲线如图 8-9 所示。

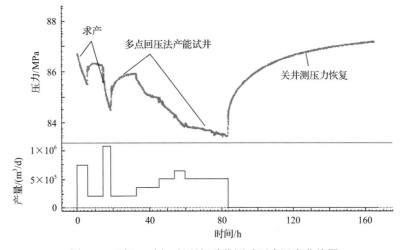

图 8-9　元坝 10 侧 1 长兴组酸化测试压力温度曲线图

(1)"一点法"测试。6 月 21 日，在排液求产后进行"一点法"测试，采用油嘴 Φ6mm+孔板 Φ34mm 工作制度，稳定油压 45.6MPa，天然气产量为 21.1948×10⁴m³/d，期间累产气为 19075m³；用临界速度流量计两条测试管线求产，油嘴(Φ10mm+Φ10mm+6mm)+孔板(Φ34mm+ Φ34mm)，稳定油压 30.8MPa，天然气产量为 107.47×10⁴m³/d，期间累产气为 216296m³。

根据测试概况，其中产量为 107.47×10⁴m³/d 时压力未稳且递减迅速，因此"一点法"产能试井分析选取产量 21.19×10⁴m³/d 的制度进行分析。采用优选的陈元千"一点法"，计算出测试层段的无阻流量为 149×10⁴m³/d。从该井测井解释的储层厚度及试井解释结果可看出，射孔段的无阻流量基本代表了全井段的无阻流量。

(2)多点回压测试。该层段在进行单点测试后，进行了 5 个工作制度的回压测试，具体情况见表 8-8。

表 8-8  多点回压产能测试表

| 序号 | 工作制度 | 井口流压/MPa | 产气量/(10⁴m³/d) | 产液量/(m³/d) |
|---|---|---|---|---|
| 1 | Φ6mm 油嘴+Φ34mm 孔板 | 43.5 | 20.53 | 0 |
| 2 | Φ8mm 油嘴+Φ34mm 孔板 | 42.6 | 35.40 | 0 |
| 3 | Φ10mm 油嘴+(Φ34mm+Φ34mm)孔板 | 42 | 50.29 | 12.7 |
| 4 | (Φ10mm+Φ5mm)油嘴+(Φ34mm+Φ34mm)孔板 | 39.7 | 64.99 | 23.0 |
| 5 | Φ10mm 油嘴+(Φ34mm+Φ34mm)孔板 | | 50.97 | 0 |

从多点回压法产能试井来看，各个制度下的压力均未达到完全稳定，因此只能选取相对稳定的第 1、2、3 个制度进行产能分析。

取压恢试井解释外推压力 67.32MPa 为地层压力。对这 3 个制度进行二项式产能曲线回归(如图 8-10 所示)，回归直线斜率为负值。由于测试简况中表明产液，分析导致负斜率的原因是产液所致。这种情况即开井测试中，井底有液柱，而关井后，在重力作用下，液柱又进入地层。因此，有井底积液时，使井底压力值比实际值偏小。采用李治平等(2007)的 C 值校正法进行校正，结果如图 8-10 所示。

二项式产能方程：

$$P_i^2 - P_{wf}^2 = 0.0711q_g^2 + 2.2447q_g$$

计算天然气绝对无阻流量为 225.8×10⁴m³/d。

(3)产能综合评价。由于该井"一点法"产能试井时压力波动较大，导致无阻流量计算误差较大，而多点回压法产能试井分析结果具有一定的参考价值，因此取多点回压法产能试井分析作为该井产能分析的结果，即元坝 10 侧 1 井的无阻流量为 225.8×10⁴m³/d。但各个制度下的井底流压尚未达到完全稳定，且测试过程出现产液，导致出现二项式曲线反转，因此本次产能分析结果仅供参考。

(二)②号礁带及礁滩叠合区

目前礁相储层的②号礁带及礁滩叠合区有元坝 1 侧 1 井、元坝 101 井、元坝 103H井、元坝 102 侧 1 井、元坝 104 井、元坝 101-1H 井共 6 口井 7 层段进行了单点测试。对其中 4 口井进行了评价。

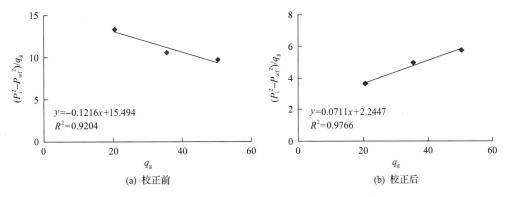

图 8-10　元坝 10 侧 1 井校正前后二项式产能曲线图

1. 元坝 1 侧 1 井

元坝 1 侧 1 井开展了两次压力恢复测试：射孔后求产 20h，产气量为 $0.15×10^4\text{m}^3/\text{d}$，于 2006 年 10 月 25 日测压力恢复，关井 113h。由于没有获得工业气流，对该层段进行了酸压求产 11h，采用 8mm 油嘴测试，产气量为 $50.3×10^4\text{m}^3/\text{d}$，井口油压 28.05MPa，井底流压为 42.87MPa，压差为 25.84MPa。2006 年 11 月 19 日测压力恢复，关井 155h，酸压时测试压力曲线见图 8-11。

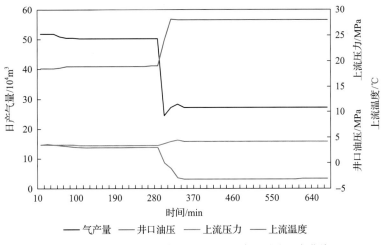

图 8-11　元坝 1 侧 1 井长兴组 APR 酸压测试压力曲线

根据元坝 1 侧 1 井的测井解释结果，该井测井解释厚度共 47.1m，没有 I 类储层，II 类储层占 29%，III 类储层占 71%。结合测试概况，计算出测试层段的无阻流量为 $67.3×10^4\text{m}^3/\text{d}$。从该井测井解释的储层厚度及试井解释结果可看出，射孔段的无阻流量基本代表了全井段的无阻流量。

2. 元坝 103H 井

2011 年 4 月下旬，对 7047～7695.5m 层段，段长 649.5m 进行常规替喷测试，采用油嘴($\Phi$8+10+16mm)+孔板 $\Phi$36mm、过临界速度流量计求产，稳定时间约 4h，稳定油压

41.3～41.5MPa,控制套压 5MPa 以内,井口温度 62℃,上流压力分别为 2.1MPa 及 1.8MPa,下流压力分别为 0.3MPa 及 0.7MPa,计算天然气产量分别为 $45.9904 \times 10^4 m^3/d$、$47.9066 \times 10^4 m^3/d$,合计天然气产量为 $93.897 \times 10^4 m^3/d$。

2011 年 10 月,对该层段进行了系统测试,各工作制度见表 8-9。

表 8-9 元坝 103H 井产能试井工作制度表

| 序号 | 工作制度 | 生产时间/h | 井口压力/MPa | 产气量/($10^4 m^3/d$) |
|---|---|---|---|---|
| 1 | $\Phi(5+6)$ mm×$\Phi(8+6)$ mm×$\Phi(12+12)$ mm 油嘴 +$\Phi(30+30)$ mm 孔板 | 11 | 46.8 | 40.8 |
| 2 | $\Phi(5+7)$ mm×$\Phi11$mm×$\Phi(12+12)$ mm 油嘴 +$\Phi(30+30)$ mm 孔板 | 8 | 46.2 | 51.3 |
| 3 | $\Phi(4+8)$ mm×$\Phi12$mm×$\Phi(12+12)$ mm 油嘴 +$\Phi(30+30)$ mm 孔板 | 6 | 45.7 | 60.2 |
| 4 | $\Phi(4+9)$ mm×$\Phi13$mm×$\Phi(12+12)$ mm 油嘴 +$\Phi(30+30)$ mm 孔板 | 4 | 44.6 | 70.5 |

本次产能试井工作制度比较稳定情况较好。由于第 2、3 个制度经折算后井底压力非常接近,对四个制度点一起回归计算时相关性很差,由于第 3 个制度较第 2 个制度波动大,采用第 1、2、4 个制度进行解释分析。采用二项式产能曲线,评价测试层段无阻流量为 $602 \times 10^4 m^3/d$。

3. 元坝 102 侧 1 井

2010 年 2 月,元坝 102 侧 1 井长兴组上储层(6711～6791m)进行了酸压施工。采用 $\Phi12$mm 油嘴、$\Phi30$mm 孔板临界速度流量计测气求产,油压为 22.24MPa,上流压力为 2.809MPa,下流压力为 0.274MPa,上流温度为 43.909℃,测得气产量为 $38.68 \times 10^4 m^3/d$,施工曲线见图 8-12。

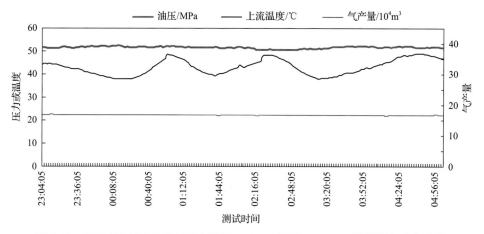

图 8-12 元坝 102 侧 1 井长兴组上储层 $\Phi12$mm 油嘴、$\Phi30$mm 孔板测气求产曲线

元坝 102 侧 1 井第一测试层厚度 12.3m,酸压后未获得工业气流,第二测试层厚度 76.1m,全井段余下 24m 的Ⅲ类层未射开。结合测试概况,可以计算出测试段的无阻流量为 $78.1 \times 10^4 m^3/d$。从储层厚度分类看,测试段的无阻流量基本代表该层段的真实产能,

但全井段的无阻流量比射孔段的无阻流量还会有一定程度的增加。

4. 元坝 104 井

2011 年 4 月底，对元坝 104 井长兴组 6700～6726m 层段进行酸压测试，分别采用四个工作制度求产 (表 8-10)。

表 8-10　测试工作制度简况表

| 序号 | 工作制度 | 稳定油压/MPa | 产气量/($10^4$m³/d) | 产液量/(m³/d) |
|---|---|---|---|---|
| 1 | $\Phi$18mm 油嘴+$\Phi$(32+30)mm 孔板 | 25.5 | 123.2767 | 0 |
| 2 | $\Phi$15mm 油嘴+$\Phi$(32+30)mm 孔板 | 30.5 | 109.2794 | 0 |
| 3 | $\Phi$12mm 油嘴+$\Phi$(32+30)mm 孔板 | 35.3 | 85.546 | 0 |
| 4 | $\Phi$9mm 油嘴+$\Phi$32mm 孔板 | 41.8 | 54.1826 | 0 |

采用不同工作制度求产时地压力波动较大 (图 8-13)，将求产时井底压力数据放大，如图 8-14 所示。从图中可以看出，由于工作制度是从大到小，每个工作制度下的压力是先升后降。根据图中的压力数据图可以看出，第三个工作制度的压力相对比较稳定，选取该制度进行一点法产能评价。根据测试情况，利用陈元千"一点法"，计算出测试段的无阻流量为 $208.5 \times 10^4$m³/d。从储层厚度分类看，仅剩下 4.9m 的 II 类储层和 11.6m 的 III 类储层未射开，测试段的无阻流量基本代表该层段的真实产能，但全井段的无阻流量比射孔段的无阻流量还会有一定程度的增加。

由于测试时压力存在一定程度的波动，导致产能评价难度较大；并且目前该井的测试资料极少，给产能评价带来了一定的不确定性。此次评价的无阻流量仅是初步评价的结果，有待通过系统测试及试采进行验证。

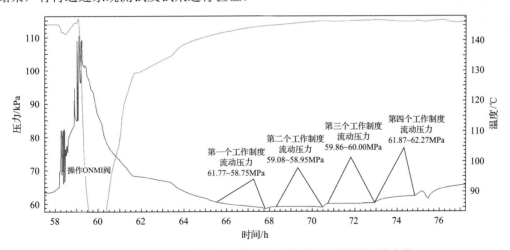

图 8-13　元坝 104 井长兴组射孔酸压测试压力曲线展开放大图

(三)③号礁带

目前③号礁带有元坝 2 井、元坝 204 井、元坝 205 井、元坝 29 井、元坝 204-1H 井、元坝 205-1 井共 6 口井 6 个层段进行了单点测试，其中元坝 204 井开展了系统测试。对其中 3 口井进行了评价。

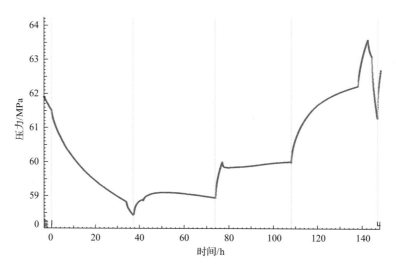

图 8-14  元坝 104 井测试求产压力曲线放大图

1. 元坝 204 井

元坝 204 井分别进行了单点测试及系统试采。

1)"一点法"测试

2011 年 8 月,对元坝 204 井 6523~6590m 层段进行 APR 系统测试,生产压力曲线见图 8-15。采用孔板临界速度流量计,三条测试管线同时求产,稳定油压 24.5MPa,稳定上流压力 2.2MPa,上流温度为–5℃,基本稳定 2.3h,合计三条管线日产气量为 $126.46×10^4m^3/d$;稳定油压 29.4MPa,稳定上流压力 1.8MPa,上流温度–5℃,基本稳定 7.1h,合计三条管线日产气量为 $104.5×10^4m^3/d$。

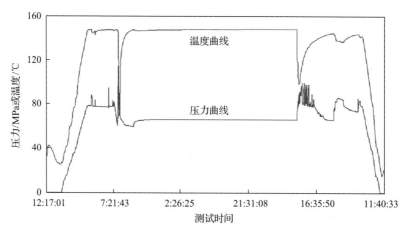

图 8-15  元坝 204 井长兴组上段压力曲线

射孔测试段储层全部射开。该井长兴组 I 类储层厚度为 5.1m,测试段厚度为 2.7m;II 类储层厚度为 22.7m,测试段厚度为 12.6m;III 类储层厚度为 68.1m,测试段厚度为 28.2m。元坝 204 井最后一个工作制度的生产时间较长(约 7.1h),压力波动稍小,同时受井筒积液的影响小一些,产能评价时选用该工作制度进行评价。结合测试概况,计算出测试段的无阻流量为 280.8×10⁴m³/d。从储层厚度分类看，测试段的无阻流量基本代表该测试层段的真实产能，但由于全井段还有部分Ⅰ类、Ⅱ类和Ⅲ类储层没有射开，全井段的无阻流量比射孔段的无阻流量会有一定程度的增加。

2) 系统测试

2010 年 10 月，对元坝 204 井 6523～6590m 层段进行 4 个工作制度系统试井，由于没有井下压力计数据，流动压力均通过井口压力折算，参数见表 8-11。

**表 8-11　元坝 204 井系统试井分析数据表**

| 工作制度 | 测试时间 | 稳定时间/h | 6364.74m 测点流动终压/MPa | 中部(6563.38m)流压/MPa | 气产量/(10⁴m³/d) | 水产量/(m³/d) |
|---|---|---|---|---|---|---|
| 第一个制度 | 10 月 19 日 9:00～19:00 | 10 | 65.04 | 65.52 | 18.6452 | 0 |
| 第二个制度 | 10 月 20 日 6:00～13:00 | 6 | 63.26 | 63.73 | 40.2856 | 0 |
| 第三个制度 | 20 日 13:00～17:30 | 4 | 61.04 | 61.50 | 67.1415 | 0 |
| 第四个制度 | 20 日 17:30～21:00 | 2 | 60.79 | 61.25 | 85.2062 | 0 |

根据上述参数，做出二项式产能曲线如图 8-16 所示。从图中可以看出，相关系数非常低；同时可以看出，最后一个制度下的数据点下降，出现异常。分析原因，认为是最后一个工作制度太大，导致出现异常点。选取前 3 个点，做出二项式产能曲线，相关系数非常高。

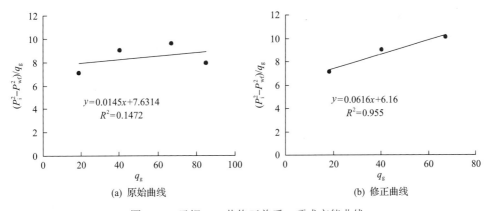

图 8-16　元坝 204 井修正前后二项式产能曲线

根据调整后的二项式曲线，得到系统测试的二项式方程如下：

$$P_{i}^2 - P_{wf}^2 = 6.16q_g + 0.0616q_g^2$$

根据系统测试资料，计算出无阻流量为 225×10⁴m³/d。

3) 产能综合评价

由于该井"一点法"产能试井时压力比较稳定，评价结果具有一定参考价值，而系统试井时没有井下压力数据，井底压力数据均为井口压力数据折算，分析结果存在一定误差，因此取"一点法"结果作为该井产能分析的结果，即元坝 204 井的无阻流量为 $280.8×10^4m^3/d$。

2. 元坝 205 井

2011 年 6 月，对元坝 205 井长兴组 6448～6480m 层段的礁相储层进行射孔酸压测试，测试压力曲线放大图如图 8-17 所示。

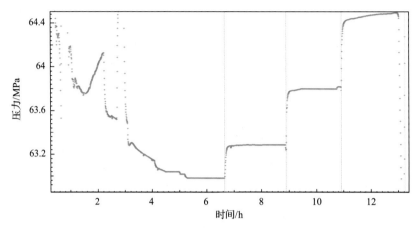

图 8-17　元坝 205 井第二层 6448～6480m 压力局部放大图

元坝 205 井长兴组上段储层进行射孔酸压测试，采用了四个工作制度，具体制度见表 8-12。

表 8-12　元坝 205 井长兴组上储层测试工作制度简况表

| 序号 | 工作制度 | 稳定油压/MPa | 产气量/($10^4m^3$/d) | 产液量/(m³/d) |
|---|---|---|---|---|
| 1 | $\Phi$20mm 油嘴+$\Phi$(32+35)mm 孔板 | 20.67 | 112.21 | 0 |
| 2 | $\Phi$(16+20)mm 油嘴+$\Phi$(32+35)mm 孔板 | 26.96 | 101.61 | 0 |
| 3 | $\Phi$(12+16)mm 油嘴+$\Phi$(32+35)mm 孔板 | 36.75 | 81.53 | 0 |
| 4 | $\Phi$8mm 油嘴+$\Phi$(32+35)mm 孔板 | 44.24 | 58.73 | 0 |

射孔测试段储层全部射开。该井长兴组上段储层中 I 类储层全部射开，II 类储层厚度 34m，测试段厚度 22.3m；III 类储层厚度 56.3m，测试段厚度 5.2m。从压力曲线上可以看出，第二个制度下压力相对比较稳定。结合测试情况，利用陈元千"一点法"，计算出测试段的无阻流量为 $548.6×10^4m^3/d$。从储层厚度分类看，测试段的无阻流量基本代表该测试层段的真实产能，但由于全井段还有部分 II 类和 III 类储层没有射开，全井段的无阻流量比射孔段的无阻流量会有一定程度的增加。

3. 元坝 29 井

2011 年 6 月，对元坝 29 井长兴组 6636～6699m 层段的礁相储层进行射孔酸压测试，采用了四个工作制度，具体制度见表 8-13。

表 8-13 元坝 29 井长兴组上储层测试工作制度简况表

| 序号 | 工作制度 | 稳定油压/MPa | 产气量/($10^4$m³/d) | 产液量/(m³/d) |
|---|---|---|---|---|
| 1 | $\Phi$(19+10)mm 油嘴+$\Phi$(32.1+33.1+32)mm 孔板 | 19.96 | 142.97 | 0 |
| 2 | $\Phi$19mm 油嘴+$\Phi$(32.1+33.1+32)mm 孔板 | 23.62 | 132.06 | 0 |
| 3 | $\Phi$15mm 油嘴+$\Phi$(32.1+32)mm 孔板 | 33.7 | 100.55 | 0 |
| 4 | $\Phi$12mm 油嘴+$\Phi$(32.1+32)mm 孔板 | 39.03 | 78.7 | 0 |

利用元坝 29 井 4 个工作制度,做出二项式曲线(图 8-18),可以看出斜率为负值,对应表明二项式方程的 $B$ 系数为负,二项式产能评价异常。初步分析原因如下:①测试工作制度不合理(工作制度由大到小,第一、第二个制度太大,如图 8-19 所示);②测试时间较短,井底流压波动大(井底流动压力先升后降,第一、第二个制度压力下降快);③关井恢复时间较短(38h),压力恢复不充分,导致地层压力解释偏小,影响产能评价。

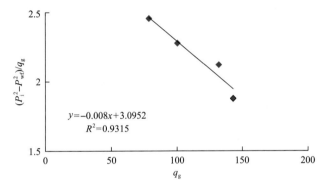

图 8-18 元坝 29 井长兴组上储层(6636～6699m)二项式曲线

由于二项式曲线出现异常,结合四个工作制度的压力曲线,最后一个工作制度下压力相对稳定。根据试井解释结果,地层压力 67.35MPa,井底流压 65.9MPa,根据陈元千“一点法”,初步计算测试段无阻流量为 $634 \times 10^4$m³/d。从储层厚度看,由于全井段还有少量Ⅰ类、Ⅱ类储层和部分Ⅲ类储层(约 24m)没有射开,测试段的无阻流量基本代表该测试层段的真实产能,全井段无阻流量比射孔段的无阻流量会有一定程度的增加。

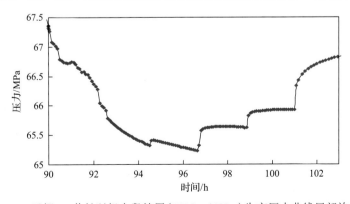

图 8-19 元坝 29 井长兴组上段储层(6636～6699m)生产压力曲线局部放大图

**(四)④号礁带**

目前④号礁带仅有元坝 27 井和 271 井两口井 2 层段在礁相储层进行了测试。

元坝 271 井于 2011 年 9 月 8 日～12 月 17 日，对长兴组二段(6320～6370m)开展了试气工程，采用射孔测试酸压三联作工艺，射孔后进行了酸压施工。酸压后进行了系统试井，求取了四个工作制度下的产能：①一级降压 $\Phi$19mm 油嘴、二级降压 $\Phi$23mm 油嘴，$\Phi$33mm+$\Phi$35mm 孔板临界速度流量计放喷求产，油压 23.59MPa，在流压 63.94MPa 下，日产气 124×10⁴m³；②一级降压 $\Phi$16mm 油嘴、二级降压 $\Phi$20mm 油嘴，$\Phi$33mm+$\Phi$35mm 孔板临界速度流量计放喷求产，油压 29.36MPa，在流压 64.57MPa 下，日产气 107×10⁴m³；③一级降压 $\Phi$13mm 油嘴、二级降压 $\Phi$17mm 油嘴，$\Phi$33mm+$\Phi$35mm 孔板临界速度流量计放喷求产，油压为 36.47MPa，在流压为 65.37MPa 下，日产气为 92.6×10⁴m³；④一级降压 $\Phi$10mm 油嘴、二级降压 $\Phi$14mm 油嘴，$\Phi$33mm+$\Phi$35mm 孔板临界速度流量计放喷求产，油压为 43.53MPa，在流压为 66.18MPa 下，日产气为 72.1×10⁴m³。放喷求产过程中不产水，测试为高产工业气层。具体工作制度见表 8-14。

表 8-14 元坝 271 井测试工作制度表

| 工作制度 | 时间/min | 油压/MPa | 产气量/($10^4$m³) |
|---|---|---|---|
| 一级 $\Phi$19mm、二级 $\Phi$23mm 油嘴，$\Phi$33mm+$\Phi$35mm 孔板 | 140 | 23.59 | 124 |
| 一级 $\Phi$16mm、二级 $\Phi$20mm 油嘴，$\Phi$33mm+$\Phi$35mm 孔板 | 135 | 29.36 | 107 |
| 一级 $\Phi$13mm、二级 $\Phi$17mm 油嘴，$\Phi$33mm+$\Phi$35mm 孔板 | 135 | 36.47 | 92.6 |
| 一级 $\Phi$10mm、二级 $\Phi$14mm 油嘴，$\Phi$33mm+$\Phi$35mm 孔板 | 170 | 43.53 | 72.1 |

利用元坝 271 井 4 个工作制度，做出二项式曲线，截距为负值(图 8-20)，对应表明二项式方程的 $a$ 系数为负，出现异常。初步分析原因如下：①测试工作制度不合理(工作制度由大到小)；②测试时间较短，井底流压波动大(压力先升后降，图 8-21)；③关井恢复时间极短(22min)，压力恢复不充分，导致地层压力解释偏小，影响产能评价。

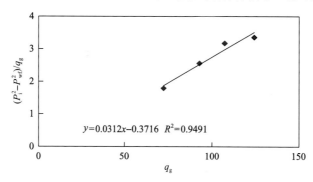

$$y=0.0312x-0.3716 \quad R^2=0.9491$$

图 8-20 元坝 271 井二项式曲线

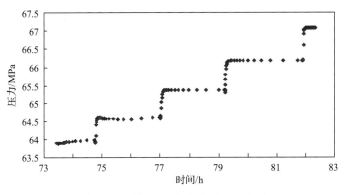

图 8-21 元坝 271 井生产压力放大图

在四个工作制度中，选用前三个制度，重新作二项式曲线，均为正值(图 8-22)；同时结合每个制度，采用陈元千的"一点法"进行评价，结果见表 8-15。

表 8-15 元坝 271 井无阻流量评价表

| 序号 | 产气量/($10^4\text{m}^3$/d) | 井底流压/MPa | 地层压力/MPa | 无阻流量/($10^4\text{m}^3$/d) |
|---|---|---|---|---|
| 1 | 124.36 | 63.967 | 67.15 | 559.78 |
| 2 | 107.46 | 64.546 | 67.15 | 557.5 |
| 3 | 92.63 | 65.359 | 67.15 | 633.11 |
| 4 | 72.1 | 66.183 | 67.15 | 800.68 |

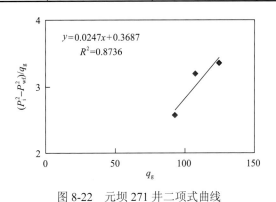

图 8-22 元坝 271 井二项式曲线

二项式产能方程如下：

$$P^2 - P_{\text{wf}}^2 = 0.0247q^2 + 0.3687q$$

根据上述评价结果，由于后期工作制度下的压差太小(1.4%)，选用相对可靠的二项式评价结果，初步确定元坝 271 井无阻流量 $420 \times 10^4 \text{m}^3$/d，有待通过试采进一步证实。从储层厚度看，由于全井段还有部分 II 类储层(24.2m)和 III 类储层(29.2m)没有射开，全井段无阻流量比射孔段的无阻流量会有一定程度的增加。

## 二、滩相储层单井分析与评价

目前滩相储层中有元坝 1 井、元坝 12 井、元坝 2 井、元坝 11 井、元坝 29 井、元坝 204 井、元坝 205 井、元坝 21 井、元坝 22 井、元坝 16 井、元坝 124 侧 1 井、元坝 9 井、元坝 123 井、元坝 102 侧 1 井、元坝 221 井共 15 口井 18 层段进行了单点测试，其中元坝 124 侧 1 井开展了系统测试。其中部分气井产量高，资料较全，开展了产能评价，其余井则由于各种原因未进行评价。

### (一) 产能评价井

1. 元坝 12 井

元坝 12 井采用射孔、酸压测试联作，$\Phi$11mm 油嘴+$\Phi$32mm 孔板临界速度流量计求产，油压为 27.5MPa 降至 26.0MPa，稳定油压为 26.0MPa，稳定上流压力为 3.41MPa，套压为 3～4MPa，稳定下流压力为 0.9MPa，稳定上流温度为 16℃，测试产量为 53.1×10⁴m³/d。

根据元坝 12 井的测井解释结果，测井解释储层厚度共 107.4m，其中 I 类储层 11.5m，全部射开，II 类储层 29.6m，全部射开，III 类储层 66.3m，射开 47.9m，仅余下少量 III 类储层未射开。结合测试概况，可以计算出测试段的无阻流量为 132.9×10⁴m³/d。从该井测井解释的储层厚度及试井解释结果可看出，由于仅有 19.4m 的 III 类储层未射开，射孔段的无阻流量基本代表了全井段的无阻流量。

2. 元坝 124 侧 1 井

2011 年 6 月，对元坝 124 侧 1 井 6940～7483m 的滩相储层进行多点回压测试，采用了四个工作制度，具体制度见表 8-16。

**表 8-16　元坝 124 侧 1 井测试工作制度简况表**

| 序号 | 工作制度 | 稳定油压/MPa | 产气量/(10⁴m³/d) | 产液量/(m³/d) |
|------|----------|--------------|------------------|---------------|
| 1 | $\Phi$(4+7)mm 油嘴+$\Phi$23mm 孔板 | 43.5 | 10.1 | 1.2 |
| 2 | $\Phi$(5+7)mm 油嘴+$\Phi$23mm 孔板 | 42.7 | 14.63 | 2.4 |
| 3 | $\Phi$(6+8)mm 油嘴+$\Phi$23mm 孔板 | 40.4 | 20.4 | 2.8 |
| 4 | $\Phi$(7+9)mm 油嘴+$\Phi$23mm 孔板 | 39.6 | 25.82 | 3.6 |

取压恢试井解释外推压力 67.27MPa 为地层压力。对四个制度进行二项式产能曲线回归，回归直线斜率为负值。由于测试简况中表明产液，分析导致负斜率的原因是产液所致。采用李治平的 $C$ 值校正法进行校正，结果如图 8-23 所示。

二项式产能方程为

$$P_i^2 - P_{wf}^2 = 0.9383 q_g^2 + 1.3039 q_g$$

计算天然气绝对无阻流量为 68.2×10⁴m³/d。

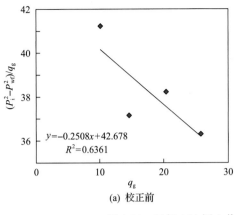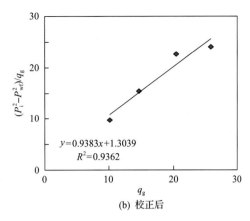

图 8-23　元坝 124 侧 1 井修正前后的二项式产能曲线

### (二) 未开展产能评价井

#### 1. 资料不全井

2011 年 4 月，元坝 123 井进行 3 个层段测试，6978～6986m 层段产气量 $0.13\times10^4\text{m}^3/\text{d}$、产水 $50.85\text{m}^3$，6938～6945m 层段未获得产量，两个层段测井解释也为水层；在 6904～6918m 层段获得 $5.3\times10^4\text{m}^3/\text{d}$ 的工业气流，产水 $289.9\text{m}^3$，该测试段储层厚度 12.3m，测井解释结果均为 Ⅲ 类储层。

2011 年 7 月 10 日～7 月 28 日，对元坝 16 井长兴组 6950～6974m 层段进行常规测试，仅获得 $2.64\times10^4\text{m}^3/\text{d}$ 产气量。

2012 年 9 月上旬，对元坝 222 井长兴组 6709～6792m 层段进行射孔酸压测试，测试仅获得 $2.13\times10^4\text{m}^3/\text{d}$ 的产气量。

由于上述三口井没有相关测试资料，不具备产能评价条件，没有进行产能评价。

#### 2. 低产、干层或水层井

元坝 102 侧 1 井、元坝 1 井、元坝 223 井、元坝 21 井、元坝 22 井、元坝 221 井、元坝 9 井进行了酸压施工，仅获得微产，甚至干层或水层，故未进行产能评价。

## 第三节　元坝长兴组碳酸盐岩高含硫气藏气井产能初步认识

根据上节初步评价的气井试气无阻流量，结合地质和压裂情况，形成以下初步认识。

1. 元坝长兴组气藏酸压后无阻流量计算结果显示，长兴组气藏平面上和纵向上产能差异较大

平面上产能变化较大。对于礁相储层的 21 口井 21 层段，直井均经过酸压，酸压后有 14 口井 14 层段的无阻流量大于 $200\times10^4\text{m}^3/\text{d}$，③号礁带上元坝 205 井、元坝 29 井、元坝 204-1H 井、元坝 205-1 井等 4 口井无阻流量大于 $500\times10^4\text{m}^3/\text{d}$；水平井元坝 103H 井无阻流量为 $602\times10^4\text{m}^3/\text{d}$。总体上表现出西部礁相的无阻流量比东部礁相无阻流量高。

纵向上，上部礁相储层直井测试段无阻流量 $37.6\times10^4$～$634\times10^4\text{m}^3/\text{d}$，平均单井无

阻流量 $307\times10^4m^3/d$，其中元坝 29 井无阻流量最高。中下部滩相储层，均经过酸压，酸压后仅有 1 口井 1 层段的无阻流量大于 $100\times10^4m^3/d$，平均单井无阻流量 $87\times10^4m^3/d$，元坝 205 井滩相储层的无阻流量最大，初步评价结果为 $383.6\times10^4m^3/d$。

2. 礁顶储层无阻流量明显高于礁前，滩核储层无阻流量明显高于滩缘；滩核的无阻流量高于滩缘

根据测试井无阻流量评价结果可以看出(图 8-24)，礁顶储层的无阻流量明显高于礁前。礁相测试井平均单井无阻流量为 $307\times10^4m^3/d$；其中试采区测试井平均无阻流量为 $379\times10^4m^3/d$；试采区外礁相测试井平均无阻流量为 $184\times10^4m^3/d$。

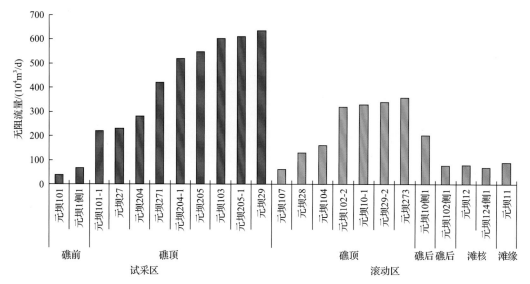

图 8-24　不同微相测试井无阻流量柱分布状图

对于滩相储层，从目前测试情况看，总体上滩核的无阻流量高于滩缘。滩相储层测试井平均单井无阻流量为 $79\times10^4m^3/d$(含元坝 29 井和元坝 205 井长兴组下部滩相储层)，而南区滩相储层(元坝 12 井区)测试井平均单井无阻流量仅为 $50.9\times10^4m^3/d$。滩核储层测试井平均单井无阻流量为 $74\times10^4m^3/d$。

3. 礁相气井产能高低受Ⅰ、Ⅱ类优质储层发育程度控制

分析礁相测试井无阻流量与储层物性的关系可以看出，测试井无阻流量与Ⅰ＋Ⅱ类气层厚度具有较好的正相关性，见图 8-25。

根据元坝 27 井不同类型储层的 $Kh$ 值与无阻流量的对应关系可以看出，仅占 13% 厚度的Ⅰ类储层占了无阻流量的一半，而占 47.6% 厚度的Ⅲ类储层仅占无阻流量的 2.5%，表明Ⅰ、Ⅱ类气层对无阻流量贡献很大。同时根据元坝 27 井测井解释结果建立单井地质模型，并在此基础上开展数值模拟研究，模拟结果表明，开发初期Ⅰ、Ⅱ类气层的产能贡献率为 85%～95%，Ⅲ类气层的产能贡献率仅为 5%(图 8-26)。上述两种方法的结果一致，表明开发初期主要是Ⅰ、Ⅱ类优质储层的贡献，开发后期Ⅲ类储层的贡献逐渐增加。

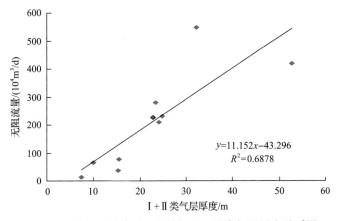

图 8-25 礁相测试井无阻流量与 Ⅰ+Ⅱ 类气层厚度关系图

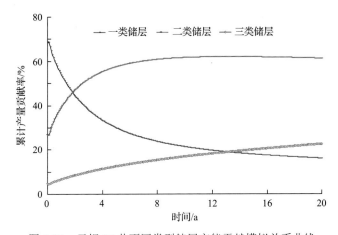

图 8-26 元坝 27 井不同类型储层产能贡献模拟关系曲线

**4. 裂缝倾角和密度越大，裂缝宽度越宽，产能越高**

根据收集到的成像测井资料，可看出高角度缝的分布情况对产能有较大影响：裂缝倾角越大和密度越大，裂缝宽度越宽，对产能有更大的贡献。如元坝 102 侧 1 井主要为高角度缝，裂缝宽度整体明显大于元坝 101 井，在测试段厚度基本相当情况下元坝 102 侧 1 井的产能(约 50m 测试段，无阻流量 $78.1 \times 10^4 m^3/d$)明显高于元坝 101 井(约 35m 测试段，无阻流量 $37.6 \times 10^4 m^3/d$)。

**5. 长兴组气藏试采区外酸压后测试井生产压差较大，稳产能力较差**

长兴组气藏测试井生产压差柱状图见图 8-27。可以看出长兴组气藏试采区外测试井生产压差介于 1.85~49.3MPa，平均生产压差为 16.3MPa，占平均地层压力的 23.9%；滩相储层测试井生产压差介于 1.85~49.3MPa，平均生产压差为 18.4MPa，占地层压力的 27.1%。总体上反映出产量越小，生产压差越大。滩相储层测试井整体压差比较大，反映气井稳产条件较差。

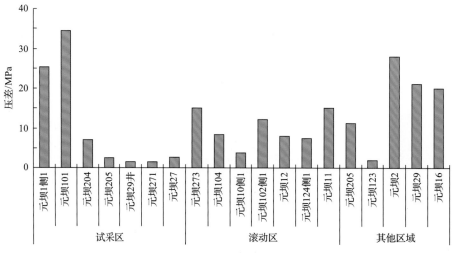

图 8-27　元坝长兴组气藏测试井生产压差柱状图

# 第九章 碳酸盐岩高含硫气藏开发技术政策研究

川东北礁滩相碳酸盐岩气藏储层物性差且非均质性强、气水关系复杂,测试井产能差异大,特别是高含硫化氢和二氧化碳,因此开发难度大、投资大。本章从安全生产和经济效益两个角度,综合考虑气藏地质条件、稳定供气和地面处理能力等方面,开展了井型优选、开发井网、合理井距等方面深入研究,并优化了气井合理产量和气藏合理采气速度。

## 第一节 碳酸盐岩高含硫气藏技术经济界限研究

以气藏实际钻完井、测试、试采投资成本为基础,对比四川海相含硫气藏开发建产成本,应用现金流法计算不同井型的单井产量界限、废弃产量、单井可采储量界限、单井控制地质储量界限等,用于指导气藏经济有效开发。

### 一、技术经济界限计算方法

单井开发技术经济界限是指在现有开发技术和财税体制下,新钻油气开发井能收回本井新增投资、采油气操作费并获得公司规定最低收益率(如12%)时所应达到的单井最低油气储(产)量。技术经济界限主要包括单井初始产量界限、评价期单井累计产量界限、单井经济可采储量界限、单井控制地质储量界限和单井钻遇有效厚度界限等,如图 9-1 所示。

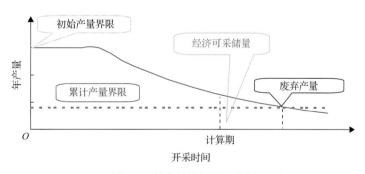

图 9-1 技术经济界限示意图

单井技术经济界限研究思路:在研究现有财税体制、本油气田开发井可能配产、产量递减规律基础上,分析单井建设各方面的新增投资、评价期单井采气操作费,按照投入产出对应,计算确定新钻井能收回新增投资、单井采气操作费并获得公司规定最低收益率(如12%)时所应达到的最低产量或储量值、有效厚度等。

影响技术经济界限的因素包括投资、采气操作成本、气价、采气速度、稳产年限等,其计算公式如下。

1. 单井初始产量界限

单井初期产量界限为同时满足式(9-1)和式(9-2)的 $Q_c$ 值。

$$Q_C\left\{\sum_{t=1}^{T}\left[P_t n(1-r_c)-T_r-C_{\text{ovt}}\right]\eta_t(1+i_c)^{-t}\right\}-\sum_{t=1}^{T}(I_t+S_{\text{oft}})(1+i_c)^{-t}\geqslant 0 \tag{9-1}$$

$$Q_c\sum_{t=1}^{T}\left[P_t n(1-r_c)-T_r-C_{\text{ovt}}\right]\eta_t-P_T\sum_{t=1}^{T}(I_t+S_{\text{oft}})\leqslant 0 \tag{9-2}$$

式中，$Q_c$ 为新井初期产量界限，$10^4\text{m}^3$；$C_{\text{ovt}}$ 为单位变动成本，元/$10^3\text{m}^3$；$P_t$ 为气价，元/$10^3\text{m}^3$；$T$ 为经济寿命期，年；$S_{\text{oft}}$ 为固定费用，万元/a；$P_T$ 为投资回收期，年；$\eta_t$ 为无因次产量变化系数；$n$ 为商品率，小数；$t$ 为经济评价期，年；$r_c$ 为税金及附加比率；$I_t$ 为平均单井新增投资，万元；$T_r$ 为资源税，元/$10^3\text{m}^3$；$i_c$ 为基准收益率，%。

2. 评价期单井累计产量界限和经济可采储量界限

评价期单井累计产量界限为评价期年产量界限的累计，气井经济寿命期内的累积年产量界限为经济可采储量界限，年产量界限等于初期产量界限与无因次系数的乘积，累计产量界限和经济可采储量界限见式(9-3)：

$$G_{\text{PC}}=\sum_{t=1}^{T}Q_{\text{qt}} \tag{9-3}$$

式中，$G_{\text{PC}}$ 为累计产量界限、经济可采储量界限，$10^4\text{m}^3$；$Q_{\text{qt}}$ 为年产量界限，$10^4\text{m}^3$。

3. 单井控制地质储量界限

根据单井经济可采储量界限及预测采收率，可计算单井控制地质储量界限值：

$$N_c=\sum Q_t / E_r \tag{9-4}$$

式中，$N_c$ 为单井控制地质储量界限，$10^4\text{m}^3$；$E_r$ 为经济采收率，小数；$Q_t$ 为单井累计产量，$10^4\text{m}^3$。

4. 废弃产量

废弃产量是气田(藏)开发项目在开发阶段后期，由于产量下降导致当年的净现金流量为零时的经济状态；或气藏产气量及其副产品价值只能回收操作成本和税费时，所对应的气藏产量。用公式表示如下：

$$Q_e=\frac{S_{\text{oft}}}{P_t n(1-r_c)-T_r-C_{\text{ovt}}} \tag{9-5}$$

5. 单井钻遇有效厚度界限

根据单井控制地质储量边际值，可以计算在合理井距下单井钻遇的气层有效厚度界

限值。用公式表示如下:

$$h = N_C / (A\delta) \tag{9-6}$$

式中,$h$ 为单井钻遇有效厚度界限,m;$A$ 为单井控制面积,km$^2$;$\delta$ 为单储系数,$10^4$m$^3$/(km$^2 \cdot$m)。

通常情况下,由于气田开发经济效益的长期性,单个技术经济界限值不能全部反映气田开发整体效益,因此,在使用技术经济界限值作为气田开发投资决策依据时须将初始产量界限和储量界限等指标结合使用。

## 二、典型区块单井经济界限测算

以元坝长兴组气藏为例,通过测算不同井型、不同产量模式下的单井技术经济界限值,明确不同井型有效动用条件。

### (一)技术经济参数的确定

1. 气藏工程参数

在气藏地质研究的基础上,考虑含气层位变化,选择代表性井开展单井产量变化模式数值模拟研究,模拟结果:稳产期为 5~10 年,递减期递减率为 6.0%~12.0%。

2. 经济参数

(1)单井投资

钻井投资(包括钻完井、酸压、测试投资):平均单井直井每米进尺费用按已完钻井费用确定,并考虑新井难易程度做适当调整,而大斜度井和水平井是在直井每米进尺费用上加 20%确定,然后再根据工程设计方案部署新井计算总钻井投资。

采气投资包括油管、井口装置、井下工具和投产作业费用,单井采气投资一般根据本区或类似区域已有井实际投资进行类比确定,再根据工程设计方案部署新井数计算总采气投资。

地面工程投资包括天然气的集输、处理净化、水电讯路配套等项目,参照普光气田地面建设费用情况,确定平均单井投资,再根据总体方案设计,计算地面工程总投资。

(2)销售价格

天然气井口价格:按照发改委最新价格取值。一般是根据当时发改委为川气东送管道工程确定的天然气井口价格,考虑一定时期内可能存在的升降幅度,最终确定天然气井口价格(含税)。

硫黄价格:根据近期国内硫磺销售情况确定。

(3)天然气商品率

根据净化厂物料平衡分析,考虑生产自用,天然气综合商品率为 81%。

### (二)单井经济界限测算结果

根据上述参数和方法,测算了元坝区块不同稳产条件下各井型的单井经济界限,结果见表 9-1~表 9-3。

表 9-1    元坝气藏单井经济界限评价结果表(直井)

| 产量模式稳产年限 /a | 单井日产界限 /(10⁴m³/d) | 经济可采储量界限 /10⁸m³ | 控制地质储量界限 /10⁸m³ | 单井钻遇有效厚度 /m |
|---|---|---|---|---|
| 5 | 29.5 | 12.2 | 25.9 | 57.6 |
| 6 | 28.5 | 12.5 | 26.6 | 59.2 |
| 7 | 27.6 | 13.0 | 27.6 | 61.3 |
| 8 | 26.9 | 13.4 | 28.6 | 63.4 |
| 9 | 26.3 | 13.8 | 29.4 | 65.3 |
| 10 | 25.9 | 14.3 | 30.4 | 67.6 |

表 9-2    元坝气藏单井经济界限评价结果表(大斜度井)

| 产量模式稳产年限 /a | 单井日产界限 /(10⁴m³/d) | 经济可采储量界限 /10⁸m³ | 控制地质储量界限 /10⁸m³ | 单井钻遇有效厚度 /m |
|---|---|---|---|---|
| 5 | 34.2 | **13.8** | 29.3 | 52.8 |
| 6 | 32.9 | **14.3** | 30.3 | 54.7 |
| 7 | 31.9 | **14.8** | 31.4 | 56.6 |
| 8 | 31.1 | **15.2** | 32.4 | 58.3 |
| 9 | 30.4 | **15.8** | 33.5 | 60.4 |
| 10 | 29.8 | **16.3** | 34.7 | 62.5 |

表 9-3    元坝气藏单井经济界限评价结果表(水平井)

| 产量模式稳产年限 /a | 单井日产界限 /(10⁴m³/d) | 经济可采储量界限 /10⁸m³ | 控制地质储量界限 /10⁸m³ | 单井钻遇有效厚度 /m |
|---|---|---|---|---|
| 5 | 38.0 | 14.7 | 31.2 | 49.6 |
| 6 | 36.5 | 15.2 | 32.4 | 51.4 |
| 7 | 35.3 | 15.8 | 33.6 | 53.3 |
| 8 | 34.4 | 16.4 | 34.8 | 55.3 |
| 9 | 33.6 | 17.0 | 36.1 | 57.3 |
| 10 | 32.9 | 17.6 | 37.4 | 59.3 |

在气井稳产 8 年条件下,元坝长兴组气藏直井要求的单井初始产量界限为 $26.9×10^4m^3/d$,单井控制储量 $28.6×10^8m^3$,单井要求钻遇的有效厚度63.4m;大斜度井要求的单井初始产量界限为 $31.1×10^4m^3/d$,控制储量为 $32.4×10^8m^3$,钻遇有效厚度58.3m;水平井界限最高,初始产量界限为 $34.4×10^4m^3/d$,单井控制储量 $34.8×10^8m^3$,单井要求钻遇的有效厚度55.3m。

## 第二节    碳酸盐岩高含硫气藏井网设计

气藏开发实践表明,不同的井网部署将产生不同的开发效果和经济效益,合理地开发井网是高效开发气田的主要条件之一。川东北礁滩相碳酸盐岩气藏的地质特征非均质性很强,在井网部署时,综合考虑了气藏的地质特征、流体性质的空间变化规律和宏观非均质性，以及高含硫气藏开发管理要求等因素，从尽可能提高气藏储量动用率、最终采收率和经济效益的目的出发，提出气藏合理的开发井型、井网和井距。

## 一、井网设计

开发井网要综合考虑构造特征、储层展布形态和物性变化特点、气水关系等诸多因素，力求最大限度地控制地质储量，提高单井产量，方便科学管理，以"少井高产"、达到最佳经济效益为目的，进行部署和设计。

以元坝长兴组礁滩相碳酸盐岩气藏为例，考虑气藏开发的各项影响因素及各因素的影响效果，该气藏适合采用不规则开发井网进行开采。原因如下。

(1)生物礁集中分布于台地边缘，总体呈 4 个条带状展布，各礁体间横向连通性差；在礁带之后的台地上分散发育一些小型滩体。各礁体内部物性变化大，非均质性强，有效厚度在 20～120m，但单层较薄，垂向上分散；各滩体内部物性更差，非均质性更强，有效储层主要分布在滩体中部，单层很薄。气田没有统一气水界面，较低地区的小礁体或滩体存在边(底)水，且各礁体或滩体具有独立的气水系统。前期探井和评价井因布置在不同的部位，有高产井，但更有低产井甚至干井，也有部分井产水。这一地质特征决定了气藏必须采用不规则井网才能进行有效乃至高效开发。

(2)邻区普光等相似碳酸盐岩气田就是采用不规则井网，取得了显著的开发经济效益。

## 二、井型优选技术

元坝长兴组礁滩相碳酸盐岩气藏为超深层(7000m 左右)，又高含硫化氢和二氧化碳，因此单井投资高，需要在井型优选方面开展深入研究，以确定气藏效益开发的合理井型。

针对碳酸盐岩高含硫气藏开发，直井、斜井和水平井等井型可供选择。不同井型有不同的开发特点和适用范围。直井储层改造成本低、纵向可兼顾上下储层，但由于井控范围、井控储量较小，气井产能相对较低。大斜度井储层改造成本较高，但纵向亦可兼顾上下储层，较直井提高井控储量、气井产能；在实施酸压等增产措施方面较水平井有优势，因此，大斜度井在气田开发中也得到广泛应用。水平井在气藏开发中得到广泛的应用。实践表明，水平井开发气藏一是可以增加泄气面积，大幅度提高单井控制储量和气井产能，减少钻井数；二是可以减小生产压差，控制边底水锥进，提高气藏采收率。但对于储层纵向多层叠置水平井钻完井工艺实施难度大，纵向储层难以均衡动用。

井型优选要结合气藏地质条件，产能需求及经济界限综合确定。

### (一)增产倍比与井控储量关系图版

根据不同井型产能计算公式计算不同储层厚度、不同各向异性比情况下的产能及井控储量，建立不同气藏增产倍比与井控储量关系图版，优选井型。

#### 1. 不同井型增产倍比研究

为确定气藏合理的开采方式，采用已完钻气井的物性参数，进行了直井、斜井和水平井在不同储层厚度、不同各向异性比情况下的产能对比分析，明确了不同井型的开采效果，为井型优选奠定了基础。

1) 直井、斜井与水平井的产量计算公式

垂直气井的天然气产量计算公式：

$$q_{gv} = \frac{0.02714K_h h(P_e^2 - P_{wf}^2)(T_s + 273)}{\mu_g Z(T+273)\left(\ln\dfrac{r_{ev}}{r_{wv}} + S_v\right)P_s} \tag{9-7}$$

式中，$q_{gv}$ 为产气量，$10^4\text{m}^3/\text{d}$；$h$ 为气层有效厚度，m；$K$ 为气层渗透率，$10^{-3}\mu\text{m}^2$；$T$ 为气层温度，℃；$\mu_g$ 为天然气地下黏度，mPa·s；$Z$ 为气体平均压缩因子，无因次；$S$ 为表皮系数，无因次；$r_{ev}$ 为泄油半径，m；$r_{wv}$ 为钻井半径，m；$P_e$ 为地层压力，MPa；$P_{wf}$ 为井底流压，MPa；上述参数的下角标 v 代表直井，s 代表标准状况，h 代表水平方向，e 代表地层条件。

对于斜井的产能预测，通常引用倾斜产生的表皮系数来定量描述，其中 Cinco-Leg 等 (1975) 提出的斜井表皮系数计算方法用得比较广泛。

Cinco-Leg 等的倾斜气井的天然气产量计算公式：

$$q_{gd} = \frac{0.02714K_h h(P_e^2 - P_{wf}^2)(T_s + 273)}{\mu_g Z(T+273)\left(\ln\dfrac{r_{ed}}{r'_{wd}} + S_d\right)P_s} \tag{9-8}$$

式中，$r_{wd}$ 为斜井钻井半径，m；$r'_{wd}$ 为斜井等效钻井半径，m；参数中下角标 d 代表斜井；$r'_{wd} = r_{wd}\exp(-S)$，

$$S = -(\alpha'/41)^{2.06} - (\alpha'/56)^{1.865}\lg(h_D/100)$$

$$h_D = hr_{ws}(K_h/K_v)^{0.5}$$

$$\alpha' = \text{arctg}\left(\left(\frac{K_v}{K_h}\right)^{0.5}\text{tg}\alpha\right)$$

适用条件：$\alpha' \leqslant 75°$ 且 $t_D \geqslant t_{Dl}$

$$t_D = 0.00264K_h t/(\phi\mu C_1 r_{ws}^2)，\quad (t\text{ 的单位为 h})$$

$$t_{Dl} = \max\left[70r_D^2, 8.33\left(r_D\cos\alpha + \frac{h_D}{2}\text{tg}\alpha'\right)^2, 8.33\left(r_D\cos\alpha - \frac{h_D}{2}\text{tg}\alpha'\right)^2\right]$$

式中，$\alpha$ 为井斜角。

修正的 Joshi 水平气井产量计算公式：

$$q_{gh} = \frac{0.02714K_h h(P_e^2 - P_{wf}^2)(T_s + 273)}{\mu_g Z(T+273)\left(\ln\dfrac{\alpha + \sqrt{\alpha^2 - (L/2)^2}}{L/2}\right) + \dfrac{\beta h}{L}\left(\ln\dfrac{\beta h}{2\pi r_{wh}} + S_h\right)P_s} \tag{9-9}$$

式中，

$$a = \frac{L}{2}\left[0.5 + \sqrt{0.25 + (2r_{wh} / L)^4}\right]^{0.5} \quad (9\text{-}10)$$

$$\beta = \sqrt{K_h / K_v}$$

其中，$L$ 为水平井水平段长度，m；$r_{wh}$ 为水平井钻井半径，m；下角 h 代表水平井。

2)增产倍比图版建立

以元坝长兴组气藏为例，根据藏物性特征，建立水平井、大斜度井与直井的增产倍比，评价不同井型适应性。

(1)水平井与直井的产能对比图版

根据产能公式，采用气藏平均参数，研究水平井与直井的产能比，建立气藏增产倍比图版。在不考虑水平井井筒摩阻的情况下，随着水平井长度的增加，水平井与直井产量之比近似直线增加。但随着气层厚度增加，水平井比直井产量增加倍数随之减小(图 9-2)。按照元坝气藏Ⅰ、Ⅱ类储层厚度平均 40~60m，水平井长度为 600m 时，其产能是直井的 2~2.3 倍。因此，水平井更适合于气层相对较薄的开发。

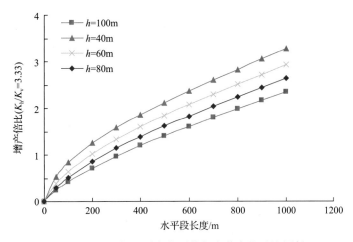

图 9-2 不同气层厚度水平井与直井产能对比图版

地层非均质性的存在，常常会严重影响气井的产能。在其他条件同等情况下，纵向渗透率比横向渗透率低较多时，水平井与直井增产倍比明显减小；纵向渗透率与横向渗透率相差较小时，水平井相比直井的增产倍数较高，开发效果更好。图 9-3 是拟合分析的总横向渗透率比值与水平井、直井倍比的关系，可以看出：若水平井长度均为 600m，横向渗透率/纵向渗透率为 5 时，水平井与直井的产量比为 1.6；横向渗透率/纵向渗透率为 1.25 时，水平井与直井的产量比为比 2.2。

考虑水平井酸压改造难度大，实际产能比可能低于计算值，综合考虑水平井产能是直井的 1.5~2 倍。

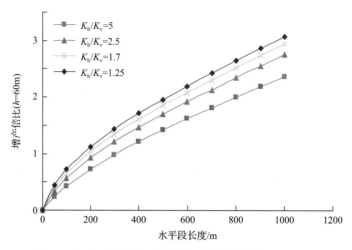

图 9-3　纵向不同非均质程度水平井与直井产能对比图版

(2) 斜井与直井的产量对比

采用长兴组气藏平均参数,分析计算不同气层厚度、不同垂向渗透率情况下,斜井与直井的产能比(图 9-4)。气藏非均质性对斜井产能影响较大,垂向渗透率越高,斜井与直井产能比越大,采用斜井提高产能效果越明显,尤其是大斜度井产能受影响更大。当地层垂向渗透率为水平渗透率的 0.1~0.5,井斜角为 70°时,斜井产能是直井的 1.2~1.5 倍。

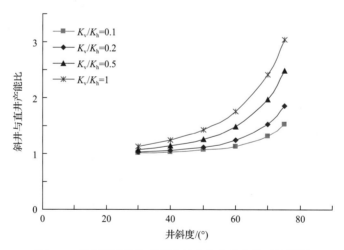

图 9-4　纵向不同非均质程度斜井与直井产能对比图版

3) 井控储量图版的建立

实践表明,水平井开发气藏可以增加泄气面积,大幅度提高单井控制储量和气井产能。

以元坝长兴组气藏为例,根据不同井控半径计算直井、大斜度井及水平井的井控面积及储量。计算结果表明:大斜度井及水平井可以增加井控面积及井控储量,其中大斜度井井控储量是直井的 1.1~1.28 倍,水平井井控储量是直井的 1.3~1.6 倍(图 9-5,图 9-6)。为取得较好经济效益，确定元坝长兴组礁滩相碳酸盐岩气藏开发井尽可能采用大斜度井及水平井。

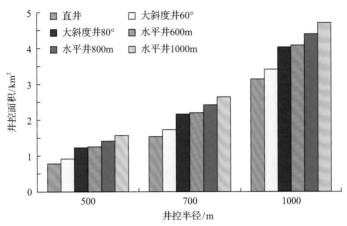

图 9-5 不同井控半径下不同类型气井井控面积图版

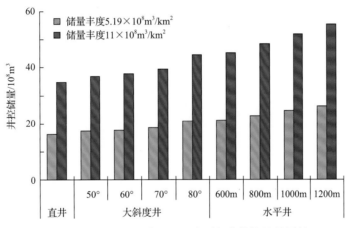

图 9-6 不同储量丰度下不同类型气井井控储量图版

(二)含水气藏开发井型优选

含水气藏开发过程中，当气井以较大压差生产时，会使水锥推进速度加快，导致气水同采，降低气井产量，进而导致气藏采收率降低。

水平井开发含水气藏的最大特点是能够有效地减缓水锥锥进和推后气井的见水时间。由于水平井生产井段长，与气层接触面积大，水平井压力梯度呈线性变化，在供气范围内变化幅度小，而直井及大斜度井的压力梯度呈对数线性变化，变化幅度大。在相同产量下生产时，水平井要求的生产压差小，水锥推进慢，而直井及大斜度井周围压力梯度高，生产压差大，水推进速度快。

利用元坝 103H 地质特征建立含水气藏数值模型，研究不同井型开发控水效果。数值模拟结果表明：相同配产下，水平井的见水时间及出水量远低于直井及斜井(表 9-4)。对于含水气藏，水平井有利于延缓边水的推进速度，提高无水期采出程度，因此优选水平井开发礁滩相含水气藏。

表 9-4　元坝 103H 井不同井型开发指标预测

| 配产/(10⁴m³/d) | 井型 | 稳产年限/a | 稳产期末累计产量/10⁸m³ | 稳产期末采出程度/% | 预测期末累计产量/10⁸m³ | 预测期末采出程度/% | 见水时间/a |
|---|---|---|---|---|---|---|---|
| 40 | 直井 | 8 | 11.69 | 20.2 | 18.7 | 32.4 | 3 |
| | 斜井 | 11 | 16.07 | 27.8 | 20.95 | 36.2 | 5 |
| | 水平井 | 15 | 21.92 | 37.9 | 21.92 | 37.9 | 10.5 |
| 50 | 直井 | 5 | 9.13 | 15.8 | 19.6 | 33.9 | 2 |
| | 斜井 | 8 | 14.61 | 25.3 | 22.74 | 39.3 | 4 |
| | 水平井 | 11 | 20.09 | 34.8 | 25.23 | 43.7 | 8.7 |
| 60 | 直井 | 3 | 6.58 | 11.4 | 20.03 | 34.7 | 1.5 |
| | 斜井 | 6 | 13.15 | 22.8 | 23.63 | 40.9 | 3.5 |
| | 水平井 | 8 | 17.53 | 30.3 | 26.68 | 46.2 | 7.5 |

（三）不同井型储量动用状况及动用条件研究

应用数值模拟技术研究不同井型预测期（20 年）末储量动用状况，明确了礁滩相碳酸盐岩储层不同井型储量动用状况及动用条件。

直井平面动用范围相对较小。纵向储量动用较好，高渗储层压力下降快，储量动用相对较高，低渗储层压力下降慢，储量动用相对较低，但总体差别相对较小。对于多层叠合的区域，直井动用相对较好（图 9-7～图 9-9）。

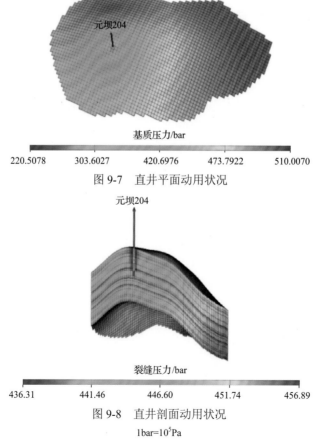

图 9-7　直井平面动用状况

图 9-8　直井剖面动用状况

1bar=10⁵Pa

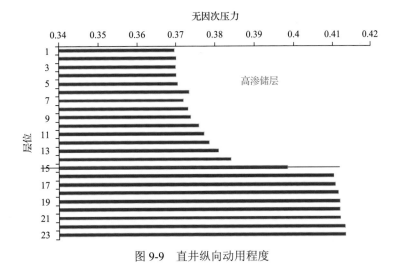

图 9-9　直井纵向动用程度

水平井平面动用范围相对较大。井控范围大，单层动用好。纵向储量动用较差，水平段附近压力下降快，储量动用相对较高。对于纵向上储层发育集中的区域，水平井动用相对较好(图9-10～图9-12)。

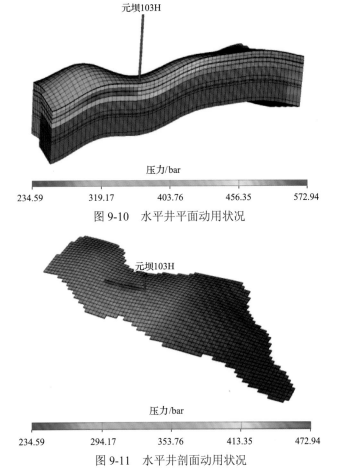

图 9-10　水平井平面动用状况

图 9-11　水平井剖面动用状况

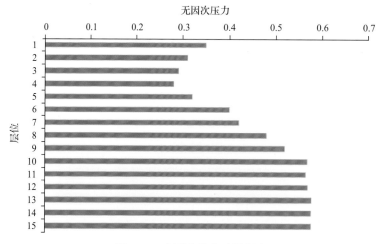

图 9-12　水平井纵向动用程度

### (四)不同井型地质适应性分析

从前面的分析可以看出，对斜井来说，斜井与直井的产能比随着气藏厚度的增加而增大；但对水平井来说，其产能与直井产能比随着气藏厚度的增加而减小。因此，对于长兴组气藏，是部署水平井或是大斜度井，需要综合考虑储层的地质条件来确定。

根据国内外水平井开发经验，适合钻水平井的条件：油气层厚度 $h$ 与气层各向异性系数 $\beta$(水平渗透率除以垂直渗透率后之平方根)的乘积小于 100m。这说明水平井开发气藏具有一定的适用条件：一是气层不能太厚，二是垂向渗透率不能太低。

长兴组气藏中的气层有效厚度变化大，Ⅰ、Ⅱ类储层厚度平均 40~60m，从地质认识看，长兴组上下段之间若有一定的连通，根据 $\beta h < 100$m 的限制条件，则要求气层垂直渗透率是水平渗透率的 0.6 倍以下。根据目前地质研究成果，元坝气田气层裂缝发育，纵向渗透率较高，气藏有效厚度小于 100m 的区域可以满足这个条件。

结合生物礁结构模式，对于垂向加积型储层，采用直井、大斜度井开发；对于侧向加积型储层采用水平井开发，对于垂向加积型+侧向加积型储层采用大斜度井、水平井开发。

综合分析，对于纵向上呈薄互层、隔夹层发育、层数多、分布散的储层采用大斜度井；对于储层较薄、纵向上发育集中或底部有水层的储层，采用水平井(礁盖和滩核)。因此元坝长兴组气藏井型选择以水平井为主。

但考虑不同井区地质差异性，针对不同地质情况选择不同井型。

①号礁带储量丰度普遍相对低，条带较窄，元坝 9 井、元坝 10 井测井解释有含气水层和水层，元坝 9 井系统测试产水，未获工业气流，地震预测储层存在一套较厚的优质储层，主要采用水平井开发；②号礁带储量丰度普遍相对较低，储层以薄互层为主，层数多隔层发育，但目前该区测试直井合理产量达不到经济界限，采用大斜度井开发；元坝 103H 井区钻遇二套物性较好的礁盖储层(隔层垂厚 13m)，为避开下部水层，采用水平井开发上部礁盖，因此②号礁带可采用大斜度井+水平井开发；③号礁带礁相储量丰度较高，有效储层条带较宽；储层多且优质储层相对集中，可考虑水平井开发上部气层；

④号礁带储层厚度大，储量丰度相对较高，储层条带发育窄，特别是北部发育条带更窄；储层以薄互层为主，层数多隔层发育，采用大斜度井+水平井开发。礁滩复合区及元坝12井区，储层相对集中的区域，考虑水平井开发；而对于薄互层，厚度较大的区域，考虑大斜度井开发。

综上所述，井型优选需要根据地质认识，结合储层预测结果，考虑井型优选原则，综合确定气井井型。

## 三、井距优化方法

为了提高井控程度，有效动用地质储量，针对碳酸盐岩气藏平面、纵向非均质性均较强的特点，合理井距应结合气藏的开发效果和经济效益，针对不同井型，采用相似气藏类比法、泄气半径法、规定单井产能法、经济极限井距等多种方法综合确定。

### (一)相似气藏类比法

法国拉克气田平均储量丰度为 $27 \times 10^8 m^3/km^2$，生产井 36 口，平均单井日产 $50 \times 10^4 \sim 65 \times 10^4 m^3$，气田平均井距大约 1500m，构造高部位井距较小，低部位井距较大。

普光气田长兴组—飞仙关组为主力开发层系，为礁滩相碳酸盐岩气藏，物性以中—高孔、中—低渗储层为主，局部发育裂缝，平均渗透率为 $1.3 \times 10^{-3} \mu m^2$，主体平均储量丰度为 $48.5 \times 10^8 m^3/km^2$，井距为 1000m 左右，开发过程中存在井间干扰，井距偏小。

元坝长兴组气藏为礁滩相气藏，属孔隙型、裂缝-孔隙型储层，以Ⅱ、Ⅲ类储层为主，少量Ⅰ类储层，平均渗透率为 $0.34 \times 10^{-3} \mu m^2$，储量丰度为 $5.18 \times 10^8 \sim 11.04 \times 10^8 m^3/km^2$，平均井距为 2000m。

### (二)气井波及范围

1. 测试影响半径计算

气井的生产时间及气藏的渗透率是影响气井波及范围的主要因素。生产时间越长，渗透率越高，气井波及的范围越大。

$$r_i = 3.795\sqrt{K_t / \phi \mu_g c_t} \tag{9-11}$$

式中，$r_i$ 为气藏波及半径，m；$K$ 为气层渗透率，$\mu m^2$；下标 $t$ 为生产时间；$\phi$ 为气层孔隙度；$\mu_g$ 为天然气地下黏度，$mPa \cdot s$；$c_t$ 为综合压缩系数。

根据测试影响半径计算不同储层渗透率的泄气半径，当储层渗透率为 $0.3 \times 10^{-3} \mu m^2$、$0.2 \times 10^{-3} \mu m^2$、$0.1 \times 10^{-3} \mu m^2$，生产 5 年后，压力波及的半径分别为 2500m、2000m 及 1500m(图 9-13)。

2. 数值模拟法

通过数值模拟，分析井控半径及预测期末采出程度，进而确定气井的合理井距。通过模型进行计算，输出单井稳产期末地层压降漏斗，如图 9-11 所示。数值模拟结果表明：稳产期末气井压力波及边界处的压降速度变低，认为稳产期末波及的井控范围即为泄气

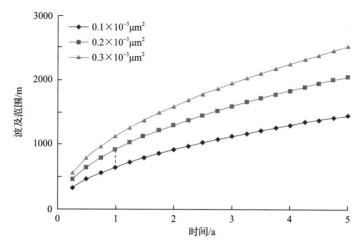

图 9-13 不同渗透率条件下生产时间与波及范围关系图

范围，因此，我们采用压降漏斗求取二阶压力导数，二阶压力导数趋于平缓的位置距井筒的距离即认为可动用半径。

采用泄气半径法，计算稳产期末压力及压力二阶导数分布，确定元坝长兴组气藏的井控半径为 1.0km（图 9-14）。

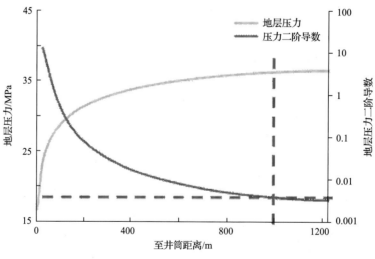

图 9-14 稳产期末气井压降漏斗

对不同井距的模型进行了计算，从不同井距下的稳产期、采收率关系图（图 9-15）可以看出，采收率随着井距变大而减小，当井距大于 2km，采收率下降明显，井网控制不住。因此，该方法表明合理井距应为 2km。

综合以上研究可知，合理井距为 2km。

(三) 规定单井产量法

规定单井产量法确定合理井距的思路：气藏开发要考虑气井产量及稳产期，根据单井配产，按稳产期末采出可采储量计算出单井控制储量，依据储量丰度及不同礁体平均发育宽度计算不同井区合理井距。

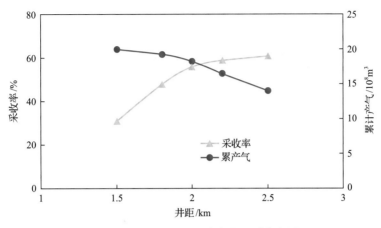

图 9-15 不同井距下的稳产期、采收率图

计算元坝长兴组气藏不同单井配产下不同井区合理井距(稳产 8 年采出可采储量 45%),计算结果见表 9-5。按照 $40 \times 10^4 \text{m}^3/\text{d}$ 配产,考虑稳产的气井合理井距要求在 $1.82 \sim 2.59 \text{km}$,其中②号礁带合理井距为 2.41km,③号礁带合理井距为 1.82km,④号礁带为 2.59km。其中②、④号礁带应采用大斜度井及水平井开发,③号礁带可采用直井、大斜度井、水平井开发。

表 9-5 元坝气田不同单井配产下不同区块合理井距图版

| 区块 | 丰度 /$(10^8\text{m}^3/\text{km}^2)$ | 礁体宽度 /km | 不同配产/$(10^4\text{m}^3/\text{d})$ | | | |
|---|---|---|---|---|---|---|
| | | | 20m | 30m | 40m | 50m |
| ②号礁带 | 7.49 | 1.87 | 1.2 | 1.81 | 2.41 | 3.01 |
| ③号礁带 | 11.04 | 2.13 | 0.91 | 1.36 | 1.82 | 2.27 |
| ④号礁带 | 9.12 | 1.58 | 1.3 | 1.94 | 2.59 | 3.24 |

(四)不同井型经济极限井距确定

利用单井控制储量界限结果,结合储量丰度及不同礁体平均发育宽度,计算气井极限经济井距(表 9-6)。

表 9-6 元坝气田不同井区经济极限井距范围计算表

| 井区 | 丰度 /$(10^8\text{m}^3/\text{km}^2)$ | 礁体宽度 /km | 经济极限井距/km | | |
|---|---|---|---|---|---|
| | | | 直井 | 大斜度井 | 水平井 |
| ①号礁带 | 5.43 | 1.8 | 1.83 | 2.17 | 2.90 |
| ③号礁带 | 9.61 | 2.13 | 0.98 | 1.47 | 1.97 |
| ④号礁带 | 6.08 | 1.4 | 1.95 | 2.45 | 3.23 |
| 礁滩叠合区 | 7.54 | | 1.20 | 1.47 | 1.69 |
| 元坝 12 井区 | 6.28 | | 1.32 | 1.61 | 1.85 |

根据经济极限井距计算结果(表9-6),直井要求的合理经济井距为0.98~1.95km;大斜度井要求的合理极限井距为 1.47~2.17km;水平井要求的合理极限井距为 1.69~3.23km。③号礁带要求井距小,④号礁带要求井距大一些。

(五)数值模拟经济评价结合方法

经济评价方法是通过评价气藏开发的效益确定合理井网密度和合理井距。合理井网密度是指气田开发赢利最大时的井网密度,即气藏净现值(NPV)达到最大,对应的井距即为合理井距。在 4 号礁带元坝 27 井区进行数值模拟,设计了 5 个直井方案(分别为 4口、5口、6口、7口、8口井)进行开发指标预测(表9-7),然后用经济评价方法计算各方案开发指标的净现值,得出净现值与井网密度的关系曲线(图9-16)。可以看出,当在4 号礁带元坝 27 井区部署 6 口井时,净现值最大。由此可以初步确定元坝长兴组礁相气藏直井经济合理井距为 2000m 左右。

表9-7 不同方案开发指标对比表

| 设计井数/口 | 井网密度/(口/km²) | 井距/m | 稳产期/a | 稳产期累计产气量/$10^8 m^3$ |
|---|---|---|---|---|
| 4 | 0.21 | 3006 | 9.1 | 42 |
| 5 | 0.26 | 2405 | 7.9 | 45.6 |
| 6 | 0.32 | 2004 | 6.8 | 47.2 |
| 7 | 0.37 | 1718 | 5.8 | 46.9 |
| 8 | 0.42 | 1503 | 4.5 | 41.5 |

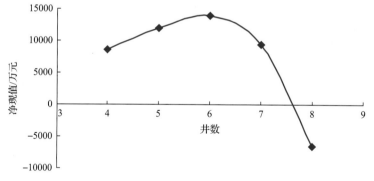

图9-16 不同井距下的税前净现值

(六)合理井距的确定

井距优选原则:以泄气半径法确定的井距作为确定合理井距的最大值,该井距可保证开发过程中最大限度地控制井控储量;以经济合理井距法确定的井距及规定单井产能法确定的井距的最大值,作为确定合理井距的最小值,保证单井的经济性及产能要求。同时结合数值模拟和经济评价综合确定合理井距。

综合上述结果,元坝长兴组气藏直井合理井距为 1800m~2000m,大斜度井合理井距为 2000m~2400m,水平井合理井距为 2400~3000m。

#### 四、布井方式研究

对于直井及井场选址容易的大斜度井、水平井通常采用一井一场的布井方式。

但对于地表山地地形，地势偏陡，井场选址及道路建设困难情况，为保障气藏规模开发，大斜度井或水平井多采用丛式井组布井。

采用同井场多井式开发，随着井数的增多，同井场的井势必会产生井间干扰，影响开发效果，因此需要开展丛式井布井方式优化。

为论证丛式井布井合理性，设计了丛式井组优化布井方案：分别设计 4 口井、5 口井、6 口井 3 种布井方式。利用实际地质参数建立数值模拟模型，通过井组数值模拟优化单个井场的合理井数(图 9-17～图 9-19)。

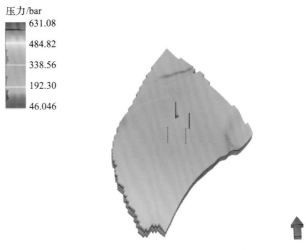

图 9-17　丛式井组 4 口井布井方式示意图

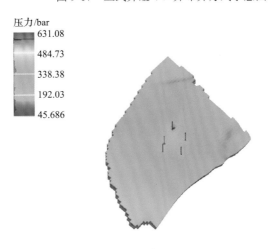

图 9-18　丛式井组 5 口井布井方式示意图

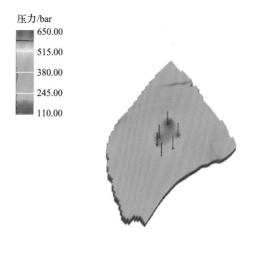

图 9-19  丛式井组 6 口井布井方式示意图

计算结果如图 9-20 所示，随着井数的增加，累计产气量不断增加，但增加幅度变小，5 口井 20 年累产量较 4 口井增产 $6.14 \times 10^8 m^3$，6 口井 20 年累产量较 5 口井增产 $4.11 \times 10^8 m^3$。由此表明井台部署 6 口井情况下干扰较为严重。根据经济界限研究，在不考虑净化厂和井台投资情况下，大斜度井经济可采储量界限为 $5.5 \times 10^8 m^3$，相比部署 4 口井，增加 1 口井能够超过单井经济界限，再增加 1 口则达不到单井经济界限，因此丛式井组一般采用 5 口井布井方式较为合理，同时根据实际区域储量丰度、井控面积适当增减井数。

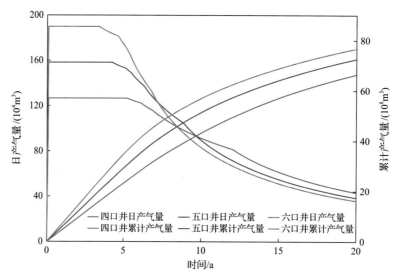

图 9-20  丛式井组三种布井方式开发指标预测曲线

## 第三节  碳酸盐岩高含硫气藏合理产量确定

川东北地区礁滩相碳酸盐岩气藏中，一般礁滩体规模较小，礁滩体间连通性差，气水关系也很复杂，加之深层超深层及高含硫化氢、二氧化碳，经济界限高，因此确定合理产量时，既要保证具有一定稳产期，达到效益开发水平，又要尽可能抑制边底水锥进，还要保证安全生产和环境保护，因此需要多方面权衡，统筹兼顾。

针对上述难题，以尽可能延长稳产期及见水时间、降低产水量为目标，反复论证并逐步优化单井产量。以液滴模型为基础，分段考虑直井及倾斜井段液滴不同受力作用，建立了超深层水平井临界产量计算模型，结合经济评价，确定单井经济技术界限，根据试采法、采气指示曲线法及产能评价确定合理产量范围，开展了复杂含水网络开采特征研究，明确了纵切缝、平面缝及综合缝见水特征，在地质模型的基础上，保障气藏一定稳产期及控制边底水情况下，开展指标预测，逐井优化确定了单井合理配产。

## 一、合理产量确定原则及单井初期界限产量研究

根据碳酸盐岩高含硫气藏地质特征，结合测试、试采评价、稳定供气要求及单井技术经济界限评价结果，确定出单井合理产量应遵循如下原则。

(1)考虑井底流入与井口流出协调，合理利用地层能量。

(2)单井产量应大于技术经济界限产量。

(3)气井产量应不大于最大合理产量。

(4)具边底水气井应避免压差过大导致水锥过快。

(5)气井应确保一定的稳产时间。

按照前面提出的研究思路和计算方法，在测算元坝长兴组气藏经济参数基础上，计算了不同稳产条件下各井型的单井经济界限，按照气价 1.75 元/m³，稳产 8 年，直井、斜井、水平井产量界限分别为 $23.3 \times 10^4 \mathrm{m}^3/\mathrm{d}$、$26.0 \times 10^4 \mathrm{m}^3/\mathrm{d}$、$29.0 \times 10^4 \mathrm{m}^3/\mathrm{d}$。

## 二、综合多种方法进行初步配产

### (一)临界携液产量界限

临界携液产量界限是产水气井井筒内气体能够把液体带至地面的最小产量。

目前直井通常采用 Tuner 等(1969)、李闽等(2002)建立的模型计算气井的携液能力，但对于超深层大斜度井或水平井不太适用。大斜度井倾斜段比直井段临界携液产量更高，为了更真实地计算，此次以 Tuner 液滴模型为基础，分段考虑直井及倾斜井段液滴的不同受力作用，根据井斜角度、曳力系数和雷诺数关系，对直井段及斜井段进行耦合计算。

临界流量：

$$q_c = 113 \times \frac{AP(1074 - 7.64P)^{0.25}}{(7.64P)^{0.25}} \times 10^4 \tag{9-12}$$

临界流速：

$$v_t = \frac{1.23 \times (1074 - 7.64P)^{0.25}}{(7.64P)^{0.25}} \times 10^4 \tag{9-13}$$

式中，$P$ 为压力，MPa。

考虑不同井口压力下气井携液临界流量的计算结果见表 9-8。可以看出，在日前气井

生产状况下，水平井要求的携液临界流量为 $2.44\times10^4\sim4.16\times10^4\mathrm{m}^3/\mathrm{d}$。

**表 9-8 不同井口压力水平井携液临界流量测算表**

| | 8MPa | 10MPa | 12MPa | 15MPa | 17MPa | 20MPa | 22MPa | 25MPa |
|---|---|---|---|---|---|---|---|---|
| 临界携液量/($10^4\mathrm{m}^3$/d) | 2.44 | 2.72 | 2.96 | 3.29 | 3.49 | 3.76 | 3.93 | 4.16 |

（二）试采法

试采法是确定气井合理产量最直接的方法。气井通过试采，调整工作制度，进而确定气井最为合理的配产。

例如元坝 204 井于 2010 年 10 月 21 日～11 月 3 日对长兴组进行了焚烧试采(14d)，试采曲线如图 9-21。试采共分为两个阶段，采用了不同的工作制度，初期配产 $41\times10^4\mathrm{m}^3$/d，生产时间为 5d，井口油压从 44.6MPa 下降至 44.1MPa，阶段产气 $204\times10^4\mathrm{m}^3$；之后调整配产为 $32\times10^4\mathrm{m}^3$/d，生产时间 9d，油压基本稳定在 47MPa，阶段产气 $288\times10^4\mathrm{m}^3$。从试采动态来看，总体上看，$41\times10^4\mathrm{m}^3$/d 生产时井口油压稳定，预计 $40\times10^4\mathrm{m}^3$/d 可以稳产，合理产量约为 $\frac{1}{7}q_{\mathrm{AOF}}$。

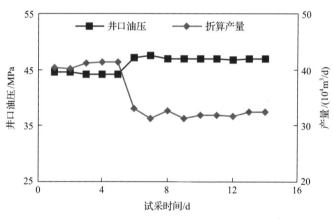

图 9-21 元坝 204 井焚烧试采曲线

（三）采气指示曲线

由气井二项式产能方程可以看出，当地层压力一定时，气井产量只是生产压差的函数。当产量较小时，气井生产压差与产量呈直线关系(达西渗流)；随产量增加，气井生产压差与产量呈曲线关系且凹向压差轴，即惯性造成的附加阻力增加。一般情况下，气井的合理配产应该保证气体不出现湍流，即在二项式产能曲线上沿早期达西渗流直线段向外延伸，直线与二项式产能曲线切点所对应的产量即为气井的合理产量，这种确定气井合理产量的配产方法通常称为采气曲线法。

利用"一点法"计算出来的无阻流量，再结合各测试段的产量和井底流压可以求出各井测试段的二项式产能方程如下：

元坝 204 井长兴组的二项式产能方程：

$$P_1^2 - P_{wf}^2 = 6.16q_g + 0.0616q_g^2$$

元坝 10 侧 1 井长兴组的二项式产能方程：

$$67.32^2 - P_{wf}^2 = 0.0711q_g^2 + 2.2447q_g$$

元坝 104 井长兴组的二项式产能方程：

$$68.25^2 - P_{wf}^2 = 0.08q_g^2 + 5.86q_g$$

元坝 205 井长兴组的二项式产能方程：

$$65.69^2 - P_{wf}^2 = 0.01q_g^2 + 1.966q_g$$

根据上述二项式产能方程，可以绘制测试层段的二项式产能曲线，利用采气曲线法确定气井的合理产量（图 9-22～图 9-25），合理产量所对应的压差即为合理生产压差。根据上述方法综合确定直井合理产量约为无阻流量的 1/7～1/5。

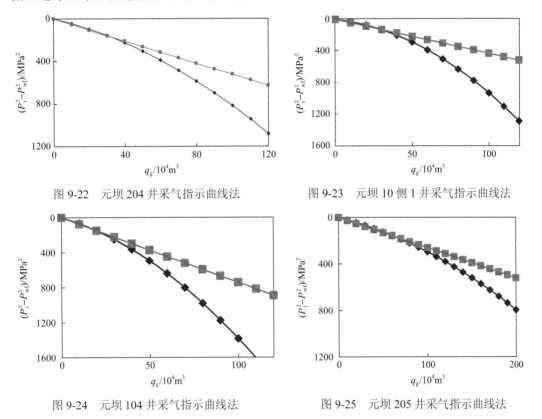

图 9-22 元坝 204 井采气指示曲线法　　　图 9-23 元坝 10 侧 1 井采气指示曲线法

图 9-24 元坝 104 井采气指示曲线法　　　图 9-25 元坝 205 井采气指示曲线法

(四)根据产能评价及产能预测确定合理产量范围

直井、斜井和水平井产能对比研究结果表明，相同生产压差下，井斜角度小于 70° 时，大斜度井产能是直井的 1.2～1.5 倍左右；600m 水平段时，水平井产能是直井的 1.5～2 倍。目前，元坝长兴组气田的斜井倾斜角均小于 70°，因此，斜井初步按照直井的 1.2～1.5 倍配产，水平井初步按照直井的 1.5～2 倍配产。

根据已测试井配产结果，结合储层预测成果、采用无阻流量与Ⅰ、Ⅱ类储层关系预测直井合理产量，考虑大斜度井及水平井增产倍比，对该区进行合理配产，各井区的合理配产建议如表9-9。

表 9-9　各井区不同井型合理配产

| 井区 | 平均单井(直井)钻遇Ⅰ、Ⅱ类预测厚度/m | 合理配产/($10^4$m³/d) | | |
|---|---|---|---|---|
| | | 直井 | 大斜度井 | 水平井 |
| ①号礁带 | | | | 35～50 |
| ②号礁带 | 34.5 | | 33～47 | 55～65 |
| ③号礁带 | 46.2 | 41～60 | 49～73 | |
| ④号礁带 | 38.5 | 30～42 | 36～50 | 42～60 |

**(五)含水气藏合理产量确定**

对于与采气有密切关系的地层水，则要分析它在气藏开发过程中可能造成的影响和伤害，并在开发过程中尽量减少这种影响和伤害。根据四川盆地川南、川西南地区有水气藏的统计资料，无水期采出程度高于30%的气井，最终采收率在50%～60%，而无水期采出程度高于50%的气井，最终采收率可大于60%。因此，在气井配产优化调整过程中，应充分考虑储层展布、边底水分布及井控储量规模的变化，以提高气藏的最终采收率。

**1. 裂缝类型对开发指标的影响**

根据岩心观测，碳酸盐岩气藏存在裂缝，且裂缝发育方式存在平面缝、纵切缝及综合缝等三种，建立了含水气藏的数值模型，模拟研究了实际地质情况下，不同裂缝类型的见水特征及开发指标。

在截取103H井实际模型(图9-26)基础上，设计平面缝、纵切缝、综合缝，直井产量$35\times10^4$m³/d，对比不同裂缝情况下的开发指标，结果表明：原始模型情况下，由于下部存在隔层，预测期不出水；存在裂缝情况下，气井的见水时间和稳产时间由早到晚分别是：综合缝、纵切缝、平面缝(图9-27)。

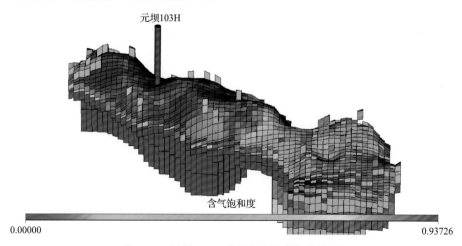

图 9-26　元坝 103H 井区含水气藏数值模型

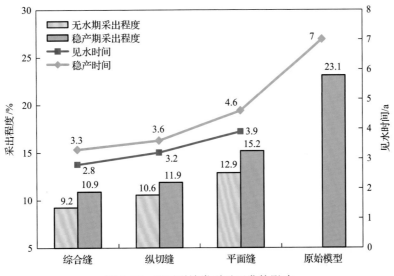

图 9-27  不同裂缝类型对开发的影响

2. 不同配产对开发指标的影响

根据综合地质研究结果，利用元坝 103 含水气藏模型，在综合缝地质模型基础上，主要开展边水对其附近气井开采影响的气藏数值模拟研究，模拟降低气井配产情况下的开发指标，分析存在裂缝情况下的控水对策。

通过降产可以有效延缓气井的见水时间，产量由 $35×10^4 m^3/d$ 减小至 $25×10^4 m^3/d$ 时，见水时间延缓 1.3 年；稳产时间由 2.3 年延长至 6.5 年(图 9-28)。

对于靠近边底水的气井，若配产过高，会加快边水推进速度，导致无水采气期和无水期采出程度明显减小，严重影响气井的开发效果，因此边水气藏开发过程中，减小气井配产，降低采气速度能有效延缓气井出水，改善气井开发效果。

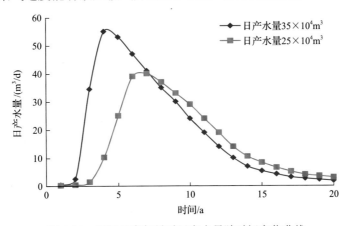

图 9-28  不同日产气量时日产水量随时间变化曲线

3. 不同采气速度方案对开发指标的影响

数值模拟结果表明，位于构造高部位气井，受边水影响小，采用较高速度开采时开发过程也一直未见水，而低部位气井受边水影响大，采气速度高时气井无水采气期明显缩短,因此开发过程中低部位气井的采气速度不宜太高。但在实际生产中,为保证市场用气量和经济效益,气田整体采气速度不可能很低,因此,运用数值模拟方法,采取高部位高速开采、低部位低速开采方式,即在区块整体的采气速度不变的情况下,改变构造低部位临近边水区域的采气速度,对不同区域采取不同采气速度的效果进行分析对比。

在④号礁带东部存在边水的区域截取实际模型(图 9-29),设计总体采气速度为 3.3%,对比高低部位不同采气速度对开发指标的影响(表 9-10)。

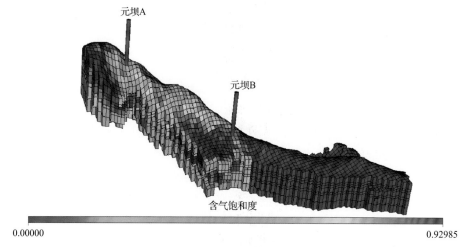

图 9-29　④号礁带东部存在边水区域数值模型

当高部位高配/低部位低配时,能有效延缓气井的见水时间:见水时间延缓 1.4 年;稳产时间延长了 1.6 年。

表 9-10　不同配产方案预测指标

| 配产方案 | 稳产时间/a | 稳产期采出程度/% | 见水时间/a | 无水期采出程度/% | 30 年采出程度/% |
|---|---|---|---|---|---|
| 相同采速(3.3%) | 3 | 9.9 | 2.8 | 9.3 | 49.3 |
| 高部位高速(4.1%)/低部位低速(2%) | 4.6 | 15.2 | 4.2 | 13.9 | 53.1 |

### 三、数值模拟方法确定全气藏气井合理产量

在元坝地质模型(图 9-30)的基础上,保障气藏一定稳产期及控制边底水情况下,开展指标预测,逐井优化开发指标,确定了礁滩相储层单井合理配产。

### 四、生产动态跟踪优化配产

充分利用新增静、动态资料,结合前期地质认识,进一步完善储层精细刻画,深入认识长兴组礁滩相储层平面及纵向展布特征,分析各礁群内及滩体储层连通性,认识气水分布特征及分布范围,进一步完善长兴组礁、滩相三维地质模型,定量描述储层物性及含气性在空间分布,落实可动用储量。

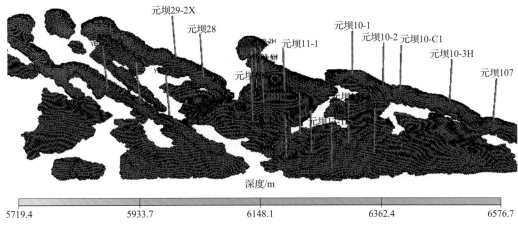

图 9-30  元坝长兴组全气藏数值模型

利用最新的气井压力恢复测试资料，进行不稳定试井解释，解释储层参数，评价储层特征及地层压力；紧密跟踪新测试井的测试情况，利用新增产能测试及试采资料，分析不同产能评价方法适用条件和可靠性，并结合气井测试方式和测试资料特点，优选适当的产能评价方法，开展气井产能评价，分析产能影响因素，为优化配产提供更为合理有效的依据；同时研究气井(藏)产能、产量、压力与流体性质的变化特征，研究不同井型气井及产水井动态特征，总结气藏开发动态特征与规律，确定气井合理产量。采用不稳定流动分析、规整化产量等方法，研究不同类型气井产量递减规律，确定井控储量。

在此基础上，开展数值模拟，通过历史拟合，建立了符合气藏实际地质特征及生产动态变化的气藏数值模型，考虑整体控水，气藏稳产期及储量动用程度，优化气井配产。

## 第四节　碳酸盐岩高含硫气藏采气速度确定

确定气藏合理的采气速度是开发概念设计、开发方案编制中最重要的内容之一。气藏合理采气速度受多种因素的影响，如气藏类型与地质特征、储量规模、流体组分、地层水活跃程度、资源接替状况、市场需求、企业经济效益等。在开发概念设计中确定气藏合理采速时，需要以储量为基础，在现有的开采技术条件下，综合考虑以上影响因素，并借鉴国内外同类气藏的开发经验来确定，通过类比法以及数值模拟方法研究了不同区块、不同气藏类型(含水及无水)的采气速度，使气藏开采具有一定的规模和稳产期，有较高的采收率，尽可能满足国家对天然气的需求，并能获得最佳的经济效益和社会效益。

### 一、国内外类似气藏实例

法国的拉克气田为确保长期稳定供气，开采速度一直保持在4%的水平；美国的老气田平均采气速度为2.5%，而新气田的采气速度则在约4%的水平；苏联已投入开发的330多个气田的采气速度为1.5%～4.4%，克拉斯诺尔达边区的采气速度为4%～4.7%。表9-11中列出了国外一些气田的规模和采气速度参数。

表 9-11 国外一些气田的规模和采气速度

| 气田名称 | 储量/$10^6 m^3$ | 年产量/$10^6 m^3$ | 采气速度/% | 气田名称 | 储量/$10^6 m^3$ | 年产量/$10^6 m^3$ | 采气速度/% |
|---|---|---|---|---|---|---|---|
| 新乌连戈伊 | 61200 | 2505 | 4.1 | 谢别林卡 | 5650 | 250 | 4.4 |
| 潘汉德-胡果顿 | 20390 | 326 | 1.5 | 乌克蒂尔 | 5009 | 170 | 3.4 |
| 格罗宁根 | 19800 | 496 | 2.5 | 科罗布科夫 | 480 | 22 | 4.6 |
| 麦德维热 | 15480 | 700 | 4.5 | 特尔特-贝尤 | 212.2 | 9.5 | 4.5 |

气田开采速度的确定除了考虑气田自身地质因素外，还应考虑地面建设、天然气供需和后备储量等因素。根据国外的开采经验，一般合理的开采速度在上升期为 2%～3%，时间为 2～5 年;稳定期开采速度为 3%～5%，时间为 10～20 年;递减期开采速度为 2%～4%，时间为 2～6 年。国内较大气田为了确保能长期稳定供气，采气速度一般在 3%～5%(表 9-12)。国内外同类型气藏采气速度一般 3%～5%。

表 9-12 国内部分类似气田采气速度统计表

| 气田名称 | 平均孔隙度/% | 平均渗透率/$10^{-3}\mu m^2$ | 采气速度/% |
|---|---|---|---|
| 川西北中坝-雷三段气藏 | 4.25 | 1.65 | 3.16～4.3 |
| 川中磨溪-雷一段气藏 | 7～8 | 0.25 | 2.5 |
| 普光飞仙关组-长兴组气藏 | 7.08～8.11 | >1.0 | 2.0～4.8 |
| 川西南威远气田 | 2 | 0.0447 | 3 |
| 中原文 23 气田 | 12 | 3.43 | 2.0～2.5 |
| 长庆靖边气田 | 8.2 | 0.856 | 2.8 |
| 长庆榆林气田 | 5.76 | 4.88 | 2.87 |

## 二、典型区块合理采气速度研究

### (一)无水气藏合理采气速度

利用元坝 12 井单井数值模拟方法确定元坝长兴组气藏采气速度，计算不同采气速度下(5%、4.5%、4%、3.5%、3%)气井稳产年限及稳产年限采出程度，计算结果如图 9-31。

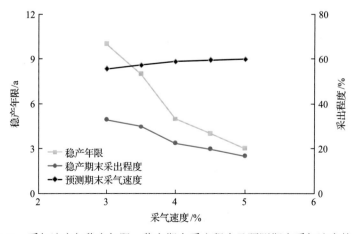

图 9-31 采气速度与稳产年限、稳产期末采出程度及预测期末采气速度的关系

数值模拟结果表明，要保证元坝长兴组气藏无水区域 5～10 年左右的稳产期，采气速度应在 3%～4%。

(二)含水气藏合理采气速度

利用元坝 12 井单井地质模型，在模型底部设置底水，模拟含水气藏开发效果，确定元坝长兴组气藏含水区域采气速度，计算不同采气速度(4%、3.5%、3%、2.5%、2%)下气井稳产年限及日产水量，计算结果如图 9-32、图 9-33、表 9-13 所示。

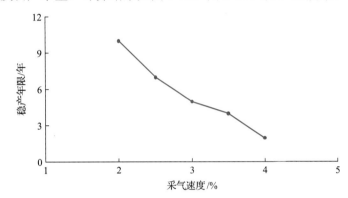

图 9-32　不同采气速度对稳产期的影响

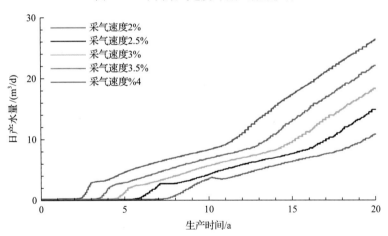

图 9-33　不同采气速度对日产水量的影响

表 9-13　不同采气速度下开发指标预测

| 采气速度/% | 见水时间/a | 无水期采出程度/% | 稳产时间/a |
| --- | --- | --- | --- |
| 2 | 8.3 | 18.63 | 10.2 |
| 2.5 | 6.4 | 19.00 | 7.1 |
| 3 | 4.9 | 16.21 | 5.2 |
| 3.5 | 3.8 | 14.09 | 4.1 |
| 4 | 2.6 | 11.72 | 2.9 |

从采气速度对日产水量的影响可以看出，低采气速度有利于抑制水侵速度，并且具

备较高的稳产期，因此对于存在边底水的气藏应适当地降低采气速度，达到抑水稳产的开发效果，综合稳产期以及见水时间，元坝地区长兴组气藏含水区域若要保证 5～10 年的稳产时间，则采气速度应控制在 2%～3%。

元坝地区长兴组气藏埋藏深，钻井周期长；储层渗透性差、元坝长兴组滚动区产能较低；高含硫，处理难度大，所以总体上来讲，元坝长兴组滚动区采气速度不宜过高。综合考虑元坝长兴组气藏合理采气速度在 2%～4%。但不同部位、不同类型储层采气速度应有所不同，对于物性较好，厚度较大的礁相储层，采气速度较高，可达到 4%左右；对于物性相对较差，厚度较薄的滩相储层，采气速度应较低，应控制在 3%左右；而对于含水井区，为避免水推进过快，应采用较低的采气速度，应控制在 2%～3%。

在前面产量优化基础上，计算确定元坝长兴组试采区采气速度为 3.1%，滚动区采气速度 2.95%。可见其配产是合理的。

## 第五节　碳酸盐岩高含硫气藏废弃地层压力与采收率确定

在有试采井测试资料的情况下，根据气井产能方程、外输压力等确定达到废弃产量时所对应的废弃压力，并与各种经验方法确定的采收率对比，综合确定气藏废弃压力。在此基础上，利用经验公式、理论方法和数值模拟方法预测气田的最终采收率。

### 一、废弃地层压力的确定

气田开发初期，准确计算废弃地层压力是相当困难的。目前计算废弃地层压力主要有垂直管流法、气藏类型与埋深折算法和经验公式法等。

（一）垂直管流法

垂直管流法是先通过垂直管流计算方法计算废弃井底流动压力，然后通过产能方程计算废弃地层压力。

1. 废弃井底流动压力

废弃井底流动压力是对应气井废弃关井产量时井底压力，可以通过成熟的井筒两相流软件计算井口为外输压力情况下对应气井废弃关井产量时井底流动压力，如果考虑气井产水，通常废弃井底流动压力增加 10%～20%。

2. 废弃地层压力

已知气井废弃井底流动压力，根据废弃时的稳定产能方程求废弃地层压力：

$$P_a = \sqrt{A_a q_{ga}^2 + B_a q_{ga} + P_{wf}^2} \qquad (9\text{-}14)$$

式中，$P_a$ 为废弃地层压力，MPa；$P_{wf}$ 为废弃井底流动压力，MPa；$q_{ga}$ 为气井废弃产量，$10^4 m^3/d$；$A_a$、$B_a$ 分别为气藏废弃时产能方程系数。

将气井经济废弃产量、最低井底压力及气藏废弃时的产能方程系数带入式(9-14)即可确定废弃地层压力(表9-14)。

表 9-14　垂直管流计算不同外输压力的废弃压力

| 计算方法 | 外输压力/MPa | 废弃地层压力/MPa |
|---|---|---|
| | 11 | 19.7 |
| 垂直管流法 | 9 | 17 |
| | 7.5 | 14 |

中国石油总结了已开发气田经验,对于一些含水低渗气藏,利用上述方法确定出废弃压力后,一般需再对其进行一定的修正,即在确定的废弃压力基础上再上浮 10%~30%。根据经济评价初步结果,元坝气田气井的经济废弃产量为 $2.5 \times 10^4 \text{m}^3/\text{d}$;结合地面集输研究成果,考虑元坝长兴组气藏可能产水,初步确定上浮废弃压力为 20%,按照外输压力 7.5MPa 计算废弃地层压力 16.8MPa。

(二)气藏类型和埋藏深度折算法

国内外学者从不同角度研究气藏废弃压力,认为废弃地层压力主要由气藏埋深、储层渗透率及其非均质性、边底水能量等决定,并总结出多种计算废弃地层压力的经验公式。国内最典型的是四川盆地经验图版,川渝地区根据已探明气田的废弃压力标定实践经验,提出了"按气藏类型与埋藏深度折算法"确定废弃视地层压力 $P_a/Z_a$(图 9-34、表 9-15),该方法在我国四川盆地广泛应用。针对地层水不活跃气藏,可用图 9-34 中回归方程③对应的关系式计算废弃视地层压力。

(三)其他经验公式

原石油天然气总公司根据已开发气田经验,对于未投入开发的气藏和采出程度很低的不同类型气藏,推荐废弃压力的经验公式如表 9-16。对于一些低渗致密气藏,特别是一些含水低渗致密气藏或凝析气藏,利用上述经验方法确定出废弃压力后,一般需再对其进行一定的修正,即在确定出的废弃压力基础上,直接再上浮 10%~40%。

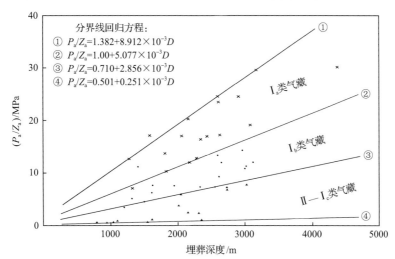

分界线回归方程:
① $P_a/Z_a=1.382+8.912 \times 10^{-3}D$
② $P_a/Z_a=1.00+5.077 \times 10^{-3}D$
③ $P_a/Z_a=0.710+2.856 \times 10^{-3}D$
④ $P_a/Z_a=0.501+0.251 \times 10^{-3}D$

图 9-34　气藏废弃视地层压力与埋藏深度之间的关系图

$Z_a$ 为废弃压力压缩因子

表 9-15　气藏类型划分表

| 气藏类型 | | 地层水活跃程度 | 水侵替换系数 | 废弃相对压力 | 开采特征描述 |
|---|---|---|---|---|---|
| I 水驱 | I $_a$ (活跃) | | ≥0.4 | ≥0.5 | 可动边水和底水的水体大，一般开采初期部分气井开始大量出水或水淹，气藏稳产期短，水侵特征曲线呈直线上升 |
| | I $_b$ (次活跃) | | [0.15~0.4) | [0.25~0.5) | 有较大的水体与气藏局部连通，能量相对较弱；一般在开采中期和后期才发生局部水窜，致使部分气井出水 |
| | I $_c$ (不活跃) | | [0~0.15) | [0.05~0.25) | 多为封闭型，开采中期和后期偶有个别井出水，或气藏根本不产水，水侵能量极弱，开采过程表现为弹性气驱特征 |
| II 气驱 | | | 0 | <0.05 | 无边水和底水存在，多为封闭型的多裂缝系统、断块、砂体或异常压力气藏；整个开采过程中无水侵影响，为弹性气驱特征 |
| III 低渗 | III $_a$ (低渗) | | [0~0.1] | [0.4~0.6] | 储层基质渗透率 $K \leqslant 1 \times 10^{-3} \mu m^2$，裂缝不太发育，横向连通性较差，生产压差大，单井产量小于 $3 \times 10^4 m^3/d$，开采中较少出现水侵 |
| | III $_b$ (特低渗) | | | >0.6 | 储层基质渗透率 $K \leqslant 0.1 \times 10^{-3} \mu m^2$，裂缝不发育，无措施下一般无工业产能，单井产量小于 $1 \times 10^4 m^3/d$，开采中极少出现水侵 |

表 9-16　不同类型气藏废弃压力

| 气藏类型 | 经验公式 | 适用条件 |
|---|---|---|
| 弱水驱裂缝型 | $P_a / Z_a = (0.05 \sim 0.2) P_i / Z_i$ | |
| 强水驱裂缝型 | $P_a / Z_a = (0.3 \sim 0.6) P_i / Z_i$ | |
| 定容高渗透孔隙型 | $P_a / Z_a = (0.1 \sim 0.2) P_i / Z_i$ | $K \geqslant 50 \times 10^{-3} \mu m^2$ |
| 定容中渗透孔隙型 | $P_a / Z_a = (0.2 \sim 0.4) P_i / Z_i$ | $K = 10 \times 10^{-3} \sim 50 \times 10^{-3} \mu m^2$ |
| 定容低渗透孔隙型 | $P_a / Z_a = (0.4 \sim 0.5) P_i / Z_i$ | $K = 1 \times 10^{-3} \sim 10 \times 10^{-3} \mu m^2$ |
| 定容致密型 | $P_a / Z_a = (0.5 \sim 0.7) P_i / Z_i$ | $K < 1 \times 10^{-3} \mu m^2$ |

注：$P_i$、$Z_i$ 分别为原始地层压力及其偏差系数。

对于目前的垂直管流、气藏类型及埋深折算、经验公式等三种废弃地层压力计算方法，长兴组气藏平均埋藏深度达 6600m，最大深度超过 7000m，远远超过了气藏类型及埋深折算法和经验公式方法的适用范围，因此长兴组气藏的废弃地层压力主要根据结合实际的垂直管流计算结果，同时结合长兴组气藏存在边底水的情况，废弃地层压力会适当提高，在不同礁带计算结果基础上，综合考虑长兴组气藏废弃地层压力为 16MPa。

## 二、采收率的确定

经过充分调研国内外文献和行业标准等大量资料，目前气田采收率的确定方法主要包括物质平衡法、类比法和经验取值法等方法。

### (一)物质平衡法

对于常规定容封闭气藏，应用物质平衡方程，结合废弃地层压力，可以计算衰竭式开采气藏采收率。

$$E_a = 1 - \frac{\dfrac{P_a}{Z_a}}{\dfrac{P_i}{Z_i}} \qquad\qquad (9\text{-}15)$$

按照外输平均压力 7.5MPa，废弃地层压力 16MPa，利用物质平衡方法计算采收率为 48%。由于没有考虑边底水影响，计算的采收率可能偏高。

（二）徐人芬方法

徐人芬等通过分析川东不同类型气藏的开采情况，并对比铁山坡飞仙关组气藏的良好开发状况及渡口河飞仙关组气藏已探明储量的采收率标定结果，确定Ⅰ类储层的采收率为 90%，Ⅱ类储层为 75%，Ⅲ类储层为 50%。元坝长兴组气藏岩心、测井解释结果表明：Ⅰ类储层占 3.6%、Ⅱ类储层 25.3%、Ⅲ类储层 47.8%，类比确定气藏采收率约 46%。

（三）数值模拟法

该方法是在气藏地质模型基础上，通过数值模拟方法，预测气藏最终采收率。利用数值模拟计算的采收率为 45.2%。

（四）经验取值法

对于实际气藏，当动态资料较缺乏时，可根据气藏的类型与驱动方式（表 9-17），对比参照我国天然气储量计算规范及《气田可采储量标定方法》（SY/T 6098—94）标准，确定出实际气藏的采收率范围。

综上分析，认为元坝礁滩相碳酸盐岩气藏采收率应在 46% 左右。

表 9-17　气藏采收率大致范围表

| 序号 | 驱动机理类型 | 采收率 |
|---|---|---|
| 1 | 气驱气藏 | 0.80～0.95 |
| 2 | 水驱气藏 | 0.45～0.60 |
| 3 | 致密气藏 | <0.60 |
| 4 | 凝析气藏 | 0.65～0.85，凝析油为 0.40 |

注：来源于《天然气储量规范》（GBn 270-88）。

# 第十章　碳酸盐岩高含硫气藏稳气控水对策

　　川东北地区礁滩相碳酸盐岩气藏一般都高含硫化氢、二氧化碳，又存在多套气水系统。目前这些气藏已有部分气井见水，而且产量大幅度下降，对气藏稳产和气井安全造成不利影响；同时高含硫气藏流体相态特征变化复杂，开采过程中气体流动规律复杂，容易发生硫沉积，影响气井产能。本章在前面建立的地质模型基础上，应用数值模拟等手段，分析了气井生产动态，针对不同类型产水气井提出差异化控水对策，对全气藏优化配产，达到气藏均衡开采，延缓水侵速度；考虑硫析出对开发的影响，通过压裂改造，改善液硫析出后渗流环境；在储量动用状况分析的基础上，分析影响气藏平面及纵向储量动用因素，部署加密井，制定气藏整体控水稳产技术对策。

## 第一节　气藏数值模型建立

　　建立气藏数值模型是决定气藏动态预测、提出气藏合理控水稳产对策成败的关键。建立气藏数值模型，就是将实际气藏数值化，即用数据把影响开发动态的全部气藏特征描述出来，主要包括气藏静态地质模型建立与初始化、历史拟合。

### 一、静态模型建立

　　根据前面的气藏精细描述和精细三维气藏地质模型建立成果，提取储层的构造模型和有效厚度、孔隙度、渗透率、气水饱和度等属性模型，建立全区的气藏静态地质模型。模型由 Petrel 地质建模软件导出，不进行任何粗化，直接导入数值模拟软件中。网格类型为三维角点网格系统。平面网格步长 $D_X=50\mathrm{m}$，$D_Y=50\mathrm{m}$，纵向上分为 100 个层。模型网格数共计 38097000 个(图 10-1)。

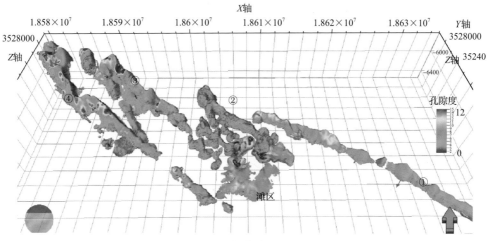

图 10-1　元坝气藏静态地质模型

①～④为礁带编号

## 二、模型的初始化

在气藏数值模拟模型中，采用气水平衡分区方法，精细表征不同礁体间的气水分布，在数值模拟模型中实现了"一礁一水体"（图10-2），对模型进行初始化，初步建立了气藏数值模型。

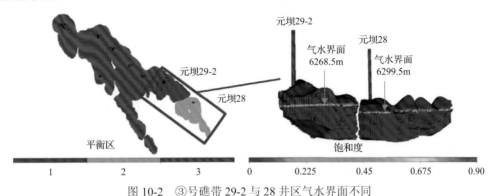

图 10-2 ③号礁带 29-2 与 28 井区气水界面不同

## 三、生产历史拟合

利用元坝长兴组气藏数值模拟模型，开展生产历史拟合。模型计算中采用大规模并行求解技术，在之前 8 核心并行的基础上，实现了 56 核心 CPU 全并行求解及 GPU 加速技术，提高了 10 倍的计算速度，解决了超精细模型求解效率的问题。

### （一）储量拟合

首先，在进行气藏储量拟合时，需要展开气藏数值模拟模型修正。具体内容如下，将单井控制不到区域中的网格进行哑化，核对气藏数值模拟模型中气水分布，并对不满足储量评价结果的部分区域进行修正。通过计算得到储量拟合结果如表10-1所示，①号、②号、③号、④号礁带及礁滩叠合区的拟合误差最大为 1.83%，所有拟合结果均满足误差低于 5%的要求。

表 10-1　数值模拟修改储量与地质储量对比表

| 礁带 | 建产区地质储量/$10^8m^3$ | 数模模型储量/$10^8m^3$ | 偏差/% |
|---|---|---|---|
| ①号礁带 | 74.41 | 75.8 | 1.83 |
| ②号礁带和礁滩叠合区 | 266.79 | 265.3 | −0.56 |
| ③号礁带 | 268.54 | 266.8 | −0.65 |
| ④号礁带 | 318.64 | 318.4 | −0.08 |
| 12 滩区 | 95.78 | 93.93 | −1.97 |
| 合计 | 1024.16 | 1020.2 | −0.39 |

### （二）井口压力拟合

元坝长兴组气藏的投产气井均未下入井下压力计，目前仅有实测井口压力数据，因此在考虑气水两相管流的前提下，采用井筒垂直管流模型技术(VFPi)进行井筒建模，模拟计算出模型的井口压力数据。气藏数值模拟模型中对所有礁带中共 33 口井进行井筒流动建模，得到每口井的井口压力模拟计算数据。在模型进行历史拟合中，采用设定生产气量的方式，通过将模拟计算井口压力数据与实测井口压力数据对比，来确定模型压力变化特征，通过调整地质模型静态参数，如对模型孔隙度、渗透率、有效厚度等参数进行调整，拟合得到每口井生产时间内的压力曲线，如图 10-3 所示。在井口压力拟合完成后，考虑到部分气井受底水影响，需要开展气井的气水分流量拟合。在拟合过程中，结合地质参数，通过修正见水井控制储层的垂向导流能力及气水相渗曲线来实现。

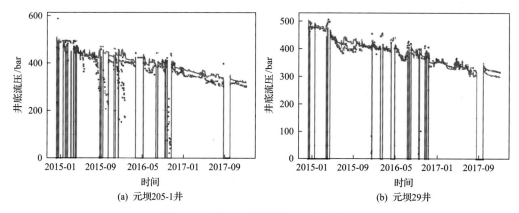

(a) 元坝205-1井          (b) 元坝29井

图 10-3　元坝部分气井井口压力拟合图

　　通过反复的生产拟合计算，最终建立了符合元坝长兴组气藏实际地质特征及生产动态变化的气藏数值模拟模型。通过对气藏开展历史拟合可以看出(图 10-4)：目前储量动用不均匀，不同区域动用差异大，部分区域未动用，同时部分低部位井水侵严重，气藏开发需要进一步优化。

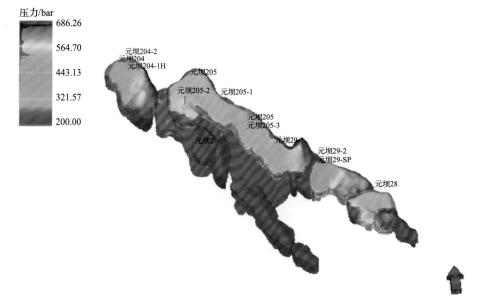

图 10-4　③号礁带 2016 年 7 月平均压力分布

1bar=0.1MPa

## 第二节 礁滩相碳酸盐岩含水气藏控水对策

针对礁滩相碳酸盐岩含水气藏，采用动静结合方法，确定水体能量，建立气藏水侵模式，研发了多参数融合的底水气藏水平井水侵预测图版，较准确地预测气井见水时间和水气比上升规律。在此基础上，针对不同类型产水气井提出差异化控水对策，对全气藏优化配产，达到气藏均衡开采，延缓水侵速度。

### 一、多方法综合确定气藏水侵模式

气藏开采后，压力波从井筒逐步向外传递，形成压力漏斗，当传到边底水体，气水边界处压力平衡被打破，在外围压力驱使下，水体向气藏内推进。但由于礁滩相碳酸盐岩储层内部强烈的非均质性、薄储层间连通性差异，以及受致密岩石的屏蔽作用及主缝、支缝快速通道作用影响，水不可能以界面的形式规则均匀地向井筒推进，而是首先沿低能状态的主缝、支缝、相对高渗带形成水窜。在此过程中，还受两侧支缝向主缝汇集来的天然气的吹扫。因而气藏一旦发生水侵，在气流作用下水就容易到达气井。地层水沿相对高渗带、裂缝以"短路"形式窜入气藏，是碳酸盐岩有水气藏中水侵的主要特征。

以元坝长兴组礁滩相碳酸盐岩气藏为例，由于储层平面相变快、几何形态复杂、各礁带内小礁体连通性复杂，同时存在多套气水系统，局部发育裂缝，流动规律复杂，水侵模式建立难度大。我们基于成像测井和岩心观察、气水分布特征及水体大小的研究成果，利用生产动态、试井等分析手段，确定存在两种水侵方式，即丘形水侵、锥形水侵。

丘形水侵：气藏裂缝不发育，水侵前缘呈弧状推进，水侵速度慢，气井产水量小，且上升缓慢(图10-5、图10-6)。

锥形水侵：气藏存在微裂缝及部分纵切缝，微观上底水沿裂缝上窜，宏观上呈水锥形推进，气井见水后水气比上升较快(图10-7、图10-8)。

从图10-9可见，两种水侵方式的见水时间和水侵量不同：丘形水侵方式的见水时间长，水侵量大；锥形水侵的见水时间短，水侵量小。

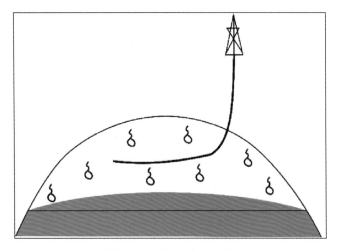

图10-5 丘形水侵示意图

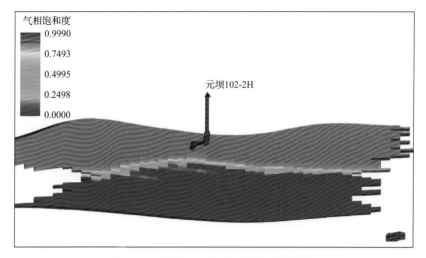

图 10-6　元坝 102-2H 井丘形水侵示意图

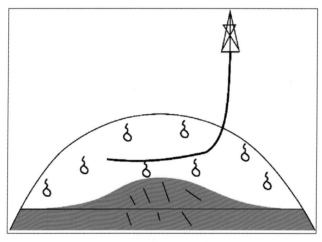

图 10-7　锥形水侵示意图

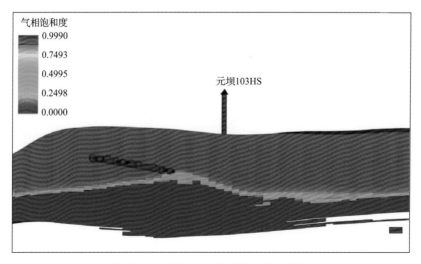

图 10-8　元坝 103H 井锥形水侵示意图

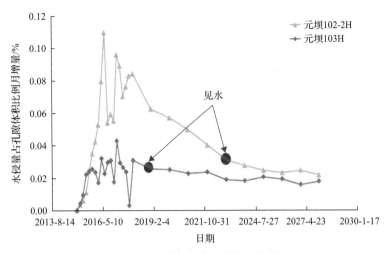

图 10-9　不同类型水侵量变化图

## 二、水侵识别图版研制

礁滩相碳酸盐岩气藏水平井见水时间和水气比上升规律既受储层厚度、渗透率、裂缝发育程度、水体大小等地质因素影响，又受采气速度、避水高度等人为开发因素的影响，且各因素对水侵规律的影响复杂，难以用统一的数理方程式表达，预测难度大。为了较准确地预测元坝长兴组气藏水平井见水时间和水气比上升规律，作者在系统分析影响水侵规律地质和开发因素基础上，筛选了关键参数，利用数值模拟技术系统建立了单因素控制的水侵模型。并在单影响因素分析基础上，通过多参数融合，建立了多因素融合的见水时间和水气比上升规律预测模型。通过水气比上升规律识别图版，预测不同地质条件和工作制度下气井的水气比上升规律，同时结合气井实际水气比变化特征，判断水体大小、平面与垂向渗透率比等不确定因素。

### (一) 无水采气期影响因素分析

为了建立无水采气量及见水时间预测模型，首先，在单因素对无水采气量影响研究的基础上，应用数据分析工具，进行多因素分析回归，确定各参数函数关系式及权重；然后，根据不同因素影响权重系数与无水采气量的关系，对各参数进行融合，得到多因素融合的无水采气量预测数学模型；最后，根据无水采气量与采气速度的关系，进一步求得见水时间，建立见水时间预测数学模型。

多因素对无水采气量影响的研究表明：避水高度、储层厚度、储层渗透率与无水采气量呈正相关，且避水高度与无水采气量呈对数关系，储层厚度、储层渗透率与无水采气量呈线性关系；采气速度、水体大小、纵横向渗透率比与无水采气量呈负相关，且与无水采气量呈对数关系。在单因素研究的基础上，利用多因素数据分析工具，进行多因素敏感分析，确定各参数函数关系及权重，对各参数融合，建立多因素融合的无水采气量预测数学模型[式(10-1)]：

$$G_{pwn} = 0.44h + 1.8K_h + 2.8\ln\frac{h_{wl}^{4.14}}{v_{gp}V_{pw}\left(K_h/K_v\right)^{1.1}} - 2.4 \tag{10-1}$$

进一步可得到见水时间预测模型：

$$T = \frac{0.44h + 1.8K_h + 2.8\ln\dfrac{h_{wl}^{4.14}}{v_{gp}V_{pw}\left(K_h/K_v\right)^{1.1}} - 2.4}{v_{gp}} \tag{10-2}$$

式 (10-1) 和式 (10-2) 中，$v_{gp}$ 为采气速度，%；$V_{pw}$ 为水体倍数，分数；$K$ 为气层渗透率，$10^{-3}\mu m^2$；$h$ 为储层厚度，m；$h_{wl}$ 为避水高度，m；参数下角标 v 代表垂直方向，h 代表水平方向。

### (二) 见水后水气比上升规律

为了研究多因素组合对水气比上升规律的影响，研制多因素组合约束下的水侵识别模板。在单因素对水气比上升规律影响研究的基础上，根据不同因素影响权重系数与修正指数 $a$、$b$ 值的关系，进行数据处理。对于呈对数关系的因素，首先对其求对数，然后根据不同因素处理后的数值与对应 $a$、$b$ 值，应用数据分析工具，进行多因素分析回归，得到不同因素的影响权重系数。在得到不同因素影响权重系数后，根据不同因素数与修正指数 $a$、$b$ 值的关系，对各因素进行重新融合，形成多因素组合集。然后计算多因素组合集值，再将多因素组合集值与修正指数 $a$、$b$ 值拟合，得到多因素组合集与修正指数 $a$、$b$ 值的关系式，由多因素组合集代替修正指数的 $a$、$b$ 值，可得到多因素组合集控制下的水气比上升规律关系式 [式 (10-3)]，进而研制不同多因素组合集值下的水侵识别图版。根据该水侵识别图版预测不同地质条件和工作制度下气井的水气比上升规律，同时结合气井实际水气比变化特征，判断水体大小、平面渗透率与垂向渗透率比等不确定因素。

将多因素组合集代入修正指数关系式，可得到多因素控制下的水气比上升规律关系式 [式 (10-3)]，进而研制水侵识别图版。

$$WGR = ae^b \tag{10-3}$$

式中，WGR 为水气比。

根据各因素的影响权重系数，通过呈线性关系和呈对数关系的因素组合，得到多因素参数集与 $a$、$b$ 的关系式：

$$a = 0.25e^{0.068h} + 9.8K_h + \frac{1}{-4.39 + 0.447\ln v_{gp}} + 0.12\ln\frac{V_{pw}^{7.3}K_h/K_v}{h_{wl}^{3.2}} - 25.16 \tag{10-4}$$

$$b = -4.7h - 17.7K_h - \frac{25.2}{\left(1 - 1.69e^{-0.32v_{pg}}\right)} + 10.8\ln V_{pw} + 49.2h_{wl} - 23.8K_h/K_v + 237.8 \tag{10-5}$$

（三）实际气井水侵规律预测

利用建立的气井见水时间和水气比上升规律预测模型，根据实际气井地质特征和生产工作制度，计算了气井见水时间，预测了水气比上升规律，将见水气井计算结果与实际见水时间和水气比上升规律进行对比。从对比结果来看（表 10-2），4 口产水的水平气井的实际见水时间与预测时间基本一致，平均误差不超过 0.2 年，说明所建见水时间预测模型是可信的，可用于预测未见水气井见水时间（表 10-3），实现早期预警。

表 10-2　见水气井实际见水时间与预测见水时间对比

| 井号 | 见水日期 | 实际见水时间/a | 预测见水时间/a | 绝对误差/a |
|---|---|---|---|---|
| 元坝 10-1H | 2016-1-23 | 0 | 0.1 | 0.1 |
| 元坝 10-2H | 2016-12-5 | 0.2 | 0.4 | 0.2 |
| 元坝 121H | 2016-4-25 | 0.1 | 0.3 | 0.2 |
| 元坝 102-1H | 2017-3-17 | 0.7 | 0.6 | 0.1 |

表 10-3　未见水气井见水时间预测

| 井号 | 预测见水时间 |
|---|---|
| 元坝 104 | 2018-1（已证实见水） |
| 元坝 103H | 2018-8 |
| 元坝 102-3H | 2018-10 |

同时，通过见水气井水气比上升规律预测，判断了见水气井水侵类型，评价了裂缝发育程度和水体大小等不确定的地质因素。从水气比上升规律拟合结果来看（图 10-10），元坝 10-1H 井、元坝 10-2H 井为裂缝型水侵，气井见水早，水气比上升快，同时判断 10-1H 井存有大裂缝，水体大；元坝 10-2H 井微小裂缝发育，水体较大；元坝 102-1H 井为孔隙型水侵，水气比上升较慢，裂缝不发育。

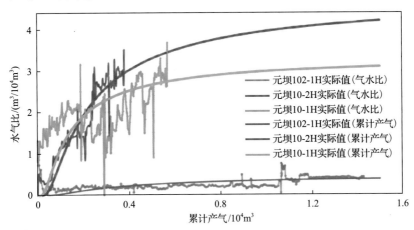

图 10-10　实际水气比上升规律与图版对比

跳跃线为气水比，平滑线为累计产气

### 三、气藏控水对策

元坝长兴组气藏目前存在水侵风险的井处于两种状态，即未水淹气井和水淹气井，针对这两种气井，应分别制定控水对策，实现气藏稳产高产。

针对未水侵气井，应准确预测气井见水时间，提前准备措施，积极应对气井见水。在前述研究中，根据气井见水时间预测方程式[式(10-2)]，预测了 2 口未见水井的见水时间，达到了早期预警目的，见表 10-3。与此同时，根据式(10-3)，计算得到产水气井水气比变化预测曲线(图 10-10)。

通过上述研究，利用气井水气比变化预测方程判断了见水井水侵类型，预测气井产水变化规律。根据水气比变化结果，判别了见水气井的水侵类型(表 10-4)。根据水气比变化趋势可知，元坝 10-1H 井和元坝 10-2H 井含水上升较快，元坝 121H 井开井即产水 $60\times10^4\mathrm{m}^3$ 并迅速关井，根据数值模拟研究拟合结果可知，$K_v/K_h>0.4$ 时，判断地质特征发育纵向裂缝，因此判断该类水侵属于锥形水侵。

表 10-4　已见水气井水侵模式类型统计

| 井号 | 拟合 $K_v/K_h$ | 推断地质特征 | 水侵模式 |
|---|---|---|---|
| 元坝 10-1H | 0.53 | 存在纵向缝 | 锥形水侵 |
| 元坝 10-2H | 0.42 | 存在纵向缝 | 锥形水侵 |
| 元坝 121H | 0.68 | 存在纵向缝 | 锥形水侵 |
| 元坝 102-1H | 0.11 | 纵向缝不发育 | 丘形水侵 |

在此基础上，针对不同类型水侵模式来制定相应控水对策。首先针对未见水井，水侵类型属于锥形水侵，且水体倍数较小，可优化配产，使生产压差控制在 1MPa 以内。若水侵类型属于基质控制时，优化配产时可适当放大生产压差，使生产压差控制在 1～2MPa(表 10-5)。对于已见水气井，若水体倍数较小，则应以疏为主，携液产气，控制生产压差；而对于水体倍数较大的气井，则应该以堵为主，找到见水位置，实施堵水作业，在保证临界携液能力的基础上，严格控制生产压差(表 10-6)。

表 10-5　未见水气井优化配产

| 井号 | 水侵类型 | 水体倍数 | 原有配产/($10^8\mathrm{m}^3$/d) | 生产压差/MPa | 优化配产/($10^8\mathrm{m}^3$/d) | 优化生产压差/MPa |
|---|---|---|---|---|---|---|
| 元坝 103H | 锥形水侵 | 0.9 | 55 | 2.4 | 40 | 0.8 |
| 元坝 29-2 | | 1.2 | 35 | 1.9 | 20 | 0.7 |
| 元坝 103-1H | 丘形水侵 | 0.9 | 40 | 2.2 | 35 | 1.5 |
| 元坝 102-2H | | 0.9 | 40 | 2.1 | 35 | 1.6 |
| 元坝 102-3H | | 0.9 | 35 | 1.7 | 30 | 1.3 |

表 10-6　已见水气井优化配产

| 井号 | 日产水量/(m³/d) | 水体倍数 | 原有配产/(10⁸m³/d) | 生产压差/MPa | 优化配产/(10⁸m³/d) | 优化生产压差/MPa |
|---|---|---|---|---|---|---|
| 元坝 10 侧 1 | 32 | 0.5 | 30 | 2.4 | 15 | 1.2 |
| 元坝 101-1H | 18 | 0.6 | 50 | 2.4 | 35 | 1.8 |
| 元坝 102-1H | 18 | 0.9 | 35 | 2.1 | 30 | 1.7 |
| 元坝 104 | 22 | 0.9 | 35 | 2.2 | 30 | 1.9 |
| 元坝 10-1H | 55 | 4.7 | 25 | 1.8 | 10 | 1.1 |
| 元坝 10-2H | 57 | 4.7 | 35 | 1.9 | 15 | 1.1 |
| 元坝 28 | 30 | 4.1 | 15 | 2.2 | 10 | 2.2 |
| 元坝 121H | 55 | 2.2 | 10 | 2.3 | 0 | |

在考虑差异化控水措施后，通过全气藏数值模拟，在保证整体采气速度下，局部优化配产，达到气藏均衡开采，延缓水侵速度的目的。

通过数值模拟研究，发现上述措施可延长气井无水采气期，日产水量、累计产水、累计采气量等多项开发指标可以得到有效控制。通过对②号礁带进行配产优化预测，可有效降低气井产水量，并使累计水气比下降，进而改善产水气井的开发效果（图 10-11～图 10-13）。

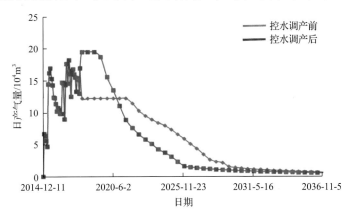

图 10-11　②号礁带控水方案实施前后日产气量预测

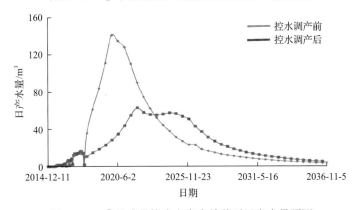

图 10-12　②号礁带控水方案实施前后日产水量预测

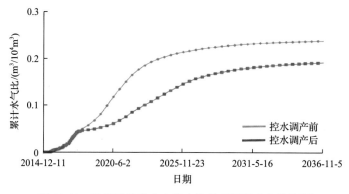

图 10-13　②号礁带控水方案实施前后累计水气比预测

## 第三节　高含硫气藏液硫析出后控硫对策

川东北礁滩相碳酸盐岩高含硫气藏开采过程中容易发生硫沉积，影响气井产能。现有商业模拟器无法考虑液硫析出对开发效果的影响，自主开发模拟器只具有 30 万网格求解能力，难以求解元坝长兴组大型气藏大量网格节点的实际模型。因此在现有商业软件上通过等效近似方法模拟液硫析出过程及其对气井产能的影响。

实现液硫单井模拟的思路：首先求解压力场，随后根据压力场计算出气藏的速度场，再根据速度场计算出相应网格不同时刻的气相相对渗透率和液相相对渗透率，最后进行迭代计算得到气井产量。

### 一、大型礁滩相碳酸盐岩高含硫气藏考虑液硫析出模拟方法

大型礁滩相碳酸盐岩高含硫气藏的液硫析出模拟的总体思路：在商业模拟软件中调整压力与表观渗透率关系曲线，该曲线用以表征气藏开采中压力下降导致液硫析出及其对气井附近渗透率的影响；然后通过求解压力场变化，得到渗透率场的变化，进而进行迭代求解，最终得到考虑液硫析出后气井产量变化；通过该种方式模拟，可大幅度简化模拟过程，减少中间计算步骤，提高模拟效率。该方法具体步骤如图 10-14 所示。

首先，建立单井模型，导入自主开发的软件，计算考虑液硫析出气井的开发指标。其次，将单井模型导入商业软件，在商业软件中调整压力和表观渗透率关系曲线，计算气井产量来拟合之前单井模型的气井预测产量。最后，将气藏模型导入商业软件，输入调好的压力和表观渗透率关系，预测合理指标（图 10-15）。

### 二、液硫析出控硫措施效果预测

针对气井压力下降后液硫析出等问题，可以考虑使用重复酸压解除硫堵，从而改善储层渗流环境，增加气井产能。

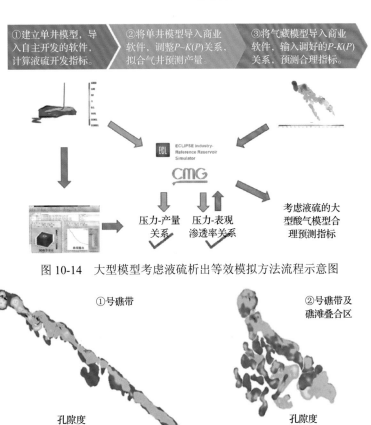

图 10-14 大型模型考虑液硫析出等效模拟方法流程示意图

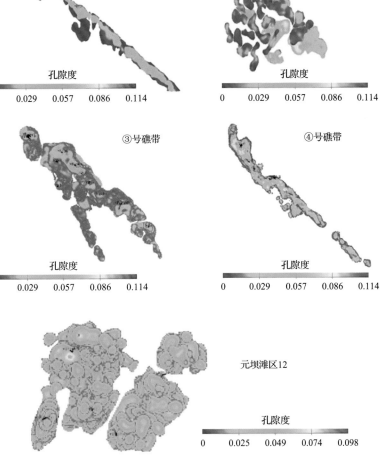

图 10-15 分礁带气藏数值模拟模型

在开发动态研究的基础上，结合所部署开发井的储层条件及动态数据，利用经过拟合的数值模拟模型，对 4 个礁带及礁滩叠合区内各井按照原有方案进行模拟及预测（图 10-16）。方案评价期为 20 年，根据上述开发指标预测的要求，得到开发指标如表 10-7 及图 10-17 所示。考虑液硫析出后稳产期缩短至 6 年，产能在后期下降比预期快。在此基础上对模型进行计算，预测的元坝 272H 井、元坝 273-1H 井及元坝 102 侧 1 井等井井筒附近渗透率下降过快，通过酸压改造，可有效改善液硫析出后的渗流环境，提高气井产能，如图 10-18。

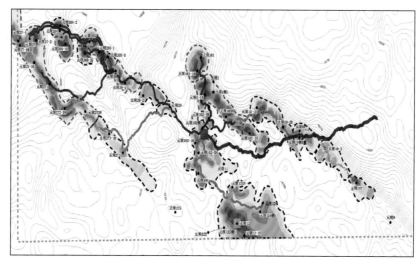

图 10-16　元坝气田气井部署方案图

**表 10-7　利用等效模型预测元坝气田开发指标**

| 长兴气藏整体项目 | | 预测指标 |
|---|---|---|
| 总井数/口 | | 31 |
| 动用储量/$10^8 m^3$ | | 1020 |
| 稳产期末开发指标 | 年产气/$10^8 m^3$ | 39.6 |
| | 日产气/$10^4 m^3$ | 1200 |
| | 采气速度/% | 3.88 |
| | 稳产年限/a | 6 |
| | 累计产气/$10^8 m^3$ | 202.51 |
| | 采出程度/% | 19.85 |
| 预测期末开发指标(20 年) | 累计产气/$10^8 m^3$ | 456 |
| | 采出程度/% | 44.71 |

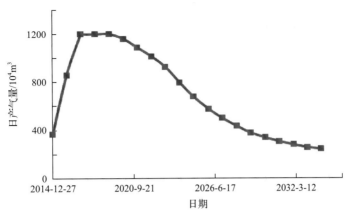

图 10-17 考虑液硫析出对元坝气田开发指标

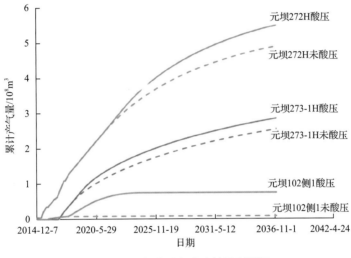

图 10-18 气井重复改造效果预测图

## 第四节 礁滩相碳酸盐岩气藏井网加密对策

在储量动用状况分析的基础上,分析影响气藏平面及纵向储量动用因素,部署加密井,延长气井稳产期。

### 一、储量动用状况分析

在元坝长兴组气藏开发区生产井动态储量分析及前期已计算可动用储量基础上,通过动静态储层连通性分析和气井不稳定分析,分区评价储量动用状况。

#### (一)递减分析和气藏动态储量分析

采用不稳定流动分析法、规整化产量法等方法,对截至 2017 年 12 月 31 日的生产数据开展了气井产量递减规律和动态储量拟合分析,对 30 口井进行了拟合,有 23 口井的边界流出现, 拟合结果基本可靠。根据拟合结果, 初步可以看出有 6 口井动态储量 $>30\times10^8\text{m}^3$, 16 口井动态储量 $>10\times10^8\text{m}^3/\text{d}$, 8 口井动态储量 $<10\times10^8\text{m}^3$, 如图 10-19 所示。

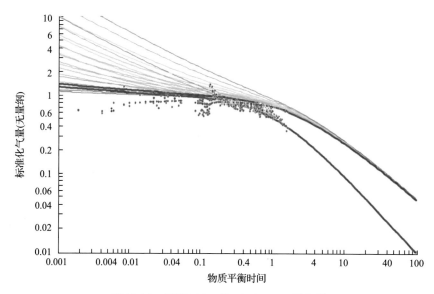

图 10-19 元坝 103H 井 Blasingame 拟合图

(二)储量动用状况分析

在气藏开发区生产井动态储量分析及前期已计算可动用储量基础上, 初步研究了区内储量动用状况。由于部分井开井时间和井况影响, 结果仅供参考。目前来看, ③号礁带储量动用程度高(达到 87.5%), ④号礁带、①号礁带储量动用程度较高(70%左右), 叠合区储量动用程度较低(为 53.3%), ②号礁带动用程度最差(仅 42.6%)(图 10-20)。

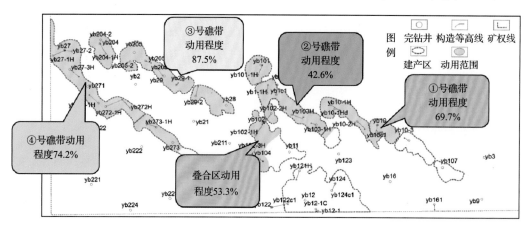

图 10-20 元坝气田储量动用状况图

## 二、加密井目标区潜力评价

结合动静态资料分析，认为③号礁带东南段、②号礁带主体、①号礁带含水，④号礁带末端也可能含水，目前不具备部署潜力，考虑③号礁带动用程度高，④号礁带及叠合区是加密有利目标区。

结合气藏当前地层压力及等效泄气半径(图 10-21、图 10-22)，认为目前有 3 个目标区具备加密井潜力：④号礁带元坝 271—元坝 272-1H 井区之间、元坝 272H—元坝 273-1H 井区之间、礁滩叠合区东部。

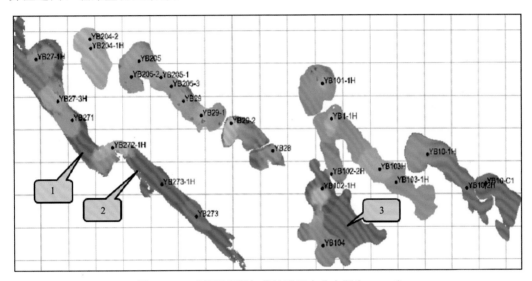

图 10-21　元坝长兴组气藏地层压力分布图(2017.09)

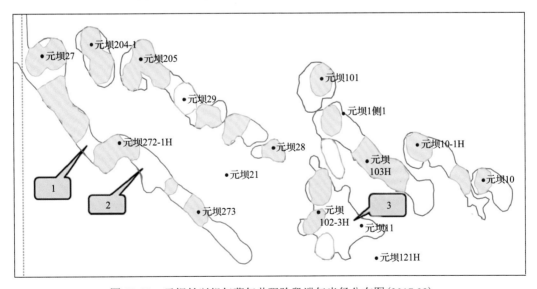

图 10-22　元坝长兴组气藏气井现阶段泄气半径分布图(2017.09)

### 三、加密井方案论证

#### (一)加密气井经济评价

**1. 气藏工程参数**

在气藏地质研究的基础上,考虑含气层位变化,选择代表性井开展单井产量变化模式数值模拟研究,以投资变化和气价变化为参考进行计算。分别取投资降 20%、投资降 10%、基准投资、投资升 10%、投资升 20% 进行计算,同时考虑多种可能的气价。气井产量模式计算结果如图 10-23 所示。

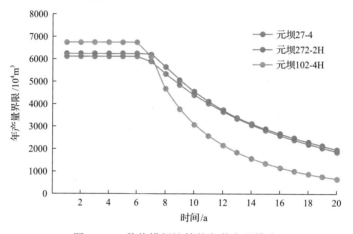

图 10-23　数值模拟计算的各井产量模式

**2. 经济参数**

钻井投资:根据已完钻井实际投资和开发项目可研报告,按井型对平均单井基准投资取值(钻井+采气+地面)。

天然气价格:根据目前国家相关规定,并考虑各种可能性进行取值。

天然气商品率:根据净化厂物料平衡分析,考虑生产自用,天然气综合商品率为 81.25%。

单井经济界限测算结果:根据上述参数和方法,测算了元坝气田新井论证时不同投资下各井的单井经济界限,结果见图 10-24~图 10-27。

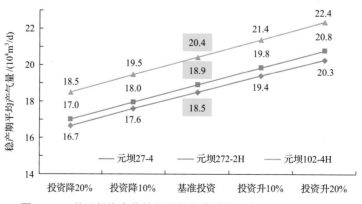

图 10-24　基于投资变化的长兴组气藏单井经济界限评价结果图

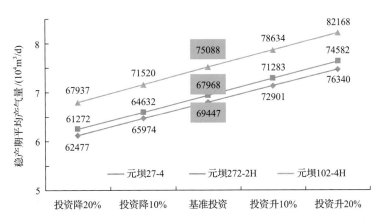

图 10-25 基于投资变化的长兴组气藏单井经济界限评价结果图(经济可采储量)

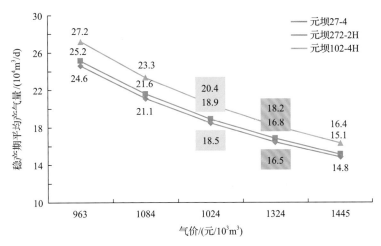

图 10-26 基于气价变化的长兴组气藏单井经济界限评价结果图(稳产期产气量)

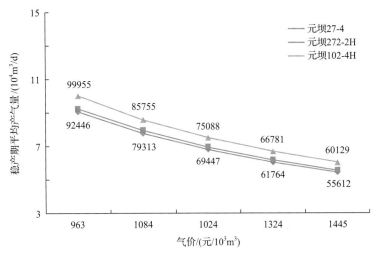

图 10-27 基于气价变化的长兴组气藏单井经济界限评价结果图(经济可采储量)

(二)加密井开发指标预测

④号礁带现有 8 口井投产，论证 2 口加密井投产方案，按三种方案配产，总体高于方案预期。结合气藏气水分布、气井产能指标及储量大小，考虑提高④号礁带采气速度，在④号礁带顶部区域布置 2 口新井，整个礁带年产量和稳产期末累产增加，提高了礁带的采气速度和采出程度，但稳产期有所降低(表 10-8、图 10-28)。

表 10-8　④号礁带新井方案配产指标

| | | 原方案 | 加钻 1 口井 | 加钻 2 口井 |
|---|---|---|---|---|
| 总井数/口 | | 8 | 9 | 10 |
| 动用储量/10⁸m³ | | 314.2 | | |
| 稳产期末开发指标 | 年产气/10⁸m³ | 10.56 | 12.21 | 13.2 |
| | 采气速度/% | 3.4 | 3.9 | 4.2 |
| | 稳产年限/a | 5.5 | 4.8 | 4.7 |
| | 累产气/10⁸m³ | 58.1 | 58.6 | 62.0 |
| | 采出程度/% | 18.5 | 18.7 | 19.7 |
| 预测期末开发指标(20 年) | 日产气/10⁴m³ | 82.8 | 72.1 | 67.4 |
| | 累产气/10⁸m³ | 163.9 | 173.2 | 180.9 |
| | 采出程度/% | 52.2 | 55.1 | 57.6 |

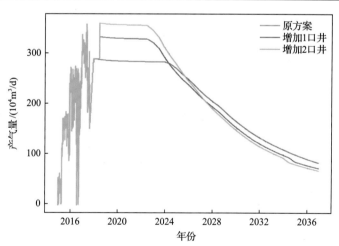

图 10-28　④号礁带方案预测指标

# 参 考 文 献

毕研斌, 龙胜祥, 郭彤楼, 等. 2007. 应用频率衰减属性预测 TNB 地区储层含气性. 石油与天然气地质, 28(1): 116-120.

蔡涵鹏, 贺振华, 黄德济. 2008. 礁滩相油气储层预测方法研究. 石油地球物理勘探, 43(6): 685-688,716.

陈雪, 王兴志, 冯仁蔚. 2013. 普光气田长兴组储层特征及主控因素研究. 石油天然气学报, 35(9): 24-28.

陈勇. 2011. 川东北元坝地区长兴组生物礁储层预测研究. 石油物探, 50(2): 173-180.

陈元千. 1987. 确定气井绝对无阻流量的简单方法. 天然气工业, 7(1): 59-63.

陈元千. 1991. 利用单点测试资料建立气井二项式和指数式方程的方法. 试采技术, 2(3): 12-16.

陈元千. 1998. 气井新的无量纲 IPR 方程与应用. 油气井测试, 7(4): 22-26.

陈元千. 2005. 油气藏工程实践. 北京: 石油工业出版社.

陈元千, 漆雕良. 1993. "一点法"在陕甘宁大气田的应用. 油气井测试, 2(4): 15-20.

陈元千, 张霞林, 齐亚东. 2014. 水平气井二项式方程的推导与应用. 断块油气田, 21(5): 601-606.

陈祖庆, 杨鸿飞, 王涛. 2005. 川东北宣汉—达县地区礁滩相储层地震预测研究. 南方油气, 18(4): 31-36.

邓少贵. 2006. 裂缝性碳酸盐岩裂缝的双侧向测井响应特征及解释方法. 中国地质大学学报, 31(6): 846-850.

董平川, 雷均. 2009 缝洞型碳酸盐岩储层测井响应与储层识别. 大庆石油地质与开发, 28(4): 5-10.

段金宝, 唐德海, 李让彬. 2016. 四川盆地晚二叠世长兴期古海洋台洼与陆棚边缘礁滩对比研究. 海洋学研究, 34(3): 11-18.

凡睿, 高林, 何莉, 等. 2003. 川东北飞仙关组鲕滩储层地震预测. 勘探地球物理进展, 26(3): 199-203.

方晓春, 刘启国, 蒋鑫, 等. 2013. 高含硫气藏两区复合地层试井解释方法研究. 重庆科技学院学报(自然科学版), 15(5): 36-39.

高静怀, 汪文秉, 朱光明. 1997. 小波变换与信号瞬时特征分析. 地球物理学报, 40(6): 821-832.

顾少华, 石志良, 胡向阳, 等. 2018. 超深高含硫气藏气—液硫两相渗流实验. 天然气工业, 38(10): 70-75.

郭建宇, 马朋善, 胡平忠, 等. 2006. 地震—地质方法识别生物礁. 石油地球物理勘探, 41(5): 587-591.

郭彤楼. 2011a. 元坝气田长兴组储层特征与形成主控因素研究. 岩石学报, 27(8): 2381-2391.

郭彤楼. 2011b. 川东北元坝地区长兴组—飞仙关组台地边缘层序地层及其对储层的控制. 石油学报, 32(3): 387-394.

郭旭升, 凡睿. 2007. AVO 技术在普光气田鲕滩储层预测中的应用. 石油与天然气地质, 28(2): 198-202.

郭正吾, 邓康龄. 1996. 四川盆地形成与演化. 北京: 地质出版社.

韩东, 胡向阳, 邬兴威, 等. 2016. 基于地质统计学反演的缝洞储集体物性定量评价. 地球物理学进展, 31(2): 655-661.

何永垚, 王英民, 许翠霞, 等. 2014. 生物礁、滩、灰泥丘沉积特征及地震识别. 石油地球物理勘探, 49(5): 971-984.

贺胜宁, 冯异勇, 贾永禄. 1995. 双重介质复合油气藏试井分析模型及压力动态特征. 天然气工业, 15(5): 53-56.

胡光义, 古莉, 孙立春, 等. 2009. 一体化地质建模在新近系礁灰岩储层定量表征中的应用. 现代地质, 23(5): 957962.

胡光义, 古莉, 王福利. 2007. 礁灰岩特征和块状体储层建模方法探讨. 岩性油气藏, 19(2): 90-92,96.

胡伟光, 蒲勇, 易小林. 2010. 川东北元坝地区生物礁识别. 物探与化探, 34(5): 635-642.

胡向阳, 李阳, 权莲顺, 等. 2013. 碳酸盐岩缝洞型油藏三维地质建模方法——以塔河油田四区奥陶系油藏为例. 石油与天然气地质, 34(3): 383-387.

胡勇, 钟孚勋, 冯曦. 1992. 考虑井筒相再分布的试井分析方法研究. 天然气工业, 12(1): 54-59.

纪学武, 张延庆, 臧殿光. 2012. 四川龙岗西区碳酸盐岩礁、滩体识别技术. 石油地球物理勘探, 47(2): 309-314.

贾孟强. 2008. 川东北地区碳酸盐岩气层识别方法研究. 测井技术, 32(4): 328-332.

姜楠, 范凌霄, 刘卉, 等. 2013. 普光气田滩相储层特征及白云化成因. 天然气地球科学, 24(5): 923-930.

金之钧. 2005. 中国海相碳酸盐岩层系油气勘探特殊性问题. 地学前缘, 12(3): 173-176.

金忠臣, 杨川东, 张守良, 等. 2004. 采气工程. 北京: 石油工业出版社.

孔祥言. 2010. 高等渗流力学(第 2 版). 合肥: 中国科学技术大学出版社.

寇雪玲. 2011. 四川盆地普光气田三叠系飞仙关组储层特征, 天然气勘探与开发, 34(4): 9-12.

李昌. 2010. FMI 测井技术在川东北地区碳酸盐岩溶孔溶洞型储层评价中的应用. 海相油气地质, 15(3): 59-64.

李成勇, 张烈辉, 刘启国, 等. 2006. 高含硫气藏试井解释方法研究. 钻采工艺, 29(2): 51-53.

李传亮. 2016. 储层岩石应力敏感性评价方法. 大庆石油地质与开发, 25(1): 40-42.

李德生. 2005. 中国海相油气地质勘探与研究. 海相油气地质, 10(2): 8.

李国蓉, 武恒志, 叶斌, 等. 2014. 元坝地区长兴组储层溶蚀作用期次与机制研究. 岩石学报, 30(3): 709-717.

李海平, 任东, 郭平, 等. 2016. 气藏工程手册. 北京: 石油工业出版社.

李宏涛. 2013. 河坝气藏飞仙关组三段储集岩特征及成岩作用. 石油学报, 34(2): 263-271.

李宏涛, 吴文波, 游瑜春, 等, 2014. 四川盆地河坝地区下三叠统嘉陵江组气藏储集层沉积特征与成岩作用. 古地理学报, 16(1): 103-114.

李宏涛, 肖开华, 龙胜祥, 等. 2016. 四川盆地元坝地区长兴组生物礁储层形成控制因素与发育模式. 石油与天然气地质, 37(5): 744-755.

李乐忠, 李相方. 2013. 储层应力敏感实验评价方法的误差分析. 天然气工业, 33(2): 48-51.

李翎. 2002. 塔河油田奥陶系碳酸盐岩储层的测井解释. 石油与天然气地质, 23(1): 51-54.

李旻南, 傅恒. 2013. 川东北河坝地区嘉二段成岩作用特征及其与储层发育的关系, 矿物岩石. 33(1): 107-115.

李闽, 郭平, 刘武, 等. 2002. 气井连续携液模型比较研究. 断块油气田, 9(6): 39-41.

李宁, 张清秀. 2000. 裂缝型碳酸盐岩应力敏感性评价室内实验方法研究. 天然气工业, 20(3): 30-34.

李启桂, 李克胜, 唐欢阳. 2010. 四川盆地不整合发育特征及其油气地质意义. 天然气技术, 4(6): 21-25.

李士伦. 2008. 天然气工程. 北京: 石油工业出版社.

李淑荣. 2008. 川东北海相碳酸盐岩储层测井评价技术. 测井技术, 32(4): 337-341.

李晓平, 张烈辉, 李允. 2008. 含硫气藏压力动态分析理论研究. 油气井测试, 17(5): 1-3.

李学义. 2000. 四川盆地碳酸盐岩地区地震勘探技术难点及对策探讨. 天然气工业, 20(2): 26-28.

李阳, 侯加根, 李永强. 2016. 碳酸盐岩缝洞型储集体特征及分类分级地质建模. 石油勘探与开发, 43(4): 600-606.

李跃刚. 1992. 利用一点法测试建立气井的产能方程. 石油勘探与开发, 19(5): 18-21.

李治平, 万怡妏, 张喜亭. 2007. 低渗透气藏气井产能评价新方法. 天然气工业, 27(4): 85-87.

廖元塈. 2016. 元坝长兴组生物礁气藏水平井储层测井评价技术. 天然气工业, 36(A01): 33-40.

廖元塈, 何传亮. 2015. 基于 $v_p/v_s$ 定量计算碳酸盐岩储层参数方法探讨. 测井技术, 39(A01): 318-322.

刘国萍, 游瑜春, 冯琼. 2017a. 基于频谱成像技术的元坝长兴组生物礁储层连通性研究. 石油物探, 56(5): 746-754.

刘国萍, 游瑜春, 冯琼等. 2017b. 元坝长兴组生物礁储层精细雕刻技术. 石油地球物理勘探, 52(3): 583-590.

刘能强. 2008. "一点法"试井漫谈. 油气井测试, 17(3): 32-35.

刘殊, 唐建明, 马永生等. 2006. 川东北地区长兴组-飞仙关组礁滩相储层预测. 石油与天然气地质, 27(3): 332-339.

刘伟, 陈学华, 贺振华等. 2012. 基于倾角数据体的神经网络气烟囱识别. 石油地球物理勘探, 47(6): 937-944.

刘言, 倪杰, 陈海龙, 等. 2014. 元坝气田超深高产气井产能评价探讨. 石油地质与工程, 28(4): 77-78.

龙胜祥, 游瑜春, 刘国萍, 等, 2015. 元坝气田长兴组超深层缓坡型礁滩相储层精细刻画. 石油与天然气地质, 36(6): 994-1000.

卢靖, 郭肖, 程昌慧. 2014. 高含硫气藏双孔介质试井模型研究. 油气井测试, 31(3): 13-16.

罗蛰潭, 王允诚. 1986. 油气储集层的孔隙结构. 北京: 科学出版社.

马永生, 郭旭升, 凡睿. 2005a. 川东北普光气田飞仙关组鲕滩储集层预测. 石油勘探与开发, 32(4): 60-64.

马永生, 牟传龙, 郭彤楼, 等. 2005b. 四川盆地东北部长兴组层序地层与储层分布. 地学前缘, 12(3): 179-185.

马永生, 牟传龙, 谭钦银, 等. 2006. 关于开江-梁平海槽的认识. 石油与天然气地质, 27(3): 326-331.

马永生, 蔡勋育, 赵培荣. 2014. 元坝气田长兴组—飞仙关组礁滩相储层特征和形成机理. 石油学报, 35(6): 1001-1011.

孟万斌, 武恒志, 李国蓉, 等. 2014. 川北元坝地区长兴组白云石化作用机制及其对储层形成的影响. 岩石学报, 30(3): 699-708.

倪杰, 陈海龙, 杨永华. 2015. 超深高产高含硫气井产能评价影响因素. 低渗透油气田, 3(1): 100-102.

钱峥, 黄先雄. 2000. 碳酸盐岩成岩作用及储层. 北京: 石油工业出版社.

司马立强. 2002. 测井地质应用技术. 北京: 石油工业出版社.

司马立强, 疏壮志. 2009. 碳酸盐岩储层测井评价方法及应用. 北京: 石油工业出版社.

孙志道, 胡永乐. 2011. 一点法求气井产能适用范围的研究, 石油学报, 31(11): 63-65.

王超, 陆永潮, 杜学斌, 等. 2015. 南海西部深水区台缘生物礁发育模式与成因背景. 石油地球物理勘探, 50(6): 1179-1189.

王罗兴, 谢芳, 李油. 2000. 川东北飞仙关组鲕滩气藏地震响应特征及勘探展望. 天然气工业, 20(2): 12-17.

王鸣川, 段太忠, 杜秀娟, 等. 2018. 沉积相耦合岩石物理类型的孔隙型碳酸盐岩油藏建模方法. 石油实验地质, 40(2): 253-259.

王晓冬, 罗万静, 侯晓春, 等. 2014. 矩形油藏多段压裂水平井不稳态压力分析. 石油勘探与开发, 41(1): 74-78.

王兴志, 张帆, 马青, 等. 2002. 四川盆地东部晚二叠世——早三叠世飞仙关期礁、滩特征与海平面变化. 沉积学报, 20(2): 249-254.

王一刚, 文应初, 洪海涛, 等. 2006. 四川盆地及邻区上二叠统-下三叠统海槽的深水沉积特征. 石油与天然气地质, 27(5): 702-714.

王英华. 1992. 碳酸盐岩成岩作用与孔隙演化. 沉积学报, 10(3): 85-95.

王正和, 邓剑, 谭钦银, 等. 2012. 元坝地区长兴组典型沉积相及各相带物性特征. 矿物岩石, 32(2): 86-96.

巫盛洪, 李志荣, 龙资强, 等. 2003. 沿层地震属性分析在川东北储层研究中的应用. 物探化探计算技术, 25(3): 201-206.

武恒志, 吴亚军, 柯光明. 2017. 川东北元坝地区长兴组生物礁发育模式与储层预测. 石油与天然气地质, 38(4): 645-657.

肖秋红, 李雷涛, 屈大鹏, 等. 2012. YB 地区长兴组礁滩地震相精细刻画. 石油物探, 51(1): 98-103.

谢芳, 李志荣, 肖富林, 等. 2004. 四川盆地东北部飞仙关组鲕滩储层地震预测技术. 天然气工业, 24(1): 34-36.

徐健斌, 李学义, 青鋆文, 等. 2000. 四川碳酸盐岩山地地震勘探综述. 石油地球物理勘探, 35(3): 386-394.

徐维胜, 吴键, 秦关. 2011. 地震属性在普光气田储层地质建模中的应用. 石油天然气学报, 33(11): 59-62.

许进进, 李治平, 岑芳, 等. 2006. 单点法气井产能评价中确定产能的新思路. 资源与产业, 8(2): 46-48.

闫丰明, 康毅力, 李松, 等. 2010. 裂缝—孔洞型碳酸盐岩储层应力敏感性实验研究. 天然气地球科学, 21(3): 489-493.

闫玲玲, 刘全稳, 张丽娟, 等. 2015. 叠后地质统计学反演在碳酸盐岩储层预测中的应用: 以哈拉哈塘油田新垦区块为例. 地学前缘, 22(6): 177-184.

杨苗苗, 刘启国, 牟爱婷, 等. 2016. 考虑硫沉积影响的双重介质气藏试井解释模型研究. 油气藏评价与开发, 6(4): 39-43.

殷积峰, 李军, 谢芬, 等. 2007. 川东二叠系生物礁油气藏的地震勘探技术. 石油地球物理勘探, 42(1): 70-75.

雍世和, 张超谟. 2002. 测井数据处理与综合解释. 北京: 石油工业出版社.

俞益新. 2006. 碳酸盐岩岩溶型储层综合预测概述. 中国西部油气地质, 2(2): 79-81.

张建业, 牛丛丛, 孙雄伟, 等. 2016. 高温高压气井产能测试资料分析方法选择及实际应用. 油气井测试, 25(4): 17-20.

张军华, 王伟, 谭明友等. 2009. 曲率属性及其在构造解释中的应用. 油气地球物理, 7(2): 1-7.

张奎, 倪逸. 2006. 三种弹性波阻抗公式比较. 石油地球物理勘探, 41(增刊): 7-11.

张李, 刘荣和, 冷有恒, 等. 2020. 高压-超高压碳酸盐岩气藏渗流机理及开发特征——以阿姆河盆地 M 区为例. 天然气工业, 40(3): 92-98.

张松扬. 2006. 塔中地区奥陶系碳酸盐岩储层测井评价研究. 石油物探, 45(6): 631-637.

赵良孝, 等. 2009. 储层流体类型的测井判别方法. 成都: 四川科学技术出版社.

郑荣才, 耿威, 郑超, 等. 2008. 川东北地区飞仙关组优质白云岩储层的成因. 石油学报, 29(6): 815-821.

朱振宇, 吕丁友, 桑淑云, 等. 2009. 基于物理小波的频谱分解方法及应用研究. 地球物理学报, 52(8): 2152-2157.

庄惠农. 2009. 气藏动态描述和试井. 北京: 石油工业出版社.

Adler F. 1998. Attribute analysis using locally scaled regression//The 60th EAGE Conference and Exhibition. European Association of Geoscientists & Engineers.

Alam A, Caragounis P, Matsumoto S, et al. 1995. Reservoir classification with seismic attributes//The 57th EAGE Conference and Exhibition. European Association of Geoscientists & Engineers.

Barnes A E. 1991. Instantaneous frequency and amplitude at the envelope peak of a constant-phase wavelet. Geophysics, 56: 1058-1060.

Barnes A E. 1994. Theory of two-dimensional complex seismic trace analysis//The 1994 SEG Annual Meeting, Los Angeles.

Barnes A E. 2003. Shaded relief seismic attribute. Geophysics, 68(4): 1281-1285.

Bodine J H. 1984. Waveform analysis with seismic attributes//The 54th Annual International Meeting of the SEG in Atlanta, Georgia.

Bracewell R N. 1978. The Fourier Transform and Its Applications. New York: McGraw Hill Book Company.

Chen Q, Sidney S. 1997. Seismic attribute technology for reservoir forecasting and monitoring. The Leading Edge, 16(5): 445, 447-448, 450, 453-456.

Cinco-Ley H, Ramey H J, Frank G M. 1975. Pseudo-skin factors for partially-penetrating directionally-drilled wells. The Fall Meeting of the Society of Petroleum Engineers of AIME, Dallas.

Connolly P. 1999. Elastic impedance. The Leading Edge, 18(4): 438-452.

Crampin S. 1987. Seismic wave propagation through a creaked soild: Polarizatior as a possible dilatancy diagnostic. Geophysical Journal of the Roya Astronomical Society, 53(3): 467-496.

Eugene L. 2003. Unified approach to gas and fluid detection on instantaneous seismic wavelets//The 2003 SEG Annual Meeting, Dallas.

Gadoret T, Mavko G, Zinszner B. 1998. Fluid distribution effects on sonic attenuation in partially saturated limestones. Geophysics, 63: 154-160.

Goloshubin G M, Korneev V A. 2000. Seismic low frequency effects for fluid saturated porous media Ann//The SEG Meeting, Expanded Abstracts, Calgary.

Heydari E. 1997. The role of burial diagenesis in hydrocarbon destruction and H2S accumulation, Upper Jurassic Smackover Formation, Black Creek Field, Mississippi. AAPG Bulletin, 81(1): 26-45.

Hudson J A. 1981. Wave speeds and attenuation of elastic waves in material containing cracks. Geophysics, 64(1): 133-150.

Jell J S, Flood P G. 1978. Guide to the geology of reefs of the Capricorn and Bunker groups, great barrier reef province, with special reference to Heron Reef. Queensland: University of Queensland.

Jell J S. 2011a. An introduction to Heron Island: Its geological setting and structure. Sinopec Exploration Company's Heron Island Carbanate Field Workshop, Great Barrier Reef, Australia.

Jell J S. 2011b. Heron reef morphology and zonation. Sinopec Exploration Company's Heron Island Carbanate Field Workshop, Great Barrier Reef, Australia.

Lee W J, Wattenbarger R A. 1996. Gas Reservoir Engineering. Houston: SPE.

Long S X, Huang R C, Li H T, et al. 2011. Formation mechanism of the changxing formation gas reservoir in the Yuanba Gas Field, Sichuan Basin, China. Acta Geologica Sinica (English Edition), 85(1): 233-242.

Marfurt K J, Lynn Kirlin R. 2000. 3-D broad-band estimates of reflector dip and amplitude. Geophysics, 65(1): 304-320.

Mitchell J T, Derzhi N, Liehman E, et al. 1996. Energy absorption analysis: A case study//The 66th SEG Annual Meeting Expanded Abstracts: 1785-1788.

Moore C H. 2001. Carbonate Reservoirs: Porosity Evolution and Diagenesis in a Sequence Stratigraphic Framework. Amsterdam: Elsevier: 1-444.

Ozkan E. 2001. Analysis of horizontal-well responses: Contemporary vs. conventional. SPE Reservoir Evaluation & Engineering, 4(4): 260-269.

Partyka G, Gridley J, Lopez J. 1999. Interpretational applications of spectral decomposition in reservoir characterization. The Leading Edge, 18(3): 353-360.

Pfeil R W, Read J F. 1980. Cambrian carbonate platform margin facies shady dolomite, Southwestern Virginia, USA Journal of Sedimentary Petrology, 50(1): 91-116.

Scholle P A, Ulmer-Scholle D S. 2003. A Color Guide to the Petrography of Carbonate Rocks: Grains, Textures, Porosity, Diagenesis. AAPG Memoir 77.

Thomsen L. 1986. Weak elastic anisotropy. Geophysics, 51(10): 1954-1966.

Thomsen L. 1995. Elastic anisotropy due to aligned cracks in porous rock. Geophysics Prospecting, 43: 805-829.

Turner R G, Hubbard M G, Dukler A E. 1969. Analysis and prediction of minimum flow rate for the continuous removal of liquids from gas wells. Journal of Petroleum Technology, 21: 1475-1482.

Verwest B, Masters A, Sena A, et al. 2000. Elastic impedance inversion. Expanded Abstracts of 70th Annual International SEG Mtg, 1580-1582.

Whitcombe D N, Connolly P A, Reagan R L, et al. 2002. Extended elastic impedance for fluid elastic impedance for fluid lithology prediction. Geophysics, 67(1): 63-67.